普通高等教育工业智能专业系列教材

人工智能数学

东北大学信息科学与工程学院　组编
董久祥　石海彬　编著

机 械 工 业 出 版 社

近年来，人工智能已经从科幻走入现实。要理解并运用人工智能技术，需要熟悉并掌握相关的数学基础知识。为此，本书整理了人工智能领域涉及的线性代数、矩阵理论、最优化、概率论、信息论以及多元统计分析等基础知识，读者可根据需求选取相应的章节进行学习。

通常，有意深入了解人工智能的读者，往往已经具备微积分和线性代数等知识储备。鉴于此，区别于同类教材，本书不再赘述这些初级知识，而是聚焦人工智能需要的实用数学工具，从而实现对人工智能领域核心数学理论的快速掌握。

本书可作为高等院校人工智能、工业智能、自动化与计算机等相关专业的本科生与研究生的教材或辅助参考书，也可作为从事相关领域的科研工作者和工程技术人员的数学基础参考书。

本书配有授课电子课件等资源，需要的教师可登录 www. cmpedu. com 免费注册，审核通过后下载，或联系编辑索取（微信：15910938545，电话：010-88379739）。

图书在版编目（CIP）数据

人工智能数学基础/东北大学信息科学与工程学院组编；董久祥，石海彬编著．—北京：机械工业出版社，2022.7（2024.11 重印）
普通高等教育工业智能专业系列教材
ISBN 978-7-111-71148-3

Ⅰ.①人… Ⅱ.①东… ②董… ③石… Ⅲ.①人工智能-应用数学-高等学校-教材 Ⅳ.①TP18 ②O29

中国版本图书馆 CIP 数据核字（2022）第 117631 号

机械工业出版社（北京市百万庄大街 22 号　邮政编码 100037）
策划编辑：汤　枫　　责任编辑：汤　枫
责任校对：张艳霞　　责任印制：张　博
北京雁林吉兆印刷有限公司印刷

2024 年 11 月第 1 版 · 第 4 次印刷
184mm×260mm · 16 印张 · 390 千字
标准书号：ISBN 978-7-111-71148-3
定价：65.00 元

电话服务
客服电话：010-88361066
010-88379833
010-68326294

网络服务
机　工　官　网：www. cmpbook. com
机　工　官　博：weibo. com/cmp1952
金　　书　　网：www. golden-book. com
机工教育服务网：www. cmpedu. com

出版说明

党的二十大报告指出："推动战略性新兴产业融合集群发展，构建新一代信息技术、人工智能、生物技术、新能源、新材料、高端装备、绿色环保等一批新的增长引擎。"人工智能领域专业人才培养的必要性与紧迫性已经取得社会共识，并上升到国家战略层面。以人工智能技术为新动力，结合国民经济与工业生产实际需求，开辟"智能+X"全新领域的理论方法体系，培养具有扎实的专业知识基础，掌握前沿的人工智能方法，善于在实践中突破创新的高层次人才将成为我国新一代人工智能领域人才培养的典型模式。

自动化与人工智能在学科内涵与知识范畴上存在高度的相关性，但在理论方法与技术特点上各具特色。其共同点在于两者都是通过具有感知、认知、决策与执行能力的机器系统帮助人类认识与改造世界。其差异性在于自动化主要关注基于经典数学方法的建模、控制与优化技术，而人工智能更强调基于数据的统计、推理与学习技术。两者既各有所长，又相辅相成，具有广阔的合作空间与显著的交叉优势。工业智能专业正是自动化科学与新一代人工智能碰撞与融合过程中孕育出的一个"智能+X"类新工科专业。

东北大学依托信息科学与工程学院，发挥控制科学与工程国家一流学科的平台优势，于2020年开设了全国第一个工业智能本科专业。该专业立足于"人工智能"国家科技重点发展战略，面向我国科技产业主战场在工业智能领域的人才需求与发展趋势，以专业知识传授、创新思维训练、综合素质培养、工程能力提升为主要任务，突出"系统性、交叉性、实用性、创新性"的专业特色，围绕"感知-认知-决策-执行"的智能系统大闭环框架构建工业智能专业理论方法知识体系，瞄准智能制造、工业机器人、工业互联网等新领域与新方向，积极开展"智能+X"类新工科专业课程体系建设与培养模式创新。

为支撑工业智能专业的课程体系建设与人才培养实践，东北大学信息科学与工程学院启动了"工业智能专业系列教材"的组织与编写工作。本套教材着眼于当前高等院校"智能+X"新工科专业课程体系，侧重于自动化与人工智能交叉领域基础理论与技术框架的构建。在知识层面上，尝试从数学基础、理论方法及工业应用三个部分构建专业核心知识体系；在功能层面上，贯通"感知-认知-决策-执行"的智能系统全过程；在应用层面上，对智能制造、自主无人系统、工业云平台、智慧能源等前沿技术领域和学科交叉方向进行了广泛的介绍与启发性的探索。教材有助于学生构建知识体系，开阔学术视野，提升创新能力。

本套教材的编著团队成员长期从事自动化与人工智能相关领域教学科研工作，有比较丰富的人才培养与学术研究经验，对自动化与人工智能在科学内涵上的一致性、技术方法上的互补性以及应用实践上的灵活性有一定的理解。教材内容的选择与设计以专业知识传授、工程能力提升、创新思维训练和综合素质培养为主要目标，并对教材与配套课程的实际教学内容进行了比较清晰的匹配，涵盖知识讲授、例题讲解与课后习题，部分教材还配有相应的课程讲义、PPT、习题集、实验教材和相应的慕课资源，可用于各高等院校的工业智能专业、人工智能专业等相关“智能+X”类新工科专业及控制科学与工程、计算机科学与技术等相关学科研究生的课堂教学或课后自学。

“智能+X”类新工科专业在2020年前后才开始在全国范围内出现较大规模的增设，目前还没有形成成熟的课程体系与培养方案。此外，人工智能技术的飞速发展也决定了此类新工科专业很难在短期内形成相对稳定的知识架构与技术方法。尽管如此，考虑到专业人才培养对相关课程和教材建设需求的紧迫性，编写组在自知条件尚未完全成熟的前提下仍然积极开展了本套系列教材的编撰工作，意在抛砖引玉，摸着石头过河。其中难免有疏漏错误之处，诚挚希望能够得到教育界与学术界同仁的批评指正。同时也希望本套教材对我国“智能+X”类新工科专业课程体系建设和实际教学活动开展能够起到一定的参考作用，从而对我国人工智能领域人才培养体系与教学资源建设起到积极的引导和推动作用。

前　　言

当今人类社会已经开启并走进人工智能（Artificial Intelligence，AI）时代，智能家居、智能通信、智能电网、人机对弈、无人驾驶、人脸识别、语音识别、刷码支付等，这些新生事物层出不穷，耳濡目染之下，已经或正在改变我们的生活方式。

科学家钱学森先生曾经指出：现代自然科学的基础学科是数学和物理，其他自然科学的分支，是从这两个基础学科分化衍生出来的。所以，我们说，在炫目的人工智能时代，钱学森先生的论断依然完全适用，这也是我们理解上述两个问题的基础依据。

对于什么是人工智能，从不同角度出发，会有不同的理解。但一般认为，人工智能是研究人类智能活动的规律，构造具有一定智能的人工系统，研究如何让计算机去完成以往需要人的智力才能胜任的工作，也就是研究如何应用计算机的软硬件来模拟人类某些智能行为的基本理论、方法和技术。

编者浅见：去繁就简之后，人工智能从理论的角度，可以归结为（大量的甚至巨量的）计算以及基于计算的模式判别，或者说是 if-then，而后者也可以理解为广义的计算。联系人机对弈和人脸识别的通俗例子，我们很容易理解这一点，也再次印证了钱学森先生的论断。

把各种不同背景的人工智能在理论上归结为狭义的计算或广义的计算，但通常是大量的计算之后，计算的效率也就成了关键的问题。一个显而易见的事实是，即便目前芯片的计算能力和数据的存储能力进步很快，但永远赶不上人们的主客观需求！这也衬托出计算效率的重要地位。

计算效率依赖于合理的算法，而合理的算法，自然要基于相关数学知识的组合运用。人工智能往往涉及大量数据，从基础的表达方式来看，向量和矩阵当仁不让；如何从数据中通过计算、分析、判别来获取有价值的信息，概率论、信息论、统计分析、最优化这些分支也就自然而然走上前台。

通常，有意深入了解人工智能的读者，往往已经具备微积分和线性代数等知识储备。鉴于此，区别于同类教材，本书不再赘述这些初级知识，而是聚焦人工智能需要的实用数学工具，从而实现对人工智能领域核心数学理论的快速掌握。

全书各章节由董久祥教授和石海彬副教授编写，部分选取整合了矩阵理论、概率论、信息论、数理统计、多元统计分析的有关传统内容，作为人工智能的数学基础知识；既关注知识的典型性，又在知识的基础和难度之间做了折中。本书参考了涉及以上知识领域的有关著作，在此向其作者一并表示敬意和衷心的感谢！由于编著水平有限，书中难免出现疏漏，敬请广大读者批评指正。

编　者

目　　录

第 1 章　矩 阵 理 论

向量和矩阵可以简化模型和数据的量化表达。人工智能时代，我们经常面对复杂模型和海量的数据，因此其简洁的表达非常重要。本章主要介绍矩阵及其相关的线性空间结论。

1.1　线性空间

我们限定在实数域 $\mathbf{R}$ 上进行讨论。用 $\mathbf{R}^n$ 表示实数域 $\mathbf{R}$ 上的全部 n 维向量，$\mathbf{R}^n$ 中的一个向量（有时称为元素）$\boldsymbol{a}$ 有 n 个坐标，写成

$$\boldsymbol{a}=\begin{pmatrix} a_1 \\ \vdots \\ a_n \end{pmatrix} \text{或 } \boldsymbol{a}=(a_1,\cdots,a_n)^{\mathrm{T}}$$

1.1.1　向量的运算

1. 概念

对 $\mathbf{R}^n$ 中的向量定义了两种运算：

（1）加法　设 $\boldsymbol{a}=(a_1,\cdots,a_n)^{\mathrm{T}}$，$\boldsymbol{b}=(b_1,\cdots,b_n)^{\mathrm{T}}$，则

$$\boldsymbol{a}+\boldsymbol{b} \triangleq (a_1+b_1,\cdots,a_n+b_n)^{\mathrm{T}}$$

（2）数乘　设 c 是实数域 $\mathbf{R}$ 中的一个数，$\boldsymbol{a}=(a_1,\cdots,a_n)^{\mathrm{T}}$，则

$$c\boldsymbol{a} \triangleq (ca_1,\cdots,ca_n)^{\mathrm{T}}$$

2. 性质

用 $\mathbf{0}$ 表示坐标全为 0 的向量。易证对上述定义的加法和数乘，下述关系成立：

（1）当 $\boldsymbol{a},\boldsymbol{b},\boldsymbol{c}$ 均属于 $\mathbf{R}^n$ 时，有

$$\boldsymbol{a}+\boldsymbol{b}=\boldsymbol{b}+\boldsymbol{a},\quad (\boldsymbol{a}+\boldsymbol{b})+\boldsymbol{c}=\boldsymbol{a}+(\boldsymbol{b}+\boldsymbol{c})$$

$$\boldsymbol{a}+\mathbf{0}=\boldsymbol{a},\quad \boldsymbol{a}+(-\boldsymbol{a})=\mathbf{0}$$

（2）当 $\boldsymbol{a},\boldsymbol{b}$ 均属于 $\mathbf{R}^n$，c,c_1,c_2 均属于 $\mathbf{R}$ 时，有

$$c(\boldsymbol{a}+\boldsymbol{b})=c\boldsymbol{a}+c\boldsymbol{b},\quad (c_1+c_2)\boldsymbol{a}=c_1\boldsymbol{a}+c_2\boldsymbol{a}$$

$$c_1(c_2\boldsymbol{a})=c_1c_2\boldsymbol{a},\quad 1\cdot\boldsymbol{a}=\boldsymbol{a}$$

称 $\mathbf{R}^n$ 是实数域 $\mathbf{R}$ 上的线性空间或向量空间。如果 $\mathbf{R}^n$ 中的非空子集 L，对加法和数乘这两种运算是封闭的，即运算的结果仍在 L 中，则称 L 是 $\mathbf{R}^n$ 中的一个子空间。例如，

$$L=\{(a,\underbrace{0,\cdots,0}_{n-1\text{个}})^{\mathrm{T}}:a\in\mathbf{R}\}$$

就是 $\mathbf{R}^n$ 的一个子空间。

1.1.2　线性相关

刻画线性空间中向量的关系的两个重要概念是线性相关和线性无关。

如果存在不全为零的一组实数 $c_1,\cdots,c_k$ 使 $c_1\boldsymbol{a}_1+\cdots+c_k\boldsymbol{a}_k=\boldsymbol{0}$，则称向量组 $\boldsymbol{a}_1,\cdots,\boldsymbol{a}_k$ 是线性相关的；否则，就称 $\boldsymbol{a}_1,\cdots,\boldsymbol{a}_k$ 是线性无关的。从这个定义可以看出：

（1）任何含有 $\boldsymbol{0}$ 向量的向量组总是线性相关的。

（2）$\boldsymbol{a}_1,\cdots,\boldsymbol{a}_k$ 线性无关的充要条件是，$c_1\boldsymbol{a}_1+\cdots+c_k\boldsymbol{a}_k=\boldsymbol{0}$，当且仅当 $c_1=\cdots=c_k=0$。

（3）设 $\boldsymbol{a}_1,\cdots,\boldsymbol{a}_k$ 是非零向量，它们线性相关的充要条件是，存在 i 使 $\boldsymbol{a}_i=c_1\boldsymbol{a}_1+c_2\boldsymbol{a}_2+\cdots+c_{i-1}\boldsymbol{a}_{i-1}+c_{i+1}\boldsymbol{a}_{i+1}+\cdots+c_k\boldsymbol{a}_k$，其中，$c_1,\cdots,c_k$ 是一组实数。即存在 i 使 $\boldsymbol{a}_i$ 可由其他向量 $\boldsymbol{a}_1,\cdots,\boldsymbol{a}_{i-1},\boldsymbol{a}_{i+1},\cdots,\boldsymbol{a}_k$ 的线性组合来表示。

给定 $\mathbf{R}^n$ 中一组向量 $\boldsymbol{a}_1,\cdots,\boldsymbol{a}_k$，其所有可能的线性组合 $\sum\limits_{i=1}^{k}c_i\boldsymbol{a}_i$ 组成的集合

$$V(\boldsymbol{a}_1,\cdots,\boldsymbol{a}_k)=\left\{\sum_{i=1}^{k}c_i\boldsymbol{a}_i:c_1,\cdots,c_k\text{ 均为实数}\right\}$$

这个集合对加法和数乘这两种运算是封闭的，因此是 $\mathbf{R}^n$ 的一个子空间。它也常被称为由向量 $\boldsymbol{a}_1,\cdots,\boldsymbol{a}_k$ 生成的子空间。

1.1.3 基

设 V 是 $\mathbf{R}^n$ 中的一个子空间，如果存在一组向量 $\boldsymbol{a}_1,\cdots,\boldsymbol{a}_k$ 使 $V=V(\boldsymbol{a}_1,\cdots,\boldsymbol{a}_k)$，且 $\boldsymbol{a}_1,\cdots,\boldsymbol{a}_k$ 线性无关，则称 $\boldsymbol{a}_1,\cdots,\boldsymbol{a}_k$ 是 V 的一组基。

可以证明，子空间 V 中如果有两组基，那么这两组基中向量的个数一定相同，因此我们把子空间 V 中一组基所含的向量的个数称为 V 的维数。定义

$$\boldsymbol{e}_i=(\underbrace{0,\cdots,0}_{i-1\text{个}},1,\underbrace{0,\cdots,0}_{n-i\text{个}})^{\mathrm{T}},\quad i=1,2,\cdots,n$$

显然 $\boldsymbol{e}_1,\cdots,\boldsymbol{e}_n$ 是线性无关的，并且 $\mathbf{R}^n=V(\boldsymbol{e}_1,\cdots,\boldsymbol{e}_n)$，因此线性空间 $\mathbf{R}^n$ 的维数是 n。正因如此，有时也称 $\mathbf{R}^n$ 为 n 维线性空间。很显然，$V(\boldsymbol{e}_1),\cdots,V(\boldsymbol{e}_n)$都是一维的子空间；$V(\boldsymbol{e}_1,\boldsymbol{e}_2),\cdots,V(\boldsymbol{e}_{n-1},\boldsymbol{e}_n)$都是二维的子空间。

从基的定义可知，如果 $\boldsymbol{a}_1,\cdots,\boldsymbol{a}_k$ 是子空间 V 的一组基，那么 V 中的任一向量都可用 $\boldsymbol{a}_1,\cdots,\boldsymbol{a}_k$ 的线性组合来表示，并且这种表示是唯一的。

1.1.4 直和

设 $V_1,\cdots,V_k$ 是线性空间 V 的子空间，如果和 $V_1+\cdots+V_k$ 中每个向量 $\boldsymbol{a}$ 的分解式

$$\boldsymbol{a}=\boldsymbol{a}_1+\cdots+\boldsymbol{a}_k,\quad \boldsymbol{a}_1\in V_1,\cdots,\boldsymbol{a}_k\in V_k$$

是唯一的，这个和就称为直接和，简称直和，记为 $V_1\oplus\cdots\oplus V_k$。对于 $\mathbf{R}^n$ 中的一组基 $\boldsymbol{e}_1,\cdots,\boldsymbol{e}_n$，有 $\mathbf{R}^n=V(\boldsymbol{e}_1)\oplus\cdots\oplus V(\boldsymbol{e}_n)$。

1.2 内积和投影

给定 $\mathbf{R}^n$ 中任意两个向量 $\boldsymbol{a}=(a_1,\cdots,a_n)^{\mathrm{T}}$，$\boldsymbol{b}=(b_1,\cdots,b_n)^{\mathrm{T}}$，$\boldsymbol{a}$ 与 $\boldsymbol{b}$ 的内积定义为 $(\boldsymbol{a},\boldsymbol{b})\triangleq\sum\limits_{i=1}^{n}a_ib_i$。易见内积$(\boldsymbol{a},\boldsymbol{b})$满足下列性质：

（1）$(\boldsymbol{a},\boldsymbol{b})=(\boldsymbol{b},\boldsymbol{a})$；

（2）$(\boldsymbol{a},\boldsymbol{a})\geqslant 0$；$(\boldsymbol{a},\boldsymbol{a})=0\Leftrightarrow\boldsymbol{a}=\boldsymbol{0}$；

(3) $(c\boldsymbol{a},\boldsymbol{b})=(\boldsymbol{a},c\boldsymbol{b})=c(\boldsymbol{a},\boldsymbol{b})$，$\forall c\in\mathbf{R}$；

(4) $(\boldsymbol{a},\boldsymbol{h}+\boldsymbol{g})=(\boldsymbol{a},\boldsymbol{h})+(\boldsymbol{a},\boldsymbol{g})$，$(\boldsymbol{h}+\boldsymbol{g},\boldsymbol{b})=(\boldsymbol{h},\boldsymbol{b})+(\boldsymbol{g},\boldsymbol{b})$。

我们把$(\boldsymbol{a},\boldsymbol{a})$的算术平方根称为 $\boldsymbol{a}$ 的长度，记作$\|\boldsymbol{a}\|$。容易验证

$$|(\boldsymbol{a},\boldsymbol{b})|^2\leqslant\|\boldsymbol{a}\|^2\cdot\|\boldsymbol{b}\|^2 \text{（柯西不等式）} \tag{1.1}$$

$$\|\boldsymbol{a}+\boldsymbol{b}\|\leqslant\|\boldsymbol{a}\|+\|\boldsymbol{b}\| \text{（三角不等式）} \tag{1.2}$$

1.2.1　标准正交基

如果 $\mathbf{R}^n$ 中的子空间 V 的基 $\boldsymbol{a}_1,\cdots,\boldsymbol{a}_k$ 满足如下性质：

$$(\boldsymbol{a}_i,\boldsymbol{a}_i)=1,\quad i=1,2,\cdots,k$$

$$(\boldsymbol{a}_i,\boldsymbol{a}_j)=0,\quad i\neq j,\ i,j=1,2,\cdots,k$$

则称 $\boldsymbol{a}_1,\cdots,\boldsymbol{a}_k$ 是 V 的一组标准正交基，我们把$\|\boldsymbol{a}\|=1$ 的向量称为标准化的向量，有时也称为单位向量。当$(\boldsymbol{a},\boldsymbol{b})=0$ 时，称 $\boldsymbol{a}$ 与 $\boldsymbol{b}$ 正交。引入符号

$$\delta_{ij}=\begin{cases}1, & i=j\\0, & i\neq j\end{cases}$$

则 $\boldsymbol{a}_1,\cdots,\boldsymbol{a}_k$ 是 V 的一组标准正交基$\Leftrightarrow\boldsymbol{a}_1,\cdots,\boldsymbol{a}_k$ 均属于 V，且

$$(\boldsymbol{a}_i,\boldsymbol{a}_j)=\delta_{ij},\quad i,j=1,2,\cdots,k$$

1.2.2　投影

考虑 $\mathbf{R}^n$ 中的向量 $\boldsymbol{a}$ 在子空间 V 上的投影。如果在 V 中存在 $\boldsymbol{b}$ 使$\|\boldsymbol{a}-\boldsymbol{b}\|=\inf\limits_{\boldsymbol{x}\in V}\|\boldsymbol{a}-\boldsymbol{x}\|$，则称 $\boldsymbol{b}$ 是 $\boldsymbol{a}$ 在 V 中的投影，其中，$\inf\limits_{\boldsymbol{x}\in V}$表示数集的下确界。可以证明，投影是存在而且唯一的。下面先证明一条关于投影的重要性质：

$\boldsymbol{b}$ 是 $\boldsymbol{a}$ 在 V 中的投影$\Leftrightarrow(\boldsymbol{a}-\boldsymbol{b},\boldsymbol{x})=0$ 对一切 $\boldsymbol{x}\in V$ 成立。

证明　必要性：采用反证法证明。假设存在 $\boldsymbol{x}\in V$ 使$(\boldsymbol{a}-\boldsymbol{b},\boldsymbol{x})\neq0$。由于 $\boldsymbol{b}$ 是 $\boldsymbol{a}$ 在 V 中的投影，因此对任意的 λ 有

$$\begin{aligned}(\boldsymbol{a}-\boldsymbol{b},\boldsymbol{a}-\boldsymbol{b})&\leqslant(\boldsymbol{a}-\boldsymbol{b}+\lambda\boldsymbol{x},\boldsymbol{a}-\boldsymbol{b}+\lambda\boldsymbol{x})\\&=(\boldsymbol{a}-\boldsymbol{b},\boldsymbol{a}-\boldsymbol{b})+2\lambda(\boldsymbol{a}-\boldsymbol{b},\boldsymbol{x})+\lambda^2(\boldsymbol{x},\boldsymbol{x})\end{aligned}$$

令 $\lambda=-\varepsilon(\boldsymbol{a}-\boldsymbol{b},\boldsymbol{x})$，其中，$\varepsilon>0$，上式就可写成

$$(\boldsymbol{a}-\boldsymbol{b},\boldsymbol{x})^2(\varepsilon^2\|\boldsymbol{x}\|^2-2\varepsilon)\geqslant0$$

由于 $\varepsilon^2\|\boldsymbol{x}\|^2-2\varepsilon$ 不恒大于零，所以对任意的 $\varepsilon>0$，上式不成立，因此$(\boldsymbol{a}-\boldsymbol{b},\boldsymbol{x})=0$。

充分性：由于

$$\begin{aligned}(\boldsymbol{a}-\boldsymbol{x},\boldsymbol{a}-\boldsymbol{x})&=(\boldsymbol{a}-\boldsymbol{b}+\boldsymbol{b}-\boldsymbol{x},\boldsymbol{a}-\boldsymbol{b}+\boldsymbol{b}-\boldsymbol{x})\\&=(\boldsymbol{a}-\boldsymbol{b},\boldsymbol{a}-\boldsymbol{b})+2(\boldsymbol{a}-\boldsymbol{b},\boldsymbol{b}-\boldsymbol{x})+(\boldsymbol{b}-\boldsymbol{x},\boldsymbol{b}-\boldsymbol{x})\end{aligned}$$

由 $\boldsymbol{b}\in V$，$\boldsymbol{x}\in V$ 可知 $\boldsymbol{b}-\boldsymbol{x}\in V$，因而$(\boldsymbol{a}-\boldsymbol{b},\boldsymbol{b}-\boldsymbol{x})=0$，于是由

$$(\boldsymbol{a}-\boldsymbol{x},\boldsymbol{a}-\boldsymbol{x})=(\boldsymbol{a}-\boldsymbol{b},\boldsymbol{a}-\boldsymbol{b})+(\boldsymbol{b}-\boldsymbol{x},\boldsymbol{b}-\boldsymbol{x})$$

可以看出，仅当 $\boldsymbol{x}=\boldsymbol{b}$ 时$\|\boldsymbol{a}-\boldsymbol{x}\|$达到最小值。

1.2.3　格兰姆-施密特正交化方法

若一组向量 $\boldsymbol{a}_1,\cdots,\boldsymbol{a}_k$ 是线性无关的，则可依照下述方法求出子空间 $V(\boldsymbol{a}_1,\cdots,\boldsymbol{a}_k)$的一组标准正交基。

先取 $\boldsymbol{b}_1=\boldsymbol{a}_1$，因为 $\boldsymbol{a}_1,\cdots,\boldsymbol{a}_k$ 线性无关，因此 $\boldsymbol{a}_1\neq\boldsymbol{0}$，即$(\boldsymbol{a}_1,\boldsymbol{a}_1)\neq 0$；然后选取 $\boldsymbol{b}_2=\boldsymbol{a}_2-h_{21}\boldsymbol{b}_1$ 使$(\boldsymbol{b}_2,\boldsymbol{b}_1)=0$，即选取 h_{21} 使$(\boldsymbol{a}_2-h_{21}\boldsymbol{b}_1,\boldsymbol{b}_1)=0$，即

$$h_{21}=\frac{(\boldsymbol{a}_2,\boldsymbol{b}_1)}{(\boldsymbol{b}_1,\boldsymbol{b}_1)}=\frac{(\boldsymbol{a}_2,\boldsymbol{a}_1)}{(\boldsymbol{a}_1,\boldsymbol{a}_1)}$$

再选取 $\boldsymbol{b}_3=\boldsymbol{a}_3-h_{32}\boldsymbol{b}_2-h_{31}\boldsymbol{b}_1$ 使$(\boldsymbol{b}_3,\boldsymbol{b}_2)=(\boldsymbol{b}_3,\boldsymbol{b}_1)=0$，从而求出系数 h_{32},h_{31}。一般地，选取

$$\boldsymbol{b}_i=\boldsymbol{a}_i-h_{i,j-1}\boldsymbol{b}_{i-1}-\cdots-h_{i1}\boldsymbol{b}_1$$

使

$$(\boldsymbol{b}_i,\boldsymbol{b}_{i-1})=(\boldsymbol{b}_i,\boldsymbol{b}_{i-2})=\cdots=(\boldsymbol{b}_i,\boldsymbol{b}_1)=0$$

由此可求出系数 $h_{i,j-1},\cdots,h_{i1}$，这样就可以求出一组向量 $\boldsymbol{b}_1,\cdots,\boldsymbol{b}_k$。容易看出，如此求得的 $\boldsymbol{b}_1,\cdots,\boldsymbol{b}_k$ 是两两正交的，令

$$\boldsymbol{\beta}_i=\frac{1}{\|\boldsymbol{b}_i\|}\boldsymbol{b}_i,\quad i=1,2,\cdots,k$$

则 $\boldsymbol{\beta}_1,\cdots,\boldsymbol{\beta}_k$ 就是标准正交的向量组。只需要证明一组不含零向量的两两正交的向量一定是线性无关的，那么由 $\boldsymbol{\beta}_1,\cdots,\boldsymbol{\beta}_k$ 是标准正交的可知它们确实是一组基。若不然，$\boldsymbol{\beta}_1,\cdots,\boldsymbol{\beta}_k$ 线性相关，则存在不全为 0 的 $c_1,\cdots,c_k$，使 $\sum\limits_{i=1}^{k}c_i\boldsymbol{\beta}_i=\boldsymbol{0}$，因此

$$0=\left(\sum_{i=1}^{k}c_i\boldsymbol{\beta}_i,\sum_{i=1}^{k}c_i\boldsymbol{\beta}_i\right)=\sum_{i=1}^{k}\sum_{j=1}^{k}c_ic_j(\boldsymbol{\beta}_i,\boldsymbol{\beta}_j)=\sum_{i=1}^{k}c_i^2$$

这就导出 $c_1=\cdots=c_k=0$，与假设矛盾。

1.2.4 正交和

设子空间 V 是子空间 $V_1,\cdots,V_k$ 的直接和，并且当 $i\neq j$ 时，只要 $\boldsymbol{a}_i\in V_i$，$\boldsymbol{a}_j\in V_j$，则$(\boldsymbol{a}_i,\boldsymbol{a}_j)=0$，那么就称 V 是 $V_1,\cdots,V_k$ 的正交和，记为

$$V=V_1\dot{+}V_2\dot{+}\cdots\dot{+}V_k$$

一般来说，如果 $\boldsymbol{\beta}_1,\cdots,\boldsymbol{\beta}_n$ 是 $\mathbf{R}^n$ 中的一组基，那就一定有 $\mathbf{R}^n=V(\boldsymbol{\beta}_1)+\cdots+V(\boldsymbol{\beta}_n)$，但是 $\boldsymbol{\beta}_1,\cdots,\boldsymbol{\beta}_n$ 不一定是两两正交的，因此 $\mathbf{R}^n$ 不一定是 $V(\boldsymbol{\beta}_1)+\cdots+V(\boldsymbol{\beta}_n)$的正交和，只有当 $\boldsymbol{\beta}_1,\cdots,\boldsymbol{\beta}_n$ 是正交基时，$\mathbf{R}^n=V(\boldsymbol{\beta}_1)\dot{+}\cdots\dot{+}V(\boldsymbol{\beta}_n)$。取 $\boldsymbol{e}_i=(\underbrace{0,0,\cdots,0}_{i-1个},1,\underbrace{0,\cdots,0}_{n-i个})^{\mathrm{T}}(i=1,2,\cdots,n)$，显然有

$$\mathbf{R}^n=V(\boldsymbol{e}_1)\dot{+}V(\boldsymbol{e}_2)\dot{+}\cdots\dot{+}V(\boldsymbol{e}_n)$$

特别地，如果 $\mathbf{R}^n=V_1\dot{+}V_2$，则称 V_1 是 V_2 的正交补空间，或者称 V_2 是 V_1 的正交补空间。子空间 V 的正交补空间用 $V^{\perp}$ 表示，因此总有

$$V\dot{+}V^{\perp}=\mathbf{R}^n$$

正交补空间和投影有密切的关系。因为 $\mathbf{R}^n=V\dot{+}V^{\perp}$，所以每一个 $\mathbf{R}^n$ 中的向量 $\boldsymbol{x}$ 总可以写成 $\boldsymbol{u}_x+\boldsymbol{v}_x$，其 $\boldsymbol{u}_x\in V,\boldsymbol{v}_x\in V^{\perp}$。由于 $\boldsymbol{x}-\boldsymbol{a}=\boldsymbol{x}-\boldsymbol{u}_x+\boldsymbol{u}_x-\boldsymbol{a}$，因而有

$$(\boldsymbol{x}-\boldsymbol{a},\boldsymbol{x}-\boldsymbol{a})=(\boldsymbol{x}-\boldsymbol{u}_x,\boldsymbol{x}-\boldsymbol{u}_x)+(\boldsymbol{u}_x-\boldsymbol{a},\boldsymbol{u}_x-\boldsymbol{a})+2(\boldsymbol{x}-\boldsymbol{u}_x,\boldsymbol{u}_x-\boldsymbol{a})$$

注意到 $\boldsymbol{x}-\boldsymbol{u}_x=\boldsymbol{v}_x\in V^{\perp}$，如果 $\boldsymbol{a}\in V$ 时，有 $\boldsymbol{u}_x-\boldsymbol{a}\in V$，那么$(\boldsymbol{x}-\boldsymbol{u}_x,\boldsymbol{u}_x-\boldsymbol{a})=0$。于是

$$(\boldsymbol{x}-\boldsymbol{a},\boldsymbol{x}-\boldsymbol{a})\geqslant(\boldsymbol{x}-\boldsymbol{u}_x,\boldsymbol{x}-\boldsymbol{u}_x)$$

对一切 $\boldsymbol{a}\in V$ 成立，且等号成立的充要条件是 $\boldsymbol{u}_x-\boldsymbol{a}=\boldsymbol{0}$，即 $\boldsymbol{a}=\boldsymbol{u}_x$。因此，对给定的子空间 V，$\mathbf{R}^n$ 中任一向量 $\boldsymbol{x}$ 在 V 中的投影是存在的。

1.3　分块矩阵及其代数运算

在矩阵运算时，往往需要将矩阵分块，我们引入分块的记号。记

$$\boldsymbol{A}=(a_{ij}),\quad i=1,2,\cdots,n;j=1,2,\cdots,m$$

以及

$$\begin{aligned}
&\boldsymbol{A}_{11}=(a_{ij}),\quad i=1,2,\cdots,r;j=1,2,\cdots,s\\
&\boldsymbol{A}_{12}=(a_{ij}),\quad i=1,2,\cdots,r;j=s+1,s+2,\cdots,m\\
&\boldsymbol{A}_{21}=(a_{ij}),\quad i=r+1,r+2,\cdots,n;j=1,2,\cdots,s\\
&\boldsymbol{A}_{22}=(a_{ij}),\quad i=r+1,r+2,\cdots,n;j=s+1,s+2,\cdots,m
\end{aligned}$$

则 $\boldsymbol{A}$ 可写成

$$\boldsymbol{A}=\begin{pmatrix}\boldsymbol{A}_{11} & \boldsymbol{A}_{12}\\ \boldsymbol{A}_{21} & \boldsymbol{A}_{22}\end{pmatrix}\begin{matrix}r\\ n-r\end{matrix}$$
$$\qquad\quad s\qquad m-s$$

我们约定，如果 $r,s,n-r,m-s$ 中有一个是 0，则相应的子块就不出现。

1.3.1　分块矩阵的运算

设 $\boldsymbol{A}$，$\boldsymbol{B}$ 是大小相同的两个矩阵，并且具有相同的行列分块方法，即

$$\boldsymbol{A}=\begin{pmatrix}\boldsymbol{A}_{11} & \boldsymbol{A}_{12}\\ \boldsymbol{A}_{21} & \boldsymbol{A}_{22}\end{pmatrix},\quad \boldsymbol{B}=\begin{pmatrix}\boldsymbol{B}_{11} & \boldsymbol{B}_{12}\\ \boldsymbol{B}_{21} & \boldsymbol{B}_{22}\end{pmatrix}$$

则有

（1）$\boldsymbol{A}+\boldsymbol{B}=\begin{pmatrix}\boldsymbol{A}_{11}+\boldsymbol{B}_{11} & \boldsymbol{A}_{12}+\boldsymbol{B}_{12}\\ \boldsymbol{A}_{21}+\boldsymbol{B}_{21} & \boldsymbol{A}_{22}+\boldsymbol{B}_{22}\end{pmatrix}$；

（2）$c\boldsymbol{A}=\begin{pmatrix}c\boldsymbol{A}_{11} & c\boldsymbol{A}_{12}\\ c\boldsymbol{A}_{21} & c\boldsymbol{A}_{22}\end{pmatrix},\quad \forall c\in\mathbf{R}$；

（3）$\boldsymbol{A}^{\mathrm{T}}=\begin{pmatrix}\boldsymbol{A}_{11}^{\mathrm{T}} & \boldsymbol{A}_{21}^{\mathrm{T}}\\ \boldsymbol{A}_{12}^{\mathrm{T}} & \boldsymbol{A}_{22}^{\mathrm{T}}\end{pmatrix}$。

1.3.2　分块矩阵的逆

对矩阵分块求逆是矩阵运算中的一种方法，由它可以演变出一些求逆的公式，本节中第一次介绍这个内容，以后还会多次重复出现，请读者注意这一方法。

设 $\boldsymbol{A}$，$\boldsymbol{B}$ 是可乘的两个矩阵，将 $\boldsymbol{A}$，$\boldsymbol{B}$ 相应地分块，使得分块相应的乘积有意义。即若

$$\boldsymbol{A}_{n\times m}=\begin{pmatrix}\boldsymbol{A}_{11} & \boldsymbol{A}_{12}\\ \boldsymbol{A}_{21} & \boldsymbol{A}_{22}\end{pmatrix},\quad \boldsymbol{B}_{m\times l}=\begin{pmatrix}\boldsymbol{B}_{11} & \boldsymbol{B}_{12}\\ \boldsymbol{B}_{21} & \boldsymbol{B}_{22}\end{pmatrix}$$

则有

$$A_{n\times m}B_{m\times l}=\begin{pmatrix} A_{11}B_{11}+A_{12}B_{21} & A_{11}B_{12}+A_{12}B_{22} \\ A_{21}B_{11}+A_{22}B_{21} & A_{21}B_{12}+A_{22}B_{22} \end{pmatrix}$$

形象地说，矩阵分块相乘时，可以把每一子块看成“元素”，和不分块的乘法一样进行，但要注意，乘法的顺序不能随意改变。

利用分块乘法的性质，可得下面一系列公式：

（1）设 $A=\begin{pmatrix} A_{11} & A_{12} \\ A_{21} & A_{22} \end{pmatrix}$，且 $|A_{11}|\neq 0$，则

$$\begin{pmatrix} I & 0 \\ -A_{21}A_{11}^{-1} & I \end{pmatrix}\begin{pmatrix} A_{11} & A_{12} \\ A_{21} & A_{22} \end{pmatrix}\begin{pmatrix} I & -A_{11}^{-1}A_{12} \\ 0 & I \end{pmatrix}=\begin{pmatrix} A_{11} & 0 \\ 0 & A_{22}-A_{21}A_{11}^{-1}A_{12} \end{pmatrix} \tag{1.3}$$

这可以通过直接验证得到。

（2）设同（1），当 A^{-1}存在时，对式（1.3）两边求逆有

$$\begin{pmatrix} A_{11} & A_{12} \\ A_{21} & A_{22} \end{pmatrix}^{-1}=\begin{pmatrix} A_{11}^{-1}+A_{11}^{-1}A_{12}B^{-1}A_{21}A_{11}^{-1} & -A_{11}^{-1}A_{12}B^{-1} \\ -B^{-1}A_{21}A_{11}^{-1} & B^{-1} \end{pmatrix}=\begin{pmatrix} A_{11}^{-1} & 0 \\ 0 & 0 \end{pmatrix}+\begin{pmatrix} A_{11}^{-1}A_{12} \\ -I \end{pmatrix}B^{-1}(A_{21}A_{11}^{-1},-I) \tag{1.4}$$

其中，$B=A_{22}-A_{21}A_{11}^{-1}A_{12}$。

类似地，设 $|A_{22}|\neq 0, A^{-1}$存在，则有

$$\begin{pmatrix} A_{11} & A_{12} \\ A_{21} & A_{22} \end{pmatrix}^{-1}=\begin{pmatrix} 0 & 0 \\ 0 & A_{22}^{-1} \end{pmatrix}+\begin{pmatrix} -I \\ A_{22}^{-1}A_{21} \end{pmatrix}D^{-1}(-I,A_{12}A_{22}^{-1}) \tag{1.5}$$

其中，$D=A_{11}-A_{12}A_{22}^{-1}A_{21}$。

（3）比较式（1.4）与式（1.5）中右端表达式左上角的子块，将 $A_{11},A_{22},A_{12},A_{21}$ 分别写为 F,G,H,K，于是有：

如果 F^{-1}，G^{-1}存在，则当$(F-HG^{-1}K)^{-1}$存在时，就有

$$(F-HG^{-1}K)^{-1}=F^{-1}+F^{-1}H(G-KF^{-1}H)^{-1}KF^{-1} \tag{1.6}$$

如果 $G=I$，则有

$$(F-HK)^{-1}=F^{-1}+F^{-1}H(I-KF^{-1}H)^{-1}KF^{-1} \tag{1.7}$$

如果 $H=u$，$K=v^{\mathrm{T}}$，则有

$$(F-uv^{\mathrm{T}})^{-1}=F^{-1}+\frac{1}{1+v^{\mathrm{T}}F^{-1}u}(F^{-1}uv^{\mathrm{T}}F^{-1}) \tag{1.8}$$

利用这些分块求逆的公式，对（1）中等式两边取行列式，得到：

（4）$\begin{vmatrix} A_{11} & A_{12} \\ A_{21} & A_{22} \end{vmatrix}=|A_{11}|\,|A_{22}-A_{21}A_{11}^{-1}A_{12}|(|A_{11}|\neq 0)$

自然也有

$$\begin{vmatrix} A_{11} & A_{12} \\ A_{21} & A_{22} \end{vmatrix}=|A_{22}|\,|A_{22}-A_{12}A_{22}^{-1}A_{21}|(|A_{22}|\neq 0)$$

因此，当 $|\boldsymbol{A}_{11}|\neq 0$，$|\boldsymbol{A}_{22}|\neq 0$ 时，有

$$
\begin{aligned}
|\boldsymbol{A}_{11}|\,|\boldsymbol{A}_{22}-\boldsymbol{A}_{21}\boldsymbol{A}_{11}^{-1}\boldsymbol{A}_{12}| &= |\boldsymbol{A}_{22}|\,|\boldsymbol{A}_{22}-\boldsymbol{A}_{12}\boldsymbol{A}_{22}^{-1}\boldsymbol{A}_{21}| \\
&= \begin{vmatrix} \boldsymbol{A}_{11} & \boldsymbol{A}_{12} \\ \boldsymbol{A}_{21} & \boldsymbol{A}_{22} \end{vmatrix}
\end{aligned} \tag{1.9}
$$

取 $\boldsymbol{A}=\begin{pmatrix} \boldsymbol{I}_n & -\boldsymbol{M} \\ \boldsymbol{N} & \boldsymbol{I}_m \end{pmatrix}$，有

$$
\begin{vmatrix} \boldsymbol{I}_n & -\boldsymbol{M} \\ \boldsymbol{N} & \boldsymbol{I}_m \end{vmatrix} = |\boldsymbol{I}_m+\boldsymbol{NM}| = |\boldsymbol{I}_n+\boldsymbol{MN}| \tag{1.10}
$$

当 $n=1$ 时，记 $\boldsymbol{M}=\boldsymbol{x}^{\mathrm{T}},\boldsymbol{N}=\boldsymbol{y}$，式（1.10）即为

$$
\begin{vmatrix} 1 & -\boldsymbol{x}^{\mathrm{T}} \\ \boldsymbol{y} & \boldsymbol{I}_m \end{vmatrix} = |\boldsymbol{I}_m+\boldsymbol{yx}|^{\mathrm{T}} = (1+\boldsymbol{x}^{\mathrm{T}}\boldsymbol{y}) \tag{1.11}
$$

类似地，可以证得当 $\boldsymbol{F}^{-1}$ 存在时，有

$$
-\boldsymbol{x}^{\mathrm{T}}\boldsymbol{F}^{-1}\boldsymbol{y} = 1-|\boldsymbol{F}|^{-1}|\boldsymbol{F}+\boldsymbol{yx}^{\mathrm{T}}| \tag{1.12}
$$

1.3.3　初等变换下的标准形

考虑对矩阵 $\boldsymbol{A}_{m\times n}$ 左乘一个非奇异阵 $\boldsymbol{P}$，右乘一个非奇异阵 $\boldsymbol{Q}$，讨论在这种变换下 $\boldsymbol{A}$ 可以化简到什么形式。

将 $\boldsymbol{A}$ 的列进行置换，可以把 $\boldsymbol{A}\to(\boldsymbol{A}_1,\boldsymbol{A}_2)$，使

$$
\operatorname{rank}(\boldsymbol{A}_1)=r=\operatorname{rank}(\boldsymbol{A})
$$

即存在 $\boldsymbol{Q}_1$，使 $\boldsymbol{AQ}_1=(\boldsymbol{A}_1,\boldsymbol{A}_2)$，于是 $\boldsymbol{A}_2=\boldsymbol{A}_1\boldsymbol{B}_1$（因为 $\boldsymbol{A}_2$ 中的每一列均可被 $\boldsymbol{A}_1$ 中的列线性表示）。取 $\boldsymbol{Q}_2=\begin{pmatrix} \boldsymbol{I}_r & -\boldsymbol{B}_1 \\ \boldsymbol{0} & \boldsymbol{I}_{m-r} \end{pmatrix}$，则

$$
\boldsymbol{AQ}_1\boldsymbol{Q}_2=(\boldsymbol{A}_1,\boldsymbol{A}_2)\begin{pmatrix} \boldsymbol{I}_r & -\boldsymbol{B}_1 \\ \boldsymbol{0} & \boldsymbol{I}_{m-r} \end{pmatrix}=(\boldsymbol{A}_1,\boldsymbol{0})
$$

类似地，对 $(\boldsymbol{A}_1,\boldsymbol{0})$ 进行“行置换”，即存在 $\boldsymbol{P}_1$ 使

$$
\boldsymbol{P}_1(\boldsymbol{A}_1,\boldsymbol{0})=\begin{pmatrix} \boldsymbol{A}_{11} & \boldsymbol{0} \\ \boldsymbol{A}_{21} & \boldsymbol{0} \end{pmatrix},\quad 且\ \operatorname{rank}(\boldsymbol{A}_{11})=r=\operatorname{rank}(\boldsymbol{A}_1)
$$

因此，存在 $\boldsymbol{B}_2$ 使 $\boldsymbol{A}_{21}=\boldsymbol{B}_2\boldsymbol{A}_{11}$。取 $\boldsymbol{P}_2=\begin{pmatrix} \boldsymbol{I}_r & \boldsymbol{0} \\ -\boldsymbol{B}_2 & \boldsymbol{I}_{n-r} \end{pmatrix}$，于是

$$
\boldsymbol{P}_2\boldsymbol{P}_1(\boldsymbol{A}_1,\boldsymbol{0})=\begin{pmatrix} \boldsymbol{I}_r & \boldsymbol{0} \\ -\boldsymbol{B}_2 & \boldsymbol{I}_{n-r} \end{pmatrix}\begin{pmatrix} \boldsymbol{A}_{11} & \boldsymbol{0} \\ \boldsymbol{A}_{21} & \boldsymbol{0} \end{pmatrix}=\begin{pmatrix} \boldsymbol{A}_{11} & \boldsymbol{0} \\ \boldsymbol{0} & \boldsymbol{0} \end{pmatrix}
$$

注意到 $\boldsymbol{P}_1,\boldsymbol{P}_2,\boldsymbol{Q}_1,\boldsymbol{Q}_2$ 实际上都是一些初等变换的因子，因此取 $\boldsymbol{P}=\boldsymbol{P}_1\boldsymbol{P}_2,\boldsymbol{Q}=\boldsymbol{Q}_1\boldsymbol{Q}_2$，则有

$$
\boldsymbol{PAQ}=\begin{pmatrix} \boldsymbol{A}_{11} & \boldsymbol{0} \\ \boldsymbol{0} & \boldsymbol{0} \end{pmatrix},\quad |\boldsymbol{A}_{11}|\neq 0
$$

回忆一下通常用消去法解线性方程组的过程，就可以理解：对 n 阶方阵 $\boldsymbol{A}$，$|\boldsymbol{A}|\neq 0$，可以用一系列的初等变换把它变为单位阵 $\boldsymbol{I}_n$。对 $\boldsymbol{A}_{11}$ 应用这一结论，就知道，对任给的 $\boldsymbol{A}_{m\times n}$，存在 $\boldsymbol{P}$ 和 $\boldsymbol{Q}$，$|\boldsymbol{P}|\neq 0$，$|\boldsymbol{Q}|\neq 0$，使

$$\boldsymbol{PAQ}=\begin{pmatrix}\boldsymbol{I}_r & \boldsymbol{0}\\ \boldsymbol{0} & \boldsymbol{0}\end{pmatrix}, \text{其中 } r=\operatorname{rank}(\boldsymbol{A}) \tag{1.13}$$

$\begin{pmatrix}\boldsymbol{I}_r & \boldsymbol{0}\\ \boldsymbol{0} & \boldsymbol{0}\end{pmatrix}$这一类型的矩阵就是在初等变换下的标准形。注意到 $\boldsymbol{P}$，$\boldsymbol{Q}$ 可逆，式（1.13）即为

$$\boldsymbol{A}=\boldsymbol{P}^{-1}\begin{pmatrix}\boldsymbol{I}_r & \boldsymbol{0}\\ \boldsymbol{0} & \boldsymbol{0}\end{pmatrix}\boldsymbol{Q}^{-1}$$

即 $\boldsymbol{A}$ 是由标准形经过一系列的初等变换得来的。

1.4 特征根与特征向量

给定一个 n 阶方阵 $\boldsymbol{A}$，$|\lambda\boldsymbol{I}-\boldsymbol{A}|$是 λ 的 n 次多项式，称它为 $\boldsymbol{A}$ 的特征多项式，$|\lambda\boldsymbol{I}-\boldsymbol{A}|=0$ 称为 $\boldsymbol{A}$ 的特征方程。特征方程的解，也就是特征多项式的根，称为 $\boldsymbol{A}$ 的特征根。设 λ 是 $\boldsymbol{A}$ 的特征根，此时$|\lambda\boldsymbol{I}-\boldsymbol{A}|=0$，因而方程

$$(\lambda\boldsymbol{I}-\boldsymbol{A})\boldsymbol{x}=\boldsymbol{0}$$

一定有非零解，λ 所对应的非零解向量称为 λ 对应的特征向量，同时也称它为矩阵 $\boldsymbol{A}$ 的特征向量。要注意的是，特征多项式$|\lambda\boldsymbol{I}-\boldsymbol{A}|$虽然是实系数的多项式，但它的根不一定是实数。因此在讨论矩阵的特征根时，经常会超出最初所规定的实数域范围。

1.4.1 迹

对任一给定的 n 阶方阵 $\boldsymbol{A}$，$\boldsymbol{A}$ 的迹 $\operatorname{tr}(\boldsymbol{A})$是 $\boldsymbol{A}$ 的全部特征根之和。对特征多项式利用根与系数的关系式，可得

$$\operatorname{tr}(\boldsymbol{A})=\sum_{i=1}^{n}a_{ii}$$

容易验证 $\operatorname{tr}(\boldsymbol{A})$具有下列性质：

（1）$\operatorname{tr}(\boldsymbol{A}+\boldsymbol{B})=\operatorname{tr}(\boldsymbol{A})+\operatorname{tr}(\boldsymbol{B})$；

（2）$\operatorname{tr}(c\boldsymbol{A})=c\operatorname{tr}(\boldsymbol{A})$。

如果 $\boldsymbol{A}\in\mathbf{R}^{m\times n},\boldsymbol{B}\in\mathbf{R}^{n\times m}$，则 $\boldsymbol{AB}$ 与 $\boldsymbol{BA}$ 分别为 m 阶方阵与 n 阶方阵。令

$$\begin{aligned}|\lambda\boldsymbol{I}_m-\boldsymbol{AB}| &= |\boldsymbol{I}_n|\,|\lambda\boldsymbol{I}_m-\boldsymbol{AB}|\\ &=\begin{vmatrix}\lambda\boldsymbol{I}_m & \boldsymbol{A}\\ \boldsymbol{B} & \boldsymbol{I}_n\end{vmatrix}\\ &=|\lambda\boldsymbol{I}_m|\left|\boldsymbol{I}_n-\frac{1}{\lambda}\boldsymbol{BA}\right|\\ &=\lambda^{m-n}|\lambda\boldsymbol{I}_n-\boldsymbol{BA}|,\ \lambda\neq 0\end{aligned}$$

由此可见，$\boldsymbol{AB}$ 与 $\boldsymbol{BA}$ 的特征多项式只差 λ^{m-n}这个因式，因而它们的非零特征根全部相同，便可得到一个重要结论：

当 $\boldsymbol{AB}$ 与 $\boldsymbol{BA}$ 这两个乘积有意义时，它们的非零特征根全部相同。

要注意的是，如果 λ_0 是 $\boldsymbol{AB}$ 的非零特征根，λ_0 可以是多项式$|\lambda\boldsymbol{I}-\boldsymbol{AB}|$的 l 重根，上述结论告诉我们 λ_0 一定也是多项式$|\lambda\boldsymbol{I}-\boldsymbol{BA}|$的 l 重根。得到如下结论：当 $\boldsymbol{AB}$ 和 $\boldsymbol{BA}$ 均为方阵（但维数不一定相同）时，有

$$\mathrm{tr}(\boldsymbol{AB})=\mathrm{tr}(\boldsymbol{BA}) \tag{1.14}$$

这一等式经常被用到，例如

$$\mathrm{tr}(\boldsymbol{A}\boldsymbol{A}^{\mathrm{T}})=\mathrm{tr}(\boldsymbol{A}^{\mathrm{T}}\boldsymbol{A}),\mathrm{tr}(\boldsymbol{a}\boldsymbol{b}^{\mathrm{T}})=\mathrm{tr}(\boldsymbol{b}^{\mathrm{T}}\boldsymbol{a})$$

（因为向量 $\boldsymbol{a}$，$\boldsymbol{b}$ 的内积 $\boldsymbol{b}^{\mathrm{T}}\boldsymbol{a}$ 是一个数。）

1.4.2　哈密顿-凯莱定理

对任一给定的 n 阶方阵 $\boldsymbol{A}$，假设 $\boldsymbol{A}$ 的特征多项式为 $\varphi_A(\lambda)$，则 $\varphi_A(\lambda)$ 在复数域中可分解为 n 个一次因式的乘积，即

$$\varphi_A(\lambda)=(\lambda-\lambda_1)(\lambda-\lambda_2)\cdots(\lambda-\lambda_n)$$

λ_i 就是 $\boldsymbol{A}$ 的特征根。类似地可以定义

$$\varphi_{\boldsymbol{A}}(\boldsymbol{X})=(\boldsymbol{X}-\lambda_1\boldsymbol{I})(\boldsymbol{X}-\lambda_2\boldsymbol{I})\cdots(\boldsymbol{X}-\lambda_n\boldsymbol{I})$$

设 A_{ij} 是 $\boldsymbol{A}$ 的元素 a_{ij} 的代数余子式，构造矩阵

$$\widetilde{\boldsymbol{A}}=\begin{pmatrix} A_{11} & A_{21} & \cdots & A_{n1} \\ A_{12} & A_{22} & \cdots & A_{n2} \\ \vdots & \vdots & & \vdots \\ A_{1n} & A_{2n} & \cdots & A_{nn} \end{pmatrix}$$

$\widetilde{\boldsymbol{A}}$ 称为 $\boldsymbol{A}$ 的伴随矩阵，于是有

$$\boldsymbol{A}\widetilde{\boldsymbol{A}}=\begin{pmatrix} |\boldsymbol{A}| & 0 & \cdots & 0 \\ 0 & |\boldsymbol{A}| & \cdots & 0 \\ \vdots & \vdots & & \vdots \\ 0 & 0 & \cdots & |\boldsymbol{A}| \end{pmatrix}=|\boldsymbol{A}|\boldsymbol{I}_n$$

记 $\lambda\boldsymbol{I}-\boldsymbol{A}$ 的代数余子式构成的伴随矩阵为 $\boldsymbol{B}$，于是有

$$(\lambda\boldsymbol{I}-\boldsymbol{A})\boldsymbol{B}=|\lambda\boldsymbol{I}-\boldsymbol{A}|\boldsymbol{I}_n$$

显然，$\boldsymbol{B}$ 是 λ 的 $n-1$ 次多项式形成的矩阵，因此可写成 $\boldsymbol{B}_0+\lambda\boldsymbol{B}_1+\cdots+\lambda^{n-1}\boldsymbol{B}_{n-1}$，代入上式得

$$\begin{aligned}&(\lambda\boldsymbol{I}-\boldsymbol{A})(\boldsymbol{B}_0+\lambda\boldsymbol{B}_1+\cdots+\lambda^{n-1}\boldsymbol{B}_{n-1})\\ =&|\lambda\boldsymbol{I}-\boldsymbol{A}|\boldsymbol{I}_n=\varphi_A(\lambda)\boldsymbol{I}_n\\ =&\alpha_0\boldsymbol{I}+\alpha_1\lambda\boldsymbol{I}+\cdots+\alpha_{n-1}\lambda^{n-1}\boldsymbol{I}+\lambda^n\boldsymbol{I}\end{aligned}$$

比较 λ 的系数矩阵就可以得到下列等式：

$$\begin{gathered}-\boldsymbol{AB}_0=\alpha_0\boldsymbol{I}\\ -\boldsymbol{AB}_1+\boldsymbol{B}_0=\alpha_1\boldsymbol{I}\\ \vdots\\ -\boldsymbol{AB}_{n-1}+\boldsymbol{B}_{n-2}=\alpha_{n-1}\boldsymbol{I}\\ \boldsymbol{B}_{n-1}=\boldsymbol{I}\end{gathered}$$

以上各式依次左乘 $\boldsymbol{I}$，$\boldsymbol{A}$，$\boldsymbol{A}^2,\cdots,\boldsymbol{A}^{n-1}$，然后相加，得 $\boldsymbol{0}=\varphi_{\boldsymbol{A}}(\boldsymbol{A})$，这就是哈密顿-凯莱定理。该定理说明，如果 $\varphi_{\boldsymbol{A}}(\boldsymbol{A})$ 是 $\boldsymbol{A}$ 的特征多项式，则一定有 $\varphi_{\boldsymbol{A}}(\boldsymbol{A})=\boldsymbol{0}$。

由上面推导可知，对任意的 $\boldsymbol{x}\neq\boldsymbol{0}$，$\varphi_{\boldsymbol{A}}(\boldsymbol{A})\boldsymbol{x}=\boldsymbol{0}$ 成立。由定理可知，如果 $\lambda_1,\cdots,\lambda_n$ 是 $\boldsymbol{A}$ 的特征根，则

$$(\boldsymbol{A}-\lambda_1\boldsymbol{I})(\boldsymbol{A}-\lambda_2\boldsymbol{I})\cdots(\boldsymbol{A}-\lambda_n\boldsymbol{I})\boldsymbol{x}=\varphi_A(\boldsymbol{A})\boldsymbol{x}=\boldsymbol{0}$$

取 $\boldsymbol{u}=(\boldsymbol{A}-\lambda_2\boldsymbol{I})\cdots(\boldsymbol{A}-\lambda_n\boldsymbol{I})\boldsymbol{x}$，则$(\boldsymbol{A}-\lambda_1\boldsymbol{I})\boldsymbol{u}=\boldsymbol{0}$。显然，$\boldsymbol{u}\in V(\boldsymbol{x},\boldsymbol{A}\boldsymbol{x},\boldsymbol{A}^2\boldsymbol{x},\cdots,\boldsymbol{A}^{n-1}\boldsymbol{x})$。由此可知，对任意的 $\boldsymbol{x}\neq\boldsymbol{0}$，一定有 $\boldsymbol{A}$ 的特征向量属于 $V(\boldsymbol{x},\boldsymbol{A}\boldsymbol{x},\boldsymbol{A}^2\boldsymbol{x},\cdots,\boldsymbol{A}^{n-1}\boldsymbol{x})$。

1.4.3 谱分解

对任一给定的 n 阶方阵 $\boldsymbol{A}$，假设 $\boldsymbol{A}$ 的特征根是 λ，相应的特征向量是 $\boldsymbol{u}$，于是

$$\boldsymbol{A}\boldsymbol{u}=\lambda\boldsymbol{u}$$

然而，$\boldsymbol{A}^{\mathrm{T}}$ 的特征多项式与 $\boldsymbol{A}$ 的特征多项式是相同的，因为 $|\lambda\boldsymbol{I}-\boldsymbol{A}|=|\lambda\boldsymbol{I}-\boldsymbol{A}^{\mathrm{T}}|$，即 λ 也是 $\boldsymbol{A}^{\mathrm{T}}$ 的特征根，所以存在 $\boldsymbol{v}$ 使得

$$\boldsymbol{A}^{\mathrm{T}}\boldsymbol{v}=\lambda\boldsymbol{v}$$

这就表明，对 $\boldsymbol{A}$ 的每一个特征根 λ_i，存在 $\boldsymbol{u}_i$ 及 $\boldsymbol{v}_i$ 使

$$\boldsymbol{A}\boldsymbol{u}_i=\lambda_i\boldsymbol{u}_i,\boldsymbol{A}^{\mathrm{T}}\boldsymbol{v}_i=\lambda_i\boldsymbol{v}_i,\quad i=1,2,\cdots,n$$

记 $\boldsymbol{U}=(\boldsymbol{u}_1,\cdots,\boldsymbol{u}_n)$，$\boldsymbol{V}=(\boldsymbol{v}_1,\cdots,\boldsymbol{v}_n)$，容易看出，

$$\boldsymbol{A}\boldsymbol{U}=\boldsymbol{U}\boldsymbol{\Lambda},\quad \boldsymbol{A}^{\mathrm{T}}\boldsymbol{V}=\boldsymbol{V}\boldsymbol{\Lambda}$$

其中，$\boldsymbol{\Lambda}=\begin{pmatrix}\lambda_1 & & \\ & \ddots & \\ & & \lambda_n\end{pmatrix}$。

下面证明如果矩阵 $\boldsymbol{A}$ 有 n 个不相同的特征值，那么 $\boldsymbol{U}^{-1}$，V^{-1} 是存在的，即要证 $\boldsymbol{u}_1,\cdots,\boldsymbol{u}_n$ 是线性无关的，$\boldsymbol{v}_1,\cdots,\boldsymbol{v}_n$ 是线性无关的。下面采用数学归纳法证明这一结论。由于特征向量是非零向量，所以单个的特征向量必然线性无关。假设前 k 个特征向量线性无关，则证明前 $k+1$ 个特征向量线性无关。假设 $\sum\limits_{i=1}^{k+1}c_i\boldsymbol{u}_i=\boldsymbol{0}$ 成立，则 $\sum\limits_{i=1}^{k+1}\lambda_{k+1}c_i\boldsymbol{u}_i=\boldsymbol{0}$ 且 $\sum\limits_{i=1}^{k+1}\lambda_i c_i\boldsymbol{u}_i=\boldsymbol{0}$。因此可知 $\sum\limits_{i=1}^{k}(\lambda_i-\lambda_{k+1})c_i\boldsymbol{u}_i=\boldsymbol{0}$ 成立。由于前 k 个特征向量线性无关且特征值互不相同，因此，$c_1=c_2=\cdots=c_k=0$。由此可知，$c_{k+1}\boldsymbol{u}_{k+1}=\boldsymbol{0}$。由于特征向量是非零向量，因此，$c_{k+1}=0$。这就证明了前 $k+1$ 个特征向量线性无关。根据数学归纳法可知 $\boldsymbol{u}_1,\cdots,\boldsymbol{u}_n$ 线性无关。因此，$\boldsymbol{U}$ 一定可逆。同理 $\boldsymbol{V}$ 也可逆。

由关系式 $\boldsymbol{A}\boldsymbol{U}=\boldsymbol{U}\boldsymbol{\Lambda},\boldsymbol{A}^{\mathrm{T}}\boldsymbol{V}=\boldsymbol{V}\boldsymbol{\Lambda}$ 不难发现，$\boldsymbol{\Lambda}\boldsymbol{V}^{\mathrm{T}}\boldsymbol{U}=\boldsymbol{V}^{\mathrm{T}}\boldsymbol{U}\boldsymbol{\Lambda}$。由于 $\boldsymbol{\Lambda}$ 是对角矩阵，因此，$\boldsymbol{V}^{\mathrm{T}}\boldsymbol{U}$ 也是对角矩阵，即

$$\boldsymbol{V}^{\mathrm{T}}\boldsymbol{U}=\begin{pmatrix}d_1 & & \\ & \ddots & \\ & & d_n\end{pmatrix}\triangleq\boldsymbol{D}$$

由于 $\boldsymbol{U}$ 与 $\boldsymbol{V}$ 是非奇异矩阵，因此，$\boldsymbol{D}$ 也是非奇异矩阵。由此可知，$\boldsymbol{U}^{-1}=\boldsymbol{D}^{-1}\boldsymbol{V}^{\mathrm{T}}$，则有

$$\boldsymbol{U}^{-1}\boldsymbol{A}=\boldsymbol{U}\boldsymbol{A}\boldsymbol{U}^{-1}=\boldsymbol{U}\boldsymbol{\Lambda}\boldsymbol{D}^{-1}\boldsymbol{V}^{\mathrm{T}}=\boldsymbol{U}(\boldsymbol{\Lambda}\boldsymbol{D}^{-1})\boldsymbol{V}^{\mathrm{T}}=\sum_{i=1}^{n}\frac{\lambda_i}{d_i}\boldsymbol{u}_i\boldsymbol{v}_i^{\mathrm{T}}$$

设 $\boldsymbol{u}_i$ 是 $\boldsymbol{A}$ 的特征向量，则 $c\boldsymbol{u}_i$ 一定也是 $\boldsymbol{A}$ 的特征向量，适当选取 $\boldsymbol{u}_i$ 及 $\boldsymbol{v}_i$ 使 $\boldsymbol{v}_i^{\mathrm{T}}\boldsymbol{u}_i=1(i=1,2,\cdots,n)$，于是 $d_i\equiv1$，因此

$$\boldsymbol{A}=\sum_{i=1}^{n}\lambda_i\boldsymbol{u}_i\boldsymbol{v}_i^{\mathrm{T}}\tag{1.15}$$

这就是矩阵 $\boldsymbol{A}$ 的谱分解，特征根 $\lambda_1,\cdots,\lambda_n$ 也称为 $\boldsymbol{A}$ 的谱。

如果 $\boldsymbol{A}$ 的特征根有重根，例如，λ_i 是 $\boldsymbol{A}$ 的 l_i 重根，相应于 λ_i 有 l_i 个线性无关的特征向量，那么类似的讨论仍可进行。实际上，由于 $\boldsymbol{A}$ 的特征根的重数与它线性无关的特征向量的个数不一定是相同的，因此谱分解在一般情况下并不成立。很明显，矩阵

$$\boldsymbol{A}=\begin{pmatrix}1&0&0\\1&1&0\\0&1&1\end{pmatrix}$$

的三个特征根是 1，1，1，然而 1 对应的特征向量 $\boldsymbol{x}=(x_1,x_2,x_3)^{\mathrm{T}}$ 是

$$\begin{pmatrix}1&0&0\\1&1&0\\0&1&1\end{pmatrix}\begin{pmatrix}x_1\\x_2\\x_3\end{pmatrix}=\begin{pmatrix}x_1\\x_2\\x_3\end{pmatrix}$$

$$\Leftrightarrow x_1=x_1,x_1+x_2=x_2,x_2+x_3=x_3$$

$$\Leftrightarrow x_1=x_2=0,x_3\ \text{任意}$$

它只有一个非零特征向量。

1.4.4 幂等矩阵

给定 n 阶方阵 $\boldsymbol{A}$，如果方阵 $\boldsymbol{A}$ 具有性质 $\boldsymbol{A}^2=\boldsymbol{A}$，则称 $\boldsymbol{A}$ 是幂等矩阵。由于幂等矩阵和投影有密切的关系，这里先介绍一些幂等矩阵的性质。

（1）如果 $\boldsymbol{A}^2=\boldsymbol{A}$，则 $\boldsymbol{A}$ 的特征根非 0 即 1。这是因为当 λ 是 $\boldsymbol{A}$ 的特征根时，就有 $\boldsymbol{u}\neq\boldsymbol{0}$ 使 $\boldsymbol{A}\boldsymbol{u}=\lambda\boldsymbol{u}$。于是 $\boldsymbol{A}^2\boldsymbol{u}=\boldsymbol{A}(\lambda\boldsymbol{u})=\lambda^2\boldsymbol{u}$，也即 $\boldsymbol{A}\boldsymbol{u}=\lambda^2\boldsymbol{u}$，因此得 $\lambda^2=\lambda$，即 λ 非 0 即 1。

（2）如果 $\boldsymbol{A}^2=\boldsymbol{A}$，则 $\mathrm{rank}(\boldsymbol{A})=\mathrm{tr}(\boldsymbol{A})$。利用初等变换可以将矩阵 $\boldsymbol{A}$ 写成 $\boldsymbol{A}=\boldsymbol{P}\begin{pmatrix}\boldsymbol{I}_r&\boldsymbol{0}\\\boldsymbol{0}&\boldsymbol{0}\end{pmatrix}\boldsymbol{Q}$，$|\boldsymbol{P}|\neq0$，$|\boldsymbol{Q}|\neq0$，$r=\mathrm{tr}(\boldsymbol{A})$，由 $\boldsymbol{A}^2=\boldsymbol{A}$，得

$$\boldsymbol{P}\begin{pmatrix}\boldsymbol{I}_r&\boldsymbol{0}\\\boldsymbol{0}&\boldsymbol{0}\end{pmatrix}\boldsymbol{Q}\boldsymbol{P}\begin{pmatrix}\boldsymbol{I}_r&\boldsymbol{0}\\\boldsymbol{0}&\boldsymbol{0}\end{pmatrix}\boldsymbol{Q}=\boldsymbol{P}\begin{pmatrix}\boldsymbol{I}_r&\boldsymbol{0}\\\boldsymbol{0}&\boldsymbol{0}\end{pmatrix}\boldsymbol{Q}$$

因此

$$\begin{pmatrix}\boldsymbol{I}_r&\boldsymbol{0}\\\boldsymbol{0}&\boldsymbol{0}\end{pmatrix}\boldsymbol{Q}\boldsymbol{P}\begin{pmatrix}\boldsymbol{I}_r&\boldsymbol{0}\\\boldsymbol{0}&\boldsymbol{0}\end{pmatrix}=\begin{pmatrix}\boldsymbol{I}_r&\boldsymbol{0}\\\boldsymbol{0}&\boldsymbol{0}\end{pmatrix}$$

把 $\boldsymbol{Q}$，$\boldsymbol{P}$ 分块，记 $\boldsymbol{P}=(\underset{r}{\boldsymbol{P}_1},\underset{n-r}{\boldsymbol{P}_2})$，$\boldsymbol{Q}=\begin{pmatrix}\boldsymbol{Q}_1^{\mathrm{T}}\\\boldsymbol{Q}_2^{\mathrm{T}}\end{pmatrix}\begin{matrix}r\\n-r\end{matrix}$，于是

$$\begin{pmatrix}\boldsymbol{I}_r&\boldsymbol{0}\\\boldsymbol{0}&\boldsymbol{0}\end{pmatrix}\begin{pmatrix}\boldsymbol{Q}_1^{\mathrm{T}}\boldsymbol{P}_1&\boldsymbol{Q}_1^{\mathrm{T}}\boldsymbol{P}_2\\\boldsymbol{Q}_2^{\mathrm{T}}\boldsymbol{P}_1&\boldsymbol{Q}_2^{\mathrm{T}}\boldsymbol{P}_2\end{pmatrix}\begin{pmatrix}\boldsymbol{I}_r&\boldsymbol{0}\\\boldsymbol{0}&\boldsymbol{0}\end{pmatrix}=\begin{pmatrix}\boldsymbol{I}_r&\boldsymbol{0}\\\boldsymbol{0}&\boldsymbol{0}\end{pmatrix}$$

也即 $\boldsymbol{Q}_1^{\mathrm{T}}\boldsymbol{P}_1=\boldsymbol{I}_r$，记 $\boldsymbol{P}_1=(\boldsymbol{p}_1,\cdots,\boldsymbol{p}_r),\boldsymbol{Q}_1=(\boldsymbol{q}_1,\cdots,\boldsymbol{q}_r)$，则有 $\boldsymbol{p}_i^{\mathrm{T}}\boldsymbol{q}_j=\boldsymbol{q}_j^{\mathrm{T}}\boldsymbol{p}_i=\delta_{ij}(i,j=1,2,\cdots,r)$，而

$$\boldsymbol{A}=\boldsymbol{P}\begin{pmatrix}\boldsymbol{I}_r&\boldsymbol{0}\\\boldsymbol{0}&\boldsymbol{0}\end{pmatrix}\boldsymbol{Q}=(\boldsymbol{P}_1,\boldsymbol{P}_2)\begin{pmatrix}\boldsymbol{I}_r&\boldsymbol{0}\\\boldsymbol{0}&\boldsymbol{0}\end{pmatrix}\begin{pmatrix}\boldsymbol{Q}_1^{\mathrm{T}}\\\boldsymbol{Q}_2^{\mathrm{T}}\end{pmatrix}=\boldsymbol{P}_1\boldsymbol{Q}_1^{\mathrm{T}}$$

即 $\boldsymbol{A}=\sum_{i=1}^{r}\boldsymbol{p}_i\boldsymbol{q}_i^{\mathrm{T}}$，而

$$\mathrm{tr}(\boldsymbol{A}) = \sum_{i=1}^{r} \mathrm{tr}(\boldsymbol{p}_i\boldsymbol{q}_i^{\mathrm{T}}) = \sum_{i=1}^{r} \mathrm{tr}(\boldsymbol{q}_i^{\mathrm{T}}\boldsymbol{p}_i) = r = \mathrm{rank}(\boldsymbol{A})$$

这也就顺便得出以下性质：

(3) $\boldsymbol{A}^2 = \boldsymbol{A} \Leftrightarrow \boldsymbol{A} = \sum_{i=1}^{r} \boldsymbol{p}_i\boldsymbol{q}_i^{\mathrm{T}}$, $\boldsymbol{p}_i\boldsymbol{q}_j^{\mathrm{T}} = \delta_{ij}(i,j=1,2,\cdots,r)$。容易看出，当 $\boldsymbol{A}^2=\boldsymbol{A}$ 时，$(\boldsymbol{I}-\boldsymbol{A})^2=\boldsymbol{I}-\boldsymbol{A}$，于是有

$$\begin{aligned} n &= \mathrm{rank}(\boldsymbol{I}_n) = \mathrm{tr}(\boldsymbol{I}_n-\boldsymbol{A}+\boldsymbol{A}) = \mathrm{tr}(\boldsymbol{I}-\boldsymbol{A})+\mathrm{tr}(\boldsymbol{A}) \\ &= \mathrm{rank}(\boldsymbol{I}-\boldsymbol{A})+\mathrm{rank}(\boldsymbol{A}) \end{aligned}$$

而 $V(\boldsymbol{A}^{\mathrm{T}})$ 的维数是 $\mathrm{rank}(\boldsymbol{A})$，$V(\boldsymbol{I}-\boldsymbol{A})$ 的维数是 $\mathrm{rank}(\boldsymbol{I}-\boldsymbol{A})$。设 $\boldsymbol{x}\in V(\boldsymbol{A}^{\mathrm{T}})$，$\boldsymbol{y}\in V(\boldsymbol{I}-\boldsymbol{A})$，则 $\boldsymbol{x}=\boldsymbol{A}^{\mathrm{T}}\boldsymbol{u}$，$\boldsymbol{y}=(\boldsymbol{I}-\boldsymbol{A})\boldsymbol{v}$，于是

$$\boldsymbol{x}^{\mathrm{T}}\boldsymbol{y}=\boldsymbol{u}^{\mathrm{T}}\boldsymbol{A}(\boldsymbol{I}-\boldsymbol{A})\boldsymbol{v}=\boldsymbol{0}$$

即 $V(\boldsymbol{A}^{\mathrm{T}})$ 中的向量与 $V(\boldsymbol{I}-\boldsymbol{A})$ 中的向量正交，即 $\mathbf{R}^n$ 是 $V(\boldsymbol{A}^{\mathrm{T}})$ 与 $V(\boldsymbol{I}-\boldsymbol{A})$ 的正交和，因此有：

(4) $\mathbf{R}^n = V(\boldsymbol{A}^{\mathrm{T}})\dot{+}V(\boldsymbol{I}-\boldsymbol{A}) = V(\boldsymbol{A})\dot{+}V(\boldsymbol{I}-\boldsymbol{A}^{\mathrm{T}}) \Leftrightarrow \boldsymbol{A}^2=\boldsymbol{A}$。

1.5 对称矩阵的特征根与特征向量

如果 $\boldsymbol{A}^{\mathrm{T}}=\boldsymbol{A}$，则称方阵 $\boldsymbol{A}$ 是对称的。对每一个对称矩阵 $\boldsymbol{A}$，任给一个向量 $\boldsymbol{x}$，$\boldsymbol{x}^{\mathrm{T}}\boldsymbol{A}\boldsymbol{x}$ 就是 $\boldsymbol{x}$ 的一个齐次二次函数，它称为 $\boldsymbol{A}$ 对应的二次型。如果 $\boldsymbol{A}$ 的二次型 $\boldsymbol{x}^{\mathrm{T}}\boldsymbol{A}\boldsymbol{x}$ 恒大于或等于零，即 $\boldsymbol{x}^{\mathrm{T}}\boldsymbol{A}\boldsymbol{x}\geqslant 0$ 对一切 $\boldsymbol{x}$ 成立，则称 $\boldsymbol{A}$ 是半正定矩阵。如果 $\boldsymbol{A}$ 是半正定矩阵，且 $\boldsymbol{x}^{\mathrm{T}}\boldsymbol{A}\boldsymbol{x}=0$ 的充要条件是 $\boldsymbol{x}=0$，则称 $\boldsymbol{A}$ 是正定矩阵。半正定矩阵和正定矩阵都是对称矩阵，这一节着重介绍有关特征根及特征向量的结论。

1.5.1 对称矩阵的谱分解

首先，可以证明对称矩阵的特征根均为实数。如果 $\boldsymbol{A}$ 是实对称矩阵，λ，μ 是实数，$\boldsymbol{x}$，$\boldsymbol{y}$ 是实数向量，并且

$$\boldsymbol{A}(\boldsymbol{x}+\mathrm{i}\boldsymbol{y})=(\lambda+\mathrm{i}\mu)(\boldsymbol{x}+\mathrm{i}\boldsymbol{y}),\text{其中 i 为虚数}$$

比较等式两边的实部及虚部，得 $\boldsymbol{A}\boldsymbol{x}=\lambda\boldsymbol{x}-\mu\boldsymbol{y}$，$\boldsymbol{A}\boldsymbol{y}=\mu\boldsymbol{x}+\lambda\boldsymbol{y}$，故

$$\lambda\boldsymbol{y}^{\mathrm{T}}\boldsymbol{x}-\mu\boldsymbol{y}^{\mathrm{T}}\boldsymbol{y}=\boldsymbol{y}^{\mathrm{T}}\boldsymbol{A}\boldsymbol{x}=\boldsymbol{x}^{\mathrm{T}}\boldsymbol{A}\boldsymbol{y}=\mu\boldsymbol{x}^{\mathrm{T}}\boldsymbol{x}+\lambda\boldsymbol{x}^{\mathrm{T}}\boldsymbol{y}$$

得到 $\mu(\boldsymbol{x}^{\mathrm{T}}\boldsymbol{x}+\boldsymbol{y}^{\mathrm{T}}\boldsymbol{y})=0$，即 $\mu=0$。这就证明了特征根一定是实数，同时特征向量也可取为实数向量。

其次，给定 n 阶对称矩阵 $\boldsymbol{A}$，存在 $\boldsymbol{A}$ 的 n 个特征向量 $\boldsymbol{\gamma}_1,\cdots,\boldsymbol{\gamma}_n$ 使

$$\boldsymbol{\gamma}_i^{\mathrm{T}}\boldsymbol{\gamma}_j=\delta_{ij},\quad i,j=1,2,\cdots,n$$

下面用归纳法证明这一结论。设 $\boldsymbol{A}$ 的 k 个单位正交特征向量为 $\boldsymbol{\gamma}_1,\cdots,\boldsymbol{\gamma}_k$（显然，对 $\boldsymbol{A}$ 至少可以找到一个单位长度的特征向量，因此 $k\geqslant 1$），对应的特征根是 $\lambda_1,\cdots,\lambda_k$（$\lambda_1,\cdots,\lambda_k$ 可以有相同的）。于是当 $k<n$ 时，总有 $\boldsymbol{x}\neq\boldsymbol{0}$，使 $\boldsymbol{x}$ 与 $V(\boldsymbol{\gamma}_1,\cdots,\boldsymbol{\gamma}_k)$ 中的向量都正交，而

$$(\boldsymbol{A}\boldsymbol{x})^{\mathrm{T}}\boldsymbol{\gamma}_i=\boldsymbol{x}^{\mathrm{T}}\boldsymbol{A}\boldsymbol{\gamma}_i=\lambda_i\boldsymbol{x}^{\mathrm{T}}\boldsymbol{\gamma}_i=0,\quad i=1,2,\cdots,k$$

即 $\boldsymbol{x},\boldsymbol{A}\boldsymbol{x},\cdots$ 均与 $V(\boldsymbol{\gamma}_1,\cdots,\boldsymbol{\gamma}_k)$ 正交。由 1.4.2 节知 $V(\boldsymbol{x},\boldsymbol{A}\boldsymbol{x},\cdots)$ 中一定有 $\boldsymbol{A}$ 的特征向量，因此就找到了与 $\boldsymbol{\gamma}_1,\cdots,\boldsymbol{\gamma}_k$ 都正交的 $\boldsymbol{A}$ 的 n 个特征向量为 $\boldsymbol{\gamma}_1,\cdots,\boldsymbol{\gamma}_n$，它们是 $\mathbf{R}^n$ 中的一组标准正交基，即 $\delta_{ij}=\boldsymbol{\gamma}_i^{\mathrm{T}}\boldsymbol{\gamma}_j(i,j=1,2,\cdots,n)$。

记 $\boldsymbol{\Gamma}=(\boldsymbol{\gamma}_1,\cdots,\boldsymbol{\gamma}_n)$，则有 $\boldsymbol{A\Gamma}=\boldsymbol{\Gamma\Lambda}$，其中

$$\boldsymbol{\Lambda}=\begin{pmatrix}\lambda_1 & & \\ & \ddots & \\ & & \lambda_n\end{pmatrix}$$

且 $\boldsymbol{\Gamma}^{\mathrm{T}}\boldsymbol{\Gamma}=\boldsymbol{I}_n$。根据矩阵的逆具有唯一性，可得 $\boldsymbol{\Gamma}^{\mathrm{T}}=\boldsymbol{\Gamma}^{-1}$，$\boldsymbol{\Gamma\Gamma}^{\mathrm{T}}=\boldsymbol{I}_n$。于是

$$\boldsymbol{A}=\boldsymbol{\Gamma\Lambda\Gamma}^{-1}=\boldsymbol{\Gamma\Lambda\Gamma}=(\boldsymbol{\gamma}_1,\cdots,\boldsymbol{\gamma}_n)\begin{pmatrix}\lambda_1 & & \\ & \ddots & \\ & & \lambda_n\end{pmatrix}\begin{pmatrix}\boldsymbol{\gamma}_1^{\mathrm{T}} \\ \vdots \\ \boldsymbol{\gamma}_n^{\mathrm{T}}\end{pmatrix}=\sum_{i=1}^{n}\lambda_i\boldsymbol{\gamma}_i\boldsymbol{\gamma}_i^{\mathrm{T}}$$

这就证得了 $\boldsymbol{A}$ 的谱分解。

设 $\boldsymbol{\Gamma}$ 是 n 阶矩阵，如果 $\boldsymbol{\Gamma}^{\mathrm{T}}\boldsymbol{\Gamma}=\boldsymbol{\Gamma\Gamma}^{\mathrm{T}}=\boldsymbol{I}_n$，则称 $\boldsymbol{\Gamma}$ 是正交矩阵。$\boldsymbol{A}$ 的谱分解也可以表示如下：

对于任意给定的 n 阶对称矩阵 $\boldsymbol{A}$，一定存在一个正交矩阵 $\boldsymbol{\Gamma}$，使

$$\boldsymbol{\Gamma}^{\mathrm{T}}\boldsymbol{A\Gamma}=\begin{pmatrix}\lambda_1 & & \\ & \ddots & \\ & & \lambda_n\end{pmatrix} \tag{1.16}$$

其中，$\lambda_1,\cdots,\lambda_n$ 是 $\boldsymbol{A}$ 的特征根；$\boldsymbol{\Gamma}=(\boldsymbol{\gamma}_1,\cdots,\boldsymbol{\gamma}_n)$是相应的特征向量组成的正交矩阵。这也称为对角阵的对角化定理。

对给定的对称矩阵 $\boldsymbol{A}$，任给一个正交矩阵 $\boldsymbol{\Gamma}$，则 $\boldsymbol{\Gamma}^{\mathrm{T}}\boldsymbol{A\Gamma}$ 仍然是对称矩阵。上述推导告诉我们，对于 $\boldsymbol{A}\to\boldsymbol{\Gamma}^{\mathrm{T}}\boldsymbol{A\Gamma}$ 这种变换，总可以使 $\boldsymbol{A}$ 变成对角矩阵，因此对角矩阵称为对称矩阵在正交变换下的标准形。

1.5.2 对称矩阵的同时对角化

设 $\boldsymbol{A}$，$\boldsymbol{B}$ 都是 n 阶对称矩阵，对于 $\boldsymbol{A}$，存在正交矩阵 $\boldsymbol{\Gamma}_1$ 使 $\boldsymbol{\Gamma}_1^{\mathrm{T}}\boldsymbol{A\Gamma}_1$ 是对角矩阵；对于 $\boldsymbol{B}$，存在正交矩阵 $\boldsymbol{\Gamma}_2$ 使 $\boldsymbol{\Gamma}_2^{\mathrm{T}}\boldsymbol{A\Gamma}_2$ 也是对角矩阵。一般来说，$\boldsymbol{\Gamma}_1$ 与 $\boldsymbol{\Gamma}_2$ 是不同的。下面证明，$\boldsymbol{\Gamma}_1=\boldsymbol{\Gamma}_2$ 的充要条件是 $\boldsymbol{AB}=\boldsymbol{BA}$。我们把这个结论称为同时对角化定理。

先证必要性。若 $\boldsymbol{\Gamma}_1=\boldsymbol{\Gamma}_2$，则 $\boldsymbol{AB}=\boldsymbol{BA}$，此时

$$\boldsymbol{\Gamma}_1^{\mathrm{T}}\boldsymbol{A\Gamma}_1=\begin{pmatrix}\lambda_1 & & \\ & \ddots & \\ & & \lambda_n\end{pmatrix},\quad \boldsymbol{\Gamma}_2^{\mathrm{T}}\boldsymbol{A\Gamma}_2=\begin{pmatrix}\mu_1 & & \\ & \ddots & \\ & & \mu_n\end{pmatrix}$$

记 $\boldsymbol{\Gamma}_1=\boldsymbol{\Gamma}_2=\boldsymbol{\Gamma}$，则

$$\boldsymbol{A}=\boldsymbol{\Gamma}\begin{pmatrix}\lambda_1 & & \\ & \ddots & \\ & & \lambda_n\end{pmatrix}\boldsymbol{\Gamma}^{\mathrm{T}},\quad \boldsymbol{B}=\boldsymbol{\Gamma}\begin{pmatrix}\mu_1 & & \\ & \ddots & \\ & & \mu_n\end{pmatrix}\boldsymbol{\Gamma}^{\mathrm{T}}$$

因此

$$\boldsymbol{AB}=\boldsymbol{\Gamma}\begin{pmatrix}\lambda_1 & & \\ & \ddots & \\ & & \lambda_n\end{pmatrix}\boldsymbol{\Gamma}^{\mathrm{T}}\boldsymbol{\Gamma}\begin{pmatrix}\mu_1 & & \\ & \ddots & \\ & & \mu_n\end{pmatrix}\boldsymbol{\Gamma}^{\mathrm{T}}=\boldsymbol{\Gamma}\begin{pmatrix}\lambda_1\mu_1 & & \\ & \ddots & \\ & & \lambda_n\mu_n\end{pmatrix}\boldsymbol{\Gamma}^{\mathrm{T}}$$

$$=\boldsymbol{\Gamma}\begin{pmatrix}\mu_1 & & \\ & \ddots & \\ & & \mu_n\end{pmatrix}\boldsymbol{\Gamma}^{\mathrm{T}}\boldsymbol{\Gamma}\begin{pmatrix}\lambda_1 & & \\ & \ddots & \\ & & \lambda_n\end{pmatrix}\boldsymbol{\Gamma}^{\mathrm{T}}=\boldsymbol{BA}$$

再证充分性。若存在 λ_1，$\boldsymbol{u}_1$ 使得 $\boldsymbol{A}\boldsymbol{u}_1=\lambda_1\boldsymbol{u}_1$，则

$$\boldsymbol{A}\boldsymbol{B}^k\boldsymbol{u}_1=\boldsymbol{B}^k\boldsymbol{A}\boldsymbol{u}_1=\lambda_1\boldsymbol{B}^k\boldsymbol{u}_1$$

可知当 $\boldsymbol{u}_1$ 是 $\boldsymbol{A}$ 的特征值 λ_1 对应的特征向量时，$\boldsymbol{B}\boldsymbol{u}_1,\boldsymbol{B}^2\boldsymbol{u}_1,\cdots,\boldsymbol{B}^k\boldsymbol{u}_1,\cdots$都在 λ_1 对应的特征向量生成的子空间内。由 1.4.2 节知道一定有一个 $\boldsymbol{B}$ 的特征向量属于 $V(\boldsymbol{u}_1,\boldsymbol{B}\boldsymbol{u}_1,\boldsymbol{B}^2\boldsymbol{u}_1,\cdots)$，于是找到了 $\boldsymbol{A}$，$\boldsymbol{B}$ 第一个公共的特征向量，记为 $\boldsymbol{\gamma}_1$。考虑与 $\boldsymbol{\gamma}_1$ 正交的子空间，存在 $\boldsymbol{u}_2$ 是 $\boldsymbol{A}$ 的特征向量，与第一个采用的方法类似，可以找到 $\boldsymbol{A}$，$\boldsymbol{B}$ 第二个公共特征向量 $\boldsymbol{\gamma}_2$，且

$$\boldsymbol{\gamma}_2^{\mathrm{T}}\boldsymbol{\gamma}_1=0$$

如此下去，一直找到 n 个公共的特征向量为止，证毕。

因此，当 $\boldsymbol{A}_1,\cdots,\boldsymbol{A}_m$ 均为 n 阶对称矩阵时，$\boldsymbol{A}_1,\cdots,\boldsymbol{A}_m$ 可以同时对角化的充要条件是 $\boldsymbol{A}_i\boldsymbol{A}_j=\boldsymbol{A}_j\boldsymbol{A}_i$ 对一切 $i,j=1,2,\cdots,m$ 成立。特别地，对称矩阵 $\boldsymbol{A}$ 与 $\boldsymbol{A}^2,\boldsymbol{A}^3,\cdots,\boldsymbol{A}^{-1},\boldsymbol{A}^{-2},\cdots$都是可交换的，因此 $\boldsymbol{A}$ 与 $\boldsymbol{A}$ 的多项式矩阵，或 $\boldsymbol{A}^{-1}$的多项式矩阵都可以同时对角化。用谱分解的形式来表示，如果 $\boldsymbol{A}$ 的特征根是 $\lambda_1,\cdots,\lambda_n$，$\boldsymbol{\gamma}_1,\cdots,\boldsymbol{\gamma}_n$ 是对应的特征向量（标准正交基），当 $\lambda_i=0$ 时，规定 $\lambda_i^{-1}=0$，则有

$$\begin{cases}\boldsymbol{A}=\sum_{i=1}^{n}\lambda_i\boldsymbol{\gamma}_i\boldsymbol{\gamma}_i^{\mathrm{T}}\\ \boldsymbol{A}^k=\sum_{i=1}^{n}\lambda_i^k\boldsymbol{\gamma}_i\boldsymbol{\gamma}_i^{\mathrm{T}},\ k=0,\pm1,\pm2,\cdots\end{cases}\tag{1.17}$$

如果 $f(\lambda)$ 是 λ 的多项式，则有

$$\begin{cases}f(\boldsymbol{A})=\sum_{i=1}^{n}f(\lambda_i)\boldsymbol{\gamma}_i\boldsymbol{\gamma}_i^{\mathrm{T}}\\ f(\boldsymbol{A}^{-1})=\sum_{i=1}^{n}f(\lambda_i^{-1})\boldsymbol{\gamma}_i\boldsymbol{\gamma}_i^{\mathrm{T}}\end{cases}\tag{1.18}$$

1.5.3 对称矩阵特征根的极值特性

设 $\boldsymbol{A}^{\mathrm{T}}=\boldsymbol{A}$，将 $\boldsymbol{A}$ 的特征根 $\lambda_1,\cdots,\lambda_n$ 依大小顺序排列，不妨设 $\lambda_1\geqslant\lambda_2\geqslant\cdots\geqslant\lambda_n$。从谱分解（$\boldsymbol{\gamma}_1,\cdots,\boldsymbol{\gamma}_n$ 是 $\boldsymbol{A}$ 的标准化特征向量）：

$$\boldsymbol{A}=\sum_{i=1}^{n}\lambda_i\boldsymbol{\gamma}_i\boldsymbol{\gamma}_i^{\mathrm{T}},\quad \boldsymbol{I}=\sum_{i=1}^{n}\boldsymbol{\gamma}_i\boldsymbol{\gamma}_i^{\mathrm{T}}$$

可知，对任意 $\boldsymbol{x}$，$\boldsymbol{x}=\sum_{i=1}^{n}a_i\boldsymbol{\gamma}_i$ 有

$$\frac{\boldsymbol{x}^{\mathrm{T}}\boldsymbol{A}\boldsymbol{x}}{\boldsymbol{x}^{\mathrm{T}}\boldsymbol{x}}=\frac{\sum_{i=1}^{n}\lambda_i a_i^2}{\sum_{i=1}^{n}a_i^2}$$

记 $\boldsymbol{a}=(a_1,\cdots,a_n)$，显然，利用上面的等式可以得到

$$\begin{cases}\sup\limits_{x\neq 0}\dfrac{\boldsymbol{x}^{\mathrm{T}}\boldsymbol{A}\boldsymbol{x}}{\boldsymbol{x}^{\mathrm{T}}\boldsymbol{x}}=\sup\limits_{a\neq 0}\dfrac{\sum\limits_{i=1}^{n}\lambda_i a_i^2}{\boldsymbol{a}^{\mathrm{T}}\boldsymbol{a}}=\lambda_1\\ \inf\limits_{x\neq 0}\dfrac{\boldsymbol{x}^{\mathrm{T}}\boldsymbol{A}\boldsymbol{x}}{\boldsymbol{x}^{\mathrm{T}}\boldsymbol{x}}=\inf\limits_{a\neq 0}\dfrac{\sum\limits_{i=1}^{n}\lambda_i a_i^2}{\boldsymbol{a}^{\mathrm{T}}\boldsymbol{a}}=\lambda_n\end{cases} \tag{1.19}$$

仿照上面的方法，不难证明下述结论。

给定 n 阶对称方阵 $\boldsymbol{A}$，$\boldsymbol{A}$ 的谱分解是 $\sum\limits_{i=1}^{n}\lambda_i\boldsymbol{\gamma}_i\boldsymbol{\gamma}_i^{\mathrm{T}}$，且 $\lambda_1\geqslant\lambda_2\geqslant\cdots\geqslant\lambda_n$，则有

(1) $\sup\limits_{\substack{\boldsymbol{x}^{\mathrm{T}}\boldsymbol{\gamma}_i=0\\ i=1,2,\cdots,k\\ \boldsymbol{x}\neq\boldsymbol{0}}}\dfrac{\boldsymbol{x}^{\mathrm{T}}\boldsymbol{A}\boldsymbol{x}}{\boldsymbol{x}^{\mathrm{T}}\boldsymbol{x}}=\lambda_{k+1}$，$\inf\limits_{\substack{\boldsymbol{x}^{\mathrm{T}}\boldsymbol{\gamma}_i=0\\ i=1,2,\cdots,k\\ \boldsymbol{x}\neq\boldsymbol{0}}}\dfrac{\boldsymbol{x}^{\mathrm{T}}\boldsymbol{A}\boldsymbol{x}}{\boldsymbol{x}^{\mathrm{T}}\boldsymbol{x}}=\lambda_n$；　(1.20)

(2) $\sup\limits_{\substack{\boldsymbol{x}^{\mathrm{T}}\boldsymbol{\gamma}_i=0\\ i=k+1,\cdots,n\\ \boldsymbol{x}\neq\boldsymbol{0}}}\dfrac{\boldsymbol{x}^{\mathrm{T}}\boldsymbol{A}\boldsymbol{x}}{\boldsymbol{x}^{\mathrm{T}}\boldsymbol{x}}=\lambda_1$，$\inf\limits_{\substack{\boldsymbol{x}^{\mathrm{T}}\boldsymbol{\gamma}_i=0\\ i=k+1,\cdots,n\\ \boldsymbol{x}\neq\boldsymbol{0}}}\dfrac{\boldsymbol{x}^{\mathrm{T}}\boldsymbol{A}\boldsymbol{x}}{\boldsymbol{x}^{\mathrm{T}}\boldsymbol{x}}=\lambda_k$；　(1.21)

(3) 记 $\boldsymbol{\Gamma}_k=(\boldsymbol{\gamma}_1,\cdots,\boldsymbol{\gamma}_k)$，$\boldsymbol{\Gamma}_{(k)}=(\boldsymbol{\gamma}_{k+1},\cdots,\boldsymbol{\gamma}_n)$，则

$$\begin{cases}\inf\limits_{\boldsymbol{B}_{n\times k}}\sup\limits_{\substack{\boldsymbol{B}^{\mathrm{T}}\boldsymbol{x}=\boldsymbol{0}\\ \boldsymbol{x}\neq\boldsymbol{0}}}\dfrac{\boldsymbol{x}^{\mathrm{T}}\boldsymbol{A}\boldsymbol{x}}{\boldsymbol{x}^{\mathrm{T}}\boldsymbol{x}}=\sup\limits_{\substack{\boldsymbol{\Gamma}_k^{\mathrm{T}}\boldsymbol{x}=\boldsymbol{0}\\ \boldsymbol{x}\neq\boldsymbol{0}}}\dfrac{\boldsymbol{x}^{\mathrm{T}}\boldsymbol{A}\boldsymbol{x}}{\boldsymbol{x}^{\mathrm{T}}\boldsymbol{x}}=\lambda_{k+1}\\ \sup\limits_{\boldsymbol{B}_{n\times(n-k)}}\inf\limits_{\substack{\boldsymbol{B}^{\mathrm{T}}\boldsymbol{x}=\boldsymbol{0}\\ \boldsymbol{x}\neq\boldsymbol{0}}}\dfrac{\boldsymbol{x}^{\mathrm{T}}\boldsymbol{A}\boldsymbol{x}}{\boldsymbol{x}^{\mathrm{T}}\boldsymbol{x}}=\inf\limits_{\substack{\boldsymbol{\Gamma}_{(k)}^{\mathrm{T}}\boldsymbol{x}=\boldsymbol{0}\\ \boldsymbol{x}\neq\boldsymbol{0}}}\dfrac{\boldsymbol{x}^{\mathrm{T}}\boldsymbol{A}\boldsymbol{x}}{\boldsymbol{x}^{\mathrm{T}}\boldsymbol{x}}=\lambda_{k+1}\end{cases},\quad k=0,1,\cdots,n-1 \tag{1.22}$$

1.6　半正定矩阵

由 1.5 节中对称矩阵的相关结论可知，当上节的 n 阶对称方阵 $\boldsymbol{A}$ 是半正定矩阵时，存在正交矩阵 $\boldsymbol{\Gamma}$，使 $\boldsymbol{\Gamma}^{\mathrm{T}}\boldsymbol{A}\boldsymbol{\Gamma}=\begin{pmatrix}\lambda_1 & & \\ & \ddots & \\ & & \lambda_n\end{pmatrix}$，对任给的 $\boldsymbol{x}$，取 $\boldsymbol{y}=\boldsymbol{\Gamma}^{\mathrm{T}}\boldsymbol{x}$，则

$$\boldsymbol{x}^{\mathrm{T}}\boldsymbol{A}\boldsymbol{x}=\boldsymbol{x}^{\mathrm{T}}\boldsymbol{\Gamma}\boldsymbol{\Gamma}^{\mathrm{T}}\boldsymbol{A}\boldsymbol{\Gamma}\boldsymbol{\Gamma}^{\mathrm{T}}\boldsymbol{x}=\boldsymbol{y}^{\mathrm{T}}\begin{pmatrix}\lambda_1 & & \\ & \ddots & \\ & & \lambda_n\end{pmatrix}\boldsymbol{y}=\sum_{i=1}^{n}\lambda_i y_i^2$$

因此，$\lambda_i\geqslant 0$，反之亦真。为了方便，今后用 $\boldsymbol{A}\geqslant\boldsymbol{0}$ 表示 $\boldsymbol{A}$ 是半正定矩阵，$\boldsymbol{A}>\boldsymbol{0}$ 表示 $\boldsymbol{A}$ 是正定矩阵，$\boldsymbol{A}\geqslant\boldsymbol{B}$ 表示 $\boldsymbol{A}-\boldsymbol{B}\geqslant\boldsymbol{0}$，$\boldsymbol{A}>\boldsymbol{B}$ 表示 $\boldsymbol{A}-\boldsymbol{B}>\boldsymbol{0}$。则有下列性质：

(1) $\boldsymbol{A}\geqslant\boldsymbol{0}\Leftrightarrow\boldsymbol{A}$ 的特征根均为非负实数。

(2) $\boldsymbol{A}>\boldsymbol{0}\Leftrightarrow\boldsymbol{A}$ 的特征根均为实数。

(3) $\boldsymbol{A}>\boldsymbol{0}\Leftrightarrow\boldsymbol{A}\geqslant\boldsymbol{0}$，且 $|\boldsymbol{A}|\neq 0$。

(4) $\boldsymbol{A}_{n\times n}\geqslant\boldsymbol{0}\Leftrightarrow\boldsymbol{B}^{\mathrm{T}}\boldsymbol{A}\boldsymbol{B}\geqslant\boldsymbol{0}$ 对一切 $\boldsymbol{B}_{n\times m}$ 成立。

(5) $\boldsymbol{A}\geqslant\boldsymbol{0}$，$\boldsymbol{B}\geqslant\boldsymbol{0}\Rightarrow\boldsymbol{A}+\boldsymbol{B}\geqslant\boldsymbol{0}$。

(6) $\boldsymbol{A}\geqslant\boldsymbol{0}$，实数 $c>0\Rightarrow c\boldsymbol{A}\geqslant\boldsymbol{0}$。

（7） $\boldsymbol{A}\geqslant\boldsymbol{0}\Leftrightarrow$存在 $\boldsymbol{L}$ 使 $\boldsymbol{A}=\boldsymbol{L}^{\mathrm{T}}\boldsymbol{L}$。

上述性质（1）~性质（7）的证明较易进行，请读者自行证明。在此只给出（7）的证明如下：由于 $\boldsymbol{A}\geqslant\boldsymbol{0}$，则

$$\boldsymbol{A}=\boldsymbol{\Gamma}\begin{pmatrix}\lambda_1 & \cdots & 0 & 0\\ \vdots & & \vdots & \vdots\\ 0 & \cdots & \lambda_r & 0\\ 0 & \cdots & 0 & 0\end{pmatrix}\boldsymbol{\Gamma}^{\mathrm{T}}$$

$$=\boldsymbol{\Gamma}\begin{pmatrix}\sqrt{\lambda_1} & \cdots & 0 & 0\\ \vdots & & \vdots & \vdots\\ 0 & \cdots & \sqrt{\lambda_r} & 0\\ 0 & \cdots & 0 & 0\end{pmatrix}\begin{pmatrix}\sqrt{\lambda_1} & \cdots & 0 & 0\\ \vdots & & \vdots & \vdots\\ 0 & \cdots & \sqrt{\lambda_r} & 0\\ 0 & \cdots & 0 & 0\end{pmatrix}\boldsymbol{\Gamma}^{\mathrm{T}}$$

其中，$r=\operatorname{rank}(\boldsymbol{A})$，且 $\lambda_i>0(i=1,2,\cdots,r)$。因此取

$$\boldsymbol{L}=\begin{pmatrix}\sqrt{\lambda_1} & \cdots & 0 & 0\\ \vdots & & \vdots & \vdots\\ 0 & \cdots & \sqrt{\lambda_r} & 0\\ 0 & \cdots & 0 & 0\end{pmatrix}\boldsymbol{\Gamma}^{\mathrm{T}}$$

有 $\boldsymbol{A}=\boldsymbol{L}^{\mathrm{T}}\boldsymbol{L}$，必要性得证。对任给的 $\boldsymbol{x}$，由于 $\boldsymbol{A}=\boldsymbol{L}^{\mathrm{T}}\boldsymbol{L}$，则 $\boldsymbol{x}^{\mathrm{T}}\boldsymbol{A}\boldsymbol{x}=\boldsymbol{x}^{\mathrm{T}}\boldsymbol{L}^{\mathrm{T}}\boldsymbol{L}\boldsymbol{x}\geqslant 0$，因此 $\boldsymbol{A}\geqslant\boldsymbol{0}$。值得注意的是，$\boldsymbol{L}$ 可以有不同的选法。

如取

$$\boldsymbol{L}=\begin{pmatrix}\sqrt{\lambda_1} & \cdots & 0 & 0\\ \vdots & & \vdots & \vdots\\ 0 & \cdots & \sqrt{\lambda_r} & 0\end{pmatrix}\boldsymbol{\Gamma}^{\mathrm{T}}$$

则 $\operatorname{rank}(\boldsymbol{L})=\operatorname{rank}(\boldsymbol{A})$；如取

$$\boldsymbol{L}=\boldsymbol{\Gamma}\begin{pmatrix}\sqrt{\lambda_1} & \cdots & 0 & 0\\ \vdots & & \vdots & \vdots\\ 0 & \cdots & \sqrt{\lambda_r} & 0\\ 0 & \cdots & 0 & 0\end{pmatrix}\boldsymbol{\Gamma}^{\mathrm{T}}$$

则 $\boldsymbol{L}^{\mathrm{T}}=\boldsymbol{L}$，$\boldsymbol{A}=\boldsymbol{L}^{\mathrm{T}}\boldsymbol{L}=\boldsymbol{L}^2$。对于 $\boldsymbol{A}\geqslant\boldsymbol{0}$，常常取最后这一种 $\boldsymbol{L}$，并且 $\boldsymbol{A}^{\frac{1}{2}}$也是半正定矩阵。类似地，可以定义 $\boldsymbol{A}^{\alpha}$，$\alpha\geqslant 0$，即

$$\boldsymbol{A}^{\alpha}=\boldsymbol{\Gamma}\begin{pmatrix}\lambda_1^{\alpha} & \cdots & 0 & 0\\ \vdots & & \vdots & \vdots\\ 0 & \cdots & \lambda_r^{\alpha} & 0\\ 0 & \cdots & 0 & 0\end{pmatrix}\boldsymbol{\Gamma}^{\mathrm{T}}=\sum_{i=1}^{n}\lambda_i^{\alpha}\boldsymbol{\gamma}_i\boldsymbol{\gamma}_i^{\mathrm{T}} \tag{1.23}$$

显然，当 $\boldsymbol{A}>\boldsymbol{0}$ 时，$\boldsymbol{A}^{\alpha}>\boldsymbol{0}$ 对一切 $\alpha>0$ 成立。

1.6.1 同时对角化与相对特征根

设 $\boldsymbol{A}_{n\times n}^{\mathrm{T}}=\boldsymbol{A}$，$\boldsymbol{B}_{n\times n}>\boldsymbol{0}$，则存在非奇异矩阵 $\boldsymbol{P}$ 使得

$$P^{\mathrm{T}}AP=\begin{pmatrix}\mu_1 & & \\ & \ddots & \\ & & \mu_n\end{pmatrix},\ P^{\mathrm{T}}BP=I$$

其中，$\mu_1,\cdots,\mu_n$ 是方程 $|\mu B-A|=0$ 的根，也称作 A 相对于 B 的特征根。此时使用的非奇异矩阵是两个对称矩阵（其中一个必须是正定矩阵），然后进行同时对角化。下面给出证明。

令 $B=L^{\mathrm{T}}L$，$|L|\neq 0$，（因为 $B>0$）于是对 $(L^{\mathrm{T}})^{-1}AL^{-1}$ 用对称矩阵对角化定理，则有正交矩阵 Γ 使

$$\Gamma^{\mathrm{T}}(L^{\mathrm{T}})^{-1}AL^{-1}\Gamma=\begin{pmatrix}\mu_1 & & \\ & \ddots & \\ & & \mu_n\end{pmatrix}$$

取 $P=L^{-1}\Gamma$，则

$$P^{\mathrm{T}}AP=\begin{pmatrix}\mu_1 & & \\ & \ddots & \\ & & \mu_n\end{pmatrix},\ P^{\mathrm{T}}BP=I$$

且有

$$|B|^2|\lambda B-A|=|\lambda P^{\mathrm{T}}BP-P^{\mathrm{T}}AP|=\left|\lambda I-\begin{pmatrix}\mu_1 & & \\ & \ddots & \\ & & \mu_n\end{pmatrix}\right|$$

则证得，$\mu_1,\cdots,\mu_n$ 是方程 $|\mu B-A|=0$ 的根。

显然，当 $B=I$ 时，A 相对于 B 的特征根是 A 的特征根。另一方面，由

$$0=|\mu B-A|=|B||\mu I-B^{-1}A|=|\mu I-AB^{-1}||B|$$

可得，A 相对于 B 的特征根，等价于 $B^{-1}A$ 的特征根，等价于 AB^{-1} 的特征根。注意到 $B>0$，因此 $B^{-\frac{1}{2}}>0$ 是有意义的，AB^{-1} 与 $B^{-\frac{1}{2}}AB^{-\frac{1}{2}}$ 有相同的特征根，$B^{-\frac{1}{2}}AB^{-\frac{1}{2}}$ 是对称的。当 $A\geqslant 0$ 时，$B^{-\frac{1}{2}}AB^{-\frac{1}{2}}\geqslant 0$，故有 A 相对于 B 的特征根是非负的。

1.6.2　相对特征根的极值特性

设 $A_{n\times n}^{\mathrm{T}}=A$，$B_{n\times n}>0$，$A$ 相对于 B 的特征根是 $\mu_1,\cdots,\mu_n$，不妨假定 μ_i 依大小顺序排列，即 $\mu_1\geqslant\mu_2\geqslant\cdots\geqslant\mu_n$。注意到

$$\frac{x^{\mathrm{T}}Ax}{x^{\mathrm{T}}Bx}=\frac{x^{\mathrm{T}}P^{-1}P^{\mathrm{T}}APP^{-1}x}{x^{\mathrm{T}}P^{-1}P^{\mathrm{T}}BPP^{-1}x}\ \overset{y=P^{-1}x}{=\!=\!=}\ \frac{y^{\mathrm{T}}\begin{pmatrix}\mu_1 & & \\ & \ddots & \\ & & \mu_n\end{pmatrix}y}{y^{\mathrm{T}}y}$$

式中，P 是 1.6.1 节中定义的 P，由 1.5.3 节的结论可得下述结论：

$$\sup_{x\neq 0}\frac{x^{\mathrm{T}}Ax}{x^{\mathrm{T}}Bx}=\mu_1,\quad \inf_{x\neq 0}\frac{x^{\mathrm{T}}Ax}{x^{\mathrm{T}}Bx}=\mu_n$$

注意到 $B^{\frac{1}{2}}>0$，令 $y=B^{\frac{1}{2}}x$，则有 $x=0\Leftrightarrow y=0$，因此，

$$\frac{x^{\mathrm{T}}Ax}{x^{\mathrm{T}}Bx}=\frac{y^{\mathrm{T}}B^{-\frac{1}{2}}AB^{-\frac{1}{2}}y}{y^{\mathrm{T}}y}$$

可得，若以$\boldsymbol{\beta}_i$记为$B^{-\frac{1}{2}}AB^{-\frac{1}{2}}$对应于$\mu_i$的单位特征向量，则对$i=1,2,\cdots,n$，均有

$$\mu_i=\boldsymbol{\beta}_i^{\mathrm{T}}B^{-\frac{1}{2}}AB^{-\frac{1}{2}}\boldsymbol{\beta}_i$$

可将1.5.3节中其他结论写成相对特征根的形式，此处不一一列举，请读者自行完成。

1.6.3 $A^{\mathrm{T}}A$与A，A^{T}的关系

任一矩阵$A_{n\times m}$，则$A^{\mathrm{T}}A$与AA^{T}均为半正定矩阵。下面给出A，A^{T}与$A^{\mathrm{T}}A,AA^{\mathrm{T}}$之间的重要关系。

由于$Ax=0\Rightarrow A^{\mathrm{T}}Ax=0\Rightarrow xA^{\mathrm{T}}Ax=0\Rightarrow Ax=0$，因此$Ax=0\Leftrightarrow A^{\mathrm{T}}Ax=0$，即$V(A^{\mathrm{T}})=V(A^{\mathrm{T}}A)$。由此可得

（1）$V(A)=V(AA^{\mathrm{T}})$；

（2）$\mathrm{rank}(A)=\mathrm{rank}(AA^{\mathrm{T}})=\mathrm{rank}(A^{\mathrm{T}}A)=\mathrm{rank}(A^{\mathrm{T}})$；

（3）$A=0\Leftrightarrow AA^{\mathrm{T}}=0$；

（4）$AA^{\mathrm{T}}X_1=AA^{\mathrm{T}}Y_1\Leftrightarrow A^{\mathrm{T}}X_1=A^{\mathrm{T}}Y_1,A^{\mathrm{T}}AX_2=A^{\mathrm{T}}AY_2\Leftrightarrow AX_2=AY_2$；

（5）$|A_{m\times n}^{\mathrm{T}}A_{n\times m}|\neq0\Leftrightarrow\mathrm{rank}(A)=m$，$|A_{n\times m}A_{m\times n}^{\mathrm{T}}|\neq0\Leftrightarrow\mathrm{rank}(A)=n$；

（6）设$A_{n\times n}>0$，则有$B_{m\times n}^{\mathrm{T}}AB_{n\times m}>0\Leftrightarrow\mathrm{rank}(B)=m$。

1.6.4 投影矩阵

投影矩阵是一类重要的半正定矩阵，本节从投影角度引出该矩阵，并讨论其性质。

设V是$\mathbf{R}^n$上的非零维子空间，$a_1,\cdots,a_r$是V上的一组基，对于矩阵$A=(a_1,a_2,\cdots,a_r)$有$V(A)=V$。

任取$\mathbf{R}^n$中的一个向量x，利用$V\dot{+}V^{\perp}=\mathbf{R}^n$，可得$x=u+v,u\in V,v\in V^{\perp}$，其中，$u$代表$x$在$V$中的投影。

现在用矩阵来刻画投影，由于$a_1,\cdots,a_r$线性无关，可知$A_{r\times n}^{\mathrm{T}}A_{n\times r}$可逆，且$A(A^{\mathrm{T}}A)^{-1}A^{\mathrm{T}}$是一个$n\times n$矩阵。若$x\in V(A)$，则$x$可写成$Ab$的形式，即

$$A(A^{\mathrm{T}}A)^{-1}A^{\mathrm{T}}x=A(A^{\mathrm{T}}A)^{-1}A^{\mathrm{T}}Ab=Ab=x$$

若$x\perp V(A)$，即$x\in V^{\perp}(A)$，则$A^{\mathrm{T}}x=0$，因此$A(A^{\mathrm{T}}A)^{-1}A^{\mathrm{T}}x=0$。因此对于$x=u+v,u\in V,v\in V^{\perp}$，总有$A(A^{\mathrm{T}}A)^{-1}A^{\mathrm{T}}x=u$，矩阵$A(A^{\mathrm{T}}A)^{-1}A^{\mathrm{T}}$完全刻画了$V$（即$V(A)$）上的投影，我们把矩阵$A(A^{\mathrm{T}}A)^{-1}A^{\mathrm{T}}$称为空间$V$（即$V(A)$）上的投影矩阵，记为$P_A$。

显然$P_A^{\mathrm{T}}=P_A,P_A^2=P_A$。反之，若矩阵$P$满足$P^2=P,P^{\mathrm{T}}=P$，则由幂等矩阵的性质可知

$$\mathbf{R}^n=V(PI)\dot{+}V(I-P)=V(P)\dot{+}V(I-P)$$

这里P即为$V(P)$上的投影矩阵。由此可见，投影矩阵可由$P^2=P$，$P^{\mathrm{T}}=P$（幂等、对称）这两个特性所刻画。

由幂等矩阵、对称矩阵的性质可得，存在投影矩阵P使下列各式成立：

（1）$(I-P)^2=I-P$，$(I-P)^{\mathrm{T}}=I-P$（这里$I-P$是$V^{\perp}(P)$上的投影矩阵）。

（2）$\mathrm{tr}(P)=\mathrm{rank}(P)$。

（3）由于P的特征根非0即1，故而得到P的谱分解$P=\sum\limits_{i=1}^{r}\gamma_i\gamma_i^{\mathrm{T}}$，其中，$\gamma_1,\cdots,\gamma_r$是$P$

对应于特征根 1 的全部标准正交特征向量。

（4）设 $\boldsymbol{P}_A,\boldsymbol{P}_B$ 为对应于 $V(\boldsymbol{A}),V(\boldsymbol{B})$ 的投影矩阵，则

$$\boldsymbol{P}_A=\boldsymbol{P}_B \Leftrightarrow V(\boldsymbol{A})=V(\boldsymbol{B})$$

证明　当 $\boldsymbol{P}_A=\boldsymbol{P}_B$ 时，$V(\boldsymbol{A})=V(\boldsymbol{P}_A)=V(\boldsymbol{P}_B)=V(\boldsymbol{B})$。反之，当 $V(\boldsymbol{A})=V(\boldsymbol{B})$ 时，$V(\boldsymbol{P}_A)=V(\boldsymbol{A})=V(\boldsymbol{B})=V(\boldsymbol{P}_B)$，因此有

$$\boldsymbol{P}_A\boldsymbol{P}_B=\boldsymbol{P}_B,\boldsymbol{P}_B\boldsymbol{P}_A=\boldsymbol{P}_A$$

另一方面，显然有 $\boldsymbol{P}_A(\boldsymbol{I}-\boldsymbol{P}_B)=((\boldsymbol{I}-\boldsymbol{P}_B)\boldsymbol{P}_A)^{\mathrm{T}}=\boldsymbol{0}=(\boldsymbol{I}-\boldsymbol{P}_B)\boldsymbol{P}_A$，因而 $\boldsymbol{P}_A\boldsymbol{P}_B=\boldsymbol{P}_B\boldsymbol{P}_A$，即得 $\boldsymbol{P}_B=\boldsymbol{P}_A$。

（5）$\boldsymbol{P}=\boldsymbol{P}^2=\boldsymbol{P}^{\mathrm{T}}\boldsymbol{P}\geqslant\boldsymbol{0}$。

在上面的讨论中，考虑了子空间 V 中的一组基 $\boldsymbol{a}_1,\cdots,\boldsymbol{a}_r$ 组成的矩阵 $\boldsymbol{A}$ 和在 V 上的投影矩阵之间的关系。若 $\boldsymbol{a}_1,\cdots,\boldsymbol{a}_m$ 是 V 中的向量，使得 $V=V(\boldsymbol{a}_1,\cdots,\boldsymbol{a}_m)$，此时 $\boldsymbol{A}=(\boldsymbol{a}_1,\cdots,\boldsymbol{a}_m)$，这里 $\boldsymbol{a}_1,\cdots,\boldsymbol{a}_m$ 可能线性相关，因此 $(\boldsymbol{A}^{\mathrm{T}}\boldsymbol{A})^{-1}$ 可能不存在，在 $V(\boldsymbol{A})$ 上的投影矩阵就无法用 $\boldsymbol{A}(\boldsymbol{A}^{\mathrm{T}}\boldsymbol{A})^{-1}\boldsymbol{A}^{\mathrm{T}}$ 的形式表示，此时需要对 $(\boldsymbol{A}^{\mathrm{T}}\boldsymbol{A})^{-1}$ 的理解做一些修正，这些将在 1.7 节详细讨论。若考虑的基是子空间 V 中的一组标准正交基，即 $V=V(\boldsymbol{\gamma}_1,\cdots,\boldsymbol{\gamma}_r)$，且 $\boldsymbol{\gamma}_i^{\mathrm{T}}\boldsymbol{\gamma}_j=\delta_{ij}(i,j=1,2,\cdots,r)$，于是 $\boldsymbol{A}=(\boldsymbol{\gamma}_1,\cdots,\boldsymbol{\gamma}_r),\boldsymbol{A}^{\mathrm{T}}\boldsymbol{A}=\boldsymbol{I}_r$，因此

$$\boldsymbol{A}(\boldsymbol{A}^{\mathrm{T}}\boldsymbol{A})^{-1}\boldsymbol{A}^{\mathrm{T}}=\boldsymbol{A}\boldsymbol{A}^{\mathrm{T}}=\sum_{i=1}^{r}\boldsymbol{\gamma}_i\boldsymbol{\gamma}_i^{\mathrm{T}}$$

它就是 $\boldsymbol{P}_A$ 的谱分解。

1.7　矩阵的广义逆

矩阵的广义逆有各种不同的定义，这里着重介绍常用的 $\boldsymbol{A}^-$，$\boldsymbol{A}^+$ 的一些基本性质。关于 $\boldsymbol{A}^-$，$\boldsymbol{A}^+$ 的进一步的讨论在以后各章用到时会逐步展开。

1.7.1　$\boldsymbol{A}^-$

对给定的矩阵 $\boldsymbol{A}_{n\times m}$，如果有矩阵 $\boldsymbol{X}$ 满足 $\boldsymbol{AXA}=\boldsymbol{A}$，则称 $\boldsymbol{X}$ 是 $\boldsymbol{A}$ 的一个减号逆，记为 $\boldsymbol{A}^-$。

1. $\boldsymbol{A}^-$ 的存在性

如果 $\boldsymbol{A}$ 是 $n\times m$ 矩阵，由初等变换可知存在两个非奇异矩阵 $\boldsymbol{P}_{n\times n}$，$\boldsymbol{Q}_{m\times m}$，使得

$$\boldsymbol{A}=\boldsymbol{P}\begin{pmatrix}\boldsymbol{I}_r & \boldsymbol{0}\\ \boldsymbol{0} & \boldsymbol{0}\end{pmatrix}\boldsymbol{Q},\quad r=\operatorname{rank}(\boldsymbol{A})$$

于是有

$$\begin{aligned}\boldsymbol{AXA}=\boldsymbol{A}&\Leftrightarrow\boldsymbol{P}\begin{pmatrix}\boldsymbol{I}_r & \boldsymbol{0}\\ \boldsymbol{0} & \boldsymbol{0}\end{pmatrix}\boldsymbol{QXP}\begin{pmatrix}\boldsymbol{I}_r & \boldsymbol{0}\\ \boldsymbol{0} & \boldsymbol{0}\end{pmatrix}\boldsymbol{Q}=\boldsymbol{P}\begin{pmatrix}\boldsymbol{I}_r & \boldsymbol{0}\\ \boldsymbol{0} & \boldsymbol{0}\end{pmatrix}\boldsymbol{Q}\\ &\Leftrightarrow\begin{pmatrix}\boldsymbol{I}_r & \boldsymbol{0}\\ \boldsymbol{0} & \boldsymbol{0}\end{pmatrix}\boldsymbol{QXP}\begin{pmatrix}\boldsymbol{I}_r & \boldsymbol{0}\\ \boldsymbol{0} & \boldsymbol{0}\end{pmatrix}=\begin{pmatrix}\boldsymbol{I}_r & \boldsymbol{0}\\ \boldsymbol{0} & \boldsymbol{0}\end{pmatrix}\end{aligned}$$

记

$$\boldsymbol{QXP}=\begin{pmatrix}\boldsymbol{T}_{11} & \boldsymbol{T}_{12}\\ \boldsymbol{T}_{21} & \boldsymbol{T}_{22}\end{pmatrix}$$

代入上式得 $\boldsymbol{AXA}=\boldsymbol{A}\Leftrightarrow\boldsymbol{T}_{11}=\boldsymbol{I}_r$。因此

$$\boldsymbol{AXA}=\boldsymbol{A}\Leftrightarrow\boldsymbol{X}=\boldsymbol{Q}^{-1}\begin{pmatrix}\boldsymbol{I}_r & * \\ * & *\end{pmatrix}\boldsymbol{P}^{-1}$$

其中 $*$ 为任意的适当维数矩阵。这样就给出了 $\boldsymbol{A}^-$ 的表达式，一般来说，$\boldsymbol{A}$ 的减号逆 $\boldsymbol{A}^-$ 不一定只有一个，$\boldsymbol{A}$ 的秩越小，$\boldsymbol{A}^-$ 就越多。

从 $\boldsymbol{A}^-$ 的表达式可得 $\boldsymbol{A}^-$ 的一些性质：

（1）对任意的 $\boldsymbol{A}$，$\boldsymbol{A}^-$ 必存在。

（2）$\text{rank}(\boldsymbol{A}^-)\geqslant\text{rank}(\boldsymbol{A})$。

（3）$\boldsymbol{A}^-$ 唯一 $\Leftrightarrow\boldsymbol{A}^{-1}$ 存在，且 $\boldsymbol{A}^-=\boldsymbol{A}^{-1}$。

（4）$\text{rank}(\boldsymbol{A})=\text{rank}(\boldsymbol{AA}^-)=\text{rank}(\boldsymbol{A}^-\boldsymbol{A})=\text{tr}(\boldsymbol{AA}^-)=\text{tr}(\boldsymbol{A}^-\boldsymbol{A})$。

这是因为

$$\boldsymbol{AA}^-=\boldsymbol{P}\begin{pmatrix}\boldsymbol{I}_r & * \\ \boldsymbol{0} & \boldsymbol{0}\end{pmatrix}\boldsymbol{P}^{-1},\quad \boldsymbol{A}^-\boldsymbol{A}=\boldsymbol{Q}^{-1}\begin{pmatrix}\boldsymbol{I}_r & \boldsymbol{0} \\ * & \boldsymbol{0}\end{pmatrix}\boldsymbol{Q}$$

（5）若 $\text{rank}(\boldsymbol{A}_{n\times m})=m$，则 $\boldsymbol{A}^-\boldsymbol{A}=\boldsymbol{I}_m$；若 $\text{rank}(\boldsymbol{A})=n$，则 $\boldsymbol{AA}^-=\boldsymbol{I}_n$。

（6）$\boldsymbol{AA}^-\boldsymbol{AA}^-=\boldsymbol{AA}^-,\boldsymbol{A}^-\boldsymbol{AA}^-\boldsymbol{A}=\boldsymbol{A}^-\boldsymbol{A}$，即 $\boldsymbol{AA}^-$ 与 $\boldsymbol{A}^-\boldsymbol{A}$ 均为幂等矩阵。

要注意的是，若 $\boldsymbol{A}$ 是对称矩阵，则 $\boldsymbol{A}^-$ 不一定是对称的，但是在所有的 $\boldsymbol{A}^-$ 中至少有一个是对称的。利用 1.6.3 节中的（4）$\boldsymbol{A}^{\mathrm{T}}\boldsymbol{A}(\boldsymbol{A}^{\mathrm{T}}\boldsymbol{A})^-\boldsymbol{A}^{\mathrm{T}}\boldsymbol{A}=\boldsymbol{A}^{\mathrm{T}}\boldsymbol{A}$，可知

$$\boldsymbol{A}^{\mathrm{T}}\boldsymbol{A}(\boldsymbol{A}^{\mathrm{T}}\boldsymbol{A})^-\boldsymbol{A}^{\mathrm{T}}=\boldsymbol{A}^{\mathrm{T}},\boldsymbol{A}(\boldsymbol{A}^{\mathrm{T}}\boldsymbol{A})^-\boldsymbol{A}^{\mathrm{T}}\boldsymbol{A}=\boldsymbol{A} \tag{1.24}$$

2. 投影矩阵 $\boldsymbol{A}(\boldsymbol{A}^{\mathrm{T}}\boldsymbol{A})^-\boldsymbol{A}^{\mathrm{T}}$

定理 1.1 $\boldsymbol{A}(\boldsymbol{A}^{\mathrm{T}}\boldsymbol{A})^-\boldsymbol{A}^{\mathrm{T}}$ 与 $(\boldsymbol{A}^{\mathrm{T}}\boldsymbol{A})^-$ 的选法无关。

证明 利用反证法，若有两个 $\boldsymbol{A}^{\mathrm{T}}\boldsymbol{A}$ 的减号逆，设为 $(\boldsymbol{A}^{\mathrm{T}}\boldsymbol{A})_1^-$ 与 $(\boldsymbol{A}^{\mathrm{T}}\boldsymbol{A})_2^-$，则

$$\boldsymbol{A}^{\mathrm{T}}\boldsymbol{A}\ (\boldsymbol{A}^{\mathrm{T}}\boldsymbol{A})_1^-\boldsymbol{A}^{\mathrm{T}}\boldsymbol{A}=\boldsymbol{A}^{\mathrm{T}}\boldsymbol{A}=\boldsymbol{A}^{\mathrm{T}}\boldsymbol{A}\ (\boldsymbol{A}^{\mathrm{T}}\boldsymbol{A})_2^-\boldsymbol{A}^{\mathrm{T}}\boldsymbol{A}$$

利用 $\text{rank}(\boldsymbol{A}^{\mathrm{T}}\boldsymbol{A})=\text{rank}(\boldsymbol{A})=\text{rank}(\boldsymbol{A}^{\mathrm{T}})$，上式两边均消去 $\boldsymbol{A}^{\mathrm{T}}$ 与 $\boldsymbol{A}$，可得 $\boldsymbol{A}\ (\boldsymbol{A}^{\mathrm{T}}\boldsymbol{A})_1^-\boldsymbol{A}^{\mathrm{T}}=\boldsymbol{A}\ (\boldsymbol{A}^{\mathrm{T}}\boldsymbol{A})_2^-\boldsymbol{A}^{\mathrm{T}}$，故有 $\boldsymbol{A}(\boldsymbol{A}^{\mathrm{T}}\boldsymbol{A})^-\boldsymbol{A}^{\mathrm{T}}$ 与 $(\boldsymbol{A}^{\mathrm{T}}\boldsymbol{A})^-$ 的选法无关。由此可知 $\boldsymbol{A}(\boldsymbol{A}^{\mathrm{T}}\boldsymbol{A})^-\boldsymbol{A}^{\mathrm{T}}$ 是对称的，即不论 $(\boldsymbol{A}^{\mathrm{T}}\boldsymbol{A})^-$ 是否对称，$\boldsymbol{A}(\boldsymbol{A}^{\mathrm{T}}\boldsymbol{A})^-\boldsymbol{A}^{\mathrm{T}}$ 总是对称的。

另一方面，显然有

$$(\boldsymbol{A}(\boldsymbol{A}^{\mathrm{T}}\boldsymbol{A})^-\boldsymbol{A}^{\mathrm{T}})^2=\boldsymbol{A}\ (\boldsymbol{A}^{\mathrm{T}}\boldsymbol{A})^-\boldsymbol{A}^{\mathrm{T}}\boldsymbol{A}(\boldsymbol{A}^{\mathrm{T}}\boldsymbol{A})^-\boldsymbol{A}^{\mathrm{T}}=\boldsymbol{A}(\boldsymbol{A}^{\mathrm{T}}\boldsymbol{A})^-\boldsymbol{A}^{\mathrm{T}}$$

这里 $\boldsymbol{A}(\boldsymbol{A}^{\mathrm{T}}\boldsymbol{A})^-\boldsymbol{A}^{\mathrm{T}}$ 是一个投影矩阵，其满足：

（1）$\boldsymbol{A}(\boldsymbol{A}^{\mathrm{T}}\boldsymbol{A})^-\boldsymbol{A}^{\mathrm{T}}\boldsymbol{A}=\boldsymbol{A}$；

（2）当 $\boldsymbol{A}^{\mathrm{T}}\boldsymbol{x}=\boldsymbol{0}$ 时，有 $\boldsymbol{A}(\boldsymbol{A}^{\mathrm{T}}\boldsymbol{A})^-\boldsymbol{A}^{\mathrm{T}}\boldsymbol{x}=\boldsymbol{0}$。

因此，$\boldsymbol{A}(\boldsymbol{A}^{\mathrm{T}}\boldsymbol{A})^-\boldsymbol{A}^{\mathrm{T}}$ 是 $V(\boldsymbol{A})$ 的投影矩阵。同理，$\boldsymbol{A}(\boldsymbol{A}^{\mathrm{T}}\boldsymbol{A})^-\boldsymbol{A}^{\mathrm{T}}$ 是 $V(\boldsymbol{A}^{\mathrm{T}})$ 的投影矩阵。

3. 分块矩阵的求逆公式

本节分两种情况给出了四块分块矩阵求广义逆的公式，其证明过程与 1.4 节相似，此外还需用到下述两个定理：

（1）若 $|\boldsymbol{P}|\neq 0,|\boldsymbol{Q}|\neq 0$，则 $\boldsymbol{A}^-=\boldsymbol{Q}(\boldsymbol{PAQ})^-\boldsymbol{P}$；

（2）$\begin{pmatrix}\boldsymbol{A}_{11} & \boldsymbol{0} \\ \boldsymbol{0} & \boldsymbol{A}_{22}\end{pmatrix}^-=\begin{pmatrix}\boldsymbol{A}_{11}^- & \boldsymbol{X}_{12} \\ \boldsymbol{X}_{21} & \boldsymbol{A}_{22}^-\end{pmatrix}$，其中，$\boldsymbol{X}_{12}$，$\boldsymbol{X}_{21}$ 分别满足

$$\boldsymbol{A}_{11}\boldsymbol{X}_{12}\boldsymbol{A}_{22}=\boldsymbol{0},\quad \boldsymbol{A}_{22}\boldsymbol{X}_{21}\boldsymbol{A}_{11}=\boldsymbol{0} \tag{1.25}$$

下面分两种情况给出分块矩阵求逆公式：

（1）$\boldsymbol{A}_{11}^{-}$存在。此时

$$\begin{pmatrix}\boldsymbol{A}_{11} & \boldsymbol{A}_{12}\\ \boldsymbol{A}_{21} & \boldsymbol{A}_{22}\end{pmatrix}^{-}=\begin{pmatrix}\boldsymbol{A}_{11}^{-1}-\boldsymbol{A}_{11}^{-1}\boldsymbol{A}_{12}\boldsymbol{X}_{21}-\boldsymbol{X}_{12}\boldsymbol{A}_{21}\boldsymbol{A}_{11}^{-1} & \boldsymbol{X}_{12}\\ \boldsymbol{X}_{21} & \boldsymbol{0}\end{pmatrix}+\begin{pmatrix}\boldsymbol{A}_{11}^{-1}\boldsymbol{A}_{12}\\ -\boldsymbol{I}\end{pmatrix}\boldsymbol{B}^{-}(\boldsymbol{A}_{21}\boldsymbol{A}_{11}^{-1},-\boldsymbol{I}) \tag{1.26}$$

其中，$\boldsymbol{B}=\boldsymbol{A}_{22}-\boldsymbol{A}_{21}\boldsymbol{A}_{11}^{-1}\boldsymbol{A}_{12},\boldsymbol{X}_{12},\boldsymbol{X}_{21}$满足$\boldsymbol{X}_{12}\boldsymbol{B}=\boldsymbol{0}$，$\boldsymbol{B}\boldsymbol{X}_{21}=\boldsymbol{0}$。利用式（1.3），即

$$\begin{pmatrix}\boldsymbol{I} & \boldsymbol{0}\\ -\boldsymbol{A}_{21}\boldsymbol{A}_{11}^{-1} & \boldsymbol{I}\end{pmatrix}\begin{pmatrix}\boldsymbol{A}_{11} & \boldsymbol{A}_{12}\\ \boldsymbol{A}_{21} & \boldsymbol{A}_{22}\end{pmatrix}^{-}\begin{pmatrix}\boldsymbol{I} & -\boldsymbol{A}_{11}^{-1}\boldsymbol{A}_{12}\\ \boldsymbol{0} & \boldsymbol{I}\end{pmatrix}=\begin{pmatrix}\boldsymbol{A}_{11} & \boldsymbol{0}\\ \boldsymbol{0} & \boldsymbol{A}_{22}-\boldsymbol{A}_{21}\boldsymbol{A}_{11}^{-1}\boldsymbol{A}_{12}\end{pmatrix}=\begin{pmatrix}\boldsymbol{A}_{11} & \boldsymbol{0}\\ \boldsymbol{0} & \boldsymbol{B}\end{pmatrix}$$

两边取广义逆，分别用式（1.25）中的两个等式，可得到式（1.26）。同理可证$\boldsymbol{A}_{22}^{-}$存在时，有

$$\begin{pmatrix}\boldsymbol{A}_{11} & \boldsymbol{A}_{12}\\ \boldsymbol{A}_{21} & \boldsymbol{A}_{22}\end{pmatrix}^{-}=\begin{pmatrix}\boldsymbol{0} & \boldsymbol{Y}_{12}\\ \boldsymbol{Y}_{12} & \boldsymbol{A}_{22}^{-1}-\boldsymbol{A}_{22}^{-1}\boldsymbol{A}_{21}\boldsymbol{Y}_{12}-\boldsymbol{Y}_{21}\boldsymbol{A}_{12}\boldsymbol{A}_{22}^{-1}\end{pmatrix}+\begin{pmatrix}-\boldsymbol{I}\\ \boldsymbol{A}_{22}^{-1}\boldsymbol{A}_{21}\end{pmatrix}\boldsymbol{D}^{-}(-\boldsymbol{I},\boldsymbol{A}_{12}\boldsymbol{A}_{22}^{-1}) \tag{1.27}$$

其中，$\boldsymbol{D}=\boldsymbol{A}_{11}-\boldsymbol{A}_{12}\boldsymbol{A}_{22}^{-1}\boldsymbol{A}_{21},\boldsymbol{Y}_{12},\boldsymbol{Y}_{21}$满足$\boldsymbol{Y}_{21}\boldsymbol{D}=\boldsymbol{0}$，$\boldsymbol{D}\boldsymbol{Y}_{12}=\boldsymbol{0}$。值得注意的是，当$\boldsymbol{X}_{12}=\boldsymbol{0}$，$\boldsymbol{X}_{21}=\boldsymbol{0}$，$\boldsymbol{Y}_{12}=\boldsymbol{0}$，$\boldsymbol{Y}_{21}=\boldsymbol{0}$时，式（1.26）、式（1.27）右端都是$\boldsymbol{A}^{-}$的一部分，但它们不一定相同。

（2）当$\boldsymbol{A}\geqslant\boldsymbol{0}$时，由于$\boldsymbol{A}=\boldsymbol{L}^{\mathrm{T}}\boldsymbol{L}$，分块后得到

$$\begin{pmatrix}\boldsymbol{A}_{11} & \boldsymbol{A}_{12}\\ \boldsymbol{A}_{21} & \boldsymbol{A}_{22}\end{pmatrix}=\boldsymbol{A}=\boldsymbol{L}^{\mathrm{T}}L=\begin{pmatrix}\boldsymbol{L}_1^{\mathrm{T}}\boldsymbol{L}_1 & \boldsymbol{L}_1^{\mathrm{T}}\boldsymbol{L}_2\\ \boldsymbol{L}_2^{\mathrm{T}}\boldsymbol{L}_1 & \boldsymbol{L}_2^{\mathrm{T}}\boldsymbol{L}_2\end{pmatrix}$$

利用

$$\boldsymbol{A}_{11}\boldsymbol{A}_{11}^{-}\boldsymbol{A}_{12}=\boldsymbol{L}_1^{\mathrm{T}}\boldsymbol{L}_1(\boldsymbol{L}_1^{\mathrm{T}}\boldsymbol{L}_1)^{-}\boldsymbol{L}_1^{\mathrm{T}}\boldsymbol{L}_2=\boldsymbol{L}_1^{\mathrm{T}}\boldsymbol{L}_2=\boldsymbol{A}_{12}$$
$$\boldsymbol{A}_{21}\boldsymbol{A}_{11}^{-}\boldsymbol{A}_{11}=\boldsymbol{L}_2^{\mathrm{T}}\boldsymbol{L}_1(\boldsymbol{L}_1^{\mathrm{T}}\boldsymbol{L}_1)^{-}\boldsymbol{L}_1^{\mathrm{T}}\boldsymbol{L}_2=\boldsymbol{L}_2^{\mathrm{T}}\boldsymbol{L}_1=\boldsymbol{A}_{21}$$

同理有$\boldsymbol{A}_{22}\boldsymbol{A}_{22}^{-}\boldsymbol{A}_{21}=\boldsymbol{A}_{21},\boldsymbol{A}_{12}\boldsymbol{A}_{22}^{-}\boldsymbol{A}_{22}=\boldsymbol{A}_{12}$。因此

$$\begin{pmatrix}\boldsymbol{I} & \boldsymbol{0}\\ -\boldsymbol{A}_{21}\boldsymbol{A}_{11}^{-} & \boldsymbol{I}\end{pmatrix}\begin{pmatrix}\boldsymbol{A}_{11} & \boldsymbol{A}_{12}\\ \boldsymbol{A}_{21} & \boldsymbol{A}_{22}\end{pmatrix}\begin{pmatrix}\boldsymbol{I} & -\boldsymbol{A}_{11}^{-}\boldsymbol{A}_{12}\\ \boldsymbol{0} & \boldsymbol{I}\end{pmatrix}=\begin{pmatrix}\boldsymbol{A}_{11} & \boldsymbol{0}\\ \boldsymbol{0} & \boldsymbol{A}_{22}-\boldsymbol{A}_{21}\boldsymbol{A}_{11}^{-}\boldsymbol{A}_{12}\end{pmatrix}$$

利用与（1）相同的方法，得到

$$\begin{pmatrix}\boldsymbol{A}_{11} & \boldsymbol{A}_{12}\\ \boldsymbol{A}_{21} & \boldsymbol{A}_{22}\end{pmatrix}^{-}=\begin{pmatrix}\boldsymbol{A}_{11}^{-}-\boldsymbol{A}_{11}^{-}\boldsymbol{A}_{12}\boldsymbol{X}_{21}-\boldsymbol{X}_{12}\boldsymbol{A}_{21}\boldsymbol{A}_{11}^{-} & \boldsymbol{X}_{12}\\ \boldsymbol{X}_{21} & \boldsymbol{0}\end{pmatrix}+$$
$$\begin{pmatrix}\boldsymbol{A}_{11}\boldsymbol{A}_{12}\\ -\boldsymbol{I}\end{pmatrix}\boldsymbol{B}^{-}(\boldsymbol{A}_{21}\boldsymbol{A}_{11}^{-},-\boldsymbol{I})$$

其中，$\boldsymbol{B}=\boldsymbol{A}_{22}-\boldsymbol{A}_{21}\boldsymbol{A}_{11}^{-}\boldsymbol{A}_{12},\boldsymbol{X}_{12},\boldsymbol{X}_{21}$满足$\boldsymbol{A}_{11}\boldsymbol{X}_{12}\boldsymbol{B}=\boldsymbol{0}$，$\boldsymbol{B}\boldsymbol{X}_{21}\boldsymbol{A}_{11}=\boldsymbol{0}$。类似地，有

$$\begin{pmatrix}\boldsymbol{A}_{11} & \boldsymbol{A}_{12}\\ \boldsymbol{A}_{21} & \boldsymbol{A}_{22}\end{pmatrix}^{-}=\begin{pmatrix}\boldsymbol{0} & \boldsymbol{Y}_{12}\\ \boldsymbol{Y}_{21} & \boldsymbol{A}_{22}^{-}-\boldsymbol{A}_{22}^{-}\boldsymbol{A}_{21}\boldsymbol{Y}_{12}-\boldsymbol{Y}_{21}\boldsymbol{A}_{12}\boldsymbol{A}_{22}^{-}\end{pmatrix}+$$
$$\begin{pmatrix}-\boldsymbol{I}\\ \boldsymbol{A}_{22}^{-}\boldsymbol{A}_{21}\end{pmatrix}\boldsymbol{D}^{-}(-\boldsymbol{I},\boldsymbol{A}_{12}\boldsymbol{A}_{22}^{-})$$

其中，$\boldsymbol{D}=\boldsymbol{A}_{11}-\boldsymbol{A}_{12}\boldsymbol{A}_{22}^{-}\boldsymbol{A}_{21},\boldsymbol{Y}_{12},\boldsymbol{Y}_{21}$满足$\boldsymbol{A}_{22}\boldsymbol{Y}_{21}\boldsymbol{D}=\boldsymbol{0}$，$\boldsymbol{D}\boldsymbol{Y}_{12}\boldsymbol{A}_{22}=\boldsymbol{0}$。

比较这两个不同表达式的左上角子块，可得

$$(\boldsymbol{A}_{11}-\boldsymbol{A}_{12}\boldsymbol{A}_{22}^{-}\boldsymbol{A}_{21})^{-}=\boldsymbol{A}_{11}^{-}+\boldsymbol{A}_{11}^{-}\boldsymbol{A}_{12}(\boldsymbol{A}_{22}-\boldsymbol{A}_{21}\boldsymbol{A}_{11}^{-}\boldsymbol{A}_{12})^{-}\boldsymbol{A}_{21}\boldsymbol{A}_{11}^{-}-$$
$$\boldsymbol{A}_{11}^{-}\boldsymbol{A}_{12}\boldsymbol{X}_{21}-\boldsymbol{X}_{12}\boldsymbol{A}_{21}\boldsymbol{A}_{11}^{-}$$

$\boldsymbol{X}_{21},\boldsymbol{X}_{12}$满足

$$A_{11}X_{12}(A_{22}-A_{21}A_{11}^{-}A_{12})=0$$

$$(A_{22}-A_{21}A_{11}^{-}A_{12})X_{21}A_{11}=0$$

显然，可以取 $X_{21}=0, X_{12}=0$，用 $L_i^{\mathrm{T}}L_j$ 来代替 A_{ij}，得到

$$(L_1^{\mathrm{T}}L_1)^{-}+(L_1^{\mathrm{T}}L_1)^{-}L_1^{\mathrm{T}}L_2(L_2^{\mathrm{T}}L_2-L_2^{\mathrm{T}}L_1(L_1^{\mathrm{T}}L_1)^{-}L_1^{\mathrm{T}}L_2)^{-}L_2^{\mathrm{T}}L_1(L_1^{\mathrm{T}}L_1)^{-}$$

是 $L_1^{\mathrm{T}}L_1-L_1^{\mathrm{T}}L_2\ (L_2^{\mathrm{T}}L_2)^{-}L_2^{\mathrm{T}}L_1$ 的减号逆。由 1.6.4 节可知，矩阵 $L_i\ (L_i^{\mathrm{T}}L_i)^{-}L_i^{\mathrm{T}}$ 是投影矩阵 P_{L_i}，于是得到

$$(L_1^{\mathrm{T}}L_1)^{-}+(L_1^{\mathrm{T}}L_1)^{-}L_1^{\mathrm{T}}L_2(L_2^{\mathrm{T}}(I-P_{L_1})L_2)^{-}L_2^{\mathrm{T}}L_1(L_1^{\mathrm{T}}L_1)^{-}$$

是 $L_1^{\mathrm{T}}(I-P_{L_2})L_1$ 的减号逆。注意，该式不是 $L_1^{\mathrm{T}}(I-P_{L_2})L_1$ 减号逆的全体，而是 $L_1^{\mathrm{T}}(I-P_{L_2})L_1$ 的一个减号逆。当仅需任意一个 $L_1^{\mathrm{T}}(I-P_{L_2})L_1$ 的减号逆时，该式可简便求减号逆。例如，当 $V(L_2)\subset V(L_1)$时，$(I-P_{L_1})L_2=0$，可将$(L_2^{\mathrm{T}}(I-P_{L_1})L_2)^{-}$取为 0，于是得到$(L_1^{\mathrm{T}}L_1)^{-}$是 $L_1^{\mathrm{T}}(I-P_{L_2})L_1$ 的减号逆，这一事实在考虑一些投影问题时会用到。

1.7.2 A^{+}

给定一个矩阵 $A_{n\times m}$，若有 X 满足

$$\begin{cases} AXA=A,\ XAX=X \\ (AX)^{\mathrm{T}}=AX,\ (XA)^{\mathrm{T}}=XA \end{cases}$$

则称 X 是 A 的加号逆，记作 A^{+}。

1. A^{+}的存在性和唯一性

由初等变换可知，任意矩阵 $A_{n\times m}$，$r=\mathrm{rank}(A)\neq 0$，总存在 $P_{n\times r}$，$Q_{m\times r}$，使 $r=\mathrm{rank}(P)=\mathrm{rank}(Q)$，且 $A=PQ^{\mathrm{T}}$，$P^{\mathrm{T}}P$ 与 $Q^{\mathrm{T}}Q$ 均可逆，那么$(P^{\mathrm{T}}P)^{-1}$,$(Q^{\mathrm{T}}Q)^{-1}$都存在。下面证明 $X=Q(Q^{\mathrm{T}}Q)^{-1}(P^{\mathrm{T}}P)^{-1}P^{\mathrm{T}}$ 即为 A^{+}。要说明一点，当 $r=0$ 时，$A=0$，规定 $A^{+}=0$，因此，下面只考虑 $r\neq 0$ 的情形。易见

$$AXA=PQ^{\mathrm{T}}Q(Q^{\mathrm{T}}Q)^{-1}(P^{\mathrm{T}}P)^{-1}P^{\mathrm{T}}PQ^{\mathrm{T}}=PQ^{\mathrm{T}}=A$$

$$XAX=Q(Q^{\mathrm{T}}Q)^{-1}(P^{\mathrm{T}}P)^{-1}P^{\mathrm{T}}PQ^{\mathrm{T}}Q(Q^{\mathrm{T}}Q)^{-1}(P^{\mathrm{T}}P)^{-1}P^{\mathrm{T}}=X$$

$AX=P(P^{\mathrm{T}}P)^{-1}P^{\mathrm{T}}$ 是对称的

$XA=Q(Q^{\mathrm{T}}Q)^{-1}Q^{\mathrm{T}}$ 是对称的

可见 X 即为 A^{+}，故而证明了 A^{+}的存在性。

下面证明唯一性，如果 A_1^{+} 和 A_2^{+} 是两个不同的 A^{+}，则

$$\begin{aligned} A_1^{+}&=A_1^{+}AA_1^{+}=A_1^{+}A_1^{+\mathrm{T}}A^{\mathrm{T}}=A_1^{+}A_1^{+\mathrm{T}}A^{\mathrm{T}}A_2^{+\mathrm{T}}A^{\mathrm{T}} \\ &=A_1^{+}(AA)^{\mathrm{T}}(AA)^{\mathrm{T}}=A_1^{+}AA_1^{+}AA_2^{+}=A_1^{+}AA_2^{+} \end{aligned}$$

又

$$\begin{aligned} A_2^{+}&=A_2^{+}AA_2^{+}=A^{\mathrm{T}}A_2^{+\mathrm{T}}A_2^{+}=A^{\mathrm{T}}A_1^{+\mathrm{T}}A^{\mathrm{T}}A_2^{+\mathrm{T}}A_2^{+} \\ &=(A_1^{+}A)^{\mathrm{T}}(A_2^{+}A)^{\mathrm{T}}A_2^{+}=A_1^{+}AA_2^{+}AA_2^{+}=A_1^{+}AA_2^{+}=A_1^{+} \end{aligned}$$

故而证明了唯一性。

从 A^{+}的表达式可以看出：当 $\mathrm{rank}(A_{n\times m})=n$ 时，$A^{+}=A^{\mathrm{T}}(AA^{\mathrm{T}})^{-1}$；当 $\mathrm{rank}(A_{n\times m})=m$ 时，$A^{+}=(A^{\mathrm{T}}A)^{-1}A^{\mathrm{T}}$；当 A^{-1}存在时，$A^{+}=A^{-1}$。

显然，A^{+}本身也是 A 的一个减号逆。因此，凡是对任一 A^{-}都成立的公式，对 A^{+}自然成

立。反之，A^+所具有的性质，每一个 A 的减号逆并非都有。这点在使用 A^-和 A^+时需要注意。

2. A^+的基本性质

下面列举一些 A^+的性质，这里只给出一些简单的说明，请读者自行验证。

（1）$(A^+)^+=A$；$(A^{\mathrm{T}})^+=(A^+)^{\mathrm{T}}$。

（2）$A^+=A^{\mathrm{T}}(AA^{\mathrm{T}})^+$。

提示：可利用$(A^{\mathrm{T}}A)^+$也是一个$(A^{\mathrm{T}}A)^-$，以及

$$A(A^{\mathrm{T}}A)^+A^{\mathrm{T}}A=A,\quad AA^{\mathrm{T}}(AA^{\mathrm{T}})^+A=A$$

等其他一些等式验证。

（3）$(A^{\mathrm{T}}A)^+=A^+(A^+)^{\mathrm{T}}$。

（4）若 $A_{n\times m}=P_{n\times r}Q_{r\times m}$，$\mathrm{rank}(A)=\mathrm{rank}(P)=\mathrm{rank}(Q)=r$，则

$$A^+=Q^+P^+$$

（5）若 $H^{\mathrm{T}}=H$，$H^2=H$,则 $H^+=H$。

（6）若 $H^+=H$，则 $H^2=P_H$。

（7）若 $A_{n\times n}^{\mathrm{T}}=A$，$\Gamma$ 是正交矩阵，且

$$A=\Gamma\begin{pmatrix}\lambda_1 & & \\ & \ddots & \\ & & \lambda_n\end{pmatrix}\Gamma^{\mathrm{T}}$$

并约定 $\lambda^+=\begin{cases}\lambda^{-1}, & \lambda\neq 0\\ 0, & \lambda=0\end{cases}$，则有

$$A^+=\Gamma\begin{pmatrix}\lambda_1^+ & & \\ & \ddots & \\ & & \lambda_n^+\end{pmatrix}\Gamma^{\mathrm{T}}$$

当对称矩阵 A 的谱分解为 $\sum\limits_{i=1}^{n}\lambda_i\gamma_i\gamma_i^{\mathrm{T}}$ 时，A^+的谱分解为 $\sum\limits_{i=1}^{n}\lambda_i^+\gamma_i\gamma_i^{\mathrm{T}}$。

（8）若 n 阶 Γ_1 和 m 阶 Γ_2 是正交矩阵，A 是任一给定的 $n\times m$ 矩阵，则有

$$(\Gamma_1A\Gamma_2)^+=\Gamma_2^{\mathrm{T}}A^+\Gamma_1^{\mathrm{T}}$$

（9）$AA^+\geqslant 0$，$A^+A\geqslant 0$。

由于 $AA^+=AA^{\mathrm{T}}(AA^{\mathrm{T}})^+$,若

$$AA^{\mathrm{T}}=\Gamma\begin{pmatrix}\lambda_1 & & \\ & \ddots & \\ & & \lambda_n\end{pmatrix}\Gamma^{\mathrm{T}},\quad \Gamma=(\gamma_1,\cdots,\gamma_n)$$

则 $AA^+=\sum\limits_{\lambda_i\neq 0}^{n}\gamma_i\gamma_i^{\mathrm{T}}\geqslant 0$。因此 AA^+的特征根非 0 即 1，AA^+是一投影矩阵。同理，A^+A,$I-A^+A$,$I-AA^+$均为投影矩阵。

1.7.3　线性方程组的解

线性方程组 $Ax=b$ 可能是相容的，也可能是不相容的，相容时要求它的全部解，不相容时要求它的全部最小二乘解，这些问题的解决都与 A^-,A^+有关。对于矩阵方程 $AX=B$ 的解也是相似的，因为求 $A_{n\times m}X_{m\times p}=B_{n\times p}$ 的解 X 时，只要将 X 和 B 依列写出，$X=(x_1,\cdots,x_p)$，$B=$

$(\boldsymbol{b}_1,\cdots,\boldsymbol{b}_p)$，则

$$\boldsymbol{AX}=\boldsymbol{B}\Leftrightarrow \boldsymbol{Ax}_i=\boldsymbol{b}_i, i=1,2,\cdots,p$$

这样就把 $\boldsymbol{AX}=\boldsymbol{B}$ 的求解问题转化成了 $\boldsymbol{Ax}=\boldsymbol{b}$ 的求解问题。下面逐个讨论这些问题的解。

1. 相容方程 $\boldsymbol{Ax}=\boldsymbol{b}$ 的解

定理 1.2 如果 $\boldsymbol{Ax}=\boldsymbol{b}$ 是相容的，则 $\boldsymbol{Ax}=\boldsymbol{b}$ 有解，即存在 $\boldsymbol{u}$ 使 $\boldsymbol{b}=\boldsymbol{Au}$，于是 $\boldsymbol{x}=\boldsymbol{A}^-\boldsymbol{b}$（$=\boldsymbol{A}^-\boldsymbol{Au}$）即为解，因为

$$\boldsymbol{AA}^-\boldsymbol{b}=\boldsymbol{AA}^-\boldsymbol{Au}=\boldsymbol{Au}=\boldsymbol{b}$$

定理 1.3 $\boldsymbol{Ax}=\boldsymbol{0}$ 的全部解是 $\boldsymbol{x}=(\boldsymbol{I}-\boldsymbol{AA}^-)\boldsymbol{u}$，$\boldsymbol{u}$ 任意。

证明 设 $\boldsymbol{x}$ 是 $\boldsymbol{Ax}=\boldsymbol{0}$ 的解，则 $\boldsymbol{x}=\boldsymbol{A}^-\boldsymbol{Ax}+(\boldsymbol{I}-\boldsymbol{A}^-\boldsymbol{A})\boldsymbol{x}$，由于 $\boldsymbol{Ax}=\boldsymbol{0}$，于是 $\boldsymbol{x}=(\boldsymbol{I}-\boldsymbol{A}^-\boldsymbol{A})\boldsymbol{x}$，可见 $\boldsymbol{x}$ 是$(\boldsymbol{I}-\boldsymbol{A}^-\boldsymbol{A})\boldsymbol{u}$ 的形式；反之，若 $\boldsymbol{x}=(\boldsymbol{I}-\boldsymbol{A}^-\boldsymbol{A})\boldsymbol{u}$，则 $\boldsymbol{Ax}=\boldsymbol{A}(\boldsymbol{I}-\boldsymbol{A}^-\boldsymbol{A})\boldsymbol{u}=\boldsymbol{Au}-\boldsymbol{Au}=\boldsymbol{0}$，$\boldsymbol{x}$ 就是 $\boldsymbol{Ax}=\boldsymbol{0}$ 的解。因此可得，当 $\boldsymbol{Ax}=\boldsymbol{b}$ 相容时，它的通解为

$$\boldsymbol{x}=\boldsymbol{A}^-\boldsymbol{b}+(\boldsymbol{I}-\boldsymbol{A}^-\boldsymbol{A})\boldsymbol{u},\boldsymbol{u}\text{ 任意，}\quad\text{或}\quad \boldsymbol{x}=\boldsymbol{A}^+\boldsymbol{b}+(\boldsymbol{I}-\boldsymbol{A}^+\boldsymbol{A})\boldsymbol{u},\boldsymbol{u}\text{ 任意}$$

从通解表达式可以看出：

（1）相容方程 $\boldsymbol{Ax}=\boldsymbol{b}$ 有唯一解的充要条件是 $\boldsymbol{I}-\boldsymbol{AA}^-=\boldsymbol{0}$，若 $\boldsymbol{A}$ 有逆，此时解为 $\boldsymbol{A}^-\boldsymbol{b}$。

（2）齐次方程 $\boldsymbol{Ax}=\boldsymbol{0}$ 有非零解的充要条件是 $\boldsymbol{I}-\boldsymbol{AA}^-\neq\boldsymbol{0}$，即 $\boldsymbol{A}^{-1}$不存在。

（3）方程 $\boldsymbol{Ax}=\boldsymbol{b}$ 相容时，使 $\boldsymbol{x}^{\mathrm{T}}\boldsymbol{x}$ 达到最小的解是 $\boldsymbol{x}=\boldsymbol{A}^+\boldsymbol{b}$。

证明 因为 $\boldsymbol{Ax}=\boldsymbol{b}$ 的通解为 $\boldsymbol{x}=\boldsymbol{A}^+\boldsymbol{b}+(\boldsymbol{I}-\boldsymbol{A}^+\boldsymbol{A})\boldsymbol{u}$，于是

$$\boldsymbol{x}^{\mathrm{T}}\boldsymbol{x}=\boldsymbol{b}^{\mathrm{T}}\boldsymbol{A}^{+\mathrm{T}}\boldsymbol{A}^+\boldsymbol{b}+2\boldsymbol{b}^{\mathrm{T}}\boldsymbol{A}^{+\mathrm{T}}(\boldsymbol{I}-\boldsymbol{A}^+\boldsymbol{A})\boldsymbol{u}+\boldsymbol{u}^{\mathrm{T}}(\boldsymbol{I}-\boldsymbol{A}^+\boldsymbol{A})\boldsymbol{u}$$

而

$$\boldsymbol{A}^{+\mathrm{T}}(\boldsymbol{I}-\boldsymbol{A}^+\boldsymbol{A})=\boldsymbol{A}^{+\mathrm{T}}(\boldsymbol{I}-(\boldsymbol{A}^+\boldsymbol{A})^{\mathrm{T}})=\boldsymbol{A}^{+\mathrm{T}}(\boldsymbol{I}-\boldsymbol{A}^{\mathrm{T}}\boldsymbol{A}^{+\mathrm{T}})=\boldsymbol{0}$$

因此 $\boldsymbol{x}^{\mathrm{T}}\boldsymbol{x}=\boldsymbol{b}^{\mathrm{T}}\boldsymbol{A}^{+\mathrm{T}}\boldsymbol{A}^+\boldsymbol{b}+\boldsymbol{u}^{\mathrm{T}}(\boldsymbol{I}-\boldsymbol{A}^+\boldsymbol{A})\boldsymbol{u}\geqslant\boldsymbol{b}^{\mathrm{T}}\boldsymbol{A}^{+\mathrm{T}}\boldsymbol{A}^+\boldsymbol{b}$，$\boldsymbol{x}^{\mathrm{T}}\boldsymbol{x}$ 达到最小值 $\|\boldsymbol{A}^+\boldsymbol{b}\|^2$ 的充要条件是 $u^{\mathrm{T}}(\boldsymbol{I}-\boldsymbol{A}^+\boldsymbol{A})\boldsymbol{u}=\boldsymbol{0}$，即$(\boldsymbol{I}-\boldsymbol{A}^+\boldsymbol{A})\boldsymbol{u}=\boldsymbol{0}$，故而 $\boldsymbol{x}=\boldsymbol{A}^+\boldsymbol{b}$。

2. 不相容方程 $\boldsymbol{Ax}=\boldsymbol{b}$ 的全部最小二乘解

当 $\boldsymbol{Ax}=\boldsymbol{b}$ 不相容时，使$\|\boldsymbol{Ax}-\boldsymbol{b}\|$达到最小值的 $\boldsymbol{x}$ 称为方程 $\boldsymbol{Ax}=\boldsymbol{b}$ 的最小二乘解。实际上，当 $\boldsymbol{Ax}=\boldsymbol{b}$ 相容时，$\|\boldsymbol{Ax}-\boldsymbol{b}\|$的最小值为 0，使$\|\boldsymbol{Ax}-\boldsymbol{b}\|=0$ 的 $\boldsymbol{x}$ 也就是 $\boldsymbol{Ax}=\boldsymbol{b}$ 的解。因此，不论 $\boldsymbol{Ax}=\boldsymbol{b}$ 是否相容，方程 $\boldsymbol{Ax}=\boldsymbol{b}$ 的最小二乘解总是有意义的。下面证明 $\boldsymbol{Ax}=\boldsymbol{b}$ 的全部最小二乘解是

$$\boldsymbol{x}=\boldsymbol{A}^-\boldsymbol{A}(\boldsymbol{A}^{\mathrm{T}}\boldsymbol{A})^-\boldsymbol{A}^{\mathrm{T}}\boldsymbol{b}+(\boldsymbol{I}-\boldsymbol{A}^+\boldsymbol{A})\boldsymbol{u},\ \boldsymbol{u}\text{ 任意，或}\quad \boldsymbol{x}=\boldsymbol{A}^+\boldsymbol{b}+(\boldsymbol{I}-\boldsymbol{A}^+\boldsymbol{A})\boldsymbol{u},\ \boldsymbol{u}\text{ 任意}$$

证明 显然，$\boldsymbol{Ax}-\boldsymbol{b}=\boldsymbol{Ax}-\boldsymbol{P_A b}+(\boldsymbol{P_A}-\boldsymbol{I})\boldsymbol{b}$，因此

$$\|\boldsymbol{Ax}-\boldsymbol{b}\|^2=\|\boldsymbol{Ax}-\boldsymbol{P_A b}\|^2+\|(\boldsymbol{P_A}-\boldsymbol{I})\boldsymbol{b}\|^2+2((\boldsymbol{P_A}-\boldsymbol{I})\boldsymbol{b})^{\mathrm{T}}(\boldsymbol{Ax}-\boldsymbol{P_A b})$$

实际上，由于

$$\boldsymbol{b}^{\mathrm{T}}(\boldsymbol{P_A}-\boldsymbol{I})(\boldsymbol{Ax}-\boldsymbol{P_A b})=\boldsymbol{b}^{\mathrm{T}}(\boldsymbol{P_A}-\boldsymbol{I})\boldsymbol{A}(\boldsymbol{x}-(\boldsymbol{A}^{\mathrm{T}}\boldsymbol{A})^-\boldsymbol{A}^{\mathrm{T}}\boldsymbol{b})=0$$

因此

$$\|\boldsymbol{Ax}-\boldsymbol{b}\|^2=\|\boldsymbol{Ax}-\boldsymbol{P_A b}\|^2+\|(\boldsymbol{I}-\boldsymbol{P_A})\boldsymbol{b}\|^2\geqslant\|(\boldsymbol{I}-\boldsymbol{P_A})\boldsymbol{b}\|^2$$

$\|\boldsymbol{Ax}-\boldsymbol{b}\|^2$ 达到最小值$\|(\boldsymbol{I}-\boldsymbol{P_A})\boldsymbol{b}\|^2$ 的充要条件是

$$\boldsymbol{Ax}=\boldsymbol{P_A b},\text{即 }\boldsymbol{Ax}=\boldsymbol{A}(\boldsymbol{A}^{\mathrm{T}}\boldsymbol{A})^-\boldsymbol{A}^{\mathrm{T}}\boldsymbol{b}$$

而 $\boldsymbol{Ax}=\boldsymbol{P_A b}$ 是相容的，它的全部解是

$$\boldsymbol{x}=\boldsymbol{A}^-\boldsymbol{P_A b}+(\boldsymbol{I}-\boldsymbol{A}^-\boldsymbol{A})\boldsymbol{u},\ \boldsymbol{u}\text{ 任意}$$

注意到 $\boldsymbol{A}^-\boldsymbol{P_A b}=\boldsymbol{A}^-\boldsymbol{A}(\boldsymbol{A}^{\mathrm{T}}\boldsymbol{A})\boldsymbol{A}^{\mathrm{T}}\boldsymbol{b}$ 当−号用+号代替时，有

$$A^+P_A b=A^+A\ (A^TA)^+A^Tb=A^+AA^+b=A^+b$$

因此用 A^+ 表示最小二乘解的通解更加方便，并且与上一部分的结论相符合，即 $Ax=b$ 的全部最小二乘解是

$$x=A^+b+(I-A^+A)u,\ u\ 任意$$

这里 $x=A^+b$ 是最小二乘解中使 x^Tx 达到最小的唯一解。

3. $AX=B$ 的极小迹解

对矩阵方程 $A_{n\times m}X_{m\times p}=B_{n\times p}$，考虑 $\mathrm{tr}(AX-B)^T(AX-B)$，使 $\mathrm{tr}(AX-B)^T(AX-B)$ 达到最小的 X 就称为方程 $AX=B$ 的极小迹解。将 X 和 B 按列展开并代入式子，有 $X=(x_1,\cdots,x_p)$，$B=(b_1,\cdots,b_p)$，且

$$\mathrm{tr}(AX-B)^T(AX-B)=\sum_{i=1}^{p}(Ax_i-b_i)^T(Ax_i-b_i)$$

因此使 $(Ax_i-b_i)^T(Ax_i-b_i)$ 达到最小值的 x_i 所组成的 X 将保证 $\mathrm{tr}(AX-B)^T(AX-B)$ 达到最小，因此

$$X=A^+B+(I-A^+A)U,\ U\ 任意$$

是 $AX=B$ 的极小迹解。

这样可以明显地看出，$Ax=b$ 相容时的解，$Ax=b$ 的最小二乘解，$AX=B$ 的极小迹解都可以用相同的形式表示。

1.7.4　投影

如果 $\mathbf{R}^n$ 是子空间 V_1 和 V_2 的直接和，即 $\mathbf{R}^n=V_1\oplus V_2$，则对任一给定的 $x\in\mathbf{R}^n$，x 可以唯一地表示成 u_1+u_2，$u_i\in V_i(i=1,2)$。当 $\mathbf{R}^n=V_1\dotplus V_2$ 时，我们称 u_1 是 x 在 V_1 中的投影。

由广义逆的性质可知，任给一个 A，A 的列向量不一定线性无关，则 $A(A^TA)^-A^T$ 就是 $V(A)$ 上的投影矩阵，这里令 $P=A(A^TA)^-A^T$，可知 $P^T=P,P^2=P,PA=A$。在 1.6 节中讨论过，当 A 的列向量是线性无关的向量组时，$A(A^TA)^-A^T$ 就是 $V(A)$ 上的投影矩阵，现在通过广义逆就可以将它推广到一般情形。

实际上，还可以引入斜投影的概念，当 $\mathbf{R}^n=V_1\oplus V_2$ 时，任一 $x\in\mathbf{R}^n$，均可唯一分解为 u_1+u_2，$u_i\in V_i(i=1,2)$，此时称 u_1 是 x 沿 V_2 方向在 V_1 中的投影，由于 u_1,u_2 不一定正交，于是就称为斜投影。利用广义逆也可以求出斜投影矩阵的表达式，这里不再展开。

下面着重介绍投影（正投影、垂直投影）矩阵 $A(A^TA)^-A^T$ 的一些性质。

(1) 当 $\mathrm{rank}(A)=\mathrm{rank}(AB)$ 时，$V(A)=V(AB)$，因此，A 的列向量均可由 AB 列向量的线性组合来表示，即存在矩阵 C 使 $A=ABC$。利用投影矩阵可以给出 C 的表达式。由于 $V(AB)=V(A)$，因此矩阵 $AB(B^TA^TAB)^-B^TA^T$ 也是 $V(A)$ 的投影矩阵。

(2) 由于 $A_{n\times m}(A^TA)^-A^T_{m\times n}$ 是投影矩阵，因此 $I_n-A(A^TA)^-A^T$ 也是投影矩阵，也即 $I_n-A(A^TA)^-A^T\geqslant 0$。显而易见，要使 $I_n-A(A^TA)^-A^T=0$ 成立的充要条件是 $\mathrm{rank}(A)=n$。从非负定矩阵的性质，有

$$B^TB-B^TA(A^TA)^-A^TB\geqslant 0$$

并且等号成立的充要条件是 $B=A(A^TA)^-A^TB$，即 B 的列向量均属于 $V(A)$，或者存在 C 使 $B=AC$。特别地，取 $A=a_{n\times 1}$，$a^Ta\neq 0$，$B=b_{n\times 1}$，上述不等式就是通常所说的柯西不等式

$$(a^Tb)^2\leqslant(a^Ta)(b^Tb)$$

1.8 计算方法

矩阵的数值计算有广泛的应用，主要涉及两个内容：与解线性方程组有关，在逐步回归、逐步判别中常用的(i,j)消去变换法以及利用雅可比方法求矩阵的特征根和特征向量。下面简单说明这两种方法。

1.8.1 (i,j)消去变换法

(i,j)消去变换法是对矩阵$\boldsymbol{A}$施行初等变换以求得方程的解、回归系数等。首先给出对$\boldsymbol{A}$施行初等变换后，矩阵$\boldsymbol{A}$的变化情况。

为了书写方便，每次变换后，在这一次变换中不变的部分用$*$表示，只写出在这一次变换中变动的部分，因此，在整个变换过程中，$*$部分实际上可能是会改变的。这一点请读者注意。

如果$\boldsymbol{A}$是$n\times m$矩阵，第(i,j)位置的元素是a_{ij}，且$a_{ij}\neq 0$，对$\boldsymbol{A}$的第i行除以a_{ij}，于是就将$\boldsymbol{A}_{n\times m}=(a_{ij})$变成了$\boldsymbol{A}_1$，变换结果为

$$\boldsymbol{A}\to\boldsymbol{A}_1=\begin{pmatrix} * \cdots * & * & * \cdots * \\ \dfrac{a_{i1}}{a_{ij}} \cdots \dfrac{a_{i,j-1}}{a_{ij}} & 1 & \dfrac{a_{i,j+1}}{a_{ij}} \cdots \dfrac{a_{im}}{a_{ij}} \\ \underbrace{* \cdots *}_{j-1\text{列}} & \underset{\text{第}j\text{列}}{*} & \underbrace{* \cdots *}_{m-j\text{列}} \end{pmatrix}$$

对$\boldsymbol{A}_1$，将第1行减去第i行的a_{1j}倍，得到$\boldsymbol{A}_2$：

$$\boldsymbol{A}_1\to\boldsymbol{A}_2=\begin{pmatrix} a_{11}-\dfrac{a_{i1}a_{1j}}{a_{ij}} \cdots a_{1,j-1}-\dfrac{a_{i,j-1}a_{1j}}{a_{ij}} & 0 & a_{1,j+1}-\dfrac{a_{i,j+1}a_{1j}}{a_{ij}} \cdots a_{1m}-\dfrac{a_{im}a_{1j}}{a_{ij}} \\ \underbrace{* \cdots *}_{j-1\text{列}} & \underset{\text{第}j\text{列}}{*} & \underbrace{* \cdots *}_{m-j\text{列}} \end{pmatrix}$$

然后对第2行、第3行、…逐行仿第1行的方式进行变换（第i行除外，第i行一直保留不动），最后就把$\boldsymbol{A}$变成了

$$\widetilde{\boldsymbol{A}}=\begin{pmatrix} & & & 0 & & & \\ & ** & & \vdots & & ** & \\ & & & 0 & & & \\ \dfrac{a_{i1}}{a_{ij}} & \cdots & \dfrac{a_{i,j-1}}{a_{ij}} & 1 & \dfrac{a_{i,j+1}}{a_{ij}} & \cdots & \dfrac{a_{im}}{a_{ij}} \\ & & & 0 & & & \\ & ** & & \vdots & & ** & \\ & & & 0 & & & \end{pmatrix}$$

其中$**$部分第(α,β)位置元素是$a_{\alpha\beta}-\dfrac{a_{i\beta}a_{\alpha j}}{a_{ij}}$。在整个变换过程中，对矩阵$\boldsymbol{A}$只是进行了以下两种初等变换：

（1）第i行除以a_{ij}，也即乘以a_{ij}^{-1}（因为$a_{ij}\neq 0$）；

（2）对$\alpha\neq i,\alpha=1,2,\cdots,n$，从第$\alpha$行中减去经（1）变换过的第$i$行的$a_{\alpha j}$倍。

从最后的矩阵 $\widetilde{A}$ 来看，它的第 j 列一定是向量

$$\boldsymbol{e}_i=(\underbrace{0,\cdots,0}_{i-1个},1,\underbrace{0,\cdots,0}_{n-i个})^{\mathrm{T}}$$

如果替换 $\widetilde{A}$ 中第 j 列

$$\boldsymbol{e}_i\xrightarrow{换成}\begin{pmatrix}-a_{1j}/a_{ij}\\ \vdots\\ -a_{i-1,j}/a_{ij}\\ 1/a_{ij}\\ -a_{i+1,j}/a_{ij}\\ \vdots\\ -a_{nj}/a_{ij}\end{pmatrix}\begin{matrix}\left.\begin{matrix}\\ \\ \\ \end{matrix}\right\} i-1行\\ 第i行\\ \left.\begin{matrix}\\ \\ \\ \end{matrix}\right\} n-i行\end{matrix}$$

此处记录了整个运算过程所涉及的一些数值，并且放在相应的位置上。于是，引入一种(i,j)消去变换，它的定义如下：

设 $\boldsymbol{A}_{n\times m}=(a_{ij})$，如果 $a_{ij}\neq 0$，则

（1）当 $\alpha\neq i,\beta\neq j$ 时，把 $a_{\alpha\beta}$ 换成 $a_{\alpha\beta}-\dfrac{a_{i\beta}a_{\alpha j}}{a_{ij}}$；

（2）当 $\alpha\neq i$ 时，把 $a_{\alpha j}$ 换成 $-\dfrac{a_{\alpha j}}{a_{ij}}$；

（3）当 $\beta\neq j$ 时，把 $a_{i\beta}$ 换成 $\dfrac{a_{i\beta}}{a_{ij}}$；

（4）把 a_{ij} 换成 $\dfrac{1}{a_{ij}}$。

这一变换，将矩阵 $\boldsymbol{A}$ 变成了

$$\begin{pmatrix} & & & -a_{1j}/a_{ij} & & & \\ & ** & & \vdots & & ** & \\ & & & -a_{i-1,j}/a_{ij} & & & \\ a_{i1}/a_{ij} & \cdots & a_{i,j-1}/a_{ij} & 1/a_{ij} & a_{i,j+1}/a_{ij} & \cdots & a_{im}/a_{ij} \\ & & & -a_{i+1,j}/a_{ij} & & & \\ & ** & & \vdots & & ** & \\ & & & -a_{nj}/a_{ij} & & & \end{pmatrix}$$

其中 $**$ 部分第(α,β)位置的元素是 $a_{\alpha\beta}-\dfrac{a_{\alpha j}a_{i\beta}}{a_{ij}}$，记为 $T_{ij}(\boldsymbol{A})$，称为对矩阵 $\boldsymbol{A}$ 施行了(i,j)消去变换，或简称为对 $\boldsymbol{A}$ 进行了 T_{ij} 变换。

不难证明，(i,j)消去变换具有下列两条性质：

（1）$T_{ij}(T_{ij}(\boldsymbol{A}))=\boldsymbol{A}$。即对 $\boldsymbol{A}$ 连续施行两次(i,j)消去变换，其结果是 $\boldsymbol{A}$ 不变，这很容易验证。

（2）若 $i\neq k,j\neq l$，则 $T_{ij}(T_{kl}(\boldsymbol{A}))=T_{kl}(T_{ij}(\boldsymbol{A}))$。这也可以直接验证，它表明 T_{ij} 的某种意义下的可交换性。

这两条性质是很重要的，有了它，可以得到一些很有用的结论。例如，对 T_{ii} 这一类变换，

就有 $T_{ii}(T_{ii}(\boldsymbol{A}))=\boldsymbol{A}$，$T_{ii}(T_{jj}(\boldsymbol{A}))=T_{jj}(T_{ii}(\boldsymbol{A}))$，对任意的 i,j 都成立，因此，对 $\boldsymbol{A}$ 施行了一系列的 T_{ii} 后，其最后的结果只与这一系列变换中出现的奇数次的 T_{ii} 有关。这些性质，在逐步回归和逐步判别的计算中都将发挥作用。

现在来看 (i,j) 消去变换的一些应用。

1. 变量调换

设 $\boldsymbol{A}_{n\times m}$ 是给定的一个矩阵，$\boldsymbol{x}$ 与 $\boldsymbol{y}$ 满足方程 $\boldsymbol{y}_{n\times 1}+\boldsymbol{A}_{n\times m}\boldsymbol{x}_{m\times 1}=\boldsymbol{0}$，这一方程可以理解为用 $\boldsymbol{x}$ 来表示 $\boldsymbol{y}$，$\boldsymbol{x}=(x_1,\cdots,x_m)^{\mathrm{T}}$，$\boldsymbol{y}=(y_1,\cdots,y_n)^{\mathrm{T}}$。如果想用 $(y_1,x_2,\cdots,x_m)^{\mathrm{T}}$ 来表示 $(x_1,y_2,\cdots,y_n)^{\mathrm{T}}$，也就是把 x_1,y_1 这两个变量的位置调换一下。由于方程 $\boldsymbol{y}+\boldsymbol{A}\boldsymbol{x}=\boldsymbol{0}$ 的第一式是

$$y_1+a_{11}x_1+a_{12}x_2+\cdots+a_{1m}x_m=0$$

当 $a_{11}\neq 0$ 时，这一方程可化为

$$x_1+a_{11}^{-1}y_1+a_{11}^{-1}a_{12}x_2+\cdots+a_{11}^{-1}a_{1m}x_m=0$$

将这一表达式（x_1 用 $y_1,x_2,\cdots,x_m$ 来表示的表达式）代入 $\boldsymbol{y}+\boldsymbol{A}\boldsymbol{x}=\boldsymbol{0}$ 的第 i 式，可得

$$y_i-a_{i1}a_{11}^{-1}y_1+\left(a_{i2}-\frac{a_{i1}a_{12}}{a_{11}}\right)x_2+\cdots=0$$

如果把 $\boldsymbol{y}+\boldsymbol{A}\boldsymbol{x}=\boldsymbol{0}$ 写成表的格式：

	x_1	x_2	$\cdots$	x_m
y_1	a_{11}	a_{12}	$\cdots$	a_{1m}
y_2	a_{21}	a_{22}	$\cdots$	a_{2m}
$\vdots$	$\vdots$	$\vdots$		$\vdots$
y_n	a_{n1}	a_{n2}	$\cdots$	a_{nm}

变量 x_1 与 y_1 调换后就是

	y_1	x_2	$\cdots$	x_m
x_1	$\dfrac{1}{a_{11}}$	$\dfrac{a_{12}}{a_{11}}$	$\cdots$	$\dfrac{a_{1m}}{a_{11}}$
y_2	$-\dfrac{a_{21}}{a_{11}}$	$a_{22}-\dfrac{a_{21}a_{12}}{a_{11}}$	$\cdots$	$a_{2m}-\dfrac{a_{21}a_{1m}}{a_{11}}$
$\vdots$	$\vdots$	$\vdots$		$\vdots$
y_n	$-\dfrac{a_{n1}}{a_{11}}$	$a_{n2}-\dfrac{a_{n1}a_{12}}{a_{11}}$	$\cdots$	$a_{nm}-\dfrac{a_{n1}a_{1m}}{a_{11}}$

它就是把 $\boldsymbol{A}$ 进行 (i,j) 消去变换中的 T_{11}，即 $T_{11}(\boldsymbol{A})$ 就是所要的 x_1 与 y_1 调换后的表示式。很容易得到，如果要对 y_i 与 x_i 进行调换，只要 $\boldsymbol{A}$ 中 $a_{ij}\neq 0$，施行 T_{ij} 后，$T_{ij}(\boldsymbol{A})$ 就是所要的矩阵。

2. 部分消元

如果希望对 $\boldsymbol{y}+\boldsymbol{A}\boldsymbol{x}=\boldsymbol{0}$ 的表示式中调换几个变量，此时可以将 $\boldsymbol{x}$，$\boldsymbol{y}$ 相应地分块，$\boldsymbol{A}$ 也相应分块，写成

$$\begin{pmatrix}\boldsymbol{y}_{(1)}\\ \boldsymbol{y}_{(2)}\end{pmatrix}\begin{matrix}r\\ n-r\end{matrix}+\underset{\quad r\qquad\ m-r}{\begin{pmatrix}\boldsymbol{A}_{11} & \boldsymbol{A}_{12}\\ \boldsymbol{A}_{21} & \boldsymbol{A}_{22}\end{pmatrix}}\begin{pmatrix}\boldsymbol{x}_{(1)}\\ \boldsymbol{x}_{(2)}\end{pmatrix}=\boldsymbol{0}$$

设$|\boldsymbol{A}_{11}|\neq 0$，则可解出前面 r 个方程，将$\boldsymbol{x}_{(1)},\boldsymbol{y}_{(2)}$用$\boldsymbol{y}_{(1)},\boldsymbol{x}_{(2)}$来表示。然后代入后面 $n-r$ 个方程，得到

$$\begin{cases}\boldsymbol{x}_{(1)}+(\boldsymbol{A}_{11})^{-1}\boldsymbol{y}_{(1)}+\boldsymbol{A}_{11}^{-1}\boldsymbol{A}_{12}\boldsymbol{x}_{(2)}=\boldsymbol{0}\\ \boldsymbol{y}_{(2)}-\boldsymbol{A}_{21}\boldsymbol{A}_{11}^{-1}\boldsymbol{y}_{(1)}+(\boldsymbol{A}_{22}-\boldsymbol{A}_{21}\boldsymbol{A}_{11}^{-1}\boldsymbol{A}_{12})\boldsymbol{x}_{(2)}=\boldsymbol{0}\end{cases}$$

这样也就达到了调换变量的目的，也即将$\boldsymbol{x}_{(1)},\boldsymbol{y}_{(2)}$用$\boldsymbol{y}_{(1)},\boldsymbol{x}_{(2)}$来表示。用表的方式来写，就是将下面左边的表变成了右边的表。

	$\boldsymbol{x}_{(1)}^{\mathrm{T}}$	$\boldsymbol{x}_{(2)}^{\mathrm{T}}$
$\boldsymbol{y}_{(1)}$	$\boldsymbol{A}_{11}$	$\boldsymbol{A}_{12}$
$\boldsymbol{y}_{(2)}$	$\boldsymbol{A}_{21}$	$\boldsymbol{A}_{22}$

→

	$\boldsymbol{y}_{(1)}^{\mathrm{T}}$	$\boldsymbol{x}_{(2)}^{\mathrm{T}}$
$\boldsymbol{x}_{(1)}$	$\boldsymbol{A}_{11}^{-1}$	$\boldsymbol{A}_{11}^{-1}\boldsymbol{A}_{12}$
$\boldsymbol{y}_{(2)}$	$-\boldsymbol{A}_{21}\boldsymbol{A}_{11}^{-1}$	$\boldsymbol{A}_{22}-\boldsymbol{A}_{21}\boldsymbol{A}_{11}^{-1}\boldsymbol{A}_{12}$

从本节第一部分知道，将$\boldsymbol{y}_{(1)}$与$\boldsymbol{x}_{(1)}$调换，也可以通过对矩阵 $\boldsymbol{A}$ 连续施行 $T_{11},\cdots,T_{rr}$来实现，这就证明了对 $\boldsymbol{A}$ 连续施行 $T_{11},\cdots,T_{rr}$（这里与施行的次序无关）也可得到相同的结果，即

$$\boldsymbol{A}=\begin{pmatrix}\boldsymbol{A}_{11} & \boldsymbol{A}_{12}\\ \boldsymbol{A}_{21} & \boldsymbol{A}_{22}\end{pmatrix}\to\begin{pmatrix}\boldsymbol{A}_{11}^{-1} & \boldsymbol{A}_{11}^{-1}\boldsymbol{A}_{12}\\ \boldsymbol{A}_{21} & \boldsymbol{A}_{22}-\boldsymbol{A}_{21}\boldsymbol{A}_{11}^{-1}\boldsymbol{A}_{12}\end{pmatrix}$$

3. 方阵求逆

如果 $\boldsymbol{A}$ 是方阵，从 $\boldsymbol{y}+\boldsymbol{A}_{n\times n}\boldsymbol{x}=\boldsymbol{0}$ 出发，逐次对 $\boldsymbol{A}$ 施行 $T_{11},\cdots,T_{nn}$，则可求出 $\boldsymbol{A}^{-1}$。但这要求在逐次施行 T_{ii}时，主对角元不出现 0，要避免这一点，只需对上述方法略加修改，即通常的主元素消去法（注意对正定矩阵 $\boldsymbol{A}$，施行 T_{ii}后主对角元决不会出现 0）。过程如下：

（1）列出矩阵 $\boldsymbol{A}$，$\boldsymbol{A}$ 中元素 a_{ij}都是实数，$\boldsymbol{A}$ 的上面和左面写上相应的变量，即 $x_1,\cdots,x_n$ 与 $y_1,\cdots,y_n$，表的左边的顺序为 $x_1,\cdots,x_n$，于是表中的矩阵就是 $\boldsymbol{A}^{-1}$。

（2）如果上面的变量都已经调换成 $y_1,\cdots,y_n$，就转到（4），否则就看上面变量是$\{x_j\}$的那些列，左面变量是$\{y_j\}$的那些行（也即考查变量尚未调换的元素相对应的子块）中的元素，寻找绝对值最大的，记为 a_{ij}，然后进入（3）。

（3）如果 $a_{ij}=0$，表明 $\boldsymbol{A}$ 是退化的，无法求逆，应停止演算；如果 $a_{ij}\neq 0$，就转到（4）。

（4）施行 T_{ij}，将 y_i 与 x_i 调换，然后返回（2）。

（5）重排行和列，使得表的上面的顺序为 $y_1,\cdots,y_n$，表的左边的顺序为 $x_1,\cdots,x_n$，于是表中的矩阵就是 $\boldsymbol{A}^{-1}$。

4. 解线性方程组

考虑方程 $\boldsymbol{B}_{n\times n}\boldsymbol{x}=\boldsymbol{d}_{n\times 1}$，它可能相容也可能不相容。取 $\boldsymbol{A}_{n\times(n+1)}=(\boldsymbol{B}\,\vdots\,\boldsymbol{d})$，若按本节第三部分的方法进行到底，最后得到的矩阵就是$(\boldsymbol{B}^{-1},\boldsymbol{B}^{-1}\boldsymbol{d})$，即得到方程的解。但是方程 $\boldsymbol{Bx}=\boldsymbol{d}$ 可能是不相容的，也可能有无穷多组解，这些情况如何在求解的过程中反映出来呢？

实际上，当$|\boldsymbol{B}|=0$时，则进行了若干次(i,j)消去变换后，就会出现 $\boldsymbol{0}$ 块，写成表的形式就是

	$\boldsymbol{y}_{(1)}^{\mathrm{T}}$	$\boldsymbol{x}_{(2)}^{\mathrm{T}}$	
$\boldsymbol{x}_{(1)}$	$\boldsymbol{C}_{11}$	$\boldsymbol{C}_{12}$	$\boldsymbol{c}_{(1)}$
$\boldsymbol{y}_{(2)}$	$\boldsymbol{C}_{21}$	$\boldsymbol{0}$	$\boldsymbol{c}_{(2)}$

最初的表不妨假定为

	$\boldsymbol{x}_{(1)}^{\mathrm{T}}$	$\boldsymbol{x}_{(2)}^{\mathrm{T}}$	
$\boldsymbol{y}_{(1)}$	$\boldsymbol{B}_{11}$	$\boldsymbol{B}_{12}$	$\boldsymbol{d}_{(1)}$
$\boldsymbol{y}_{(2)}$	$\boldsymbol{B}_{21}$	$\boldsymbol{B}_{22}$	$\boldsymbol{d}_{(2)}$

因此，得到

$$\boldsymbol{C}_{11}=\boldsymbol{B}_{11}^{-1},\quad \boldsymbol{C}_{12}=\boldsymbol{B}_{11}^{-1}\boldsymbol{B}_{12}$$

$$\boldsymbol{C}_{21}=-\boldsymbol{B}_{21}\boldsymbol{B}_{11}^{-1},\quad \boldsymbol{0}=\boldsymbol{B}_{22}-\boldsymbol{B}_{21}\boldsymbol{B}_{11}^{-1}\boldsymbol{B}_{12}$$

$$\boldsymbol{c}_{(1)}=\boldsymbol{B}_{11}^{-1}\boldsymbol{d}_{(1)},\ \boldsymbol{c}_{(2)}=\boldsymbol{d}_{(2)}-\boldsymbol{B}_{21}\boldsymbol{B}_{11}^{-1}\boldsymbol{d}_{(1)}$$

此时只有两种可能，$\boldsymbol{c}_{(2)}\neq\boldsymbol{0}$ 或 $\boldsymbol{c}_{(2)}=\boldsymbol{0}$。下面分别考虑。

$\boldsymbol{c}_{(2)}\neq\boldsymbol{0}$：方程组是矛盾的，无解；

$\boldsymbol{c}_{(2)}=\boldsymbol{0}$：方程组有无穷多组解，通解的表达式是

$$\begin{pmatrix}\boldsymbol{x}_{(1)}\\ \boldsymbol{x}_{(2)}\end{pmatrix}=\begin{pmatrix}\boldsymbol{c}_{(1)}-\boldsymbol{C}_{12}\boldsymbol{x}_{(2)}\\ \boldsymbol{x}_{(2)}\end{pmatrix}=\begin{pmatrix}\boldsymbol{B}_{11}^{-1}\boldsymbol{d}_{(1)}-\boldsymbol{B}_{11}^{-1}\boldsymbol{B}_{12}\boldsymbol{x}_{(2)}\\ \boldsymbol{x}_{(2)}\end{pmatrix}$$

其中 $\boldsymbol{x}_{(2)}$ 任意。

实际上，上面的方法也可以用来求矩阵 $\boldsymbol{A}$ 的秩，因为只要进行(i,j)消去变换，到某一步出现

	$\boldsymbol{y}_{(1)}^{\mathrm{T}}$	$\boldsymbol{x}_{(2)}^{\mathrm{T}}$
$\boldsymbol{x}_{(1)}$	$\boldsymbol{C}_{11}$	$\boldsymbol{C}_{12}$
$\boldsymbol{y}_{(2)}$	$\boldsymbol{C}_{21}$	$\boldsymbol{0}$

把 $\boldsymbol{A}$ 对应分块后得

$$\boldsymbol{A}=\begin{pmatrix}\boldsymbol{A}_{11} & \boldsymbol{A}_{12}\\ \boldsymbol{A}_{21} & \boldsymbol{A}_{22}\end{pmatrix}$$

就得 $\boldsymbol{C}_{11}=\boldsymbol{A}_{11}^{-1},\boldsymbol{C}_{12}=\boldsymbol{A}_{11}^{-1}\boldsymbol{A}_{12},\boldsymbol{C}_{21}=-\boldsymbol{A}_{21}\boldsymbol{A}_{11}^{-1}$，$\boldsymbol{0}=\boldsymbol{A}_{22}-\boldsymbol{A}_{21}\boldsymbol{A}_{11}^{-1}\boldsymbol{A}_{12}$，因此 $\mathrm{rank}(\boldsymbol{A})=\mathrm{rank}(\boldsymbol{A}_{11})$，$\boldsymbol{A}_{11}$ 的阶数就是 $\boldsymbol{A}$ 的秩。

(i,j)消去变换在逐步回归、逐步判别中都会用到，这里不再展开叙述，后续章节涉及相关内容时会详细介绍。

1.8.2 求对称矩阵的特征值、特征向量的雅可比法

从 1.5 节对称矩阵化标准形的讨论可以知道，如果对称矩阵 $\boldsymbol{A}$ 经过一系列的正交变换，变成对角型，则对角阵中主对角元素就是 $\boldsymbol{A}$ 的特征值，这些正交变换矩阵的乘积就是 $\boldsymbol{A}$ 的特征向量。我们知道，转轴相应的正交矩阵具有下面的形式：

$$\boldsymbol{R}_{ij}(\theta)=\begin{pmatrix}1 & & & & & & & & & \\ & \ddots & & & & & & & & \\ & & 1 & & & & & & & \\ & & & \cos\theta & & \cdots & & \sin\theta & & \\ & & & & 1 & & & & & \\ & & & \vdots & & \ddots & & \vdots & & \\ & & & & & & 1 & & & \\ & & & -\sin\theta & & \cdots & & \cos\theta & & \\ & & & & & & & & 1 & \\ & & & & & & & & & \ddots \\ & & & & & & & & & & 1\end{pmatrix}\begin{matrix}\\ \\ \\ 第\ i\ 行\\ \\ \\ \\ 第\ j\ 行\\ \\ \\ \\ \end{matrix},\quad i<j$$

雅可比法就是通过一系列的旋转使对称矩阵变成对角矩阵。

设 $\boldsymbol{A}_{n\times n}=(a_{ij})$ 是一对称矩阵，考查 $\boldsymbol{A}$ 的非对角元素中绝对值不为 0 的最大者。如果没有，此时 $\boldsymbol{A}$ 已是对角形，因此不妨设 a_{ij} 是绝对值最大者。令

$$\begin{cases}\theta=\dfrac{\pi}{4}, & a_{ij} \quad a_{ji} \\ \tan 2\theta=\dfrac{2a_{ij}}{a_{jj}-a_{ii}}, & a_{ij}=a_{ji}\end{cases}$$

于是将 $\boldsymbol{A}$ 左乘 $\boldsymbol{R}_{ij}^{\mathrm{T}}(\theta)$，右乘 $\boldsymbol{R}_{ij}(\theta)$，即将

$$\boldsymbol{A}\to\boldsymbol{R}_{ij}^{\mathrm{T}}(\theta)\boldsymbol{A}\boldsymbol{R}_{ij}(\theta)\triangleq\boldsymbol{A}_1$$

对 $\boldsymbol{A}_1$ 继续进行上面的变换，找出 $\boldsymbol{A}_1$ 的非对角元素中绝对值不为 0 的最大者，如果没有，则 $\boldsymbol{A}_1$ 已化成对角形；如果有，则继续进行旋转变换，直到将 $\boldsymbol{A}$ 化成对角形。

现在来说明，为什么这样旋转就一定能达到目的。我们知道 $\mathrm{tr}(\boldsymbol{A}^{\mathrm{T}}\boldsymbol{A})$ 是 $\boldsymbol{A}$ 的全部元素的平方和。在对 $\boldsymbol{A}$ 的右侧和左侧分别乘以正交矩阵 $\boldsymbol{R}_{ij}(\theta)$ 及 $\boldsymbol{R}_{ij}^{\mathrm{T}}(\theta)$ 后，$\boldsymbol{A}$ 变为 $\boldsymbol{A}_1=\boldsymbol{R}_{ij}^{\mathrm{T}}(\theta)\boldsymbol{A}\boldsymbol{R}_{ij}(\theta)$，此时

$$\mathrm{tr}(\boldsymbol{A}_1^{\mathrm{T}}\boldsymbol{A}_1)=\mathrm{tr}(\boldsymbol{R}_{ij}^{\mathrm{T}}(\theta)\boldsymbol{A}\boldsymbol{R}_{ij}(\theta)\boldsymbol{R}_{ij}^{\mathrm{T}}(\theta)\boldsymbol{A}\boldsymbol{R}_{ij}(\theta))=\mathrm{tr}(\boldsymbol{A}^{\mathrm{T}}\boldsymbol{A})$$

即 $\boldsymbol{A}_1$ 的全部元素的平方和与 $\boldsymbol{A}$ 的全部元素的平方和是相等的。然而 $\boldsymbol{A}$ 的主对角元素的平方和是 $\sum\limits_{i=1}^{n}a_{ii}^2$，注意到 $\boldsymbol{A}$ 变成 $\boldsymbol{A}_1$ 时，只是第 i 行、第 j 行、第 i 列、第 j 列元素可能会改变，其他的元素均不变，因此，主对角元素中只有 a_{ii} 与 a_{jj} 可能发生变化。考查 $\boldsymbol{A}$ 中的子阵

$$\begin{pmatrix}a_{ii} & a_{ij}\\ a_{ji} & a_{jj}\end{pmatrix}$$

很明显，当取 $\tan 2\theta=\dfrac{2a_{ij}}{a_{jj}-a_{ii}}$ 后，就有

$$\begin{pmatrix}\cos\theta & -\sin\theta\\ \sin\theta & \cos\theta\end{pmatrix}\begin{pmatrix}a_{ii} & a_{ij}\\ a_{ji} & a_{jj}\end{pmatrix}\begin{pmatrix}\cos\theta & \sin\theta\\ \sin\theta & \cos\theta\end{pmatrix}=\begin{pmatrix}a_{ii}^{*} & 0\\ 0 & a_{jj}^{*}\end{pmatrix}$$

因此 $(a_{ii}^{*})^2+(a_{jj}^{*})^2=a_{ii}^2+a_{jj}^2+2a_{ij}^2$，即经过旋转后，主对角元素的平方和是增加的。因此，每一次旋转后，非对角元素的平方和就减少，主对角元素的平方和就增加，只要非对角元素中还有非 0 项，总可以通过旋转来降低非对角元素的平方和。因此，问题就在于经过有限次旋转后，一定可以将非对角元素全部化为 0，这一点的证明过程不再展开，读者可以寻找相关证明或者自行推导。如果经过 h 次旋转后，$\boldsymbol{A}$ 变成了对角矩阵，于是 $\boldsymbol{A}$ 的特征根就是对角矩阵中的对角元素，$\boldsymbol{A}$ 的特征向量就是 h 次旋转矩阵的乘积。不妨设 h 次旋转的角度依次为 $\theta_1,\cdots,\theta_h$，相应的旋转矩阵为 $\boldsymbol{R}_1(\theta_1),\cdots,\boldsymbol{R}_h(\theta_h)$。令

$$\boldsymbol{R}=\prod_{i=1}^{h}\boldsymbol{R}_i(\theta_i)$$

则 $\boldsymbol{R}$ 本身也是一个正交矩阵（它是一些正交矩阵的乘积），并且 $\boldsymbol{R}^{\mathrm{T}}\boldsymbol{A}_{p\times p}\boldsymbol{R}=\begin{pmatrix}\mu_1 & & \\ & \ddots & \\ & & \mu_p\end{pmatrix}$，则

有 $\boldsymbol{A}=\boldsymbol{R}\begin{pmatrix}\mu_1 & & \\ & \ddots & \\ & & \mu_p\end{pmatrix}\boldsymbol{R}^{\mathrm{T}}$，可见 $\boldsymbol{R}$ 中的列向量均为 $\boldsymbol{A}$ 的特征向量。

在实际计算时，只要非对角线的元素的绝对值达到充分地小（即达到要求的相对精度或绝对精度）就行了，并不要求达到绝对的零，这将节省大量的计算资源。

1.9 矩阵微商

这一节介绍数、向量、矩阵对变量求导数的表达式。与多元分析中求统计分布有关的一些公式将在第 9 章中另行介绍，这里只给出常用的一般公式。

表 1.1 给出各种微商的符号及其含义。

表 1.1　微商的符号及其含义

符　　号	性　　质	内　　容
ξ	数	
$\boldsymbol{a}$	向量	$\begin{pmatrix}a_1\\ \vdots \\ a_n\end{pmatrix}$
$\boldsymbol{A}$	矩阵	(a_{ij})
$\dfrac{\partial \xi}{\partial \boldsymbol{a}}$	向量	$\begin{pmatrix}\dfrac{\partial \xi}{\partial a_1}\\ \vdots \\ \dfrac{\partial \xi}{\partial a_n}\end{pmatrix}$
$\dfrac{\partial \xi}{\partial \boldsymbol{A}}$	矩阵	$\left(\dfrac{\partial \xi}{\partial a_{ij}}\right)$
$\dfrac{\partial \boldsymbol{a}}{\partial \xi}$	向量	$\begin{pmatrix}\dfrac{\partial a_1}{\partial \xi}\\ \vdots \\ \dfrac{\partial a_n}{\partial \xi}\end{pmatrix}$
$\dfrac{\partial \boldsymbol{a}^{\mathrm{T}}}{\partial \boldsymbol{b}}$ $\boldsymbol{a}_{n\times 1},\boldsymbol{b}_{m\times 1}$	$m\times n$ 矩阵	$\left(\dfrac{\partial a_j}{\partial b_i}\right)$
$\dfrac{\partial \boldsymbol{A}}{\partial \xi}$	矩阵	$\left(\dfrac{\partial a_{ij}}{\partial \xi}\right)$

（1）设 $\boldsymbol{x}$ 是 $n\times 1$ 变量，$\boldsymbol{a}$ 是 $n\times 1$ 常数向量，于是

$$\frac{\partial\,(\boldsymbol{a}^{\mathrm{T}}\boldsymbol{x})}{\partial x_i}=\frac{\partial}{\partial x_i}\left(\sum_{j=1}^{n}a_jx_j\right)=a_i$$

即有 $\dfrac{\partial\,(\boldsymbol{a}^{\mathrm{T}}\boldsymbol{x})}{\partial \boldsymbol{x}}=\dfrac{\partial}{\partial \boldsymbol{x}}(\boldsymbol{x}^{\mathrm{T}}\boldsymbol{a})=\boldsymbol{a}$。

（2）设 $\boldsymbol{x}$ 是 $n\times 1$ 变量，$\boldsymbol{A}$ 是 n 阶常数矩阵（不要求 $\boldsymbol{A}$ 对称），则

$$\frac{\partial(\boldsymbol{x}^{\mathrm{T}}\boldsymbol{A}\boldsymbol{x})}{\partial x_i}=\frac{\partial}{\partial x_i}\left(\sum_{\alpha=1}^{n}\sum_{\beta=1}^{n}a_{\alpha\beta}x_\alpha x_\beta\right)=2a_{ii}x_i+\sum_{j\neq i}(a_{ij}+a_{ji})x_j$$

因此有

$$\frac{\partial}{\partial \boldsymbol{x}}(\boldsymbol{x}^{\mathrm{T}}\boldsymbol{A}\boldsymbol{x})=(\boldsymbol{A}+\boldsymbol{A}^{\mathrm{T}})\boldsymbol{x}$$

特别地，当 $\boldsymbol{A}=\boldsymbol{A}^{\mathrm{T}}$ 时，$\frac{\partial}{\partial \boldsymbol{x}}(\boldsymbol{x}^{\mathrm{T}}\boldsymbol{A}\boldsymbol{x})=2\boldsymbol{A}\boldsymbol{x}$。

(3) 设 $\boldsymbol{X}$ 是 n 阶矩阵，X_{ij}表示 $\boldsymbol{X}$ 中元素 x_{ij}的代数余子式，则 $\boldsymbol{X}$ 的行列式$|\boldsymbol{X}|$对 x_{ij}的微商可以用代数余子式（或逆矩阵）表示。这是因为

$$|\boldsymbol{X}|=\sum_{i=1}^{n}x_{ij}X_{ij},\ j=1,2,\cdots,n$$

X_{ij}中不再有元素 x_{ij}，于是$\frac{\partial|\boldsymbol{X}|}{\partial x_{ij}}=X_{ij}$，因此

$$\frac{\partial|\boldsymbol{X}|}{\partial \boldsymbol{X}}=\begin{pmatrix}X_{11} & \cdots & X_{1n}\\ \vdots & & \vdots\\ X_{n1} & \cdots & X_{nn}\end{pmatrix}$$

注意到 $\boldsymbol{X}^{-1}=\frac{1}{|\boldsymbol{X}|}\begin{pmatrix}X_{11} & \cdots & X_{n1}\\ \vdots & & \vdots\\ X_{1n} & \cdots & X_{nn}\end{pmatrix}$，就得

$$\frac{\partial|\boldsymbol{X}|}{\partial \boldsymbol{X}}=|\boldsymbol{X}|(\boldsymbol{X}^{-1})^{\mathrm{T}}=|\boldsymbol{X}^{\mathrm{T}}|(\boldsymbol{X}^{\mathrm{T}})^{-1}$$

如果 $\boldsymbol{X}^{\mathrm{T}}=\boldsymbol{X}$，则因 $x_{ij}=x_{ji}$，独立变量只有$\frac{n(n+1)}{2}$个，此时可直接看出

$$\frac{\partial|\boldsymbol{X}|}{\partial x_{ij}}=\begin{cases}X_{ii}, & i=j,\ i=1,2,\cdots,n\\ 2X_{ij}, & i\neq j,\ 1\leqslant i<j\leqslant n\end{cases}$$

因此，得公式（注意 $\boldsymbol{X}^{\mathrm{T}}=\boldsymbol{X}$）

$$\frac{\partial|\boldsymbol{X}|}{\partial \boldsymbol{X}}=2|\boldsymbol{X}|\boldsymbol{X}^{-1}-\begin{pmatrix}\boldsymbol{X}_{11} & & \\ & \ddots & \\ & & \boldsymbol{X}_{nn}\end{pmatrix}$$

要注意，对 $\boldsymbol{X}^{\mathrm{T}}=\boldsymbol{X}$ 的矩阵变量，$\frac{\partial|\boldsymbol{X}|}{\partial \boldsymbol{X}}$是一个形式的写法，因为$\frac{\partial|\boldsymbol{X}|}{\partial x_{ij}}=\frac{\partial|\boldsymbol{X}|}{\partial x_{ji}}$。但是，为了形式上统一，并且考虑到公式含义比较明确，还是用$\frac{\partial|\boldsymbol{X}|}{\partial \boldsymbol{X}}$这个符号。

(4) 设 $\boldsymbol{X}=(x_{ij})$是 $n\times n$ 矩阵，考虑 $\boldsymbol{X}$ 的逆矩阵 $\boldsymbol{X}^{-1}$，求$\frac{\partial}{\partial x_{ij}}(\boldsymbol{X}^{-1})$。

用 $\boldsymbol{E}_{\alpha\beta}$表示矩阵 $\boldsymbol{e}_\alpha\boldsymbol{e}_\beta^{\mathrm{T}}$，即 $\boldsymbol{E}_{\alpha\beta}$中除了$(\alpha,\beta)$元素是 1 以外，其余均为 0。为了方便，用符号$[\boldsymbol{A}]_{ij}$表示矩阵 $\boldsymbol{A}$ 中第(i,j)位置的元素。于是根据定义得到

$$\frac{\partial[\boldsymbol{X}^{-1}]_{\alpha\beta}}{\partial x_{ij}}=\lim_{\varepsilon\to 0}\frac{1}{\varepsilon}[(\boldsymbol{X}+\varepsilon\boldsymbol{E}_{ij})^{-1}-\boldsymbol{X}^{-1}]_{\alpha\beta}$$

记

$$(\boldsymbol{X}+\varepsilon\boldsymbol{E}_{ij})^{-1}=(\boldsymbol{X}+\varepsilon\boldsymbol{e}_i\boldsymbol{e}_j^{\mathrm{T}})^{-1}=\boldsymbol{X}^{-1}-\frac{\varepsilon\boldsymbol{X}^{-1}\boldsymbol{e}_i\boldsymbol{e}_j^{\mathrm{T}}\boldsymbol{X}^{-1}}{1+\varepsilon\boldsymbol{e}_j^{\mathrm{T}}\boldsymbol{X}^{-1}\boldsymbol{e}_i}$$

因此

$$\frac{1}{\varepsilon}[(\boldsymbol{X}+\varepsilon\boldsymbol{E}_{ij})^{-1}-\boldsymbol{X}^{-1}]_{\alpha\beta}=-\frac{[\boldsymbol{X}^{-1}]_{\alpha i}[\boldsymbol{X}^{-1}]_{j\beta}}{1+\varepsilon[\boldsymbol{X}^{-1}]_{ji}}$$

所以

$$\lim_{\varepsilon\to 0}\frac{1}{\varepsilon}[(\boldsymbol{X}+\varepsilon\boldsymbol{E}_{ij})^{-1}-\boldsymbol{X}^{-1}]_{\alpha\beta}=-[\boldsymbol{X}^{-1}]_{\alpha i}[\boldsymbol{X}^{-1}]_{j\beta}$$

因此，有公式

$$\frac{\partial\boldsymbol{X}^{-1}}{\partial x_{ij}}=-\boldsymbol{X}^{-1}\boldsymbol{e}_i\boldsymbol{e}_j^{\mathrm{T}}\boldsymbol{X}^{-1}$$

从这个公式可推得，做变换 $\boldsymbol{Y}_{n\times n}=\boldsymbol{X}_{n\times n}^{-1}$ 时，相应的雅可比行列式是 $|\boldsymbol{X}|^{-2n}$。这是由于

$$\frac{\partial y_{\alpha\beta}}{\partial x_{ij}}=-y_{\alpha i}y_{j\beta},\quad \alpha,\beta,i,j=1,2,\cdots,n$$

因而

$$\left(\frac{\partial y_{\alpha\beta}}{\partial x_{ij}}\right)=\begin{pmatrix}y_{11}\boldsymbol{Y} & \cdots & y_{1n}\boldsymbol{Y}\\ \vdots & & \vdots\\ y_{n1}\boldsymbol{Y} & \cdots & y_{nn}\boldsymbol{Y}\end{pmatrix}=\begin{pmatrix}y_{11}\boldsymbol{I} & \cdots & y_{1n}\boldsymbol{I}\\ \vdots & & \vdots\\ y_{n1}\boldsymbol{I} & \cdots & y_{nn}\boldsymbol{I}\end{pmatrix}\begin{pmatrix}\boldsymbol{Y} & & \\ & \ddots & \\ & & \boldsymbol{Y}\end{pmatrix}$$

注意到

$$\begin{vmatrix}y_{11}\boldsymbol{I} & \cdots & y_{1n}\boldsymbol{I}\\ \vdots & & \vdots\\ y_{n1}\boldsymbol{I} & \cdots & y_{nn}\boldsymbol{I}\end{vmatrix}=\begin{vmatrix}y_{11} & \cdots & y_{1n}\\ \vdots & & \vdots\\ y_{n1} & \cdots & y_{nn}\end{vmatrix}^n=|\boldsymbol{Y}|^n$$

即得 $\left|\frac{\partial y_{\alpha\beta}}{\partial x_{ij}}\right|=|\boldsymbol{Y}|^{2n}=|\boldsymbol{X}|^{-2n}$。

1.10 矩阵的标准形

在某些变换下，矩阵可以化到比较简单的形式。例如，在初等变换下（对行、列都施加初等行变换），任一矩阵 $\boldsymbol{A}$ 均可化为 $\begin{pmatrix}\boldsymbol{I}_r & \boldsymbol{0}\\ \boldsymbol{0} & \boldsymbol{0}\end{pmatrix}$ 的形式，其中，r 是 $\boldsymbol{A}$ 的秩；又如，在正交变换下，对称矩阵 $\boldsymbol{A}$ 均可化为对角阵。下面再介绍一些常见的标准形。

1.10.1 埃尔米特标准形

设矩阵 $\boldsymbol{H}$ 是 n 阶方阵，如果 $\boldsymbol{H}$ 具有下列性质：

（1）主对角元素非 0 即 1；

（2）主对角元素为 0 时，相应的行全为 0；主对角元素为 1 时，相应的列中其他元素均为 0；

（3）主对角线以下元素均为 0；

则称 $\boldsymbol{H}$ 是一个埃尔米特（Hermite）标准形。很明显，当 $\boldsymbol{H}$ 是 Hermite 标准形时，经过相应的

行列置换，一定可以把 $\boldsymbol{H}$ 变成$\begin{pmatrix}\boldsymbol{I}_r & \boldsymbol{B}\\ \boldsymbol{0} & \boldsymbol{0}\end{pmatrix}$的形式，即存在置换矩阵（正交矩阵中的一部分）$\boldsymbol{P}$，使

$$\boldsymbol{PHP}^{\mathrm{T}}=\begin{pmatrix}\boldsymbol{I}_r & \boldsymbol{B}\\ \boldsymbol{0} & \boldsymbol{0}\end{pmatrix}$$

由于$(\boldsymbol{PHP}^{\mathrm{T}})^2=\boldsymbol{PHP}^{\mathrm{T}}$，因此$(\boldsymbol{H})^2=\boldsymbol{H}$，即 Hermite 标准形一定是幂等矩阵。

任给一个 n 阶方阵 $\boldsymbol{A}$，一定存在非奇异阵 $\boldsymbol{C}$，使 $\boldsymbol{A}=\boldsymbol{CH}$，$\boldsymbol{H}$ 是一个 Hermite 标准形。这实际上是对方阵 $\boldsymbol{A}$ 施行“行的初等变换”，相当于高斯消去法，这里不再给出证明。

1.10.2　正交、三角分解

任给一个非奇异的方阵 $\boldsymbol{A}_{n\times n}$，则 $\boldsymbol{A}$ 的列向量一定线性无关，于是用施密特正交化方法，可以将 $\boldsymbol{A}$ 的各列用一组标准正交基的线性组合来表示，并且表示的系数构成一个上三角矩阵，即存在正交矩阵 $\boldsymbol{\Gamma}$ 及上三角矩阵 $\boldsymbol{T}$ 使

$$\boldsymbol{A}_{n\times n}=\boldsymbol{\Gamma}_{n\times n}\boldsymbol{T}_{n\times n},\ \boldsymbol{T}\text{ 中的元素 } t_{ii}>0, i=1,2,\cdots,n$$

而且这种表示是唯一的，因为当 $\boldsymbol{\Gamma}_1,\boldsymbol{\Gamma}_2$ 均为正交矩阵，$\boldsymbol{T}_1,\boldsymbol{T}_2$ 均为上三角矩阵时，只要 $\boldsymbol{\Gamma}_1\boldsymbol{T}_1=\boldsymbol{\Gamma}_2\boldsymbol{T}_2$，则矩阵 $\boldsymbol{T}_1\boldsymbol{T}_2^{-1}$ 又是上三角矩阵，又是正交矩阵（因为 $\boldsymbol{T}_1\boldsymbol{T}_2^{-1}=\boldsymbol{\Gamma}_1^{\mathrm{T}}\boldsymbol{\Gamma}_2$），于是 $\boldsymbol{T}_1\boldsymbol{T}_2^{-1}=\boldsymbol{I}$，则得到 $\boldsymbol{T}_1=\boldsymbol{T}_2,\boldsymbol{\Gamma}_1=\boldsymbol{\Gamma}_2$。

对任给的矩阵 $\boldsymbol{A}_{n\times m}$，$n\geqslant m$，一定可用初等行变换，将 $\boldsymbol{A}$ 化成$\begin{pmatrix}\boldsymbol{T}\\ \boldsymbol{0}\end{pmatrix}$，其中，$\boldsymbol{T}$ 是一个上三角矩阵，即存在非奇异矩阵 $\boldsymbol{P}$ 使 $\boldsymbol{A}=\boldsymbol{P}\begin{pmatrix}\boldsymbol{T}\\ \boldsymbol{0}\end{pmatrix}$。对 $\boldsymbol{P}$，可以应用刚才证明的结果，存在唯一的正交矩阵 $\boldsymbol{\Gamma}_1$ 及上三角矩阵 $\boldsymbol{T}_1$ 使 $\boldsymbol{P}=\boldsymbol{\Gamma}_1\boldsymbol{T}_1$。于是 $\boldsymbol{A}=\boldsymbol{\Gamma}_1\boldsymbol{T}_1\begin{pmatrix}\boldsymbol{T}\\ \boldsymbol{0}\end{pmatrix}$，注意到 $\boldsymbol{T}_1\begin{pmatrix}\boldsymbol{T}\\ \boldsymbol{0}\end{pmatrix}$仍是上三角矩阵，这就证明了当 $n\geqslant m$ 时，$\boldsymbol{A}=\boldsymbol{\Gamma}\begin{pmatrix}\boldsymbol{T}\\ \boldsymbol{0}\end{pmatrix}$，$\boldsymbol{\Gamma}$ 是正交矩阵，$\boldsymbol{T}$ 是 m 阶上三角矩阵。将 $\boldsymbol{\Gamma}$ 分块分成$(\underset{m}{\boldsymbol{\Gamma}_1},\underset{n-m}{\boldsymbol{\Gamma}_2})$，于是

$$\boldsymbol{A}=(\boldsymbol{\Gamma}_1,\boldsymbol{\Gamma}_2)\begin{pmatrix}\boldsymbol{T}\\ \boldsymbol{0}\end{pmatrix}=\boldsymbol{\Gamma}_1\boldsymbol{T},\ \boldsymbol{\Gamma}_1^{\mathrm{T}}\boldsymbol{\Gamma}_1=\boldsymbol{I}$$

通常用 $\boldsymbol{Q}$ 表示 $\boldsymbol{\Gamma}_1$，用 $\boldsymbol{R}$ 表示 $\boldsymbol{T}$，则

$$\boldsymbol{A}_{n\times m}=\boldsymbol{Q}_{n\times m}\boldsymbol{R}_{m\times m},\ \boldsymbol{Q}^{\mathrm{T}}\boldsymbol{Q}=\boldsymbol{I}_m$$

这就称为 $\boldsymbol{QR}$ 分解，即正交、三角分解。

1.10.3　左正交分解

任给一个矩阵 $\boldsymbol{A}_{n\times m}$，$\boldsymbol{A}$ 的秩设为 r，于是可右乘一个置换矩阵 $\boldsymbol{P}_1$ 使

$$\boldsymbol{AP}_1=(\underset{r}{\boldsymbol{A}_1},\underset{m-r}{\boldsymbol{A}_2}),\quad \boldsymbol{A}_2=\boldsymbol{A}_1\boldsymbol{C}$$

取 $V(\boldsymbol{A}_1)$ 中的一组标准正交基 $\boldsymbol{\gamma}_1,\cdots,\boldsymbol{\gamma}_r$，取 $\boldsymbol{V}^{\perp}(\boldsymbol{A}_1)$ 中的一组标准正交基 $\boldsymbol{\gamma}_{r+1},\cdots,\boldsymbol{\gamma}_n$，于是 $\boldsymbol{\Gamma}=(\boldsymbol{\gamma}_1,\cdots,\boldsymbol{\gamma}_r,\boldsymbol{\gamma}_{r+1},\cdots,\boldsymbol{\gamma}_n)=(\underset{r}{\boldsymbol{\Gamma}_1},\underset{n-r}{\boldsymbol{\Gamma}_2})$是一个正交矩阵，因而 $\boldsymbol{\Gamma}^{\mathrm{T}}=\begin{pmatrix}\boldsymbol{\Gamma}_1^{\mathrm{T}}\\ \boldsymbol{\Gamma}_2^{\mathrm{T}}\end{pmatrix}$也是正交矩阵。有

$$\boldsymbol{\Gamma}^{\mathrm{T}}\boldsymbol{A}\boldsymbol{P}_1=\begin{pmatrix}\boldsymbol{\Gamma}_1^{\mathrm{T}}\\ \boldsymbol{\Gamma}_2^{\mathrm{T}}\end{pmatrix}(\boldsymbol{A}_1,\boldsymbol{A}_2)=\begin{pmatrix}\boldsymbol{\Gamma}_1^{\mathrm{T}}\boldsymbol{A}_1 & \boldsymbol{\Gamma}_1^{\mathrm{T}}\boldsymbol{A}_1\boldsymbol{C}\\ \boldsymbol{0} & \boldsymbol{0}\end{pmatrix}$$

取 $\boldsymbol{P}_2=\begin{pmatrix}\boldsymbol{I}_r & -\boldsymbol{C}\\ \boldsymbol{0} & \boldsymbol{I}\end{pmatrix}$，则

$$\boldsymbol{\Gamma}^{\mathrm{T}}\boldsymbol{A}\boldsymbol{P}_1\boldsymbol{P}_2=\begin{pmatrix}\boldsymbol{\Gamma}_1^{\mathrm{T}}\boldsymbol{A}_1 & \boldsymbol{\Gamma}_1^{\mathrm{T}}\boldsymbol{A}_1\boldsymbol{C}\\ \boldsymbol{0} & \boldsymbol{0}\end{pmatrix}\begin{pmatrix}\boldsymbol{I} & -\boldsymbol{C}\\ \boldsymbol{0} & \boldsymbol{I}\end{pmatrix}=\begin{pmatrix}\boldsymbol{\Gamma}_1^{\mathrm{T}}\boldsymbol{A}_1 & \boldsymbol{0}\\ \boldsymbol{0} & \boldsymbol{0}\end{pmatrix}$$

注意到$|\boldsymbol{\Gamma}_1^{\mathrm{T}}\boldsymbol{A}_1|\neq 0$，取 $\boldsymbol{P}_3=\begin{pmatrix}(\boldsymbol{\Gamma}_1^{\mathrm{T}}\boldsymbol{A}_1)^{-1} & \boldsymbol{0}\\ \boldsymbol{0} & \boldsymbol{I}\end{pmatrix}$，则

$$\boldsymbol{\Gamma}^{\mathrm{T}}\boldsymbol{A}\boldsymbol{P}_1\boldsymbol{P}_2\boldsymbol{P}_3=\begin{pmatrix}\boldsymbol{I}_r & \boldsymbol{0}\\ \boldsymbol{0} & \boldsymbol{0}\end{pmatrix}$$

这就证明了对任给的矩阵 $\boldsymbol{A}_{n\times m}$，它的秩为 r 时，总存在非奇异矩阵 $\boldsymbol{P}$ 及正交矩阵 $\boldsymbol{\Gamma}$ 使 $\boldsymbol{A}=\boldsymbol{\Gamma}\begin{pmatrix}\boldsymbol{I}_r & \boldsymbol{0}\\ \boldsymbol{0} & \boldsymbol{0}\end{pmatrix}\boldsymbol{P}$。

1.10.4 Cholesky 分解

设 $\boldsymbol{A}>\boldsymbol{0}$，则存在非奇异矩阵 $\boldsymbol{L}$ 使 $\boldsymbol{A}=\boldsymbol{L}^{\mathrm{T}}\boldsymbol{L}$，对 $\boldsymbol{L}^{\mathrm{T}}$ 用 1.10.2 节的结果，就有唯一的正交矩阵及主对角元素大于 0 的上三角矩阵使 $\boldsymbol{L}^{\mathrm{T}}=\boldsymbol{\Gamma}\boldsymbol{T}$，因此

$$\boldsymbol{L}=\boldsymbol{T}^{\mathrm{T}}\boldsymbol{\Gamma}^{\mathrm{T}},\boldsymbol{A}=\boldsymbol{T}^{\mathrm{T}}\boldsymbol{\Gamma}^{T}\boldsymbol{\Gamma}\boldsymbol{T}$$

由于 $\boldsymbol{T}$ 是上三角矩阵，$\boldsymbol{T}^{\mathrm{T}}$ 就是下三角矩阵。正定矩阵 $\boldsymbol{A}$ 分解为上三角矩阵 $\boldsymbol{T}$ 与下三角矩阵 $\boldsymbol{T}^{\mathrm{T}}$ 的乘积，即 $\boldsymbol{A}=\boldsymbol{T}^{\mathrm{T}}\boldsymbol{T}$。

这种分解在解线性方程组 $\boldsymbol{A}\boldsymbol{x}=\boldsymbol{b}$ 时是很常用的。只要 $\boldsymbol{A}>\boldsymbol{0}$，则 $\boldsymbol{A}=\boldsymbol{T}^{\mathrm{T}}\boldsymbol{T}$。考虑到

$$\boldsymbol{A}\boldsymbol{x}=\boldsymbol{b}\Leftrightarrow\boldsymbol{T}^{\mathrm{T}}\boldsymbol{T}\boldsymbol{x}=\boldsymbol{b}\Leftrightarrow\boldsymbol{T}\boldsymbol{x}=(\boldsymbol{T}^{\mathrm{T}})^{-1}\boldsymbol{b}$$

$$\Leftrightarrow\boldsymbol{T}^{\mathrm{T}}\boldsymbol{y}=\boldsymbol{b},\boldsymbol{T}^{\mathrm{T}}\boldsymbol{x}=\boldsymbol{y}$$

由于 $\boldsymbol{T}^{\mathrm{T}}$ 及 $\boldsymbol{T}$ 都是三角矩阵，方程 $\boldsymbol{T}^{\mathrm{T}}\boldsymbol{y}=\boldsymbol{b},\boldsymbol{T}\boldsymbol{x}=\boldsymbol{y}$ 用逐次代入就可求得解，而 $\boldsymbol{T}$ 中的元素均可由 $\boldsymbol{A}=\boldsymbol{T}^{\mathrm{T}}\boldsymbol{T}$，$\boldsymbol{T}$ 是上三角矩阵直接得到，这样就给 $\boldsymbol{A}\boldsymbol{x}=\boldsymbol{b}$ 提供了一种解法，通常称它为直接解法。

此外注意到，当规定 $\boldsymbol{T}$ 的主对角元素均大于 0 时这样的分解是唯一的。现在来证明唯一性。若有不同的分解 $\boldsymbol{A}=\boldsymbol{T}_1^{\mathrm{T}}\boldsymbol{T}_1=\boldsymbol{T}_2^{\mathrm{T}}\boldsymbol{T}_2$，则有 $(\boldsymbol{T}_2^{\mathrm{T}})^{-1}\boldsymbol{T}_1^{\mathrm{T}}\boldsymbol{T}_1\boldsymbol{T}_2^{-1}=\boldsymbol{I}$。令 $\boldsymbol{T}=\boldsymbol{T}_1\boldsymbol{T}_2^{-1}$，则 $\boldsymbol{T}^{\mathrm{T}}=(\boldsymbol{T}_2^{-1})^{\mathrm{T}}\boldsymbol{T}_1^{\mathrm{T}}$，于是有 $\boldsymbol{T}^{\mathrm{T}}\boldsymbol{T}=\boldsymbol{I}$，即 $\boldsymbol{T}$ 是正交矩阵。而 $\boldsymbol{T}$ 是两个三角矩阵的乘积，还是一个上三角矩阵，因此

$$\boldsymbol{T}=\begin{pmatrix}\pm1 & & & \\ & \pm1 & & \\ & & \ddots & \\ & & & \pm1\end{pmatrix}$$

但限定 $\boldsymbol{T}$ 的主对角元素均大于 0，于是 $\boldsymbol{T}=\boldsymbol{I}$。

1.10.5 奇异值分解

矩阵的奇异值分解在讨论最小二乘问题和广义逆矩阵计算及很多应用领域有着关键作用。

如果矩阵 $\boldsymbol{A},\boldsymbol{B}\in\mathbf{C}^{m\times n}$,存在 m 阶酉矩阵 $\boldsymbol{P}$ 和 n 阶酉矩阵 $\boldsymbol{Q}$，使 $\boldsymbol{P}\boldsymbol{A}\boldsymbol{Q}=\boldsymbol{B}$，则称 $\boldsymbol{A},\boldsymbol{B}$ 是酉等价的。其中，矩阵 $\boldsymbol{P}$ 是酉矩阵的充分必要条件是 $\boldsymbol{P}^{\mathrm{H}}\boldsymbol{P}=\boldsymbol{P}\boldsymbol{P}^{\mathrm{H}}=\boldsymbol{I}$，$\boldsymbol{P}^{\mathrm{H}}$ 表示矩阵 $\boldsymbol{P}$ 的共轭转置矩

阵。奇异值分解就是矩阵在酉等价下的一种标准形。

设 $\boldsymbol{A}\in\mathbf{C}_r^{m\times n}(r>0)$，$\boldsymbol{A}^{\mathrm{H}}\boldsymbol{A}$ 的特征值为 $\lambda_1\geqslant\lambda_2\geqslant\cdots\geqslant\lambda_{r+1}=\cdots=\lambda_n=0$，则称 $d_i=\sqrt{\lambda_i}(i=1,2,\cdots,n)$ 为 $\boldsymbol{A}$ 的奇异值。可以证明，酉等价的矩阵有相同的奇异值。

事实上，设 $\boldsymbol{A},\boldsymbol{B}\in\mathbf{C}^{n\times n}$ 具有酉矩阵 $\boldsymbol{P},\boldsymbol{Q}$，使得

$$\boldsymbol{PAQ}=\boldsymbol{B}$$

则

$$\boldsymbol{B}^{\mathrm{H}}\boldsymbol{B}=(\boldsymbol{PAQ})^{\mathrm{H}}\boldsymbol{PAQ}=\boldsymbol{Q}^{\mathrm{H}}\boldsymbol{A}^{\mathrm{H}}\boldsymbol{AQ}$$

即 $\boldsymbol{B}^{\mathrm{H}}\boldsymbol{B}$ 与 $\boldsymbol{A}^{\mathrm{H}}\boldsymbol{A}$ 相似，从而有相同的特征值，$\boldsymbol{A},\boldsymbol{B}$ 有相同的奇异值。

下面给出本节的主要定理。

定理 1.4　设 $\boldsymbol{A}\in\mathbf{C}_r^{m\times n}$，则存在酉矩阵 $\boldsymbol{P}$，$\boldsymbol{Q}$，使得

$$\boldsymbol{P}^{\mathrm{H}}\boldsymbol{AQ}=\begin{pmatrix}\boldsymbol{D}&\boldsymbol{0}\\\boldsymbol{0}&\boldsymbol{0}\end{pmatrix}$$

这里

$$\boldsymbol{D}=\mathrm{diag}(d_1,d_2,\cdots,d_r)$$

且

$$d_1\geqslant d_2\geqslant\cdots\geqslant d_r>0$$

为 $\boldsymbol{A}$ 的奇异值。

证明　因为 $\boldsymbol{A}^{\mathrm{H}}\boldsymbol{A}$ 是埃尔米特矩阵，也是正定矩阵，故存在矩阵 $\boldsymbol{Q}$，使得

$$\boldsymbol{Q}^{\mathrm{H}}\boldsymbol{A}^{\mathrm{H}}\boldsymbol{AQ}=\begin{pmatrix}\boldsymbol{D}^2&\boldsymbol{0}\\\boldsymbol{0}&\boldsymbol{0}\end{pmatrix}=\begin{pmatrix}d_1^2&&&&&\\&d_2^2&&&&\\&&\ddots&&&\\&&&d_r^2&&\\&&&&\ddots&\\&&&&&0\end{pmatrix}$$

将 $\boldsymbol{Q}$ 分块为

$$\boldsymbol{Q}=(\boldsymbol{Q}_1,\boldsymbol{Q}_2),\ \boldsymbol{Q}_1\in\mathbf{C}^{n\times r}$$

而

$$\boldsymbol{Q}^{\mathrm{H}}\boldsymbol{A}^{\mathrm{H}}\boldsymbol{AQ}=\begin{pmatrix}\boldsymbol{Q}_1^{\mathrm{H}}\\\boldsymbol{Q}_2^{\mathrm{H}}\end{pmatrix}\boldsymbol{A}^{\mathrm{H}}\boldsymbol{A}(\boldsymbol{Q}_1,\boldsymbol{Q}_2)=\begin{pmatrix}\boldsymbol{Q}_1^{\mathrm{H}}\boldsymbol{A}^{\mathrm{H}}\boldsymbol{AQ}_1&\boldsymbol{Q}_1^{\mathrm{H}}\boldsymbol{A}^{\mathrm{H}}\boldsymbol{AQ}_2\\\boldsymbol{Q}_2^{\mathrm{H}}\boldsymbol{A}^{\mathrm{H}}\boldsymbol{AQ}_1&\boldsymbol{Q}_2^{\mathrm{H}}\boldsymbol{A}^{\mathrm{H}}\boldsymbol{AQ}_2\end{pmatrix}=\begin{pmatrix}\boldsymbol{D}^2&\boldsymbol{0}_{r\times(n-r)}\\\boldsymbol{0}_{(n-r)\times r}&\boldsymbol{0}_{(n-r)\times(n-r)}\end{pmatrix}$$

得

$$\boldsymbol{Q}_1^{\mathrm{H}}\boldsymbol{A}^{\mathrm{H}}\boldsymbol{AQ}_1=\boldsymbol{D}^2$$
$$\boldsymbol{Q}_1^{\mathrm{H}}\boldsymbol{A}^{\mathrm{H}}\boldsymbol{AQ}_2=\boldsymbol{0}_{r\times(n-r)},\boldsymbol{Q}_2^{\mathrm{H}}\boldsymbol{A}^{\mathrm{H}}\boldsymbol{AQ}_1=\boldsymbol{0}_{(n-r)\times r}$$
$$\boldsymbol{Q}_2^{\mathrm{H}}\boldsymbol{A}^{\mathrm{H}}\boldsymbol{AQ}_2=\boldsymbol{0}_{(n-r)\times(n-r)}$$

由

$$\boldsymbol{Q}_2^{\mathrm{H}}\boldsymbol{A}^{\mathrm{H}}\boldsymbol{AQ}_2=(\boldsymbol{AQ}_2)^{\mathrm{H}}\boldsymbol{AQ}_2=\boldsymbol{0}_{(n-r)\times(n-r)}$$

得

$$\boldsymbol{AQ}_2=\boldsymbol{0}_{n\times(n-r)}$$

记

$$\boldsymbol{P}_1=\boldsymbol{AQ}_1\boldsymbol{D}^{-1}$$

则

$$\boldsymbol{D}^{-1}\boldsymbol{Q}_1^{\mathrm{H}}\boldsymbol{A}^{\mathrm{H}}\boldsymbol{A}\boldsymbol{Q}_1\boldsymbol{D}^{-1}=\boldsymbol{I}_r,\boldsymbol{P}_1^{\mathrm{H}}\boldsymbol{P}_1=\boldsymbol{I}_r$$

即 $\boldsymbol{P}_1$ 的 r 个列是两两正交的单位向量，取 $\boldsymbol{P}_2\in\mathbf{C}^{m\times(m-r)}$，使得 $\boldsymbol{P}=(\boldsymbol{P}_1,\boldsymbol{P}_2)$ 为 m 阶的酉矩阵，即

$$\boldsymbol{P}_2^{\mathrm{H}}\boldsymbol{P}_1=\boldsymbol{0}_{(m-r)\times r},\quad \boldsymbol{P}_2^{\mathrm{H}}\boldsymbol{P}_2=\boldsymbol{I}_{m-r}$$

则

$$\begin{aligned}
\boldsymbol{P}^{\mathrm{H}}\boldsymbol{A}\boldsymbol{Q}&=\begin{pmatrix}\boldsymbol{P}_1^{\mathrm{H}}\\ \boldsymbol{P}_2^{\mathrm{H}}\end{pmatrix}\boldsymbol{A}(\boldsymbol{Q}_1,\boldsymbol{Q}_2)\\
&=\begin{pmatrix}\boldsymbol{P}_1^{\mathrm{H}}\boldsymbol{A}\boldsymbol{Q}_1 & \boldsymbol{P}_1^{\mathrm{H}}\boldsymbol{A}\boldsymbol{Q}_2\\ \boldsymbol{P}_2^{\mathrm{H}}\boldsymbol{A}\boldsymbol{Q}_1 & \boldsymbol{P}_2^{\mathrm{H}}\boldsymbol{A}\boldsymbol{Q}_2\end{pmatrix}=\begin{pmatrix}\boldsymbol{P}_1^{\mathrm{H}}\boldsymbol{A}\boldsymbol{Q}_1 & \boldsymbol{0}_{r\times(n-r)}\\ \boldsymbol{P}_2^{\mathrm{H}}\boldsymbol{A}\boldsymbol{Q}_1 & \boldsymbol{0}_{(m-r)\times(n-r)}\end{pmatrix}(\boldsymbol{A}\boldsymbol{Q}_2=\boldsymbol{0}_{n\times(n-r)})\\
&=\begin{pmatrix}\boldsymbol{P}_1^{\mathrm{H}}\boldsymbol{P}_1\boldsymbol{D} & \boldsymbol{0}_{r\times(n-r)}\\ \boldsymbol{P}_2^{\mathrm{H}}\boldsymbol{P}_1\boldsymbol{D} & \boldsymbol{0}_{(m-r)\times(n-r)}\end{pmatrix}(\boldsymbol{A}\boldsymbol{Q}_1=\boldsymbol{P}_1\boldsymbol{D})=\begin{pmatrix}\boldsymbol{D} & \boldsymbol{0}_{r\times(n-r)}\\ \boldsymbol{0}_{(m-r)\times r} & \boldsymbol{0}_{(m-r)\times(n-r)}\end{pmatrix}
\end{aligned}$$

第 2 章　最优化的基础概念

众多的理论和实际问题，往往可以归结为在约束条件下求某个目标函数或泛函的最小值，即做优化问题。这一现象是跨越理工科界限的，在智能时代也不例外，而且具有更高的复杂性。本章扼要介绍了优化问题的数学模型、梯度、黑塞（Hesse）矩阵、凸集、凸函数、凸规划等基础性概念。

2.1　引言

最优化是获得最优目标的一门学问，就是针对给出的实际问题，从众多的可行方案中选出最优方案，其任务是讨论研究决策问题的最佳选择之特性，构造寻求最优解的计算方法。例如，从甲地到乙地有公路、铁路、水路、航空四种选择，如果追求的目标是经济，那么只需要比较这四种交通工具的花费，并选择最省钱的一种交通方式就可以。但如果追求的目标是省时，那么就需要综合计算各个交通方式的时间成本，选择时间最短的那种交通方式。再如，某电商的某种商品存储在 n 个仓库，购买该商品的消费者在 m 个不同地点，如果该商品在每个仓库的库存和每个地点消费者购买该商品的数量以及从每个仓库到各个地点的运费单价是已知的，那么该电商就有这样一个现实的需求，如何调运商品使得总运费最省或者消费者总等待商品时间最短。这两个例子就是最优化问题，只不过后面的问题更难，不是直观就能解决的。

概括地说，最优化就是在所有的可能方案中选择一种达到最优目标的一个学科。它广泛见于工程设计、经济规划、生产管理、交通运输、国防等重要领域。本章介绍最优化的基础知识。

2.2　最优化问题

2.2.1　最优化问题的数学模型

最优化问题通常可以表述为数学规划问题。数学规划是指对含有 n 个变量的目标函数求极值，而这些变量也可能受到某些条件（等式或不等式）的限制，其一般数学表达式为

$$\min f(\boldsymbol{x}),\ \boldsymbol{x}\in\mathbf{R}^n$$
$$\text{s.t.}\begin{cases} c_i(\boldsymbol{x})=0, & i\in E=\{1,2,\cdots,l\} \\ c_i(\boldsymbol{x})\geqslant 0, & i\in I=\{l+1,\cdots,l+m\} \end{cases} \tag{2.1}$$

其中，$\boldsymbol{x}=(x_1,x_2,\cdots,x_n)^{\mathrm{T}}$ 称为决策变量；$f(\boldsymbol{x})$ 称为目标函数；$c_i(\boldsymbol{x})=0(i\in E)$ 和 $c_i(\boldsymbol{x})\geqslant 0(i\in I)$ 称为约束条件；min 和 s. t. 分别是英文单词 minimum（极小值）和 subject to（受限于）的缩写。

根据实际问题的不同要求，最优化模型有不同的形式，但经过适当的变换都可以转换成上述一般形式。例如，若求 $\max f(\boldsymbol{x})$，可以将目标函数写成 $\min(-f(\boldsymbol{x}))$；若不等式约束为 $c_i(\boldsymbol{x})\leqslant 0$，则可以写成 $-c_i(\boldsymbol{x})\geqslant 0$。

在问题（2.1）中，若 $f(\boldsymbol{x})$ 和 $c_i(\boldsymbol{x})\,(i\in E\cup I)$ 均为线性函数，则相应的规划称为线性规划；若 $f(\boldsymbol{x})$ 和 $c_i(\boldsymbol{x})\,(i\in E\cup I)$ 中含有非线性函数，则称为非线性规划。

问题（2.1）也称为约束最优化问题，若去掉问题（2.1）的约束条件，则

$$\min f(\boldsymbol{x}),\boldsymbol{x}\in\mathbf{R}^n \tag{2.2}$$

称为无约束最优化问题。

下面给出最优化问题解的概念。

定义 2.1 对于约束最优化问题（2.1），满足约束条件的点称为可行点，全体可行点组成的集合称为可行域，记作 D，即

$$D=\{\boldsymbol{x}\mid c_i(\boldsymbol{x})=0,\quad i\in E;\quad c_i(\boldsymbol{x})\geqslant 0,\quad i\in I,\quad \boldsymbol{x}\in\mathbf{R}^n\}$$

无约束最优化问题（2.2）的可行域为整个变量空间。

定义 2.2 设 $f(\boldsymbol{x})$ 为目标函数，D 为可行域，$\bar{\boldsymbol{x}}\in D$，若对每个 $\boldsymbol{x}\in D$，$f(\boldsymbol{x})\geqslant f(\bar{\boldsymbol{x}})$（$f(\boldsymbol{x})>f(\bar{\boldsymbol{x}})$）成立，则称 $\bar{\boldsymbol{x}}$ 为 $f(\boldsymbol{x})$ 在 D 上的（严格）全局极小点。

定义 2.3 设 $f(\boldsymbol{x})$ 为目标函数，D 为可行域，若存在 $\bar{\boldsymbol{x}}\in D$ 的 $\varepsilon>0$ 邻域 $N(\bar{\boldsymbol{x}},\varepsilon)=\{\boldsymbol{x}\mid \|\boldsymbol{x}-\bar{\boldsymbol{x}}\|<\varepsilon\}$ 使得对每个 $\boldsymbol{x}\in D\cap N(\bar{\boldsymbol{x}},\varepsilon)$，$f(\boldsymbol{x})\geqslant f(\bar{\boldsymbol{x}})$（$f(\boldsymbol{x})>f(\bar{\boldsymbol{x}})$）成立，则称 $\bar{\boldsymbol{x}}$ 为 $f(\boldsymbol{x})$ 在 D 上的（严格）局部极小点。

对于极大化问题，可以类似地定义全局极大点和局部极大点。

根据上述定义，全局极小点也是局部极小点，而局部极小点不一定是全局极小点。但是对于某些特殊情形，如在后面介绍的凸规划，局部极小点也是全局极小点。

2.2.2 最优化问题举例

1. 无约束最优化问题

例 2.1 曲线拟合问题

设有两个物理量 η 和 ξ，根据某一物理定律得知，它们满足如下关系：

$$\eta=a+b\xi^c$$

其中，a,b,c 三个常数在不同情况下取不同的值，现由实验得到一组数据 $(\xi_1,\eta_1),(\xi_2,\eta_2),\cdots,(\xi_m,\eta_m)$。

试选择 a,b,c 的值，使曲线 $\eta=a+b\xi^c$ 尽可能靠近所有的实验点 $(\xi_i,\eta_i)\,(i=1,2,\cdots,m)$，如图 2.1 所示。

解析 这个问题可用最小二乘原理求解，即选择 a,b,c 的一组值，使得偏差的平方和

$$\delta(a,b,c)=\sum_{i=1}^{m}(a+b\xi_i^c-\eta_i)^2 \tag{2.3}$$

达到最小，也就是求 3 个变量的函数 $\delta(a,b,c)$ 的极小点作为问题的解。

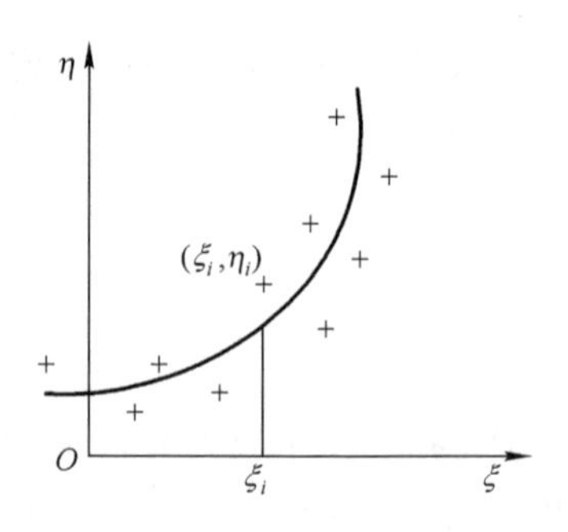

图 2.1 曲线拟合问题

为了便于今后的讨论，把它写成统一的形式，把 a,b,c 换成 x_1,x_2,x_3，记为 $\boldsymbol{x}=(x_1,x_2,x_3)^{\mathrm{T}}$，把 δ 换成 f，这样问题就归结为求解

$$\min f(\boldsymbol{x}) = \sum_{i=1}^{m} (x_1 + x_2\xi_i^{x_3} - \eta_i)^2 \tag{2.4}$$

2. 约束最优化问题

例 2.2　生产计划问题

设某工厂用 4 种资源生产 3 种产品，每单位第 j 种产品需要第 i 种资源的数量为 a_{ij}，可获得利润为 c_j，第 i 种资源总消耗量不能超过 b_i，试问如何安排生产才能使总利润最大？

解析　设 3 种产品的产量分别为 x_1,x_2,x_3，这是决策变量，目标函数是总利润 $c_1x_1+c_2x_2+c_3x_3$，约束条件是资源限制 $a_{i1}x_1+a_{i2}x_2+a_{i3}x_3\leqslant b_i(i=1,2,3,4)$ 和产量非负限制 $x_j\geqslant 0(j=1,2,3)$。问题概括为，在一组约束条件下，确定一个最佳的生产方案 $\boldsymbol{x}^*=(x_1^*,x_2^*,x_3^*)^{\mathrm{T}}$，使目标函数值最大，数学模型如下：

$$\max f(\boldsymbol{x}) = \sum_{j=1}^{3} c_j x_j$$

$$\text{s.t.} \begin{cases} \sum_{j=1}^{3} a_{ij}x_j \leqslant b_i, & i=1,2,3,4 \\ x_j \geqslant 0, & j=1,2,3 \end{cases}$$

例 2.3　选址问题

设有 n 个市场，第 j 个市场的位置为 (a_j,b_j)，对某种货物的需要量为 $q_j(j=1,2,\cdots,n)$，现计划建立 m 个货栈，第 i 个货栈的容量为 $c_i(i=1,2,\cdots,m)$。试确定货栈的位置，使各货栈到各市场的运输量与路程乘积之和最小。

解析　设第 i 个货栈的位置为 $(x_i,y_i)(i=1,2,\cdots,m)$，第 i 个货栈供给第 j 个市场的货物量为 $w_{ij}(i=1,2,\cdots,m;j=1,2,\cdots,n)$，第 i 个货栈到第 j 个市场的距离为 d_{ij}，一般定义为

$$d_{ij}=\sqrt{(x_i-a_j)^2+(y_i-b_j)^2} \tag{2.5}$$

或

$$d_{ij}=|x_i-a_j|+|y_i-b_j| \tag{2.6}$$

目标是使运输量与路程乘积之和最小，如果按式（2.5）定义，就是使

$$\sum_{i=1}^{m}\sum_{j=1}^{n} w_{ij}\sqrt{(x_i-a_j)^2+(y_i-b_j)^2}$$

最小。约束条件是

（1）每个货栈向各市场提供的货物量之和不能超过它的容量；

（2）每个市场从各货栈得到的货物量之和应等于它的需要量；

（3）运输量不能为负数。

因此，问题的数学模型如下：

$$\min f(\boldsymbol{x},\boldsymbol{y},\boldsymbol{w}) = \sum_{i=1}^{m}\sum_{j=1}^{n} w_{ij}\sqrt{(x_i-a_j)^2+(y_i-b_j)^2}$$

$$\text{s.t.} \begin{cases} \sum_{j=1}^{n} w_{ij} \leqslant c_i, & i=1,2,\cdots,m \\ \sum_{i=1}^{m} w_{ij} = q_j, & j=1,2,\cdots,n \\ w_{ij} \geqslant 0, & i=1,2,\cdots,m;j=1,2,\cdots,n \end{cases}$$

在上述例子中，例 2.1 是无约束最优化问题，例 2.2 和例 2.3 是约束最优化问题。同时例 2.2 模型中，目标函数和约束函数都是线性的，因此又属于线性规划，而例 2.1 和例 2.3 模型中含有非线性函数，因此又属于非线性规划。

2.3 最优化数学基础

2.3.1 序列的极限

定义 2.4 设$\{\boldsymbol{x}^{(k)}\}$是 $\mathbf{R}^n$ 中的一个向量序列，$\bar{\boldsymbol{x}}\in\mathbf{R}^n$，对于任意给定的 $\varepsilon>0$，存在正整数 k_ε，使得当 $k>k_\varepsilon$ 时，有$\|\boldsymbol{x}^{(k)}-\bar{\boldsymbol{x}}\|<\varepsilon$，则称序列收敛到 $\bar{\boldsymbol{x}}$，记作$\lim\limits_{k\to\infty}\boldsymbol{x}^{(k)}=\bar{\boldsymbol{x}}$。

若序列存在极限，则任何子序列有相同的极限，即序列的极限是唯一的。

定义 2.5 设$\{\boldsymbol{x}^{(k)}\}$是 $\mathbf{R}^n$ 中的一个向量序列，如果存在一个子序列$\{\boldsymbol{x}^{(k_j)}\}$，使$\lim\limits_{k_j\to\infty}\boldsymbol{x}^{(k_j)}=\hat{\boldsymbol{x}}$，则称$\hat{\boldsymbol{x}}$是序列$\{\boldsymbol{x}^{(k)}\}$的一个聚点。

如果无穷序列有界，即存在正数 M，使得对所有 k 均有$\|\boldsymbol{x}^{(k)}\|\leqslant M$，则这个序列必有聚点。

定义 2.6 设$\{\boldsymbol{x}^{(k)}\}$是 $\mathbf{R}^n$ 中的一个向量序列，对于任意给定的 $\varepsilon>0$，总存在正整数 k_ε，使得当 $m,l>k_\varepsilon$ 时，有$\|\boldsymbol{x}^{(m)}-\boldsymbol{x}^{(l)}\|<\varepsilon$，则$\{\boldsymbol{x}^{(k)}\}$称为柯西序列。

在 $\mathbf{R}^n$ 中，柯西序列有极限。

定理 2.1 设$\{\boldsymbol{x}^{(j)}\}\subset\mathbf{R}^n$ 为柯西序列，则$\{\boldsymbol{x}^{(j)}\}$的聚点必为极限点。(证明从略)

2.3.2 梯度、黑塞矩阵和泰勒展开

定义 2.7 设$f(\boldsymbol{x})$为多变量函数，则称 n 维列向量

$$\nabla f(\boldsymbol{x})=\left(\frac{\partial f(\boldsymbol{x})}{\partial x_1},\frac{\partial f(\boldsymbol{x})}{\partial x_2},\cdots,\frac{\partial f(\boldsymbol{x})}{\partial x_n}\right)^{\mathrm{T}} \tag{2.7}$$

为函数$f(\boldsymbol{x})$在 $\boldsymbol{x}$ 处的梯度。

定义 2.8 设$f(\boldsymbol{x})$为多变量函数，则称 n 阶矩阵$\nabla^2 f(\boldsymbol{x})$为函数$f(\boldsymbol{x})$在 $\boldsymbol{x}$ 处的黑塞（Hesse）矩阵，其中第 i 行第 j 列元素

$$[\nabla^2 f(\boldsymbol{x})]_{ij}=\frac{\partial^2 f(\boldsymbol{x})}{\partial x_i\,\partial x_j},1\leqslant i,j\leqslant n \tag{2.8}$$

当$f(\boldsymbol{x})$为二次函数时，可以写成

$$f(\boldsymbol{x})=\frac{1}{2}\boldsymbol{x}^{\mathrm{T}}\boldsymbol{G}\boldsymbol{x}+\boldsymbol{r}^{\mathrm{T}}\boldsymbol{x}+\delta$$

式中，$\boldsymbol{G}$ 是 n 阶对称矩阵；$\boldsymbol{r}$ 是 n 维列向量；δ 是常数。函数$f(\boldsymbol{x})$在 $\boldsymbol{x}$ 处的梯度为

$$\nabla f(\boldsymbol{x})=\boldsymbol{G}\boldsymbol{x}+\boldsymbol{r}$$

在 $\boldsymbol{x}$ 处的黑塞矩阵为

$$\nabla^2 f(\boldsymbol{x})=\boldsymbol{G}$$

下面给出方向导数概念。

定义 2.9 对于任意给定的 $\boldsymbol{d}\neq\boldsymbol{0}$，若极限

$$\lim_{\alpha\to0^+}\frac{f(\bar{\boldsymbol{x}}+\alpha\boldsymbol{d})-f(\bar{\boldsymbol{x}})}{\alpha\|\boldsymbol{d}\|}$$

存在，则该极限值为 $f(\boldsymbol{x})$ 在 $\bar{\boldsymbol{x}}$ 处沿方向 $\boldsymbol{d}$ 的一阶方向导数，记为 $\frac{\partial}{\partial \boldsymbol{d}}f(\bar{\boldsymbol{x}})$，即

$$\frac{\partial}{\partial \boldsymbol{d}}f(\bar{\boldsymbol{x}})=\lim_{\alpha\to 0^+}\frac{f(\bar{\boldsymbol{x}}+\alpha\boldsymbol{d})-f(\bar{\boldsymbol{x}})}{\alpha\|\boldsymbol{d}\|} \tag{2.9}$$

由定义求方向导数是很困难的，这里给出另外一种方向导数求解方式。

定理 2.2　若函数 $f(\boldsymbol{x})$ 具有连续的一阶偏导数，则它在 $\bar{\boldsymbol{x}}$ 处沿方向 $\boldsymbol{d}$ 的一阶方向导数为

$$\frac{\partial}{\partial \boldsymbol{d}}f(\bar{\boldsymbol{x}})=\left\langle \nabla f(\bar{\boldsymbol{x}}),\frac{\boldsymbol{d}}{\|\boldsymbol{d}\|}\right\rangle=\frac{1}{\|\boldsymbol{d}\|}\boldsymbol{d}^{\mathrm{T}}\nabla f(\bar{\boldsymbol{x}}) \tag{2.10}$$

证明　记 $\bar{\boldsymbol{x}}=(\bar{x}_1,\bar{x}_2,\cdots,\bar{x}_n)^{\mathrm{T}}$，$\boldsymbol{d}=(d_1,d_2,\cdots,d_n)^{\mathrm{T}}$，考虑单变量函数

$$\varphi(\alpha)=f(\bar{\boldsymbol{x}}+\alpha\boldsymbol{d})=f(\bar{x}_1+\alpha d_1,\bar{x}_2+\alpha d_2,\cdots,\bar{x}_n+\alpha d_n) \tag{2.11}$$

由定理条件知 $\varphi(\alpha)$ 可微，因此

$$\begin{aligned}\varphi'(\alpha)&=\frac{\partial f}{\partial x_1}d_1+\frac{\partial f}{\partial x_2}d_2+\cdots+\frac{\partial f}{\partial x_n}d_n\\&=\left\langle \nabla f(\bar{\boldsymbol{x}}+\alpha\boldsymbol{d}),\boldsymbol{d}\right\rangle\end{aligned} \tag{2.12}$$

当 $\alpha=0$ 时，有

$$\varphi'(0)=\left\langle \nabla f(\bar{\boldsymbol{x}}),\boldsymbol{d}\right\rangle \tag{2.13}$$

另一方面，由式（2.9）及式（2.11）得到

$$\begin{aligned}\frac{\partial}{\partial \boldsymbol{d}}f(\bar{\boldsymbol{x}})&=\lim_{\alpha\to 0^+}\frac{f(\bar{\boldsymbol{x}}+\alpha\boldsymbol{d})-f(\bar{\boldsymbol{x}})}{\alpha\|\boldsymbol{d}\|}\\&=\frac{1}{\|\boldsymbol{d}\|}\lim_{\alpha\to 0^+}\frac{\varphi(\alpha)-\varphi(0)}{\alpha}=\frac{1}{\|\boldsymbol{d}\|}\varphi'(0)\end{aligned} \tag{2.14}$$

由式（2.13）和式（2.14）得到

$$\frac{\partial}{\partial \boldsymbol{d}}f(\bar{\boldsymbol{x}})=\frac{1}{\|\boldsymbol{d}\|}\left\langle \nabla f(\bar{\boldsymbol{x}}),\boldsymbol{d}\right\rangle=\frac{1}{\|\boldsymbol{d}\|}\boldsymbol{d}^{\mathrm{T}}\nabla f(\bar{\boldsymbol{x}})$$

设 $\|\boldsymbol{d}\|=1$，那么沿 $\boldsymbol{d}$ 的方向导数可表示为

$$\frac{\partial}{\partial \boldsymbol{d}}f(\boldsymbol{x})=\left\langle \nabla f(\boldsymbol{x}),\boldsymbol{d}\right\rangle \tag{2.15}$$

方向导数的几何意义是函数 $f(\boldsymbol{x})$ 在 $\bar{x}$ 处沿方向 $\boldsymbol{d}$ 的变化率。若 $\frac{\partial f}{\partial \boldsymbol{d}}>0$，则函数沿 $\boldsymbol{d}$ 方向增加时，函数值上升，称 $\boldsymbol{d}$ 方向为上升方向；若 $\frac{\partial f}{\partial \boldsymbol{d}}<0$，则称 $\boldsymbol{d}$ 为下降方向。

由式（2.10）和柯西–施瓦茨不等式得到

$$\frac{\partial}{\partial \boldsymbol{d}}f(\bar{\boldsymbol{x}})=\left\langle \nabla f(\bar{\boldsymbol{x}}),\frac{\boldsymbol{d}}{\|\boldsymbol{d}\|}\right\rangle\leqslant\|\nabla f(\bar{\boldsymbol{x}})\|\cdot\left\|\frac{\boldsymbol{d}}{\|\boldsymbol{d}\|}\right\|=\|\nabla f(\bar{\boldsymbol{x}})\| \tag{2.16}$$

特别地，当 $\boldsymbol{d}=\nabla f(\bar{\boldsymbol{x}})$ 时，有

$$\frac{\partial}{\partial \boldsymbol{d}}f(\bar{\boldsymbol{x}})=\left\langle \nabla f(\bar{\boldsymbol{x}}),\frac{\boldsymbol{d}}{\|\boldsymbol{d}\|}\right\rangle=\left\langle \nabla f(\bar{\boldsymbol{x}}),\frac{\nabla f(\bar{\boldsymbol{x}})}{\|\nabla f(\bar{\boldsymbol{x}})\|}\right\rangle=\|\nabla f(\bar{\boldsymbol{x}})\| \tag{2.17}$$

结合式（2.16）和式（2.17），$\boldsymbol{d}=\nabla f(\bar{\boldsymbol{x}})$ 是在 $\bar{\boldsymbol{x}}$ 处使方向导数达到最大的方向，称为最速上升方向。

同理得到$\frac{\partial}{\partial \boldsymbol{d}} f(\overline{\boldsymbol{x}}) = -\|\nabla f(\overline{\boldsymbol{x}})\|$，当 $\boldsymbol{d} = -\nabla f(\overline{\boldsymbol{x}})$ 时，有$\frac{\partial}{\partial \boldsymbol{d}} f(\overline{\boldsymbol{x}}) = -\|\nabla f(\overline{\boldsymbol{x}})\|$。因此称 $\boldsymbol{d} = -\nabla f(\overline{\boldsymbol{x}})$ 为$\overline{\boldsymbol{x}}$ 处的最速下降方向。

下面介绍二阶方向导数的定义与定理。

定义 2.10 对任意的 $\boldsymbol{d} \neq \boldsymbol{0}$，若极限

$$\lim_{\alpha \to 0^+} \frac{\frac{\partial}{\partial \boldsymbol{d}} f(\overline{\boldsymbol{x}}+\alpha \boldsymbol{d}) - \frac{\partial}{\partial \boldsymbol{d}} f(\overline{\boldsymbol{x}})}{\alpha \|\boldsymbol{d}\|}$$

存在，则称极限值为函数 $f(\boldsymbol{x})$ 在 $\overline{\boldsymbol{x}}$ 处沿方向 $\boldsymbol{d}$ 的二阶方向导数，记为$\frac{\partial^2}{\partial \boldsymbol{d}^2} f(\overline{\boldsymbol{x}})$，即

$$\frac{\partial^2}{\partial \boldsymbol{d}^2} f(\overline{\boldsymbol{x}}) = \lim_{\alpha \to 0^+} \frac{\frac{\partial}{\partial \boldsymbol{d}} f(\overline{\boldsymbol{x}}+\alpha \boldsymbol{d}) - \frac{\partial}{\partial \boldsymbol{d}} f(\overline{\boldsymbol{x}})}{\alpha \|\boldsymbol{d}\|} \tag{2.18}$$

定理 2.3 若函数 $f(\boldsymbol{x})$ 具有连续的二阶偏导数，则它在 $\overline{\boldsymbol{x}}$ 处沿方向 $\boldsymbol{d}$ 的二阶方向导数为

$$\frac{\partial^2}{\partial \boldsymbol{d}^2} f(\overline{\boldsymbol{x}}) = \frac{1}{\|\boldsymbol{d}\|^2} \boldsymbol{d}^{\mathrm{T}} \nabla^2 f(\overline{\boldsymbol{x}}) \boldsymbol{d} \tag{2.19}$$

证明 设 $\varphi(\alpha) = f(\overline{\boldsymbol{x}}+\alpha \boldsymbol{d})$，由式（2.12）得到

$$\varphi'(\alpha) = \langle \nabla f(\overline{\boldsymbol{x}} + \alpha \boldsymbol{d}), \boldsymbol{d} \rangle = \sum_{i=1}^{n} \frac{\partial}{\partial x_i} f(\overline{\boldsymbol{x}} + \alpha \boldsymbol{d}) d_i$$

所以

$$\begin{aligned} \varphi''(\alpha) &= \sum_{i=1}^{n} \sum_{j=1}^{n} \frac{\partial^2}{\partial x_i \partial x_j} f(\overline{\boldsymbol{x}} + \alpha \boldsymbol{d}) d_i d_j \\ &= \boldsymbol{d}^{\mathrm{T}} \nabla^2 f(\overline{\boldsymbol{x}} + \alpha \boldsymbol{d}) \boldsymbol{d} \end{aligned} \tag{2.20}$$

当 $\alpha = 0$ 时，有

$$\varphi''(0) = \boldsymbol{d}^{\mathrm{T}} \nabla^2 f(\overline{\boldsymbol{x}}) \boldsymbol{d} \tag{2.21}$$

另一方面，由定理 2.2 的证明过程，得到

$$\frac{\partial}{\partial \boldsymbol{d}} f(\overline{\boldsymbol{x}}) = \frac{1}{\|\boldsymbol{d}\|} \varphi'(0)$$

和

$$\frac{\partial}{\partial \boldsymbol{d}} f(\overline{\boldsymbol{x}}+\alpha \boldsymbol{d}) = \frac{1}{\|\boldsymbol{d}\|} \varphi'(\alpha)$$

因此有

$$\begin{aligned} \frac{\partial^2}{\partial \boldsymbol{d}^2} f(\overline{\boldsymbol{x}}) &= \lim_{\alpha \to 0^+} \frac{\frac{\partial}{\partial \boldsymbol{d}} f(\overline{\boldsymbol{x}}+\alpha \boldsymbol{d}) - \frac{\partial}{\partial \boldsymbol{d}} f(\overline{\boldsymbol{x}})}{\alpha \|\boldsymbol{d}\|} \\ &= \frac{1}{\|\boldsymbol{d}\|^2} \lim_{\alpha \to 0^+} \frac{\varphi'(\alpha) - \varphi'(0)}{\alpha} \\ &= \frac{1}{\|\boldsymbol{d}\|^2} \varphi''(0) \\ &= \frac{1}{\|\boldsymbol{d}\|^2} \boldsymbol{d}^{\mathrm{T}} \nabla^2 f(\overline{\boldsymbol{x}}) \boldsymbol{d} \end{aligned} \tag{2.22}$$

二阶方向导数的几何意义：描述函数 $f(\boldsymbol{x})$ 在 $\bar{\boldsymbol{x}}$ 处沿方向 $\boldsymbol{d}$ 的凹凸性和弯曲的程度。

在本节的最后，介绍一下多元函数的泰勒展开式。

设 $f(\boldsymbol{x})$ 具有一阶连续偏导数，则 $f(\boldsymbol{x})$ 在 $\bar{\boldsymbol{x}}$ 处的一阶泰勒展开式为

$$f(\boldsymbol{x})=f(\bar{\boldsymbol{x}})+\nabla f(\bar{\boldsymbol{x}})^{\mathrm{T}}(\boldsymbol{x}-\bar{\boldsymbol{x}})+o(\|\boldsymbol{x}-\bar{\boldsymbol{x}}\|)$$

其中，当 $\|\boldsymbol{x}-\bar{\boldsymbol{x}}\|\to 0$ 时，$o(\|\boldsymbol{x}-\bar{\boldsymbol{x}}\|)$ 是关于 $\|\boldsymbol{x}-\bar{\boldsymbol{x}}\|$ 的高阶无穷小量。

设 $f(\boldsymbol{x})$ 具有二阶连续偏导数，则 $f(\boldsymbol{x})$ 在 $\bar{\boldsymbol{x}}$ 处的二阶泰勒展开式为

$$f(\boldsymbol{x})=f(\bar{\boldsymbol{x}})+\nabla f(\bar{\boldsymbol{x}})^{\mathrm{T}}(\boldsymbol{x}-\bar{\boldsymbol{x}})+\frac{1}{2}(\boldsymbol{x}-\bar{\boldsymbol{x}})^{\mathrm{T}}\nabla^2 f(\bar{\boldsymbol{x}})(\boldsymbol{x}-\bar{\boldsymbol{x}})+o(\|\boldsymbol{x}-\bar{\boldsymbol{x}}\|^2)$$

其中，当 $\|\boldsymbol{x}-\bar{\boldsymbol{x}}\|^2\to 0$ 时，$o(\|\boldsymbol{x}-\bar{\boldsymbol{x}}\|^2)$ 是关于 $\|\boldsymbol{x}-\bar{\boldsymbol{x}}\|^2$ 的高阶无穷小量。

此外，还可以得到关于梯度的泰勒展开式

$$\nabla f(\boldsymbol{x})=\nabla f(\bar{\boldsymbol{x}})+\nabla^2 f(\bar{\boldsymbol{x}})(\boldsymbol{x}-\bar{\boldsymbol{x}})+o(\|\boldsymbol{x}-\bar{\boldsymbol{x}}\|) \tag{2.23}$$

其中，$o(\|\boldsymbol{x}-\bar{\boldsymbol{x}}\|)$ 是向量。

2.4　凸集和凸函数

凸集和凸函数在最优化问题的理论证明及算法研究中具有重要作用，本节对凸集和凸函数只做一般性介绍。

2.4.1　凸集

定义 2.11　设集合 $D\subset\mathbf{R}^n$，如果对于任意的 $\boldsymbol{x}^{(1)},\boldsymbol{x}^{(2)}\in D$，以及每个实数 $\alpha\in[0,1]$，均有

$$\alpha\boldsymbol{x}^{(1)}+(1-\alpha)\boldsymbol{x}^{(2)}\in D \tag{2.24}$$

则称集合 D 为凸集。

凸集的几何意义：若两个点属于此集合，则这两点连线上的任意一点均属于此集合。

图 2.2 中，图 2.2a 所示为凸集，图 2.2b 所示为非凸集。

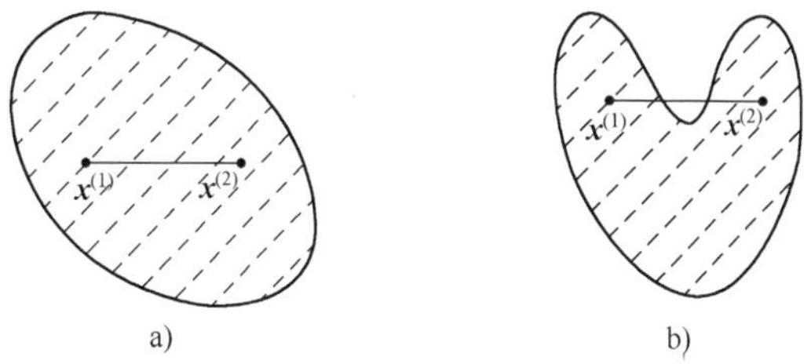

a)　b)

图 2.2　凸集与非凸集

定义 2.12　设 $\boldsymbol{x}^{(1)},\boldsymbol{x}^{(2)},\cdots,\boldsymbol{x}^{(m)}\in\mathbf{R}^n$，若 $\alpha_i\geqslant 0\ (i=1,2,\cdots,m)$，$\sum\limits_{i=1}^{m}\alpha_i=1$，则称线性组合

$$\alpha_1\boldsymbol{x}^{(1)}+\alpha_2\boldsymbol{x}^{(2)}+\cdots+\alpha_m\boldsymbol{x}^{(m)} \tag{2.25}$$

为 $\boldsymbol{x}^{(1)},\boldsymbol{x}^{(2)},\cdots,\boldsymbol{x}^{(m)}$ 的凸组合。

显然，两个点的凸组合表示一条线段，三个点的凸组合表示一个三角形，m 个点的凸组合构成一个凸多面体。

由凸集的定义可知，超平面 $\{\boldsymbol{x}\mid \boldsymbol{c}^{\mathrm{T}}\boldsymbol{x}=\alpha\}$ 是凸集，半空间 $\{\boldsymbol{x}\mid \boldsymbol{c}^{\mathrm{T}}\boldsymbol{x}\geqslant\alpha\}$、$\{\boldsymbol{x}\mid \boldsymbol{c}^{\mathrm{T}}\boldsymbol{x}\leqslant\alpha\}$ 是凸集。此外，凸集的交集仍为凸集。

定理 2.4　D 是凸集的充要条件是，对任意的 $m\geqslant 2$，任意给定 $\boldsymbol{x}^{(1)},\boldsymbol{x}^{(2)},\cdots,\boldsymbol{x}^{(m)}\in D$ 和实数 $\alpha_1,\alpha_2,\cdots,\alpha_m$，且 $\alpha_i\geqslant 0(i=1,2,\cdots,m)$，$\sum\limits_{i=1}^{m}\alpha_i=1$，均有

$$\alpha_1\boldsymbol{x}^{(1)}+\alpha_2\boldsymbol{x}^{(2)}+\cdots+\alpha_m\boldsymbol{x}^{(m)}\in D \tag{2.26}$$

证明 充分性。当 $m=2$ 时，由凸集的定义可知，D 为凸集。

必要性。当 $m=2$ 时，由定义 2.11，命题成立。

假设当 $m=k$ 时命题成立，即当 $\boldsymbol{x}^{(i)}\in D(i=1,2,\cdots,k)$，$\alpha_i\geqslant 0(i=1,2,\cdots,k)$，$\sum\limits_{i=1}^{k}\alpha_i=1$ 时，有 $\sum\limits_{i=1}^{k}\alpha_i\boldsymbol{x}^{(i)}\in D$。

当 $m=k+1$ 时，$\boldsymbol{x}^{(i)}\in D(i=1,2,\cdots,k,k+1)$，$\alpha_i\geqslant 0(i=1,2,\cdots,k,k+1)$，$\sum\limits_{i=1}^{k+1}\alpha_i=1$ 时，有

$$\begin{aligned}\sum_{i=1}^{k+1}\alpha_i\boldsymbol{x}^{(i)}&=\sum_{i=1}^{k}\alpha_i\boldsymbol{x}^{(i)}+\alpha_{k+1}\boldsymbol{x}^{(k+1)}\\&=\left(\sum_{j=1}^{k}\alpha_j\right)\left(\sum_{i=1}^{k}\frac{\alpha_i}{\sum\limits_{j=1}^{k}\alpha_j}\boldsymbol{x}^{(i)}\right)+\alpha_{k+1}\boldsymbol{x}^{(k+1)}\end{aligned} \tag{2.27}$$

由于 $\sum\limits_{i=1}^{k}\dfrac{\alpha_i}{\sum\limits_{j=1}^{k}\alpha_j}=1$，且 $\dfrac{\alpha_i}{\sum\limits_{j=1}^{k}\alpha_j}\geqslant 0$，由归纳法假设，有

$$\sum_{i=1}^{k}\frac{\alpha_i}{\sum\limits_{j=1}^{k}\alpha_j}\boldsymbol{x}^{(i)}\in D \tag{2.28}$$

注意到 $\sum\limits_{i=1}^{k}\alpha_i+\alpha_{k+1}=1$，由式（2.27）和式（2.28）及凸集的定义，有

$$\sum_{i=1}^{k+1}\alpha_i\boldsymbol{x}^{(i)}\in D$$

在凸集中，比较重要的特殊类型有凸锥和多面集。

定义 2.13 设有集合 $C\subset\mathbf{R}^n$，若对 C 中的每一个 $\boldsymbol{x}$，当 α 取非负数时，都有 $\alpha\boldsymbol{x}\in C$，则称 C 为锥。又若 C 为凸集，则称 C 为凸锥。

例如，向量组 $\boldsymbol{a}_1,\boldsymbol{a}_2,\cdots,\boldsymbol{a}_k$ 的所有非负线性组合构成的集合

$$\left\{\sum_{i=1}^{k}\lambda_i\boldsymbol{a}_i\;\middle|\;\lambda_i\geqslant 0,i=1,2,\cdots,k\right\}$$

为凸锥。

定义 2.14 有限个半空间的交

$$\{\boldsymbol{x}\mid\boldsymbol{A}\boldsymbol{x}\leqslant b\}$$

称为多面集，其中，$\boldsymbol{A}$ 为 $m\times n$ 矩阵，$\boldsymbol{b}$ 为 m 维向量。

例如，集合

$$D=\{\boldsymbol{x}\mid x_1+2x_2\leqslant 4,x_1-x_2\leqslant 1,x_1\geqslant 0,x_2\geqslant 0\}$$

为多面集。

在多面集表达式中，若 $\boldsymbol{b}=\boldsymbol{0}$，则多面集 $\{\boldsymbol{x}\mid\boldsymbol{A}\boldsymbol{x}\leqslant 0\}$ 也是凸锥，称为多面锥。

下面给出极点和极方向的概念。

定义 2.15 设 D 为非空凸集，$\boldsymbol{x}\in D$。如果 $\boldsymbol{x}$ 不能表示成 D 中另外两个点的凸组合，则称 $\boldsymbol{x}$ 为凸集 D 的极点，即若

$$x=\alpha x^{(1)}+(1-\alpha)x^{(2)},\alpha\in(0,1),x^{(1)},x^{(2)}\in D$$

则有

$$x=x^{(1)}=x^{(2)}$$

例如，圆周上的点和多边形的顶点都是极点。

定义 2.16　设 D 是闭凸集，$\boldsymbol{d}$ 为非零向量，如果对 D 中的每一个 $\boldsymbol{x}$ 都有

$$\{x+\alpha d \mid \alpha\geqslant 0\}\subset D \tag{2.29}$$

则称 $\boldsymbol{d}$ 是凸集 D 的方向。又设 $\boldsymbol{d}^{(1)}$ 和 $\boldsymbol{d}^{(2)}$ 是 D 的两个方向，若对于任何正数 α，有 $\boldsymbol{d}^{(1)}\neq\alpha\boldsymbol{d}^{(2)}$，则称 $\boldsymbol{d}^{(1)}$ 和 $\boldsymbol{d}^{(2)}$ 是两个不同的方向。若 D 的方向 $\boldsymbol{d}$ 不能表示成该集合的两个不同方向的正线性组合，则称 $\boldsymbol{d}$ 为 D 的极方向。

显然，有界集不存在方向，因而也不存在极方向，对于无界集才有方向的概念。

例 2.4　对于集合 $D=\{(x_1,x_2)\mid x_2\geqslant |x_1|\}$，凡是与向量$(0,1)^{\mathrm{T}}$夹角小于或等于 45°的向量，都是它的方向。其中，$(1,1)^{\mathrm{T}}$ 和$(-1,1)^{\mathrm{T}}$ 是 D 的两个极方向，D 的其他方向都能表示成这两个极方向的正线性组合，如图 2.3 所示。

例 2.5　设 $D=\{\boldsymbol{x}\mid \boldsymbol{Ax}=\boldsymbol{b},\boldsymbol{x}\geqslant\boldsymbol{0}\}$ 为非空集合，$\boldsymbol{d}$ 是非零向量。证明 $\boldsymbol{d}$ 为 D 的方向的充要条件是 $\boldsymbol{d}\geqslant\boldsymbol{0}$ 且 $\boldsymbol{Ad}=\boldsymbol{0}$。

证明　按照定义，$\boldsymbol{d}$ 为 D 的方向的充要条件是，对每一个 $\boldsymbol{x}\in D$，有

$$\{x+\alpha d \mid \alpha\geqslant 0\}\subset D \tag{2.30}$$

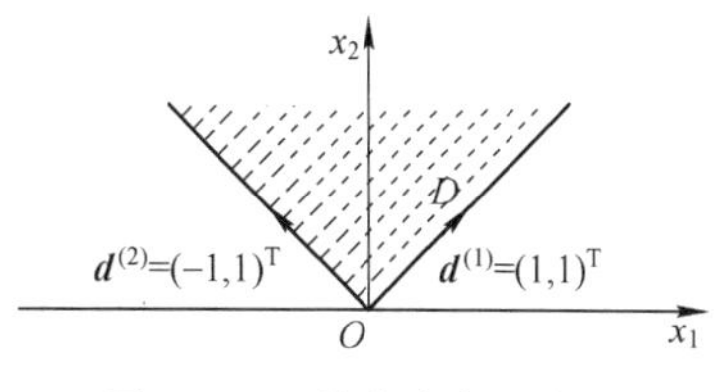

图 2.3　D 的方向与极方向

根据集合 D 的定义，式（2.30）即

$$A(x+\alpha d)=b \tag{2.31}$$

$$x+\alpha d\geqslant 0 \tag{2.32}$$

由于 $\boldsymbol{Ax}=\boldsymbol{b}$，$\boldsymbol{x}\geqslant\boldsymbol{0}$ 且 α 可取任意非负数，因此由式（2.31）和式（2.32）知

$$Ad=0 \text{ 及 } d\geqslant 0$$

2.4.2　凸集分离定律

凸集的另一个重要性质是分离定理，在最优化理论中，有些重要的结论可用凸集分离定理来证明。

定义 2.17　设 D_1 和 D_2 是 $\mathbf{R}^n$ 中两个非空集合，如果存在 $c\in\mathbf{R}^n$，$\boldsymbol{c}\neq\boldsymbol{0}$ 及 $\alpha\in\mathbf{R}$，使

$$D_1\subseteq H^-=\{x\mid c^{\mathrm{T}}x\leqslant\alpha,x\in\mathbf{R}^n\}$$

$$D_2\subseteq H^+=\{x\mid c^{\mathrm{T}}x\geqslant\alpha,x\in\mathbf{R}^n\}$$

则称超平面 $H=\{\boldsymbol{x}\mid \boldsymbol{c}^{\mathrm{T}}\boldsymbol{x}=\alpha,\boldsymbol{x}\in\mathbf{R}^n\}$ 分离集合 D_1 和 D_2。

在介绍凸集分离定理之前，先给出闭凸集的一个性质。

定理 2.5　设 D 是 $\mathbf{R}^n$ 中的闭凸集，$\boldsymbol{y}\notin D$，则存在唯一的点 $\bar{\boldsymbol{x}}\in D$，使得

$$\|y-\bar{x}\|=\inf_{x\in D}\|y-x\|$$

证明　令

$$\inf_{x\in D}\|y-x\|=r>0$$

由下确界的定义可知，存在序列$\{\boldsymbol{x}^{(k)}\}$，$\boldsymbol{x}^{(k)}\in D$，使得$\|\boldsymbol{y}-\boldsymbol{x}^{(k)}\|\to r$。先证$\{\boldsymbol{x}^{(k)}\}$存在极限 $\bar{\boldsymbol{x}}\in D$，为此只需证明$\{\boldsymbol{x}^{(k)}\}$为柯西序列。根据平行四边形定律（对角线的平方和等于一组邻边平方和的两倍）有

$$\|\boldsymbol{x}^{(k)}-\boldsymbol{x}^{(m)}\|^2=2\|\boldsymbol{x}^{(k)}-\boldsymbol{y}\|^2+2\|\boldsymbol{x}^{(m)}-\boldsymbol{y}\|^2-4\left\|\frac{\boldsymbol{x}^{(k)}-\boldsymbol{x}^{(m)}}{2}-\boldsymbol{y}\right\|^2$$

由于 D 是凸集，$\dfrac{\boldsymbol{x}^{(k)}-\boldsymbol{x}^{(m)}}{2}\in D$，由 r 的定义，有

$$\left\|\frac{\boldsymbol{x}^{(k)}-\boldsymbol{x}^{(m)}}{2}-\boldsymbol{y}\right\|^2\geqslant r^2$$

因此

$$\|\boldsymbol{x}^{(k)}-\boldsymbol{x}^{(m)}\|^2\leqslant 2\|\boldsymbol{x}^{(k)}-\boldsymbol{y}\|^2+2\|\boldsymbol{x}^{(m)}-\boldsymbol{y}\|^2-4r^2$$

由此可知，当 k 和 m 充分大时，$\|\boldsymbol{x}^{(k)}-\boldsymbol{x}^{(m)}\|$充分接近于零，因此$\{\boldsymbol{x}^{(k)}\}$为柯西序列，必存在极限 $\bar{\boldsymbol{x}}$。又因为 D 为闭集，所以 $\bar{\boldsymbol{x}}\in D$。

再证唯一性。设存在$\hat{\boldsymbol{x}}\in D$，使

$$\|\boldsymbol{y}-\bar{\boldsymbol{x}}\|=\|\boldsymbol{y}-\hat{\boldsymbol{x}}\|=r \tag{2.33}$$

由于 D 是凸集，$\bar{\boldsymbol{x}},\hat{\boldsymbol{x}}\in D$，因此$\dfrac{\bar{\boldsymbol{x}}+\hat{\boldsymbol{x}}}{2}\in D$，根据施瓦茨不等式得出

$$\left\|\boldsymbol{y}-\frac{\bar{\boldsymbol{x}}+\hat{\boldsymbol{x}}}{2}\right\|\leqslant\frac{1}{2}\|\boldsymbol{y}-\bar{\boldsymbol{x}}\|+\frac{1}{2}\|\boldsymbol{y}-\hat{\boldsymbol{x}}\|=r \tag{2.34}$$

由 r 的定义及式（2.34）可知

$$\left\|\boldsymbol{y}-\frac{\bar{\boldsymbol{x}}+\hat{\boldsymbol{x}}}{2}\right\|=\frac{1}{2}\|\boldsymbol{y}-\bar{\boldsymbol{x}}\|+\frac{1}{2}\|\boldsymbol{y}-\hat{\boldsymbol{x}}\|$$

此式表明

$$\boldsymbol{y}-\bar{\boldsymbol{x}}=\lambda(\boldsymbol{y}-\hat{\boldsymbol{x}}) \tag{2.35}$$

因此有

$$\|\boldsymbol{y}-\bar{\boldsymbol{x}}\|=|\lambda|\,\|\boldsymbol{y}-\hat{\boldsymbol{x}}\| \tag{2.36}$$

考虑到式（2.33），可知$|\lambda|=1$。若 $\lambda=-1$，由式（2.35）可推出 $\boldsymbol{y}\in D$，与假设矛盾，所以 $\lambda\neq-1$，故 $\lambda=1$。从而由式（2.35）得到 $\bar{\boldsymbol{x}}=\hat{\boldsymbol{x}}$。

下面给出凸集分离定理。

定理 2.6 设 $D\subset\mathbf{R}^n$ 是非空闭凸集，$\boldsymbol{y}\notin D$，则存在 $\boldsymbol{c}\in\mathbf{R}^n$，$\boldsymbol{c}\neq\boldsymbol{0}$，$\alpha\in\mathbf{R}$，使

$$\boldsymbol{c}^{\mathrm{T}}\boldsymbol{x}\leqslant\alpha<\boldsymbol{c}^{\mathrm{T}}\boldsymbol{y},\quad \forall\,\boldsymbol{x}\in D$$

即存在分离 $\boldsymbol{y}$ 和 D 的超平面 $H=\{\boldsymbol{x}\mid\boldsymbol{c}^{\mathrm{T}}\boldsymbol{x}=\alpha,\boldsymbol{x}\in\mathbf{R}^n\}$。

证明 由于设 $D\subset\mathbf{R}^n$ 为非空闭凸集，$\boldsymbol{y}\notin D$，因此由定理 2.5 知，存在 $\bar{\boldsymbol{x}}\in D$，使

$$\|\boldsymbol{y}-\bar{\boldsymbol{x}}\|=\inf\{\|\boldsymbol{y}-\boldsymbol{x}\|\boldsymbol{x}\in D\}>0$$

因 D 为凸集，故对一切 $\boldsymbol{x}\in D$ 及 $\lambda\in(0,1)$，有

$$\lambda\boldsymbol{x}+(1-\lambda)\bar{\boldsymbol{x}}\in D$$

于是

$$\begin{aligned}\|\boldsymbol{y}-\bar{\boldsymbol{x}}\|^2&\leqslant\|\boldsymbol{y}-\lambda\boldsymbol{x}-(1-\lambda)\bar{\boldsymbol{x}}\|^2\\&=\|(\boldsymbol{y}-\bar{\boldsymbol{x}})+\lambda(\bar{\boldsymbol{x}}-\boldsymbol{x})\|^2\\&=\|\boldsymbol{y}-\bar{\boldsymbol{x}}\|+\lambda^2\ \|\bar{\boldsymbol{x}}-\boldsymbol{x}\|^2+2\lambda(\boldsymbol{y}-\bar{\boldsymbol{x}})^{\mathrm{T}}(\bar{\boldsymbol{x}}-\boldsymbol{x})\end{aligned}$$

从而

$$\lambda\ \|\bar{\boldsymbol{x}}-\boldsymbol{x}\|^2+2\ (\boldsymbol{y}-\bar{\boldsymbol{x}})^{\mathrm{T}}(\bar{\boldsymbol{x}}-\boldsymbol{x})\geqslant 0$$

在上式中，令 $\lambda\to0^+$，得

$$(\boldsymbol{y}-\overline{\boldsymbol{x}})^{\mathrm{T}}(\overline{\boldsymbol{x}}-\boldsymbol{x}) \geqslant 0$$

记 $\boldsymbol{c}=\boldsymbol{y}-\overline{\boldsymbol{x}}$，则 $\boldsymbol{c} \neq \boldsymbol{0}$，且

$$\boldsymbol{c}^{\mathrm{T}}(\overline{\boldsymbol{x}}-\boldsymbol{x}) \geqslant 0$$

又记 $\alpha=\boldsymbol{c}^{\mathrm{T}} \overline{\boldsymbol{x}}$，则有

$$\boldsymbol{c}^{\mathrm{T}} \boldsymbol{x} \leqslant \boldsymbol{c}^{\mathrm{T}} \overline{\boldsymbol{x}}=\alpha$$

此外，因为

$$\boldsymbol{c}^{\mathrm{T}} \boldsymbol{y}-\alpha=\boldsymbol{c}^{\mathrm{T}}(\boldsymbol{y}-\overline{\boldsymbol{x}})=\|\boldsymbol{y}-\overline{\boldsymbol{x}}\|^{2}>0$$

所以

$$\boldsymbol{c}^{\mathrm{T}} \boldsymbol{x} \leqslant \alpha<\boldsymbol{c}^{\mathrm{T}} \boldsymbol{y}, \quad \forall \boldsymbol{x} \in D$$

作为凸集分离定理的应用，下面介绍在优化理论中十分重要的 Farkas 引理。

定理 2.7（Farkas 引理）　设 $\boldsymbol{A} \in \mathbf{R}^{m \times n}$，$\boldsymbol{b} \in \mathbf{R}^{n}$，则下列两个关系式组有且仅有一组有解：

$$\begin{cases}\boldsymbol{A} \boldsymbol{x} \leqslant \boldsymbol{0} \\ \boldsymbol{b}^{\mathrm{T}} \boldsymbol{x}>0\end{cases} \tag{2.37}$$

$$\begin{cases}\boldsymbol{A}^{\mathrm{T}} \boldsymbol{y}=\boldsymbol{b} \\ \boldsymbol{y} \geqslant \boldsymbol{0}\end{cases} \tag{2.38}$$

证明　设式（2.38）有解，即存在 $\overline{\boldsymbol{y}} \geqslant \boldsymbol{0}$，使得

$$\boldsymbol{A}^{\mathrm{T}} \overline{\boldsymbol{y}}=\boldsymbol{b}$$

若有 $\overline{\boldsymbol{x}}$ 使 $\boldsymbol{A} \overline{\boldsymbol{x}} \leqslant \boldsymbol{0}$，则有

$$\boldsymbol{b}^{\mathrm{T}} \overline{\boldsymbol{x}}=\overline{\boldsymbol{y}}^{\mathrm{T}} \boldsymbol{A} \overline{\boldsymbol{x}} \leqslant \boldsymbol{0}$$

这表明式（2.37）无解。

再假设式（2.38）无解，记

$$D=\{\boldsymbol{z} \mid \boldsymbol{z}=\boldsymbol{A}^{\mathrm{T}} \boldsymbol{y}, \boldsymbol{y} \geqslant \boldsymbol{0}\}$$

则 D 是非空闭凸集，且 $\boldsymbol{b} \notin D$，由定理 2.6，存在 $\boldsymbol{c} \in \mathbf{R}^{n}$，$\boldsymbol{c} \neq \boldsymbol{0}$，$\alpha \in \mathbf{R}$，使

$$\boldsymbol{c}^{\mathrm{T}} \boldsymbol{z} \leqslant \alpha<\boldsymbol{c}^{\mathrm{T}} \boldsymbol{b}, \quad \forall \boldsymbol{z} \in D$$

因 $\boldsymbol{0} \in D$，故由上式知 $\alpha \geqslant 0$，从而 $\boldsymbol{c}^{\mathrm{T}} \boldsymbol{b}>0$，于是

$$\alpha \geqslant \boldsymbol{c}^{\mathrm{T}} \boldsymbol{z}=\boldsymbol{c}^{\mathrm{T}} \boldsymbol{A}^{\mathrm{T}} \boldsymbol{y}=\boldsymbol{y}^{\mathrm{T}} \boldsymbol{A} \boldsymbol{c}, \quad \forall \boldsymbol{y} \geqslant 0$$

由于 $\boldsymbol{y} \geqslant \boldsymbol{0}$，$\boldsymbol{y}$ 的分量可以任意大，因此 $\boldsymbol{A} \boldsymbol{c} \leqslant \boldsymbol{0}$，从而得到了 $\boldsymbol{c} \in \mathbf{R}^{n}$，使

$$\boldsymbol{A} \boldsymbol{c} \leqslant \boldsymbol{0}$$

$$\boldsymbol{b}^{\mathrm{T}} \boldsymbol{c}>0$$

即式（2.37）有解。

利用 Farkas 引理可推导戈丹定理和择一性定理。

定理 2.8（戈丹定理）　设 $\boldsymbol{A} \in \mathbf{R}^{m \times n}$，则下列两个关系式组有且仅有一组解：

$$\boldsymbol{A} \boldsymbol{x}<\boldsymbol{0} \tag{2.39}$$

和

$$\begin{cases}\boldsymbol{A}^{\mathrm{T}} \boldsymbol{y}=\boldsymbol{0} \\ \boldsymbol{y} \geqslant \boldsymbol{0}, \quad \boldsymbol{y} \neq \boldsymbol{0}\end{cases} \tag{2.40}$$

证明　如果式（2.39）有解，即存在 $\overline{\boldsymbol{x}} \in \mathbf{R}^{n}$，使得 $\boldsymbol{A} \overline{\boldsymbol{x}}<\boldsymbol{0}$，则对 $\forall \overline{\boldsymbol{y}} \geqslant \boldsymbol{0}$，$\boldsymbol{y} \neq \boldsymbol{0}$，有

$$\overline{\boldsymbol{y}}^{\mathrm{T}} \boldsymbol{A} \overline{\boldsymbol{x}}<0$$

即

$$\overline{\boldsymbol{x}}^{\mathrm{T}} \boldsymbol{A}^{\mathrm{T}} \overline{\boldsymbol{y}}<0$$

这表明式（2.40）无解。

如果式（2.39）无解，则不存在 $\alpha<0$ 及 $\boldsymbol{x}\in\mathbf{R}^n$，使

$$\boldsymbol{Ax}\leqslant(\alpha,\alpha,\cdots,\alpha)^{\mathrm{T}}$$

记

$$\widetilde{\boldsymbol{A}}=(\boldsymbol{A},-\boldsymbol{e}),\widetilde{\boldsymbol{b}}=(0,0,\cdots,0,-1)^{\mathrm{T}}\in\mathbf{R}^{n+1}$$

其中，$\boldsymbol{e}=(1,1,\cdots,1)^{\mathrm{T}}\in\mathbf{R}^m$，于是，不存在 $\alpha<0$ 及 $\boldsymbol{x}\in\mathbf{R}^n$，满足

$$\widetilde{\boldsymbol{A}}\begin{pmatrix}\boldsymbol{x}\\ \alpha\end{pmatrix}\leqslant\boldsymbol{0},\quad \widetilde{\boldsymbol{b}}^{\mathrm{T}}\begin{pmatrix}\boldsymbol{x}\\ \alpha\end{pmatrix}>\boldsymbol{0}$$

即该关系式组无解，于是由 Farkas 引理，关系式组

$$\begin{cases}\widetilde{\boldsymbol{A}}^{\mathrm{T}}\boldsymbol{y}=\widetilde{\boldsymbol{b}}\\ \boldsymbol{y}\geqslant\boldsymbol{0}\end{cases}$$

有解，即关系式组

$$\begin{cases}\boldsymbol{A}^{\mathrm{T}}\boldsymbol{y}=\boldsymbol{0}\\ \boldsymbol{e}^{\mathrm{T}}\boldsymbol{y}=1\\ \boldsymbol{y}\geqslant\boldsymbol{0}\end{cases}$$

有解，这等价于式（2.40）有解。

定理 2.9（择一性定理） 设 $\boldsymbol{A}\in\mathbf{R}^{m\times n}$，$\boldsymbol{B}\in\mathbf{R}^{p\times n}$，则关系式组

$$\begin{cases}\boldsymbol{Ax}<\boldsymbol{0}\\ \boldsymbol{Bx}=\boldsymbol{0}\end{cases}\tag{2.41}$$

无解当且仅当存在 $\boldsymbol{u}\in\mathbf{R}^m$，$\boldsymbol{u}\geqslant\boldsymbol{0}$，$\boldsymbol{u}\neq\boldsymbol{0}$ 和 $\boldsymbol{v}\in\mathbf{R}^p$，满足

$$\boldsymbol{A}^{\mathrm{T}}\boldsymbol{u}+\boldsymbol{B}^{\mathrm{T}}\boldsymbol{v}=\boldsymbol{0}\tag{2.42}$$

证明 式（2.41）无解等价于不存在 $\alpha<0$ 及 $\boldsymbol{x}\in\mathbf{R}^n$，满足

$$\boldsymbol{Ax}\leqslant(\alpha,\alpha,\cdots,\alpha)^{\mathrm{T}},\quad \boldsymbol{Bx}\leqslant\boldsymbol{0},\quad -\boldsymbol{Bx}\leqslant\boldsymbol{0}$$

记

$$\widetilde{\boldsymbol{A}}=\begin{pmatrix}\boldsymbol{A} & -\boldsymbol{e}\\ \boldsymbol{B} & \boldsymbol{0}\\ -\boldsymbol{B} & \boldsymbol{0}\end{pmatrix},\quad \widetilde{\boldsymbol{b}}=(0,\cdots,0,-1)^{\mathrm{T}}\in\mathbf{R}^{n+1}$$

其中，$\boldsymbol{e}=(1,1,\cdots,1)^{\mathrm{T}}\in\mathbf{R}^m$，则不存在 $\alpha<0$ 及 $\boldsymbol{x}\in\mathbf{R}^n$，满足

$$\widetilde{\boldsymbol{A}}\begin{pmatrix}\boldsymbol{x}\\ \alpha\end{pmatrix}\leqslant\boldsymbol{0},\quad \widetilde{\boldsymbol{b}}^{\mathrm{T}}\begin{pmatrix}\boldsymbol{x}\\ \alpha\end{pmatrix}>\boldsymbol{0}\tag{2.43}$$

这说明当且仅当式（2.43）无解时式（2.41）无解。

根据 Farkas 引理，式（2.43）无解等价于关系式组

$$\begin{cases}\widetilde{\boldsymbol{A}}^{\mathrm{T}}\boldsymbol{y}=\widetilde{\boldsymbol{b}}\\ \boldsymbol{y}\geqslant\boldsymbol{0}\end{cases}$$

有解。记

$$y=\begin{cases}\boldsymbol{u}\\ \boldsymbol{w}\\ \boldsymbol{z}\end{cases},\quad \boldsymbol{u}\in\mathbf{R}^m,\quad \boldsymbol{w}\in\mathbf{R}^p,\quad \boldsymbol{z}\in\mathbf{R}^p$$

则有

$$\begin{cases}\boldsymbol{A}^{\mathrm{T}}\boldsymbol{u}+\boldsymbol{B}^{\mathrm{T}}\boldsymbol{w}-\boldsymbol{B}^{\mathrm{T}}\boldsymbol{z}=\boldsymbol{0}\\ \boldsymbol{e}^{\mathrm{T}}\boldsymbol{u}=\boldsymbol{1}\\ \boldsymbol{u}\geqslant\boldsymbol{0},\ \boldsymbol{w}\geqslant\boldsymbol{0},\ \boldsymbol{z}\geqslant\boldsymbol{0}\end{cases}$$

由 $\boldsymbol{e}^{\mathrm{T}}\boldsymbol{u}=\boldsymbol{1}$ 得到 $\boldsymbol{u}\neq\boldsymbol{0}$，再令 $\boldsymbol{v}=\boldsymbol{w}-\boldsymbol{z}$，可知式（2.42）成立。

2.4.3 凸函数

定义 2.18 设 D 是 $\mathbf{R}^n$ 中的非空凸集，f 是定义在 D 上的实函数。如果对任意的 $\boldsymbol{x}^{(1)},\boldsymbol{x}^{(2)}\in D$ 及每一个数 $\alpha\in(0,1)$，都有

$$f(\alpha\boldsymbol{x}^{(1)}+(1-\alpha)\boldsymbol{x}^{(2)})\leqslant\alpha f(\boldsymbol{x}^{(1)})+(1-\alpha)f(\boldsymbol{x}^{(2)}) \tag{2.44}$$

则称 f 为 D 上的凸函数。

如果对任意互不相同的 $\boldsymbol{x}^{(1)},\boldsymbol{x}^{(2)}\in D$ 及每一个数 $\alpha\in(0,1)$，都有

$$f(\alpha\boldsymbol{x}^{(1)}+(1-\alpha)\boldsymbol{x}^{(2)})<\alpha f(\boldsymbol{x}^{(1)})+(1-\alpha)f(\boldsymbol{x}^{(2)}) \tag{2.45}$$

则称 f 为 D 上的严格凸函数。

如果 $-f$ 为 D 上的凸函数，则称 f 为 D 上的凹函数。

凸函数的几何意义：凸函数上任意两点间的曲线段总在弦的下方，如图 2.4a 所示；凹函数上任意两点间的曲线段总在弦的上方，如图 2.4b 所示。

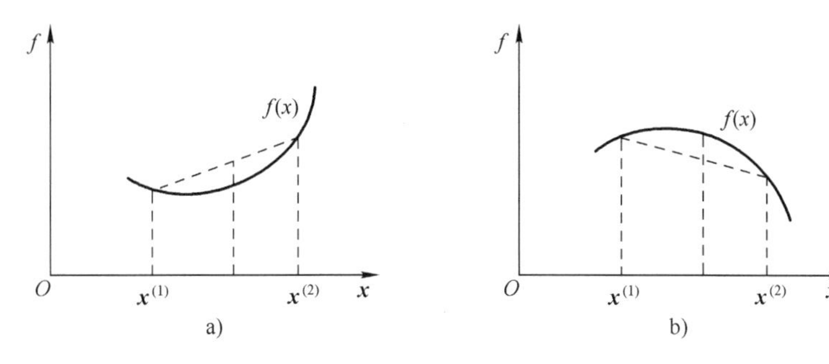

图 2.4 凸函数与凹函数的几何意义

利用凸函数的定义不难验证下面的一些性质。

定理 2.10 设 f 是定义在凸集 D 上的凸函数，实数 $\alpha\geqslant 0$，则 αf 也是定义在 D 上的凸函数。

定理 2.11 设 f_1 和 f_2 是定义在凸集 D 上的凸函数，则 f_1+f_2 也是定义在凸集 D 上的凸函数。

推论 2.1 设 $f_1,f_2,\cdots,f_k$ 是定义在凸集 D 上的凸函数，且实数 $\alpha_1,\alpha_2,\cdots,\alpha_k\geqslant 0$，则 $\sum\limits_{i=1}^{k}\alpha_i f_i$ 也是定义在凸集 D 上的凸函数。

定理 2.12 设 D 是 $\mathbf{R}^n$ 中的非空凸集，f 是定义在 D 上的凸函数，α 是一个实数，则水平集 $D_\alpha=\{\boldsymbol{x}\mid\boldsymbol{x}\in D,f(\boldsymbol{x})\leqslant\alpha\}$ 是凸集。

证明 对于任意的 $\boldsymbol{x}^{(1)},\boldsymbol{x}^{(2)}\in D_\alpha$，根据 D_α 定义，有

$$f(\boldsymbol{x}^{(1)})\leqslant\alpha,\quad f(\boldsymbol{x}^{(2)})\leqslant\alpha$$

由于 D 为凸集，因此对每个数 $\lambda\in[0,1]$，必有

$$\lambda\boldsymbol{x}^{(1)}+(1-\lambda)\boldsymbol{x}^{(2)}\in D$$

又由于 $f(\boldsymbol{x})$ 是 D 上的凸函数，则有

$$f(\lambda \boldsymbol{x}^{(1)}+(1-\lambda)\boldsymbol{x}^{(2)}) \leqslant \lambda f(\boldsymbol{x}^{(1)})+(1-\lambda)f(\boldsymbol{x}^{(2)}) \\ \leqslant \lambda\alpha+(1-\lambda)\alpha=\alpha$$

因此 $\lambda \boldsymbol{x}^{(1)}+(1-\lambda)\boldsymbol{x}^{(2)} \in D_\alpha$，故 D_α 为凸集。

下述基本定理体现了凸函数的根本重要性。

定理 2.13 设 D 是 $\mathbf{R}^n$ 中的非空凸集，f 是定义在 D 上的凸函数，则 f 在 D 上的局部极小点是全局极小点，且极小点的集合为凸集。

证明 设 $\bar{\boldsymbol{x}}$ 是 f 在 D 上的局部极小点，即存在 $\bar{\boldsymbol{x}}$ 的 $\varepsilon>0$ 邻域 $N_\varepsilon(\bar{\boldsymbol{x}})$，使得对每一点 $\boldsymbol{x} \in D \cap N_\varepsilon(\bar{\boldsymbol{x}})$，$f(\boldsymbol{x}) \geqslant f(\bar{\boldsymbol{x}})$ 成立。

假设 $\bar{\boldsymbol{x}}$ 不是全局极小点，则存在 $\hat{\boldsymbol{x}} \in D$，使 $f(\hat{\boldsymbol{x}}) \geqslant f(\bar{\boldsymbol{x}})$。由于 D 是凸集，因此对每一个 $\alpha \in (0,1]$，有 $\alpha\hat{\boldsymbol{x}}+(1-\alpha)\bar{\boldsymbol{x}} \in D$。由于 $\hat{\boldsymbol{x}}$ 与 $\bar{\boldsymbol{x}}$ 是不同的两点，可取 $\alpha \in (0,1)$。又由于 f 是 D 上的凸函数，因此有

$$f(\alpha\hat{\boldsymbol{x}}+(1-\alpha)\bar{\boldsymbol{x}}) \leqslant \alpha f(\hat{\boldsymbol{x}})+(1-\alpha)f(\bar{\boldsymbol{x}}) \\ <\alpha f(\bar{\boldsymbol{x}})+(1-\alpha)f(\bar{\boldsymbol{x}}) \\ =f(\bar{\boldsymbol{x}})$$

当 α 充分小时，可使

$$\alpha\hat{\boldsymbol{x}}+(1-\alpha)\bar{\boldsymbol{x}} \in D \cap N_\varepsilon(\bar{\boldsymbol{x}})$$

这与 $\bar{\boldsymbol{x}}$ 为局部极小点矛盾，故 $\bar{\boldsymbol{x}}$ 是 f 在 D 上的全局极小点。

由以上证明可知，f 在 D 上的极小值也是它在 D 上的最小值。设极小值为 λ，则极小点的集合可以写作

$$\Gamma_\lambda=\{\boldsymbol{x} \mid \boldsymbol{x} \in D, f(\boldsymbol{x}) \leqslant \lambda\}$$

根据定理 2.12，Γ_λ 为凸集。

利用凸函数的定义及有关性质可以判别一个函数是否是凸函数，但有时计算较复杂且使用不方便，因此，凸函数的判别问题需进一步地研究。

定理 2.14 设 $D \subset \mathbf{R}^n$ 为非空开凸集，$f(\boldsymbol{x})$ 在 D 上可微，则 $f(\boldsymbol{x})$ 为 D 上的凸函数的充要条件是，对任意的 $\boldsymbol{x},\boldsymbol{y} \in D$，恒有

$$f(\boldsymbol{y}) \geqslant f(\boldsymbol{x})+(\boldsymbol{y}-\boldsymbol{x})^{\mathrm{T}} \nabla f(\boldsymbol{x}) \tag{2.46}$$

$f(\boldsymbol{x})$ 为 D 上的严格凸函数的充要条件是，对任意的 $\boldsymbol{x},\boldsymbol{y} \in D$，$\boldsymbol{x} \neq \boldsymbol{y}$，恒有

$$f(\boldsymbol{y}) > f(\boldsymbol{x})+(\boldsymbol{y}-\boldsymbol{x})^{\mathrm{T}} \nabla f(\boldsymbol{x}) \tag{2.47}$$

证明 必要性。

（1）设 $f(\boldsymbol{x})$ 为 D 上的凸函数，则对 $\forall \boldsymbol{x},\boldsymbol{y} \in D$，$0<\alpha<1$，恒有

$$f(\alpha\boldsymbol{y}+(1-\alpha)\boldsymbol{x}) \leqslant \alpha f(\boldsymbol{y})+(1-\alpha)f(\boldsymbol{x})$$

即

$$f(\boldsymbol{x}+\alpha(\boldsymbol{y}-\boldsymbol{x}))-f(\boldsymbol{x}) \leqslant \alpha[f(\boldsymbol{y})-f(\boldsymbol{x})] \tag{2.48}$$

式（2.48）两端同时除以 α，得到

$$\frac{f(\boldsymbol{x}+\alpha(\boldsymbol{y}-\boldsymbol{x}))-f(\boldsymbol{x})}{\alpha} \leqslant f(\boldsymbol{y})-f(\boldsymbol{x}) \tag{2.49}$$

式（2.49）中，令 $\alpha \to 0^+$，得到

$$(\boldsymbol{y}-\boldsymbol{x})^{\mathrm{T}} \nabla f(\boldsymbol{x}) \leqslant f(\boldsymbol{y})-f(\boldsymbol{x})$$

故式（2.46）成立。

（2）设 $f(\boldsymbol{x})$ 为 D 上的严格凸函数，则有

$$f\left(\frac{\boldsymbol{x}+\boldsymbol{y}}{2}\right)<\frac{1}{2}f(\boldsymbol{x})+\frac{1}{2}f(\boldsymbol{y}) \tag{2.50}$$

另外，$f(\boldsymbol{x})$ 也是凸函数，故式（2.46）成立，即

$$f\left(\frac{\boldsymbol{x}+\boldsymbol{y}}{2}\right)\geqslant f(\boldsymbol{x})+\left(\frac{\boldsymbol{x}+\boldsymbol{y}}{2}-\boldsymbol{x}\right)^{\mathrm{T}}\nabla f(\boldsymbol{x})=f(\boldsymbol{x})+\frac{1}{2}(\boldsymbol{y}-\boldsymbol{x})^{\mathrm{T}}\nabla f(\boldsymbol{x}) \tag{2.51}$$

将式（2.51）代入式（2.50），有

$$\frac{1}{2}f(\boldsymbol{x})+\frac{1}{2}f(\boldsymbol{y})>f(\boldsymbol{x})+\frac{1}{2}(\boldsymbol{y}-\boldsymbol{x})^{\mathrm{T}}\nabla f(\boldsymbol{x}) \tag{2.52}$$

对式（2.52）进行简化，得到式（2.47）。

再证充分性。

（1）对 $\forall \boldsymbol{x},\boldsymbol{y}\in D, f(\boldsymbol{y})\geqslant f(\boldsymbol{x})+(\boldsymbol{y}-\boldsymbol{x})^{\mathrm{T}}\nabla f(\boldsymbol{x})$，$\forall \alpha\in[0,1]$，令

$$\boldsymbol{z}=\alpha\boldsymbol{x}+(1-\alpha)\boldsymbol{y}$$

则有

$$f(\boldsymbol{x})\geqslant f(\boldsymbol{z})+(\boldsymbol{x}-\boldsymbol{z})^{\mathrm{T}}\nabla f(\boldsymbol{z}) \tag{2.53}$$

$$f(\boldsymbol{y})\geqslant f(\boldsymbol{z})+(\boldsymbol{y}-\boldsymbol{z})^{\mathrm{T}}\nabla f(\boldsymbol{z}) \tag{2.54}$$

式（2.53）两端同时乘 α，式（2.54）两端同时乘 $(1-\alpha)$，两式相加得到

$$\alpha f(\boldsymbol{x})+(1-\alpha)f(\boldsymbol{y})\geqslant f(\boldsymbol{z})=f(\alpha\boldsymbol{x}+(1-\alpha)\boldsymbol{y})$$

所以 f 为凸函数。

（2）对 $\forall \boldsymbol{x},\boldsymbol{y}\in D, f(\boldsymbol{y})>f(\boldsymbol{x})+(\boldsymbol{y}-\boldsymbol{x})^{\mathrm{T}}\nabla f(\boldsymbol{x})$。

其证明过程与充分性证明类似，只需将式（2.53）和式（2.54）中的“$\geqslant$”换成“$>$”即可。

定理 2.15　设 $D\subset\mathbf{R}^n$ 为非空开凸集，$f(\boldsymbol{x})$ 在 D 上二次可微，则 $f(\boldsymbol{x})$ 为 D 上的凸函数的充要条件是，对 $\forall \boldsymbol{x}\in D$，$\nabla^2 f(\boldsymbol{x})$ 半正定。

证明　先证充分性。

设 $\nabla^2 f(\boldsymbol{x})\,(\boldsymbol{x}\in D)$ 半正定，任意给定 $\boldsymbol{x},\boldsymbol{y}\in D$，由中值定理得

$$f(\boldsymbol{y})=f(\boldsymbol{x})+(\boldsymbol{y}-\boldsymbol{x})^{\mathrm{T}}\nabla f(\boldsymbol{x})+\frac{1}{2}(\boldsymbol{y}-\boldsymbol{x})^{\mathrm{T}}\nabla^2 f(\hat{\boldsymbol{x}})(\boldsymbol{y}-\boldsymbol{x}) \tag{2.55}$$

其中

$$\hat{\boldsymbol{x}}=\theta\boldsymbol{x}+(1-\theta)\boldsymbol{y},\theta\in(0,1)$$

由于 D 是凸集，因此 $\hat{\boldsymbol{x}}\in D$，假设 $\nabla^2 f(\boldsymbol{x})$ 半正定，必有

$$(\boldsymbol{y}-\boldsymbol{x})^{\mathrm{T}}\nabla^2 f(\hat{\boldsymbol{x}})(\boldsymbol{y}-\boldsymbol{x})\geqslant 0 \tag{2.56}$$

由式（2.55）和式（2.56）可知

$$f(\boldsymbol{y})\geqslant f(\boldsymbol{x})+(\boldsymbol{y}-\boldsymbol{x})^{\mathrm{T}}\nabla f(\boldsymbol{x})$$

根据定理 2.14，$f(\boldsymbol{x})$ 是凸函数。

再证必要性。

设 $f(\boldsymbol{x})$ 是 D 上的凸函数，由定理 2.14，对任意 $\boldsymbol{x},\boldsymbol{y}\in D$，有

$$f(\boldsymbol{y})\geqslant f(\boldsymbol{x})+(\boldsymbol{y}-\boldsymbol{x})^{\mathrm{T}}\nabla f(\boldsymbol{x}) \tag{2.57}$$

对于任意的 $\boldsymbol{x}\in D$ 及 $\boldsymbol{d}\neq\boldsymbol{0}$，$\boldsymbol{d}\in D$，由于 D 是开集，存在 $\delta>0$，使得当 $\alpha\in(0,\delta)$ 时，$\boldsymbol{x}+\alpha\boldsymbol{d}\in D$，应用式（2.57）得到

$$f(\boldsymbol{x}+\alpha\boldsymbol{d})\geqslant f(\boldsymbol{x})+\alpha\boldsymbol{d}^{\mathrm{T}}\nabla f(\boldsymbol{x}) \tag{2.58}$$

另外，由二阶泰勒展开式得

$$f(\boldsymbol{x}+\alpha\boldsymbol{d})=f(\boldsymbol{x})+\alpha\boldsymbol{d}^{\mathrm{T}}\nabla f(\boldsymbol{x})+\frac{1}{2}\alpha^2\boldsymbol{d}^{\mathrm{T}}\nabla^2 f(\boldsymbol{x})\boldsymbol{d}+o(\alpha^2) \tag{2.59}$$

比较式（2.58）和式（2.59），得到

$$\frac{1}{2}\alpha^2\boldsymbol{d}^{\mathrm{T}}\nabla^2 f(\boldsymbol{x})\boldsymbol{d}+o(\alpha^2)\geqslant 0 \tag{2.60}$$

在式（2.60）两端同时除以 α^2，并令 $\alpha\to 0^+$，得到

$$\boldsymbol{d}^{\mathrm{T}}\nabla^2 f(\boldsymbol{x})\boldsymbol{d}\geqslant 0$$

即$\nabla^2 f(\boldsymbol{x})$半正定。

我们还可以给出严格凸函数的判别条件。

定理 2.16 设 $D\subset\mathbf{R}^n$ 为非空开凸集，$f(\boldsymbol{x})$是定义在 D 上的二次可微函数，如果对任意点 $\boldsymbol{x}\in D$，黑塞矩阵$\nabla^2 f(\boldsymbol{x})$是正定的，则$f(\boldsymbol{x})$是严格凸函数。

定理 2.16 的证明可仿照定理 2.15。值得注意，该定理的逆向叙述并不成立。若$f(\boldsymbol{x})$是定义在 D 上的严格凸函数，则对任意点 $\boldsymbol{x}\in D$，黑塞矩阵是半正定的。

2.4.4 凸规划

考虑下列极小化问题：

$$\begin{aligned}&\min f(\boldsymbol{x})\\&\text{s.t.}\begin{cases}c_i(\boldsymbol{x})=0, & i\in E=\{1,2,\cdots,l\}\\c_i(\boldsymbol{x})\geqslant 0, & i\in I=\{l+1,\cdots,l+m\}\end{cases}\end{aligned}$$

设$f(\boldsymbol{x})$是凸函数，$c_i(\boldsymbol{x})(i\in I)$是凹函数，$c_i(\boldsymbol{x})(i\in E)$是线性函数。问题的可行域是

$$D=\{\boldsymbol{x}\mid c_i(\boldsymbol{x})=0,i\in E;c_i(\boldsymbol{x})\geqslant 0,i\in I\}$$

由于$-c_i(\boldsymbol{x})(i\in I)$是凸函数，因此满足 $c_i(\boldsymbol{x})\geqslant 0(i\in I)$，即满足$-c_i(\boldsymbol{x})\leqslant 0(i\in I)$的点的集合是凸集，根据凸函数和凹函数的定义，线性函数 $c_i(\boldsymbol{x})(i\in E)$既是凸函数也是凹函数，因此满足 $c_i(\boldsymbol{x})=0(i\in E)$的点的集合也是凸集。$D$ 是 $m+l$ 个凸集的交集，因此也是凸集。上述问题即为求凸函数在凸集上的极小点，这类问题称为凸规划。

值得注意，如果 $c_i(\boldsymbol{x})(i\in E)$是非线性凸函数，满足 $c_i(\boldsymbol{x})=0(i\in E)$的点的集合不是凸集，因此该问题就不属于凸规划。

凸规划是非线性规划中的一种重要的特殊情形，它具有很好的性质，正如定理 2.13 给出的结论，凸规划的局部极小点就是全局极小点，且极小点的集合是凸集。如果凸规划的目标函数是严格凸函数，又存在极小点，那么它的极小点是唯一的。

第3章 线性规划

线性规划是数学规划的一个重要分支。它在理论和算法上均比较成熟，而且应用领域极为广泛，因此线性规划在最优化学科中占有重要地位。本章主要讨论线性规划的数学模型、基本概念、基本理论和求解方法。

3.1 线性规划问题的数学模型

3.1.1 线性规划模型的标准形

根据实际问题建立的模型，由于目标函数和约束条件在内容和形式上的差别，线性规划模型可以有多种。为了便于讨论，规定线性规划问题的标准形为

$$\min f=c_1x_1+c_2x_2+\cdots+c_nx_n$$
$$\text{s. t.}\begin{cases}a_{11}x_1+a_{12}x_2+\cdots+a_{1n}x_n=b_1\\a_{21}x_1+a_{22}x_2+\cdots+a_{2n}x_n=b_2\\\qquad\vdots\\a_{m1}x_1+a_{m2}x_2+\cdots+a_{mn}x_n=b_m\\x_1,x_2,\cdots,x_n\geqslant 0\end{cases}\tag{3.1}$$

上述模型的简写形式为

$$\min f=\sum_{j=1}^{n}c_jx_j$$
$$\text{s. t.}\begin{cases}\sum_{j=1}^{n}a_{ij}x_j=b_i,i=1,2,\cdots,m\\x_j\geqslant 0,j=1,2,\cdots,n\end{cases}\tag{3.2}$$

用向量形式表示如下：

$$\min f=\boldsymbol{c}^{\mathrm{T}}\boldsymbol{x}$$
$$\text{s. t.}\begin{cases}\sum_{j=1}^{n}\boldsymbol{p}_jx_j=\boldsymbol{b}\\\boldsymbol{x}\geqslant\boldsymbol{0}\end{cases}\tag{3.3}$$

用矩阵形式表示如下：

$$\min f=\boldsymbol{c}^{\mathrm{T}}\boldsymbol{x}$$
$$\text{s. t.}\begin{cases}\boldsymbol{A}\boldsymbol{x}=\boldsymbol{b}\\\boldsymbol{x}\geqslant\boldsymbol{0}\end{cases}\tag{3.4}$$

其中，$\boldsymbol{c}=(c_1,c_2,\cdots,c_n)^{\mathrm{T}}$ 称为目标函数的系数向量；$\boldsymbol{x}=(x_1,x_2,\cdots,x_n)^{\mathrm{T}}$ 称为决策向量；$\boldsymbol{b}=(b_1,b_2,\cdots,b_m)^{\mathrm{T}}$ 称为约束方程组的常数向量；$\boldsymbol{A}=(a_{ij})_{m\times n}$ 称为约束方程组的系数矩阵；$\boldsymbol{p}_j=(a_{1j},a_{2j},\cdots,a_{mj})^{\mathrm{T}}(j=1,2,\cdots,n)$ 称为约束方程组的系数向量。

在标准形中，目标函数为求极小值（有些书上是求极大值），约束条件全为等式，约束条件右端常数项 b_i 为非负值，变量 x_j 的取值为非负。

3.1.2　一般线性规划化为标准形

对于一般的线性规划问题，目标函数有可能求极小，也有可能求极大。除等式约束外，还可能存在不等式约束，对于每个变量 x_j 不一定都有非负限制。对于一般线性规划问题，可以按如下方法将它化为标准形：

（1）若目标函数是求极大 $\max\ \boldsymbol{c}^{\mathrm{T}}\boldsymbol{x}$，等价于 $\min\ -\boldsymbol{c}^{\mathrm{T}}\boldsymbol{x}$。

（2）若约束条件是不等式约束

$$\sum_{j=1}^{n} a_{ij}x_j \leqslant b_i \tag{3.5}$$

则可以通过引入非负的松弛变量 x_{n+i}，将不等式约束转变为如式（3.6）所示的等式约束。

$$\begin{cases} \sum_{j=1}^{n} a_{ij}x_j + x_{n+i} = b_i \\ x_{n+i} \geqslant 0 \end{cases} \tag{3.6}$$

另一种不等式约束如式（3.7）所示的“$\geqslant$”约束。

$$\sum_{j=1}^{n} a_{ij}x_j \geqslant b_i \tag{3.7}$$

则可以通过引入非负的剩余变量 x_{n+i}，将不等式约束转变为如式（3.8）所示的等式约束。有时也将上述所引入的变量统称为松弛变量。

$$\begin{cases} \sum_{j=1}^{n} a_{ij}x_j - x_{n+i} = b_i \\ x_{n+i} \geqslant 0 \end{cases} \tag{3.8}$$

松弛变量或剩余变量在实际问题中分别表示未被充分利用的资源和超用的资源，均未转化为价值和利润，所以引进模型后它们在目标函数中的系数均为零。

（3）若某个变量 x_j 取值无限制，引进两个非负变量 $x_j'\geqslant 0, x_j''\geqslant 0$，令 $x_j = x_j' - x_j''$，代入目标函数和约束方程中，化为非负限制。

（4）若某个变量 $x_j \leqslant 0$，则令 $x_j' = -x_j$，显然，$x_j' \geqslant 0$。

例 3.1　将下述线性规划问题化为标准形。

$$\max f = 3x_1 + x_2 - 2x_3$$

$$\text{s. t.} \begin{cases} 2x_1 + 3x_2 - 4x_3 \leqslant 12 \\ 4x_1 + x_2 + 2x_3 \geqslant 8 \\ 3x_1 - x_2 + 3x_3 = 6 \\ x_1 \geqslant 0, x_2 \text{ 无约束}, x_3 \leqslant 0 \end{cases}$$

解　令 $f' = -f$，$x_2 = x_2' - x_2''(x_2' \geqslant 0, x_2'' \geqslant 0)$，$x_3' = -x_3$，按上述规则将问题转化成标准形为

$$\min f' = -3x_1 - x_2' + x_2'' - 2x_3' + 0x_4 + 0x_5$$

$$\text{s. t.} \begin{cases} 2x_1 + 3x_2' - 3x_2'' + 4x_3' + x_4 = 12 \\ 4x_1 + x_2' - x_2'' - 2x_3' - x_5 = 8 \\ 3x_1 - x_2' + x_2'' - 3x_3' = 6 \\ x_1, x_2', x_2'', x_3', x_4, x_5 \geqslant 0 \end{cases}$$

3.2　线性规划解的基本概念和性质

3.2.1　线性规划解的概念

给定线性规划问题

$$\min f=\sum_{j=1}^{n}c_jx_j \tag{3.9}$$

$$\text{s.t.}\begin{cases}\sum\limits_{j=1}^{n}a_{ij}x_j=b_i,i=1,2,\cdots,m\\x_j\geqslant 0,j=1,2,\cdots,n\end{cases} \tag{3.10}$$

求解线性规划问题，就是从满足约束条件（3.10）的方程组中找出一个解，使目标函数（3.9）达到最小值。解的类型包括：

可行解：满足上述约束条件（3.10）的解 $\boldsymbol{x}=(x_1,x_2,\cdots,x_n)^{\mathrm{T}}$，称为线性规划问题的可行解。全部可行解的集合称为可行域。

最优解：使目标函数（3.9）达到最小值的可行解称为最优解。

基矩阵：如果系数矩阵 $\boldsymbol{A}$ 是 $m\times n$ 矩阵（设 $n>m$），且秩为 m，则称任意一个 $m\times m$ 非奇异子矩阵 $\boldsymbol{B}$ 为线性规划问题的基矩阵，简称基。不失一般性，可设

$$\boldsymbol{B}=\begin{pmatrix}a_{11}&a_{12}&\cdots&a_{1m}\\a_{21}&a_{22}&\cdots&a_{2m}\\\vdots&\vdots&&\vdots\\a_{m1}&a_{m2}&\cdots&a_{mm}\end{pmatrix}=(\boldsymbol{p}_1,\boldsymbol{p}_2,\cdots,\boldsymbol{p}_m)$$

称 $\boldsymbol{p}_i(i=1,2,\cdots,m)$ 为基向量，与基向量 $\boldsymbol{p}_i$ 对应的变量 $x_i(i=1,2,\cdots,m)$ 称为基变量。线性规划中除基变量以外的其他变量称为非基变量。

基本解：如果线性规划问题的基为上述基矩阵 $\boldsymbol{B}$，对应的基变量为 $x_i(i=1,2,\cdots,m)$，令非基变量 $x_{m+1}=x_{m+2}=\cdots=x_n=0$，此时所形成的方程组（3.10）第 1 式为基方程组。因为 $\det\boldsymbol{B}\neq 0$，根据克莱姆法则可解出唯一解 $\boldsymbol{x}_B=(x_1,x_2,\cdots,x_n)^{\mathrm{T}}$，则称 $\boldsymbol{x}=(x_1,x_2,\cdots,x_n,0,0,\cdots,0)^{\mathrm{T}}$ 为线性规划问题的基本解。显然在基本解中变量取非零值的个数不大于方程数 m，基本解的总数不超过 C_n^m 个。

基本可行解：满足非负条件（3.10）第 2 式的基本解称为基本可行解。

退化基本可行解：若基本可行解中存在基变量取值为零时，则该解称为退化基本可行解。

可行基：基本可行解对应的基称为可行基。

例 3.2　求线性规划问题

$$\min f=-3x_1-5x_2$$

$$\text{s.t.}\begin{cases}x_1\leqslant 4\\2x_2\leqslant 12\\3x_1+2x_2\leqslant 18\\x_1\geqslant 0,x_2\geqslant 0\end{cases}$$

所有基及对应的基本解。

解 化为标准形

$$\min f=-3x_1-5x_2+0x_3+0x_4+0x_5$$

$$\text{s. t.}\begin{cases}x_1+x_3=4\\2x_2+x_4=12\\3x_1+2x_2+x_5=18\\x_1,x_2,x_3,x_4,x_5\geqslant 0\end{cases}$$

其中，系数矩阵 $\boldsymbol{A}$ 为

$$\boldsymbol{A}=\begin{pmatrix}1&0&1&0&0\\0&2&0&1&0\\3&2&0&0&1\end{pmatrix}$$

由于

$$\det(\boldsymbol{p}_1,\boldsymbol{p}_2,\boldsymbol{p}_3)=\begin{vmatrix}1&0&1\\0&2&0\\3&2&0\end{vmatrix}=-6\neq 0$$

所以 $\boldsymbol{p}_1,\boldsymbol{p}_2,\boldsymbol{p}_3$ 线性无关，从而可以构成一组基

$$\boldsymbol{B}^{(1)}=(\boldsymbol{p}_1,\boldsymbol{p}_2,\boldsymbol{p}_3)$$

对应的变量 x_1，x_2，x_3 是基变量，x_4，x_5 为非基变量。

令

$$x_4=x_5=0$$

解得

$$x_1=2,x_2=6,x_3=2$$

则 $\boldsymbol{x}^{(1)}=(2,6,2,0,0)^{\mathrm{T}}$ 为一个基本解，并且 $\boldsymbol{x}^{(1)}$ 也为基本可行解。

类似地，可以求出其他基本可行解，见表 3.1。

表 3.1 全部基本解情况

基	基 变 量	基 本 解	是基本可行解?	目标函数值
$\boldsymbol{B}^{(1)}=(\boldsymbol{p}_1,\boldsymbol{p}_2,\boldsymbol{p}_3)$	x_1，x_2，x_3	$\boldsymbol{x}^{(1)}=(2,6,2,0,0)^{\mathrm{T}}$	是	−36 *
$\boldsymbol{B}^{(2)}=(\boldsymbol{p}_1,\boldsymbol{p}_2,\boldsymbol{p}_4)$	x_1，x_2，x_4	$\boldsymbol{x}^{(2)}=(4,3,0,6,0)^{\mathrm{T}}$	是	−27
$\boldsymbol{B}^{(3)}=(\boldsymbol{p}_1,\boldsymbol{p}_2,\boldsymbol{p}_5)$	x_1，x_2，x_5	$\boldsymbol{x}^{(3)}=(4,6,0,0,-6)^{\mathrm{T}}$	否	—
$\boldsymbol{B}^{(4)}=(\boldsymbol{p}_1,\boldsymbol{p}_3,\boldsymbol{p}_4)$	x_1，x_3，x_4	$\boldsymbol{x}^{(4)}=(6,0,-2,12,0)^{\mathrm{T}}$	否	—
$\boldsymbol{B}^{(5)}=(\boldsymbol{p}_1,\boldsymbol{p}_4,\boldsymbol{p}_5)$	x_1，x_4，x_5	$\boldsymbol{x}^{(5)}=(4,0,0,12,6)^{\mathrm{T}}$	是	−12
$\boldsymbol{B}^{(6)}=(\boldsymbol{p}_2,\boldsymbol{p}_3,\boldsymbol{p}_4)$	x_2，x_3，x_4	$\boldsymbol{x}^{(6)}=(0,9,4,-6,0)^{\mathrm{T}}$	否	—
$\boldsymbol{B}^{(7)}=(\boldsymbol{p}_2,\boldsymbol{p}_3,\boldsymbol{p}_5)$	x_2，x_3，x_5	$\boldsymbol{x}^{(7)}=(0,6,4,0,6)^{\mathrm{T}}$	是	−30
$\boldsymbol{B}^{(8)}=(\boldsymbol{p}_3,\boldsymbol{p}_4,\boldsymbol{p}_5)$	x_3，x_4，x_5	$\boldsymbol{x}^{(8)}=(0,0,4,12,18)^{\mathrm{T}}$	是	0

注：“ * ”表示该解为最优解。

去掉松弛变量，得到的点是 $\boldsymbol{x}^{(1)}=(2,6)^{\mathrm{T}}$，$\boldsymbol{x}^{(2)}=(4,3)^{\mathrm{T}}$，$\boldsymbol{x}^{(3)}=(4,6)^{\mathrm{T}}$，$\boldsymbol{x}^{(4)}=(6,0)^{\mathrm{T}}$，$\boldsymbol{x}^{(5)}=(4,0)^{\mathrm{T}}$，$\boldsymbol{x}^{(6)}=(0,9)^{\mathrm{T}}$，$\boldsymbol{x}^{(7)}=(0,6)^{\mathrm{T}}$，$\boldsymbol{x}^{(8)}=(0,0)^{\mathrm{T}}$，为了更直观地展现，将这些点以及满足约束条件的可行域（用阴影表示）绘制在坐标系中，如图 3.1 所示。

3.2.2　线性规划解的性质

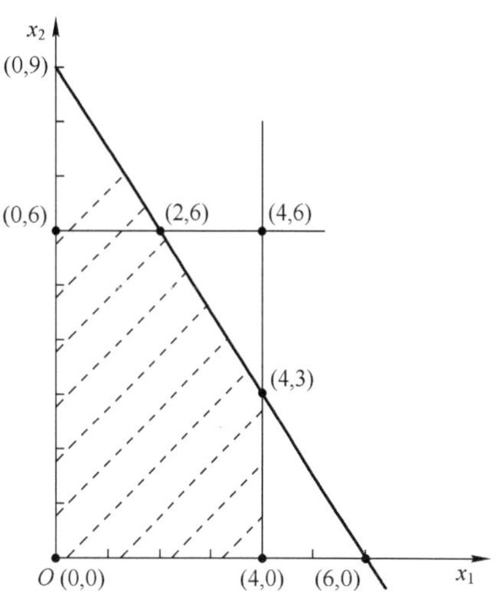

图 3.1　例 3.2 的全部基本解

定理 3.1　若线性规划问题存在可行域，则其可行域是凸集。

证明　设线性规划问题的可行域为

$$D=\{\boldsymbol{x}\mid \boldsymbol{A}\boldsymbol{x}=\boldsymbol{b},\boldsymbol{x}\geqslant\boldsymbol{0}\}$$

从 D 中任取两点 $\boldsymbol{x}^{(1)}$ 和 $\boldsymbol{x}^{(2)}(\boldsymbol{x}^{(1)}\neq\boldsymbol{x}^{(2)})$，则

$$\boldsymbol{A}\boldsymbol{x}^{(1)}=\boldsymbol{b},\boldsymbol{A}\boldsymbol{x}^{(2)}=\boldsymbol{b},\quad \boldsymbol{x}^{(1)}\geqslant\boldsymbol{0},\boldsymbol{x}^{(2)}\geqslant\boldsymbol{0}$$

令 $\boldsymbol{x}$ 为连接 $\boldsymbol{x}^{(1)}$ 和 $\boldsymbol{x}^{(2)}$ 的线段上的任一点，即有

$$\boldsymbol{x}=\alpha\boldsymbol{x}^{(1)}+(1-\alpha)\boldsymbol{x}^{(2)},\quad 0\leqslant\alpha\leqslant1$$

则

$$\begin{aligned}\boldsymbol{A}\boldsymbol{x}&=\boldsymbol{A}[\alpha\boldsymbol{x}^{(1)}+(1-\alpha)\boldsymbol{x}^{(2)}]\\&=\alpha\boldsymbol{A}\boldsymbol{x}^{(1)}+\boldsymbol{A}\boldsymbol{x}^{(2)}-\alpha\boldsymbol{A}\boldsymbol{x}^{(2)}\\&=\alpha\boldsymbol{b}+\boldsymbol{b}-\alpha\boldsymbol{b}\\&=\boldsymbol{b}\end{aligned}$$

又因 $\boldsymbol{x}^{(1)}\geqslant\boldsymbol{0}$，$\boldsymbol{x}^{(2)}\geqslant\boldsymbol{0}$ 及 $0\leqslant\alpha\leqslant1$，故 $\boldsymbol{x}\geqslant\boldsymbol{0}$，即 $\boldsymbol{x}\in D$，根据凸集定义知，可行域 D 为凸集。

引理 3.1　线性规划问题的可行解为基本可行解 $\boldsymbol{x}=(x_1,x_2,\cdots,x_n)^{\mathrm{T}}$ 的充要条件是，$\boldsymbol{x}$ 的正分量所对应的系数列向量组是线性无关的。

证明　必要性。

不妨设 $\boldsymbol{x}$ 的前 k 个分量为正分量，即

$$\boldsymbol{x}=(x_1,x_2,\cdots,x_k,0,\cdots,0)^{\mathrm{T}},x_j>0\quad ,j=1,2,\cdots,k$$

若 $\boldsymbol{x}$ 是基本可行解，则取正值的变量 $x_1,x_2,\cdots,x_k$ 必定是基变量，而这些基变量对应的列向量 $\boldsymbol{p}_1,\boldsymbol{p}_2,\cdots,\boldsymbol{p}_k$ 是基向量，故必定线性无关。

充分性。

若 $\boldsymbol{p}_1,\boldsymbol{p}_2,\cdots,\boldsymbol{p}_k$ 线性无关，则必有 $k\leqslant m$，当 $k=m$ 时，它们恰好构成一个基，从而 $\boldsymbol{x}=(x_1,x_2,\cdots,x_k,0,\cdots,0)^{\mathrm{T}}$ 为相应的基本可行解。当 $k<m$ 时，则一定可以从其余向量中找出 $(m-k)$ 个与 $\boldsymbol{p}_1,\boldsymbol{p}_2,\cdots,\boldsymbol{p}_k$ 构成一个基，其对应的解恰为 $\boldsymbol{x}$，由定义知它是基本可行解。

定理 3.2　线性规划问题的任一基本可行解对应于可行域的一个顶点。

证明　分两步来证明。

不失一般性，基本可行解 $\boldsymbol{x}$ 的前 m 个分量为正，正分量所对应的系数列向量为 $\boldsymbol{p}_1,\boldsymbol{p}_2,\cdots,\boldsymbol{p}_m$，则

$$\sum_{i=1}^{m}\boldsymbol{p}_i x_i=\boldsymbol{b}\tag{3.11}$$

(1) 若 $\boldsymbol{x}$ 是基本可行解，则一定是可行域的顶点。

反证，假设存在 $\boldsymbol{x}=(x_1,x_2,\cdots,x_k,0,\cdots,0)^{\mathrm{T}}$ 是一个基本可行解，但不是可行域的顶点。

则由定理 3.1 可知 $\boldsymbol{x}$ 必可以表示为可行域中两个不同点的凸组合，即

$$\boldsymbol{x}^{(1)}=(x_1^{(1)},x_2^{(1)},\cdots,x_n^{(1)})^{\mathrm{T}}$$

$$\boldsymbol{x}^{(2)}=(x_1^{(2)},x_2^{(2)},\cdots,x_n^{(2)})^{\mathrm{T}}$$

$$\boldsymbol{x}=\alpha\boldsymbol{x}^{(1)}+(1-\alpha)\boldsymbol{x}^{(2)},\quad 0<\alpha<1$$

因为 $\boldsymbol{x}$ 的前 m 个分量为正，$\boldsymbol{x}$ 的后 $n-m$ 个分量为零，有 $\alpha>0$，$1-\alpha>0$，$\boldsymbol{x}^{(1)}\geqslant\boldsymbol{0}$，$\boldsymbol{x}^{(2)}\geqslant\boldsymbol{0}$，故 $\boldsymbol{x}^{(1)},\boldsymbol{x}^{(2)}$ 的后 $n-m$ 个分量也为零，即

$$\sum_{i=1}^{m} \boldsymbol{p}_i x_i^{(1)} = \boldsymbol{b} \tag{3.12}$$

$$\sum_{i=1}^{m} \boldsymbol{p}_i x_i^{(2)} = \boldsymbol{b} \tag{3.13}$$

式（3.12）和式（3.13）两式相减可得

$$\sum_{i=1}^{m} \boldsymbol{p}_i (x_i^{(1)} - x_i^{(2)}) = \mathbf{0}$$

因 $\boldsymbol{x}^{(1)} \neq \boldsymbol{x}^{(2)}$，有 $x_i^{(1)} - x_i^{(2)}$ 不全为零，故 $\boldsymbol{x}$ 的正分量对应的系数列向量 $\boldsymbol{p}_1, \boldsymbol{p}_2, \cdots, \boldsymbol{p}_m$ 线性相关，所以 $\boldsymbol{x}$ 不是基本可行解，这与假设矛盾。故命题（1）成立。

（2）若 $\boldsymbol{x}$ 是可行域的顶点，则 $\boldsymbol{x}$ 一定是基本可行解。

用反证法。假设 $\boldsymbol{x}$ 是可行域的顶点且 $\boldsymbol{x}$ 不是基本可行解。由引理 3.1 知，若 $\boldsymbol{x}$ 不是基本可行解，则向量组 $\boldsymbol{p}_1, \boldsymbol{p}_2, \cdots, \boldsymbol{p}_m$ 必线性相关，故存在一组不全为零的数 $\boldsymbol{\delta}_i (i=1,2,\cdots,m)$ 使

$$\sum_{i=1}^{m} \delta_i \boldsymbol{p}_i = \mathbf{0} \tag{3.14}$$

用一个不为零的数 μ 与式（3.14）相乘，再分别与式（3.11）相加或相减可得

$$\sum_{i=1}^{m} \boldsymbol{p}_i (x_i + \mu\delta_i) = \boldsymbol{b} \tag{3.15}$$

$$\sum_{i=1}^{m} \boldsymbol{p}_i (x_i - \mu\delta_i) = \boldsymbol{b} \tag{3.16}$$

令

$$\boldsymbol{x}^{(1)} = (x_1+\mu\delta_1, x_2+\mu\delta_2, \cdots, x_m+\mu\delta_m, 0, 0, \cdots, 0) \tag{3.17}$$

$$\boldsymbol{x}^{(2)} = (x_1-\mu\delta_1, x_2-\mu\delta_2, \cdots, x_m-\mu\delta_m, 0, 0, \cdots, 0) \tag{3.18}$$

取 $\boldsymbol{x} = \frac{1}{2}\boldsymbol{x}^{(1)} + \frac{1}{2}\boldsymbol{x}^{(2)}$ 为 $\boldsymbol{x}^{(1)}$ 和 $\boldsymbol{x}^{(2)}$ 连线的中点，而当 μ 充分小时，可以保证 $x_i \pm \mu\delta_i \geqslant 0 (i=1,2,\cdots,m)$，即 $\boldsymbol{x}^{(1)}$ 和 $\boldsymbol{x}^{(2)}$ 是可行解，故 $\boldsymbol{x}$ 不是可行域的顶点。这与假设矛盾，故命题（2）成立。

定理 3.1 表明了可行域顶点与基本可行解的对应关系，但它们并非一一对应，一个基本可行解对应着唯一的一个顶点，而一个顶点可能对应着几个不同的基本可行解。

例 3.3 求下列线性规划问题的可行域的顶点：

$$\min f = x_1 - x_2$$

$$\text{s. t.} \begin{cases} x_1 + 2x_2 + x_3 = 2 \\ x_1 + x_4 = 2 \\ x_j \geqslant 0, j = 1,2,3,4 \end{cases}$$

解 该问题的约束系数矩阵的 4 个列向量依次为

$$\boldsymbol{p}_1 = (1,1)^{\mathrm{T}}, \quad \boldsymbol{p}_2 = (2,0)^{\mathrm{T}}, \quad \boldsymbol{p}_3 = (1,0)^{\mathrm{T}}, \quad \boldsymbol{p}_4 = (0,1)^{\mathrm{T}}$$

不难得知该问题所有存在的基为

$$\boldsymbol{B}_1 = (\boldsymbol{p}_1, \boldsymbol{p}_2), \quad \boldsymbol{B}_2 = (\boldsymbol{p}_1, \boldsymbol{p}_3), \quad \boldsymbol{B}_3 = (\boldsymbol{p}_1, \boldsymbol{p}_4), \quad \boldsymbol{B}_4 = (\boldsymbol{p}_2, \boldsymbol{p}_4), \quad \boldsymbol{B}_5 = (\boldsymbol{p}_3, \boldsymbol{p}_4)$$

所以容易求得关于基 $\boldsymbol{B}_1$，$\boldsymbol{B}_2$，$\boldsymbol{B}_3$，$\boldsymbol{B}_4$，$\boldsymbol{B}_5$ 的基本解分别为

$$\boldsymbol{x}^{(1)} = (2,0,0,0)^{\mathrm{T}}, \quad \boldsymbol{x}^{(2)} = (2,0,0,0)^{\mathrm{T}}, \quad \boldsymbol{x}^{(3)} = (2,0,0,0)^{\mathrm{T}}$$

$$\boldsymbol{x}^{(4)} = (0,1,0,2)^{\mathrm{T}}, \quad \boldsymbol{x}^{(5)} = (0,0,2,2)^{\mathrm{T}}$$

显然，$\boldsymbol{x}_1, \boldsymbol{x}_2, \boldsymbol{x}_3$ 均为退化的基本可行解，$\boldsymbol{x}_4, \boldsymbol{x}_5$ 是非退化的基本可行解。因此该线性规划问题

的可行域有 3 个顶点：$(2,0,0,0)^{\mathrm{T}}$，$(0,1,0,2)^{\mathrm{T}}$，$(0,0,2,2)^{\mathrm{T}}$。

由上可知，该线性规划问题关于 3 个不同的基 $\boldsymbol{B}_1,\boldsymbol{B}_2,\boldsymbol{B}_3$ 的基本可行解 $\boldsymbol{x}_1,\boldsymbol{x}_2,\boldsymbol{x}_3$ 对应着同一个顶点$(2,0,0,0)^{\mathrm{T}}$。

定理 3.3 若线性规划问题有最优解，则一定存在一个基本可行解是最优解。

证明 设 $\boldsymbol{x}^{(0)}=(x_1^{(0)},x_2^{(0)},\cdots,x_n^{(0)})^{\mathrm{T}}$ 是线性规划的一个最优解，$f=\boldsymbol{c}^{\mathrm{T}}\boldsymbol{x}^{(0)}=\sum\limits_{j=1}^{n}c_jx_j^{(0)}$ 是目标函数的最小值。若 $\boldsymbol{x}^{(0)}$ 不是基本可行解，由定理 3.2 知 $\boldsymbol{x}^{(0)}$ 不是顶点，则一定能在可行域内找到通过 $\boldsymbol{x}^{(0)}$ 的直线上的另外两个点 $\boldsymbol{x}^{(0)}+\mu\boldsymbol{\delta}\geqslant\boldsymbol{0}$ 和 $\boldsymbol{x}^{(0)}-\mu\boldsymbol{\delta}\geqslant\boldsymbol{0}$。将这两个点代入目标函数有

$$\boldsymbol{c}^{\mathrm{T}}(\boldsymbol{x}^{(0)}+\mu\boldsymbol{\delta})=\boldsymbol{c}^{\mathrm{T}}\boldsymbol{x}^{(0)}+\boldsymbol{c}^{\mathrm{T}}\mu\boldsymbol{\delta}\tag{3.19}$$

$$\boldsymbol{c}^{\mathrm{T}}(\boldsymbol{x}^{(0)}-\mu\boldsymbol{\delta})=\boldsymbol{c}^{\mathrm{T}}\boldsymbol{x}^{(0)}-\boldsymbol{c}^{\mathrm{T}}\mu\boldsymbol{\delta}\tag{3.20}$$

因 $\boldsymbol{c}^{\mathrm{T}}\boldsymbol{x}^{(0)}$ 为目标函数的最小值，故有

$$\boldsymbol{c}^{\mathrm{T}}\boldsymbol{x}^{(0)}\leqslant\boldsymbol{c}^{\mathrm{T}}\boldsymbol{x}^{(0)}+\boldsymbol{c}^{\mathrm{T}}\mu\boldsymbol{\delta}\tag{3.21}$$

$$\boldsymbol{c}^{\mathrm{T}}\boldsymbol{x}^{(0)}\leqslant\boldsymbol{c}^{\mathrm{T}}\boldsymbol{x}^{(0)}-\boldsymbol{c}^{\mathrm{T}}\mu\boldsymbol{\delta}\tag{3.22}$$

由此 $\boldsymbol{c}^{\mathrm{T}}\mu\boldsymbol{\delta}=0$，即有

$$\boldsymbol{c}^{\mathrm{T}}(\boldsymbol{x}^{(0)}+\mu\boldsymbol{\delta})=\boldsymbol{c}^{\mathrm{T}}\boldsymbol{x}^{(0)}=\boldsymbol{c}^{\mathrm{T}}(\boldsymbol{x}^{(0)}-\mu\boldsymbol{\delta})\tag{3.23}$$

如果 $\boldsymbol{x}^{(0)}+\mu\boldsymbol{\delta}$ 或 $\boldsymbol{x}^{(0)}-\mu\boldsymbol{\delta}$ 仍不是基本可行解，按上面的方法继续做下去，最后一定可以找到一个基本可行解，其目标函数值等于 $\boldsymbol{c}^{\mathrm{T}}\boldsymbol{x}^{(0)}$，问题得证。

定理 3.3 表明了最优解在可行域中的位置。若最优解唯一，则最优解只能在某一顶点上达到；若具有无穷多最优解，则最优解是某些顶点的凸组合，从而最优解是可行域的顶点或界点，不可能是可行域的内点。

3.3 图解法

图解法是直接在平面直角坐标系中作图来解线性规划问题的一种方法。对于某些比较简单的线性规划问题可用图解法求其最优解。这种方法的优点是直观性强，计算方便，其解题思路和几何上直观得到的一些判断，对后面要讲的求解一般线性规划问题的单纯形法有很大启示；但缺点是只适用于有两个变量的线性规划问题。图解法的步骤：建立坐标系，将约束条件在图上表示出来，确定满足约束条件的解的范围；绘制目标函数的图形；确定最优解。下面结合例题具体说明图解法的原理步骤。

例 3.4 用图解法求解线性规划问题

$$\min f=-3x_1-5x_2\tag{3.24}$$

$$\text{s. t.}\begin{cases}x_1\leqslant4\\2x_2\leqslant12\\3x_1+2x_2\leqslant18\\x_1,x_2\geqslant0\end{cases}\tag{3.25}$$

解 (1) 确定可行域。

以 x_1 和 x_2 为坐标轴建立直角坐标系。从图 3.2 中可知，同时满足约束条件的点必然落在由两个坐标轴与约束条件三条直线所围成的凸多边形 *OABCD* 内及其边界上。

(2) 分析目标函数几何意义。

将目标函数改写成 $x_2=-\dfrac{3}{5}x_1-\dfrac{1}{5}f$，这是参量为 f、斜率为$-\dfrac{3}{5}$的一簇平行直线。这簇平行

线中，离(0,0)点越远的直线，f 的值越小。若对 x_1,x_2 的取值无限制，f 的值可以无限小，但此处 x_1,x_2 的取值范围是有限制的，必须要在可行域内。

(3) 确定最优解。

最优解必须满足约束条件的要求，并使目标函数达到最优。因此 x_1,x_2 的取值范围只能从凸多边形 $OABCD$ 中去寻找。从图 3.2 可以看出，当目标函数直线由坐标原点开始向右上方移动时，f 的值逐渐减小，一直移动到极限位置，即直线与凸多边形相切时为止，切点就代表最优解的点。因为再继续向右上方移动，虽然 f 值继续减小，但目标函数直线上的点已不属于可行域的点。

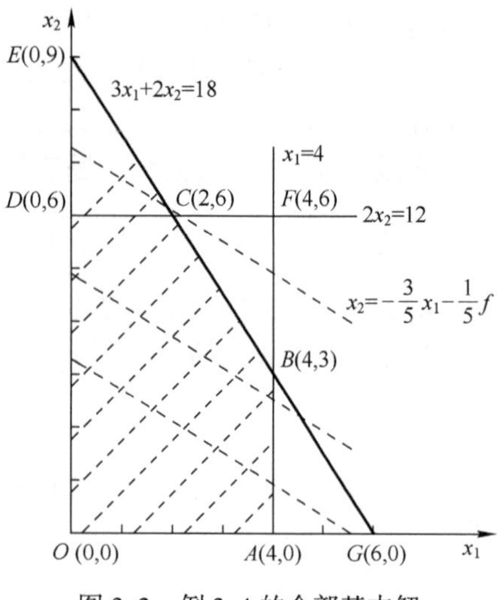

图 3.2　例 3.4 的全部基本解

例 3.4 中目标函数直线与凸多边形的切点是 $C(2,6)$，因此 $\boldsymbol{x}=(x_1,x_2)^{\mathrm{T}}=(2,6)^{\mathrm{T}}$ 为最优解，对应最小目标函数值 $f=-36$。

在例 3.4 中用图解法得到问题的最优解是唯一的，但对于一般线性规划问题，解的情况还可能出现下列几种：

1）无穷多最优解。如果例 3.4 中的目标函数改变为 $\min f=-3x_1-2x_2$，则当目标函数直线向右上方移动时，它与凸多边形相切时不是一个点，而是整个线段 BC。这时 B 点、C 点及 BC 线段上的任意点都可以使目标函数值 f 达到最小，即该线性规划问题有无穷多最优解。

2）无界解。如果例 3.4 中的约束条件只剩下式（3.25）的第 1 式和第 4 式，其他条件第 2 式和第 3 式不再考虑，则用图解法求解时，可以看到变量 x_2 的取值无限增大，因而目标函数的值 f 也可以减小到负无穷大。这种情况称该问题具有无界解。

需要指出的是，若线性规划具有无界解，则可行域一定无界。但是，若线性规划问题的可行域无界，则线性规划可能有最优解，也可能没有最优解。例如，线性规划问题

$$\min f=2x_1+2x_2$$

$$\text{s.t.}\begin{cases}x_1-x_2\geqslant 1\\ -x_1+2x_2\leqslant 0\\ x_1\geqslant 0,x_2\geqslant 0\end{cases}$$

的可行域无界，但有最优解 $\boldsymbol{x}=(1,0)^{\mathrm{T}}$。

3）无可行解。如果例 3.4 中加上约束条件 $3x_1+5x_2\geqslant 50$，则用图解法求解时找不到满足所有约束条件的公共范围，这时该问题无可行域，即无可行解。

无界解和无可行解统称为无最优解。

3.4　单纯形法

3.4.1　单纯形法原理

根据线性规划解的概念和性质，如果线性规划问题存在最优解，则一定有一个基本可行解为最优解。因此，单纯形法求解线性规划问题的基本思路：首先将线性规划问题化为标准形，

在可行域中寻求一个基本可行解，然后检验该基本可行解是否为最优解，如果不是，则设法转换到另一个基本可行解，并且使目标函数值不断减小。如此进行下去，直到得到某一个基本可行解是最优解为止。

1. 确定初始基本可行解

当线性规划的约束条件全部为“$\leqslant$”时，可按下述方法方便地寻找出初始基本可行解。

给定线性规划问题

$$\min f = \sum_{j=1}^{n} c_j x_j$$

$$\text{s. t.} \begin{cases} \sum_{j=1}^{n} a_{ij} x_j \leqslant b_i, \quad i = 1,2,\cdots,m \\ x_j \geqslant 0, \quad j = 1,2,\cdots,n \end{cases} \tag{3.26}$$

在第 i 个约束条件上加上松弛变量 $x_{si}(i=1,2,\cdots,m)$，化为标准形

$$\min f = \sum_{j=1}^{n} c_j x_j + 0\sum_{i=1}^{m} x_{si}$$

$$\text{s. t.} \begin{cases} \sum_{j=1}^{n} a_{ij} x_j + x_{si} = b_i, \quad i = 1,2,\cdots,m \\ x_j \geqslant 0, \quad j = 1,2,\cdots,n \end{cases} \tag{3.27}$$

其约束方程组的系数矩阵为

$$\begin{pmatrix} a_{11} & a_{12} & \cdots & a_{1n} & 1 & 0 & \cdots & 0 \\ a_{21} & a_{22} & \cdots & a_{2n} & 0 & 1 & \cdots & 0 \\ \vdots & \vdots & & \vdots & \vdots & \vdots & & \vdots \\ a_{m1} & a_{m2} & \cdots & a_{mn} & 0 & 0 & \cdots & 1 \end{pmatrix}$$

由于这个系数矩阵中含有一个单位矩阵$(\boldsymbol{P}_{s1},\boldsymbol{P}_{s2},\cdots,\boldsymbol{P}_{sm})$，只要以这个单位矩阵作为基，就可以立即解出基变量值 $x_{si}=b_i(i=1,2,\cdots,m)$，因为有 $b_i \geqslant 0(i=1,2,\cdots,m)$，由此 $\boldsymbol{x}=(0,0,\cdots,0,b_1,b_2,\cdots,b_m)^{\mathrm{T}}$ 就是一个基本可行解。

当线性规划中约束条件为“=”或“$\geqslant$”时，化为标准形后，一般约束条件的系数矩阵中不包含单位矩阵。这时为能方便地找出一个初始的基本可行解，可添加人工变量来构造一个单位矩阵作为基，称为人工基。这种方法将在 3.5 节中讨论。

2. 从初始基本可行解转换为另一基本可行解

设初始基本可行解 $\boldsymbol{x}^{(0)}=(x_1^{(0)},x_2^{(0)},\cdots,x_n^{(0)})^{\mathrm{T}}$，其中非零坐标有 m 个。不失一般性，假定前 m 个坐标非零，即

$$\boldsymbol{x}^{(0)} = (x_1^{(0)},x_2^{(0)},\cdots,x_m^{(0)},\overbrace{0,\cdots,0}^{n-m\text{个}})^{\mathrm{T}}$$

因 $\boldsymbol{x}^{(0)} \in D$，故有

$$\sum_{i=1}^{m} \boldsymbol{P}_i x_i^{(0)} = \boldsymbol{b} \tag{3.28}$$

写出方程组（3.28）的系数矩阵的增广矩阵，上面提及的用构造人工基的方法总可以使基矩阵是单位矩阵形式，因此有增广矩阵

$$\begin{matrix} \boldsymbol{P}_1 & \boldsymbol{P}_2 & \cdots & \boldsymbol{P}_m & \boldsymbol{P}_{m+1} & \cdots & \boldsymbol{P}_j & \cdots & \boldsymbol{P}_n & \boldsymbol{b} \end{matrix}$$

$$\left(\begin{array}{cccccccccc|c} 1 & 0 & \cdots & 0 & a_{1,m+1} & \cdots & a_{1j} & \cdots & a_{1n} & b_1 \\ 0 & 1 & \cdots & 0 & a_{2,m+1} & \cdots & a_{2j} & \cdots & a_{2n} & b_2 \\ \vdots & \vdots & & \vdots & \vdots & & \vdots & & \vdots & \vdots \\ 0 & 0 & \cdots & 1 & a_{m,m+1} & \cdots & a_{mj} & \cdots & a_{mn} & b_m \end{array}\right)$$

因 $\boldsymbol{P}_1,\boldsymbol{P}_2,\cdots,\boldsymbol{P}_m$ 是一个基，其他向量 $\boldsymbol{P}_j$ 可用这个基的线性组合来表示，有

$$\boldsymbol{P}_j = \sum_{i=1}^{m} a_{ij}\boldsymbol{P}_i$$

或

$$\boldsymbol{P}_j - \sum_{i=1}^{m} a_{ij}\boldsymbol{P}_i = 0 \tag{3.29}$$

将式（3.29）乘上一个正数 θ，得

$$\theta\left(\boldsymbol{P}_j - \sum_{i=1}^{m} a_{ij}\boldsymbol{P}_i\right) = 0 \tag{3.30}$$

式（3.28）加式（3.30）并整理后有

$$\sum_{i=1}^{m} (x_i^{(0)} - \theta a_{ij})\boldsymbol{P}_i + \theta\boldsymbol{P}_j = \boldsymbol{b} \tag{3.31}$$

由式（3.31）找到满足约束方程组 $\sum_{j=1}^{n} \boldsymbol{P}_j x_j = \boldsymbol{b}$ 的另一个点 $\boldsymbol{x}^{(1)}$，有

$$\boldsymbol{x}^{(1)} = (x_1^{(0)} - \theta a_{1j},\cdots,x_m^{(0)} - \theta a_{mj},0,\cdots,\theta,\cdots,0)$$

其中，θ 是 $\boldsymbol{x}^{(1)}$ 的第 j 个坐标的值，要使 $\boldsymbol{x}^{(1)}$ 是一个基本可行解，因 $\theta>0$，故应对所有 $i=1,2,\cdots,m$ 存在

$$x_i^{(0)} - \theta a_{ij} \geqslant 0 \tag{3.32}$$

且这 m 个不等式中至少有一个等号成立，当 $a_{ij}\leqslant 0$ 时，式（3.32）显然成立，故可令

$$\theta = \min_i\left\{\frac{x_i^{(0)}}{a_{ij}} \,\middle|\, a_{ij}>0\right\} = \frac{x_l^{(0)}}{a_{lj}} \tag{3.33}$$

由式（3.33）得

$$x_i^{(0)} - \theta a_{ij}\begin{cases} =0, i=l \\ \geqslant 0, i\neq l \end{cases}$$

这样 $\boldsymbol{x}^{(1)}$ 中的正的分量最多有 m 个，容易证明 m 个向量 $\boldsymbol{P}_1,\cdots,\boldsymbol{P}_{l-1},\boldsymbol{P}_{l+1},\cdots,\boldsymbol{P}_m,\boldsymbol{P}_j$ 线性无关，故只需按式（3.33）来确定 θ 的值，$\boldsymbol{x}^{(1)}$ 就是一个新的基本可行解。

3. 最优性检验

将基本可行解 $\boldsymbol{x}^{(0)}$ 和 $\boldsymbol{x}^{(1)}$ 分别代入目标函数得

$$f^{(0)} = \sum_{i=1}^{m} c_i x_i^{(0)}$$

$$\begin{aligned} f^{(1)} &= \sum_{i=1}^{m} c_i(x_i^{(0)} - \theta a_{ij}) + \theta c_j \\ &= \sum_{i=1}^{m} c_i x_i^{(0)} + \theta\left(c_j - \sum_{i=1}^{m} c_i a_{ij}\right) \\ &= f^{(0)} - \theta\left(\sum_{i=1}^{m} c_i a_{ij} - c_j\right) \end{aligned} \tag{3.34}$$

式中，因为 $\theta>0$，所以只要有 $\sum_{i=1}^{m} c_i a_{ij} - c_j > 0$，就有$f^{(1)}<f^{(0)}$，记$\sigma_j = \sum_{i=1}^{m} c_i a_{ij} - c_j$，称$\sigma_j$ 为变量 x_j 的检验数，它可对线性规划问题的解进行最优性检验。

4. 解的判别

（1）当所有的 $\sigma_j \leqslant 0$ 时，表示现有顶点（基本可行解）的目标函数值比相邻各顶点（基本可行解）的日标函数值都小，现有顶点对应的基本可行解即为最优解。

（2）当所有的 $\sigma_j \leqslant 0$，对某个非基变量 x_j 有 $\sigma_j = 0$，且按照式（3.33）可以找到 $\theta>0$，这表明可以找到另一顶点（基本可行解）使目标函数值也达到最小，由于该两点连线上的点也属于可行域内的点，且目标函数值相等，故该线性规划问题有无穷多最优解。

（3）如果存在某个 $\sigma_j>0$，并且 $\boldsymbol{P}_j$ 向量的所有分量 $a_{ij} \leqslant 0$，由式（3.32）可得，对任意 $\theta>0$，恒有 $x_i^{(0)} - \theta a_{ij} \geqslant 0$。因 θ 取值可无限大，由式（3.34）可得，目标函数值无限减小，这时线性规划问题存在无界解。

对线性规划无可行解的判别将在 3.5 节讲述。

3.4.2　单纯形法的算法步骤

（1）确定线性规划的初始基本可行解，建立初始单纯形表。

首先将线性规划问题化为标准形。由于总可以设法使约束方程组的系数矩阵中包含一个单位矩阵，不妨设这个单位矩阵为$(\boldsymbol{p}_1, \boldsymbol{p}_2, \cdots, \boldsymbol{p}_m)$，以此作为基即可求得问题的一个初始基本可行解

$$\boldsymbol{x} = (x_1, x_2, \cdots, x_m, 0, \cdots, 0)^{\mathrm{T}} = (b_1, b_2, \cdots, b_m, 0, \cdots, 0)^{\mathrm{T}}$$

要检验这个初始基本可行解是否最优，需要将其目标函数值与可行域中相邻的顶点的目标函数值相比较，即要根据变量检验数进行判断。

检验数计算如下：

$$\sigma_j = \sum_{i=1}^{m} c_i a_{ij} - c_j, j = m+1, m+2, \cdots, n \tag{3.35}$$

用单纯形法求解线性规划问题时，常用一种表上作业法，这种表格称为单纯形表。将以上数字信息填入单纯形表（见表 3.2）。

表 3.2　初始单纯形表

c_j			c_1	c_2	$\cdots$	c_m	$\cdots$	c_j	$\cdots$	c_n	θ
$\boldsymbol{c}_B$	基	$\boldsymbol{b}$	x_1	x_2	$\cdots$	x_m	$\cdots$	x_j	$\cdots$	x_n	
c_1	x_1	b_1	1	0	$\cdots$	0	$\cdots$	a_{1j}	$\cdots$	a_{1n}	θ_1
c_2	x_2	b_2	0	1		0	$\cdots$	a_{2j}	$\cdots$	a_{2n}	θ_2
$\vdots$	$\vdots$	$\vdots$	$\vdots$	$\vdots$		$\vdots$		$\vdots$			$\vdots$
c_m	x_m	b_m	0	0	$\cdots$	1	$\cdots$	a_{mj}	$\cdots$	a_{mn}	θ_m
σ_j			0	0	$\cdots$	0	$\cdots$	$\sum_{i=1}^{m} c_i a_{ij} - c_j$	$\cdots$	$\sum_{i=1}^{m} c_i a_{in} - c_n$	

（2）进行最优性检验。

如果表中所有检验数 $\sigma_j \leqslant 0$，则表中的基本可行解就是问题的最优解，计算到此结束；否则转下一步。

（3）确定换入基的变量。

只要有检验数 $\sigma_j>0$，对应的变量 x_j 就可以作为换入基的变量，当有多个检验数大于零时，一般选择最大的 σ_k：

$$\sigma_k=\max_j\{\sigma_j \mid \sigma_j>0\} \tag{3.36}$$

其对应的变量 x_k 作为换入基的变量，简称进基变量 x_k。

（4）若对于 $\sigma_k>0$，所有 $a_{ik}\leqslant 0(i=1,2,\cdots,m)$，则问题具有无界解；否则转下一步。

（5）确定换出基的变量。

根据最小比值规则计算：

$$\theta=\min\left\{\frac{b_i}{a_{ik}} \mid a_{ik}>0\right\}=\frac{b_l}{a_{lk}} \tag{3.37}$$

确定 x_l 是换出基的变量，简称离基变量 x_l，元素 a_{lk}决定了从一个基本可行解到另一个基本可行解的转换去向，称 a_{lk}为主元素。

（6）用进基变量 x_k 替换基变量中的离基变量 x_l，得到一个新的基

$$(\boldsymbol{p}_1,\cdots,\boldsymbol{p}_{l-1},\boldsymbol{p}_k,\boldsymbol{p}_{l+1},\cdots,\boldsymbol{p}_m)$$

对应这个基可以得到一个新的基本可行解，按照高斯消元法得到一个新的单纯形表（见表 3.3）。

（7）重复上述步骤直到计算终止。

表 3.3　换基后新的单纯形表

c_j			c_1	$\cdots$	c_l	$\cdots$	c_m	$\cdots$	c_j	$\cdots$	c_k	$\cdots$	c_n	θ
$\boldsymbol{c}_B$	基	$\boldsymbol{b}$	x_1	$\cdots$	x_l	$\cdots$	x_m	$\cdots$	x_j	$\cdots$	x_k	$\cdots$	x_n	
c_1	x_1	$b_1-b_l\dfrac{a_{1k}}{a_{lk}}$	1	$\cdots$	$-\dfrac{a_{1k}}{a_{lk}}$	$\cdots$	0	$\cdots$	$a_{1j}-a_{1k}\dfrac{a_{lj}}{a_{lk}}$	$\cdots$	0	$\cdots$	$a_{1n}-a_{1k}\dfrac{a_{ln}}{a_{lk}}$	θ_1
$\vdots$	$\vdots$	$\vdots$	$\vdots$		$\vdots$		$\vdots$		$\vdots$		$\vdots$			$\vdots$
c_k	x_k	$\dfrac{b_l}{a_{lk}}$	0	$\cdots$	$\dfrac{1}{a_{lk}}$		0	$\cdots$	$\dfrac{a_{lj}}{a_{lk}}$	$\cdots$	1	$\cdots$	$\dfrac{a_{ln}}{a_{lk}}$	θ_k
$\vdots$	$\vdots$	$\vdots$	$\vdots$		$\vdots$		$\vdots$		$\vdots$		$\vdots$			$\vdots$
c_m	x_m	$b_m-b_l\dfrac{a_{mk}}{a_{lk}}$	0	$\cdots$	$-\dfrac{a_{mk}}{a_{lk}}$	$\cdots$	1	$\cdots$	$a_{mj}-a_{mk}\dfrac{a_{lj}}{a_{lk}}$	$\cdots$	0	$\cdots$	$a_{mn}-a_{mk}\dfrac{a_{ln}}{a_{lk}}$	θ_m
σ_j			0	$\cdots$	$-\dfrac{\sigma_k}{a_{lk}}$	$\cdots$	0	$\cdots$	$\sigma_j-\dfrac{a_{lj}}{a_{lk}}\sigma_k$	$\cdots$	0	$\cdots$	$\sigma_n-\dfrac{a_{ln}}{a_{lk}}\sigma_k$	

例 3.5　用单纯形法求解线性规划问题

$$\min f=-3x_1-5x_2$$

$$\text{s. t.}\begin{cases}x_1\leqslant 4\\2x_2\leqslant 12\\3x_1+2x_2\leqslant 18\\x_1\geqslant 0,x_2\geqslant 0\end{cases}$$

解　先将问题化成标准形

$$\min f=-3x_1-5x_2+0x_3+0x_4+0x_5$$

$$\text{s. t.}\begin{cases}x_1+x_3=4\\2x_2+x_4=12\\3x_1+2x_2+x_5=18\\x_j\geqslant 0,j=1,2,3,4,5\end{cases}$$

单纯形法迭代过程见表 3.4。

表 3.4　单纯形法的迭代过程

c_j			-3	-5	0	0	0	θ
$\boldsymbol{c}_B$	基	$\boldsymbol{b}$	x_1	x_2	x_3	x_4	x_5	
0	x_3	4	1	0	1	0	0	—
0	x_4	12	0	[2]	0	1	0	6
0	x_5	18	3	2	0	0	1	9
σ_j			3	5	0	0	0	
0	x_3	4	1	0	1	0	0	4
-5	x_2	6	0	1	0	$\frac{1}{2}$	0	—
0	x_5	6	[3]	0	0	-1	1	2
σ_j			3	0	0	$-\frac{5}{2}$	0	
0	x_3	2	0	0	1	$\frac{1}{3}$	$-\frac{1}{3}$	
-5	x_2	6	0	1	0	$\frac{1}{2}$	0	
-3	x_1	2	1	0	0	$-\frac{1}{3}$	$\frac{1}{3}$	
σ_j			0	0	0	$-\frac{3}{2}$	-1	

从表 3.4 中可得最优解为 $\boldsymbol{x}=(x_1,x_2)^{\mathrm{T}}=(2,6)^{\mathrm{T}}$，最优值为 $f=-36$。

这里指出，在单纯形法迭代过程中，当出现两个以上相同的 $\max\{\sigma_j\}$ 或出现两个以上相同的 θ 值，处理时原则上可任选一个对应的变量作为进基变量或离基变量，求解的最终结果一般不受影响。当出现退化情况时，有可能出现计算的循环，永远找不到最优解，在 3.6 节中将讨论这一问题。

3.5　人工变量法

在前面的讨论中，如果线性规划的约束条件均为“≤”，则转化成标准形时需在每个不等式左端添加一个松弛变量，由此在约束方程组的系数矩阵中包含一个单位矩阵。选这个单位矩阵作为初始基，求初始基本可行解和建立初始单纯形表都十分方便。而当线性规划的约束条件都是等式，系数矩阵中又不包含单位矩阵时，往往采用添加人工变量的方法来构造一个单位矩阵。

设线性规划问题的约束条件是 $\sum\limits_{j=1}^{n}a_{ij}=b_i(i=1,2,\cdots,m)$，分别给每个约束条件加入一个

人工变量 $x_{n+1},\cdots,x_{n+m}$，得

$$\begin{cases} a_{11}x_1+a_{12}x_2+\cdots+a_{1n}x_n+x_{n+1}=b_1 \\ a_{21}x_1+a_{22}x_2+\cdots+a_{2n}x_n+x_{n+2}=b_2 \\ \qquad\vdots \\ a_{m1}x_1+a_{m2}x_2+\cdots+a_{mn}x_n+x_{n+m}=b_m \\ x_1,x_2,\cdots,x_n,x_{n+1},\cdots,x_{n+m}\geqslant 0 \end{cases} \tag{3.38}$$

这样以 $x_{n+1},\cdots,x_{n+m}$ 为基变量，可得到一个 m 阶单位矩阵。令非基变量 $x_1,x_2,\cdots,x_n$ 为零，便得到一个初始基本可行解 $\boldsymbol{x}^{(0)}=(0,0,\cdots,0,b_1,b_2,\cdots,b_m)^{\mathrm{T}}$。

事实上，人工变量是加在原约束条件中的一个虚拟变量，在求解过程中，经过基变换，可把这些人工变量从基变量中替换出去，当基变量中不再含有非零的人工变量时，原问题有可行解。若当所有 $\sigma_j\leqslant 0(j=m+1,m+2,\cdots,n)$ 时，在基变量中还含有非零的人工变量，则原问题无可行解。消除人工变量对目标函数的影响的主要方法有大 M 法和两阶段法。

3.5.1 大 *M* 法

对于最小化问题，在约束条件中加入人工变量后，令人工变量在目标函数中的系数为 M（M 为任意大的正数）。这样目标函数要实现最小化，必须把人工变量从基变量中换出，使之取值为零，否则目标函数不可能实现最小化。相应地，对于最大化问题，则令人工变量在目标函数中的系数为 $-M$。下面举例说明。

例 3.6 用大 M 法求解线性规划问题

$$\min f=3x_1-x_3$$

$$\text{s. t.}\begin{cases} x_1+x_2+x_3\leqslant 4 \\ -2x_1+x_2-x_3\geqslant 1 \\ 3x_2+2x_3=9 \\ x_1,x_2,x_3\geqslant 0 \end{cases}$$

解 先把原问题化为标准形

$$\min f=3x_1+0x_2-x_3+0x_4+0x_5$$

$$\text{s. t.}\begin{cases} x_1+x_2+x_3+x_4=4 \\ -2x_1+x_2-x_3-x_5=1 \\ 3x_2+2x_3=9 \\ x_1,x_2,x_3,x_4,x_5\geqslant 0 \end{cases}$$

引入人工变量 x_6,x_7（因为 x_4 对应的列已是单位向量，所以不需要引入人工变量 x_8），得

$$\min f=3x_1+0x_2-x_3+0x_4+0x_5+Mx_6+Mx_7$$

$$\text{s. t.}\begin{cases} x_1+x_2+x_3+x_4=4 \\ -2x_1+x_2-x_3-x_5+x_6=1 \\ 3x_2+2x_3+x_7=9 \\ x_j\geqslant 0,j=1,\cdots,7 \end{cases}$$

取 x_4,x_6,x_7 为基变量，令非基变量 x_1,x_2,x_3,x_5 为零，可以得到初始基本可行解 $\boldsymbol{x}^{(0)}=(0,0,0,4,0,1,9)^{\mathrm{T}}$，列出初始单纯形表，用单纯形法进行求解（见表 3.5）。

表 3.5　初始单纯形表

c_j			3	0	−1	0	M	M	θ
$\boldsymbol{c}_B$	基	$\boldsymbol{b}$	x_1	x_2	x_3	x_5	x_6	x_7	
0	x_4	4	1	1	1	0	0	0	4
M	x_6	1	−2	[1]	−1	−1	1	0	1
M	x_7	9	0	3	1	0	0	1	3
σ_j			$-2M-3$	$4M$	1	$-M$	0	0	
0	x_4	3	3	0	2	1	−1	0	1
0	x_2	1	−2	1	−1	−1	1	0	—
M	x_7	6	[6]	0	4	3	−3	1	1
	σ_j		$6M-3$	0	$4M+1$	$3M$	$-4M$	0	
0	x_4	0	0	0	0	$-\frac{1}{2}$	$\frac{1}{2}$	$-\frac{1}{2}$	—
0	x_2	3	0	1	$\frac{1}{3}$	0	0	$\frac{1}{3}$	9
3	x_1	1	1	0	$\left[\frac{2}{3}\right]$	$\frac{1}{2}$	$-\frac{1}{2}$	$\frac{1}{6}$	$\frac{3}{2}$
σ_j			0	0	3	$\frac{3}{2}$	$-M-\frac{3}{2}$	$-M+\frac{1}{2}$	
0	x_4	0	0	0	0	$-\frac{1}{2}$	$\frac{1}{2}$	$-\frac{1}{2}$	
0	x_2	$\frac{5}{2}$	$-\frac{1}{2}$	1	0	$-\frac{1}{4}$	$\frac{1}{4}$	$\frac{1}{4}$	
−1	x_3	$\frac{3}{2}$	$\frac{3}{2}$	0	1	$\frac{3}{4}$	$-\frac{3}{4}$	$\frac{1}{4}$	
σ_j			$-\frac{9}{2}$	0	0	$-\frac{3}{4}$	$-M+\frac{3}{4}$	$-M-\frac{3}{4}$	

得问题的最优解为 $\boldsymbol{x}=\left(0,\frac{5}{2},\frac{3}{2}\right)^{\mathrm{T}}$，最优值为 $f=-\frac{3}{2}$。

3.5.2　两阶段法

当计算机使用大 M 法求解人工变量的线性规划问题时，由于计算机字长的限制，任意大数 M 只能由有限大数字代替，这样就可能造成计算上的错误。为避免此问题，可使用两阶段法来计算添加人工变量后的线性规划问题。

第一阶段：不考虑原规划是否存在基本可行基，构造一个仅含人工变量的目标函数，即令目标函数中其他变量的系数为零，人工变量的系数取某个正的常数（一般取 1），并实现最小化，即构造辅助线性规划

$$\min\ w=0x_1+0x_2+\cdots+0x_n+x_{n+1}+\cdots+x_{n+m}$$
$$\text{s. t.}\begin{cases}a_{11}x_1+a_{12}x_2+\cdots+a_{1n}x_n+x_{n+1}=b_1\\a_{21}x_1+a_{22}x_2+\cdots+a_{2n}x_n+x_{n+2}=b_2\\\qquad\vdots\\a_{m1}x_1+a_{m2}x_2+\cdots+a_{mn}x_n+x_{n+m}=b_m\\x_1,x_2,\cdots,x_n,x_{n+1},\cdots,x_{n+m}\geqslant 0\end{cases}\tag{3.39}$$

容易看出，原问题有可行解（从而有基本可行解）的充要条件是这个辅助线性规划的最优值为零，由于人工变量对应的列构成单位矩阵，故这个辅助线性规划必存在初始可行解，若它的最优值等于零，即说明原问题存在基本可行解。此时可以进行第二阶段计算，否则原规划无可行解，停止计算。

第二阶段：由第一阶段得到原问题的一个基本可行解 $\boldsymbol{x}^{(0)}$，把第一阶段的最终单纯形表中的最后一行及对应的人工变量的列删去，写出原问题对应于 $\boldsymbol{x}^{(0)}$ 的单纯形表，并将目标函数的系数换成原问题的目标函数系数，作为第二阶段计算的初始单纯形表。

下面对例 3.6 用两阶段法求解。

解　第一阶段：作辅助线性规划

$$\min w=x_6+x_7$$

$$\text{s. t.}\begin{cases}x_1+x_2+x_3+x_4=4\\-2x_1+x_2-x_3-x_5+x_6=1\\3x_2+2x_3+x_7=9\\x_j\geqslant 0,j=1,2,\cdots,7\end{cases}$$

建立单纯形表（见表 3.6）。

表 3.6　单纯形表

c_j			0	0	0	0	0	1	1	θ
$\boldsymbol{c}_B$	基	$\boldsymbol{b}$	x_1	x_2	x_3	x_4	x_5	x_6	x_7	
0	x_4	4	1	1	1	1	0	0	0	4
1	x_6	1	-2	[1]	-1	0	-1	1	0	1
1	x_7	9	0	3	1	0	0	0	1	3
	σ_j		-2	4	0	0	-1	0	0	
0	x_4	3	3	0	2	1	1	-1	0	1
0	x_2	1	-2	1	-1	0	-1	1	0	—
1	x_7	6	[6]	0	4	0	3	-3	1	1
	σ_j		6	0	4	0	3	-4	0	
0	x_4	0	0	0	0	1	$-\frac{1}{2}$	$\frac{1}{2}$	$-\frac{1}{2}$	
0	x_2	3	0	1	$\frac{1}{3}$	0	0	0	$\frac{1}{3}$	
0	x_1	1	1	0	$\frac{2}{3}$	0	$\frac{1}{2}$	$-\frac{1}{2}$	$\frac{1}{6}$	
	σ_j		0	0	0	0	0	-1	-1	

至此，所有非基变量的检验数都小于 0，已得到最优解，且最优值为 0，故已求得原问题的一个基本可行解。

第二阶段：求解原问题的解。

将表 3.6 中的人工变量 x_6，x_7 除去，目标函数改为

$$\min f=3x_1+0x_2-x_3+0x_4+0x_5$$

再从表 3.6 中的最后一个表出发，继续用单纯形法计算，求解过程见表 3.7。

表 3.7　求解过程

c_j			3	0	-1	0	0	θ
$\boldsymbol{c}_B$	基	$\boldsymbol{b}$	x_1	x_2	x_3	x_4	x_5	
0	x_4	0	0	0	0	1	$-\frac{1}{2}$	—
0	x_2	3	0	1	$\frac{1}{3}$	0	0	9
3	x_1	1	1	0	$\left[\frac{2}{3}\right]$	0	$\frac{1}{2}$	$\frac{3}{2}$
σ_j			0	0	3	0	$\frac{3}{2}$	
0	x_4	0	0	0	0	1	$-\frac{1}{2}$	
0	x_2	$\frac{5}{2}$	$-\frac{1}{2}$	1	0	0	$-\frac{1}{4}$	
-1	x_3	$\frac{3}{2}$	$\frac{3}{2}$	0	1	0	$\frac{3}{4}$	
σ_j			$-\frac{9}{2}$	0	0	0	$-\frac{3}{4}$	

故原问题的最优解为 $\boldsymbol{x}=\left(0,\frac{5}{2},\frac{3}{2}\right)^{\mathrm{T}}$，最优值为 $f=-\frac{3}{2}$。

3.6　退化情形

3.6.1　循环现象

当线性规划存在最优解时，在非退化的情形下，单纯形法经有限次迭代必达到最优解。然而，对于退化情形，当最优解存在时，用前面介绍的方法，有可能经有限次迭代求不出最优解，即出现循环现象。下面的例题是出现循环现象的例子。

例 3.7　用单纯形法求解下列问题：

$$\min f=-\frac{3}{4}x_4+20x_5-\frac{1}{2}x_6+6x_7$$

$$\text{s. t.}\begin{cases}x_1+\frac{1}{4}x_4-8x_5-x_6+9x_7=0\\x_2+\frac{1}{2}x_4-12x_5-\frac{1}{2}x_6+3x_7=0\\x_3+x_6=1\\x_j\geqslant 0,j=1,2,\cdots,7\end{cases}$$

解　计算过程见表 3.8。

表 3.8 计算过程

c_j			0	0	0	$-\frac{3}{4}$	20	$-\frac{1}{2}$	6	θ
c_B	基	b	x_1	x_2	x_3	x_4	x_5	x_6	x_7	
0	x_1	0	1	0	0	$\left[\frac{1}{4}\right]$	-8	-1	9	0
0	x_2	0	0	1	0	$\frac{1}{2}$	-12	$-\frac{1}{2}$	3	0
0	x_3	1	0	0	1	0	0	1	0	—
σ_j			0	0	0	$\frac{3}{4}$	-20	$\frac{1}{2}$	-6	
$-\frac{3}{4}$	x_4	0	4	0	0	1	-32	-4	36	—
0	x_2	0	-2	1	0	0	[4]	$\frac{3}{2}$	-15	0
0	x_3	1	0	0	1	0	0	1	0	—
σ_j			-3	0	0	0	4	$\frac{7}{2}$	-33	
$-\frac{3}{4}$	x_4	0	-12	8	0	1	0	[8]	-84	0
20	x_5	0	$-\frac{1}{2}$	$\frac{1}{4}$	0	0	1	$\frac{3}{8}$	$-\frac{15}{4}$	0
0	x_3	1	0	0	1	0	0	1	0	1
σ_j			-1	-1	0	0	0	2	-18	
$-\frac{1}{2}$	x_6	0	$-\frac{3}{2}$	1	0	$\frac{1}{8}$	0	1	$-\frac{21}{2}$	—
20	x_5	0	$\frac{1}{16}$	$-\frac{1}{8}$	0	$-\frac{3}{64}$	1	0	$\left[\frac{3}{16}\right]$	0
0	x_3	1	$\frac{3}{2}$	-1	1	$-\frac{1}{8}$	0	0	$\frac{21}{2}$	$\frac{2}{21}$
σ_j			2	-3	0	$-\frac{1}{4}$	0	0	3	
$-\frac{1}{2}$	x_6	0	[2]	-6	0	$-\frac{5}{2}$	56	1	0	0
6	x_7	0	$\frac{1}{3}$	$-\frac{2}{3}$	0	$-\frac{1}{4}$	$\frac{16}{3}$	0	1	0
0	x_3	1	-2	6	1	$\frac{5}{2}$	-56	0	0	—
σ_j			1	-1	0	$\frac{1}{2}$	-16	0	0	
0	x_1	0	1	-3	0	$-\frac{5}{4}$	28	$\frac{1}{2}$	0	—
6	x_7	0	0	$\left[\frac{1}{3}\right]$	0	$\frac{1}{6}$	-4	$-\frac{1}{6}$	1	0
0	x_3	1	0	0	1	0	0	1	0	—
σ_j			0	2	0	$\frac{7}{4}$	-44	$-\frac{1}{2}$	0	
0	x_1	0	1	0	0	$\frac{1}{4}$	-8	-1	9	0
0	x_2	0	0	1	0	$\frac{1}{2}$	-12	$-\frac{1}{2}$	3	0
0	x_3	1	0	0	1	0	0	1	0	—
σ_j			0	0	0	$\frac{3}{4}$	-20	$\frac{1}{2}$	-6	

经过 6 次迭代，得到的单纯形表与第 1 个单纯形表相同，做下去将无限循环。用前面介绍的单纯形法得不出结论。实际上，这个问题的确存在最优解。对于这类退化情形，需要设法避免循环发生。这是完全可以办到的。早在 1952 年，A. Charnes 提出了摄动法，并解决了这个问题。下面简单介绍摄动法。

3.6.2　摄动法

对于线性规划问题

$$\min f=\boldsymbol{c}^{\mathrm{T}}\boldsymbol{x}$$
$$\text{s. t. }\begin{cases}\boldsymbol{Ax}=\boldsymbol{b}\\ \boldsymbol{x}\geqslant\boldsymbol{0}\end{cases} \tag{3.40}$$

其中，$\boldsymbol{A}$ 是 $m\times m$ 阶矩阵，$\boldsymbol{A}$ 的秩为 m，$\boldsymbol{b}\geqslant\boldsymbol{0}$。

现在使右端向量 $\boldsymbol{b}$ 摄动，令

$$\boldsymbol{b}(\varepsilon)=\boldsymbol{b}+\sum_{j=1}^{n}\varepsilon^{j}\boldsymbol{p}_{j}$$

其中，ε 是充分小的正数，ε^{j} 表示 ε 的 j 次方；$\boldsymbol{p}_j$ 是矩阵 $\boldsymbol{A}$ 的第 j 列。得到线性规划（3.41）的摄动问题：

$$\min f=\boldsymbol{c}^{\mathrm{T}}\boldsymbol{x}$$
$$\text{s. t. }\begin{cases}\boldsymbol{Ax}=\boldsymbol{b}(\varepsilon)\\ \boldsymbol{x}\geqslant\boldsymbol{0}\end{cases} \tag{3.41}$$

可以证明，当 ε 充分小时，线性规划（3.41）是非退化问题，并且可以通过求解线性规划（3.41）来确定线性规划（3.40）的最优解或得出其他结论，进而从根本上解决了可能发生的循环问题。

在利用单纯形法求解摄动问题之前，还有两个问题需要解决，一是怎样找线性规划（3.41）的初始基本可行解；二是在迭代过程中如何处理$\overline{\boldsymbol{b}}(\varepsilon)$。

对于问题一，可以通过线性规划（3.40）的基本可行解来找线性规划（3.41）的基本可行解。但是，由于 $\boldsymbol{B}^{-1}\boldsymbol{b}\geqslant 0$ 并不能保证 $\boldsymbol{B}^{-1}\boldsymbol{b}(\varepsilon)\geqslant 0$，因此，不是从线性规划（3.40）的任一个基本可行解出发都能构造出线性规划（3.41）的基本可行解。

一般地，若已知线性规划（3.40）的一个基本可行解，则对 $\boldsymbol{A}$ 进行列调换，把基列排在非基列的左边，并相应地改变变量的下标，使其从 1 开始按递增顺序排列。这样，$x_1,x_2,\cdots,x_m$ 是基变量，然后再建立摄动问题（3.41）。这时，若线性规划（3.40）的现行基本可行解是

$$\begin{cases}x_i=\overline{b}_i,i=1,2,\cdots,m\\ x_i=0,i=m+1,m+2,\cdots,n\end{cases}$$

则

$$\begin{cases}x_i(\varepsilon)=\overline{b}_i+\varepsilon^{i}+\sum\limits_{j=m+1}^{n}a_{ij}\varepsilon^{j},i=1,2,\cdots,m\\ x_i(\varepsilon)=0,i=m+1,m+2,\cdots,n\end{cases}$$

是摄动问题（3.41）的一个基本可行解。

有了初始基本可行解以后，每次迭代后一定得到线性规划（3.41）的新的基本可行解。这是因为由式（3.42）确定的离基变量 $x_r(\varepsilon)$：

$$\frac{\bar{b}_i(\varepsilon)}{a_{rk}}=\min\left\{\frac{\bar{b}_i(\varepsilon)}{a_{ik}} \mid a_{ik}>0\right\} \tag{3.42}$$

迭代后仍能保持可行性，这与没有摄动的情形类似。

对于问题二，实际上，采用摄动法，ε 不必取定具体值，只要是充分小的正数即可，计算时只用到原来问题的单纯形表上的数据。摄动法与一般单纯形法的差别主要在于主行的选择，摄动法是按照式（3.42）确定主行的，关键是确定最小比值，由于$\frac{\bar{b}_i(\varepsilon)}{a_{ik}}$是 ε 的多项式，即

$$\frac{\bar{b}_i(\varepsilon)}{a_{ik}}=\frac{\bar{b}_i}{a_{ik}}+\sum_{j=1}^{n}\frac{a_{ij}}{a_{ik}}\varepsilon^j \tag{3.43}$$

其大小主要取决于低次项，因此为确定最小比值，只需从 ε 的零次项开始，逐项比较幂的系数。首先比较零次项，即$\bar{b}_i/a_{ik}(a_{ik}>0)$ 零次项小的多项式其值必小。零次项相同时，再观察一次项的系数，以此类推，易知不会出现对应系数完全相同的两个多项式，因为对应系数均相等意味着单纯形表中有两行成比例，这与 $\boldsymbol{A}$ 的秩为 m 相矛盾。

多项式（3.43）中的系数，都是由原来问题的单纯形表中的数据计算得到的。零次项系数，就是原单纯形表的右端列的分量与主列中相应的正元素之比。一次项系数是单纯形表中的第 1 列元素与主列中相应的正元素之比。由此可见，式（3.42）完全由原来单纯形表中的数据确定。而右端列是 $\varepsilon=0$ 时的值，即

$$\bar{\boldsymbol{b}}(0)=\bar{\boldsymbol{b}}$$

所以 ε 不出现在单纯形表上，综上，确定离基变量的步骤如下：

（1）令
$$I_0=\left\{r \,\middle|\, \frac{\bar{b}_r(\varepsilon)}{a_{rk}}=\min\left\{\frac{\bar{b}_i}{a_{ik}} \mid a_{ik}>0\right\}\right\}$$

若 I_0 中只有一个元素 r，则 x_r 为离基变量。

（2）置 $j=1$。

（3）令
$$I_j=\left\{r \,\middle|\, \frac{a_{rj}}{a_{rk}}=\min_{i\in I_{j-1}}\left\{\frac{a_{ij}}{a_{ik}}\right\}\right\}$$

若 I_j 中只有一个元素 r，则 x_r 为离基变量。

（4）置 $j=j+1$，转步骤（3）。

例 3.8 用摄动法解例 3.7，初始单纯形表见表 3.9。

表 3.9 初始单纯形表

c_j			0	0	0	$-\frac{3}{4}$	20	$-\frac{1}{2}$	6	θ
$\boldsymbol{c}_B$	基	$\boldsymbol{b}$	x_1	x_2	x_3	x_4	x_5	x_6	x_7	
0	x_1	0	1	0	0	$\frac{1}{4}$	−8	−1	9	0
0	x_2	0	0	1	0	$\left[\frac{1}{2}\right]$	−12	$-\frac{1}{2}$	3	0
0	x_3	1	0	0	1	0	0	1	0	—
σ_j			0	0	0	$\frac{3}{4}$	−20	$\frac{1}{2}$	−6	

解 由于 $\sigma_4=\max_j\{\sigma_j\}$，因此取第 4 列为主列，先比较多项式的零次项的系数。由于

$$\frac{\overline{b_1}}{a_{14}}=\frac{\overline{b_2}}{a_{24}}=0$$

同为最小比值，因此 $I_0=\{1,2\}$。再比较一次项系数，即第 1 列中第 1 行及第 2 行的元素分别除以主列中对应的正元素，取其最小比值，得到 $I_1=\{2\}$。于是取第 2 行为主行，主元为 $a_{24}=\frac{1}{2}$，经主元消去得到表 3.10。

表 3.10　经第一次主元消去得到的表

c_j			0	0	0	$-\frac{3}{4}$	20	$-\frac{1}{2}$	6	θ
$\boldsymbol{c}_B$	基	$\boldsymbol{b}$	x_1	x_2	x_3	x_4	x_5	x_6	x_7	
0	x_1	0	1	$-\frac{1}{2}$	0	0	−2	$-\frac{3}{4}$	$\frac{15}{2}$	—
$-\frac{3}{4}$	x_4	0	0	2	0	1	−24	−1	6	—
0	x_3	1	0	0	1	0	0	[1]	0	1
σ_j			0	$-\frac{3}{2}$	0	0	−2	$\frac{5}{4}$	$-\frac{21}{2}$	

由于 $\sigma_6=\max\limits_j\{\sigma_j\}$，因此主列取为第 6 列，比较零次项，得到 $I_0=\{3\}$，因此第 3 行为主行，主元为 $a_{36}=1$，经主元消去得到表 3.11。

表 3.11　经第二次主元消去得到的表

c_j			0	0	0	$-\frac{3}{4}$	20	$-\frac{1}{2}$	6	θ
$\boldsymbol{c}_B$	基	$\boldsymbol{b}$	x_1	x_2	x_3	x_4	x_5	x_6	x_7	
0	x_1	$\frac{3}{4}$	1	$-\frac{1}{2}$	$\frac{3}{4}$	0	−2	0	$\frac{15}{2}$	
$-\frac{3}{4}$	x_4	1	0	2	1	1	−24	0	6	
$-\frac{1}{2}$	x_6	1	0	0	1	0	0	1	0	
σ_j			0	$-\frac{3}{2}$	$-\frac{5}{4}$	0	−2	0	$-\frac{21}{2}$	

由表 3.11，$\sigma_j\leqslant 0$，因此最优解为

$$(x_1,x_2,x_3,x_4,x_5,x_6,x_7)^{\mathrm{T}}=\left(\frac{3}{4},0,0,1,0,1,0\right)^{\mathrm{T}}$$

目标函数的最优值为

$$f_{\min}=-\frac{5}{4}$$

例 3.8 是一个退化问题，即存在退化的基本可行解，用一般单纯形法求解时出现循环问题，而用摄动法则成功地避免了循环问题。

注：对于退化问题不用摄动法也不一定出现循环。事实上，退化问题是常见的，但在迭代中发生循环问题的概率却很小，特别是在实际问题中，循环问题几乎不发生，关于退化和循环的研究，具有理论意义，在实际中并不是十分重要。

3.7 修正单纯形法

下面给出单纯形法的矩阵描述，以便对其分析和改进。

给定线性规划问题的标准形

$$\min f=\boldsymbol{c}^{\mathrm{T}}\boldsymbol{x}$$
$$\text{s. t.}\begin{cases}\boldsymbol{A}\boldsymbol{x}=\boldsymbol{b}\\ \boldsymbol{x}\geqslant\boldsymbol{0}\end{cases}\tag{3.44}$$

一般线性规划转化为标准形时，总可以设法构造一个单位矩阵 $\boldsymbol{I}$ 作为初始基，这样在初始单纯形表中，可以将矩阵 $\boldsymbol{A}$ 分成作为初始基的单位矩阵 $\boldsymbol{I}$ 和非基变量的系数矩阵 $\boldsymbol{N}$ 两块。计算迭代后，新单纯形表中的基是由上述两块矩阵中的部分向量转化并组合而成的。为清楚起见，把新单纯形表中的基（单位矩阵 $\boldsymbol{I}$）对应的初始单纯形表中的那些向量抽出来单独列出一块，用 $\boldsymbol{B}$ 表示。这样初始单纯形表可写为表 3.12。

表 3.12　初始单纯形表

初始解	非基变量		基变量
$\boldsymbol{b}$	$\boldsymbol{B}$	$\boldsymbol{N}$	$\boldsymbol{I}$
σ_j	$\boldsymbol{\sigma}_N$		$0,\cdots,0$

单纯形法的迭代计算实际上是对约束方程组的系数矩阵实施行初等变换。对矩阵$[\boldsymbol{b}\mid\boldsymbol{B}\mid\boldsymbol{N}\mid\boldsymbol{I}]$实施行初等变换时，当 $\boldsymbol{B}$ 变换成 $\boldsymbol{I}$，$\boldsymbol{I}$ 将变换成 $\boldsymbol{B}^{-1}$。由此，上述矩阵将变换为$[\boldsymbol{B}^{-1}b\mid\boldsymbol{I}\mid\boldsymbol{B}^{-1}\boldsymbol{N}\mid\boldsymbol{B}^{-1}]$。则基变换后的新单纯形表为表 3.13。

表 3.13　新单纯形表

基本可行解	非基变量	非基变量	
$\bar{\boldsymbol{b}}$	$\boldsymbol{I}$	$\overline{\boldsymbol{N}}$	$\boldsymbol{B}^{-1}$
σ_j	$0,\cdots,0$	$\bar{\boldsymbol{\sigma}}_N$	

显然有

$$\bar{\boldsymbol{b}}=\boldsymbol{B}^{-1}\boldsymbol{b}\tag{3.45}$$

$$\overline{\boldsymbol{N}}=\boldsymbol{B}^{-1}\boldsymbol{N}\text{ 或 }\bar{\boldsymbol{p}}_j=\boldsymbol{B}^{-1}\boldsymbol{p}_j\tag{3.46}$$

$$\bar{\boldsymbol{\sigma}}_N=\boldsymbol{c}_B\overline{\boldsymbol{N}}-\boldsymbol{c}_N=\boldsymbol{c}_B\boldsymbol{B}^{-1}\overline{\boldsymbol{N}}-\boldsymbol{c}_N\tag{3.47}$$

或

$$\bar{\sigma}_j=\boldsymbol{c}_B\overline{\boldsymbol{p}_j}-c_j=\boldsymbol{c}_B\boldsymbol{B}^{-1}\overline{\boldsymbol{p}_j}-c_j\tag{3.48}$$

上述公式是修正单纯形法计算的依据，也是第 4 章中灵敏度分析等内容的基础。其中，$\boldsymbol{c}_B$ 为基变量 $\boldsymbol{x}_N$ 在目标函数中的系数行向量，$\boldsymbol{c}_N$ 为非基变量 $\boldsymbol{x}_N$ 在目标函数中的系数行向量。

我们发现，在迭代过程中存在很多与下一步迭代无关的重复计算，影响了计算效率，用计算机编程求解时，既占用内存单元，又影响计算的精度。通过分析可以看出，在整个迭代过程中，基矩阵的逆矩阵 $\boldsymbol{B}^{-1}$的求解是关键，只要求出 $\boldsymbol{B}^{-1}$，单纯形表中其他行和列的数字也随之确定了，故提出了修正单纯形法。

下面是修正单纯形法的步骤：

（1）给出初始基 $\boldsymbol{B}$ 和初始基本可行解 $\boldsymbol{x}_B$。

（2）计算非基变量检验数 $\boldsymbol{\sigma}_N=\boldsymbol{c}_B\boldsymbol{B}^{-1}\boldsymbol{N}-\boldsymbol{c}_N$。若 $\boldsymbol{\sigma}_N\leqslant\boldsymbol{0}$，则 $\boldsymbol{x}_B$ 为最优解，计算结束；否则转（3）。

（3）令 $\sigma_k=\max\limits_j(\sigma_j)$，计算 $\boldsymbol{B}^{-1}\boldsymbol{p}_k$。

（4）检查 $\boldsymbol{B}^{-1}\boldsymbol{p}_k\leqslant 0$ 是否成立。是，则原问题无解，停止计算；否则转（5）。

（5）计算 $\theta=\min\left\{\dfrac{(\boldsymbol{B}^{-1}\boldsymbol{b})_i}{(\boldsymbol{B}^{-1}\boldsymbol{p}_k)_i}\mid(\boldsymbol{B}^{-1}\boldsymbol{p}_k)_i>0\right\}=\dfrac{(\boldsymbol{B}^{-1}\boldsymbol{b})_r}{(\boldsymbol{B}^{-1}\boldsymbol{p}_k)_r}$，由此确定出主列为第 k 列，主行为第 r 行，得到新的基变量和基矩阵 $\boldsymbol{B}_1$。

（6）计算新的基矩阵的逆矩阵 $\boldsymbol{B}_1^{-1}$，求出 $\boldsymbol{B}_1^{-1}\boldsymbol{b}$ 及 $\boldsymbol{c}_B\boldsymbol{B}_1^{-1}$。

（7）重复上述步骤直至满足 $\boldsymbol{\sigma}_N\leqslant\boldsymbol{0}$。

在初始单纯形表中，由于 $\boldsymbol{B}$ 是单位矩阵，故 $\boldsymbol{B}^{-1}$ 也是单位矩阵，所以修正单纯形法在开始计算时，不需要计算基的逆矩阵，但经过一次迭代后，需要计算新的基矩阵的逆矩阵 $\boldsymbol{B}_1^{-1}$，而 $\boldsymbol{B}_1^{-1}$ 的求解比较烦琐。但注意到上一步迭代的基 $\boldsymbol{B}$ 与下一步迭代的基 $\boldsymbol{B}_1$ 之间只差一个列向量。故可用如下简单算法：

设 $\boldsymbol{B}_1^{-1}=\boldsymbol{E}\boldsymbol{B}^{-1}$，其中，$\boldsymbol{E}=(\boldsymbol{e}_1,\cdots,\boldsymbol{e}_{r-1},\boldsymbol{\xi},\boldsymbol{e}_{r+1},\cdots,\boldsymbol{e}_m)$，$\boldsymbol{e}_i$ 表示第 i 个位置的元素为 1，其他元素为 0 的单位列向量。

$$\boldsymbol{\xi}=\left(-\frac{a_{1k}}{a_{rk}},-\frac{a_{2k}}{a_{rk}},\cdots,\frac{1}{a_{rk}},\cdots,-\frac{a_{mk}}{a_{rk}}\right)^{\mathrm{T}} \tag{3.49}$$

下面举例说明修正单纯形法的计算过程。

例 3.9　用修正单纯形法求解

$$\min f=-4x_1-2x_2$$
$$\text{s.t.}\begin{cases}-x_1+2x_2\leqslant 6\\ x_1+x_2\leqslant 9\\ 3x_1-x_2\leqslant 15\\ x_1,x_2\geqslant 0\end{cases}$$

解　先将其化为标准形

$$\min f=-4x_1-2x_2+0x_3+0x_4+0x_5$$
$$\text{s.t.}\begin{cases}-x_1+2x_2+x_3=6\\ x_1+x_2+x_4=9\\ 3x_1-x_2+x_5=15\\ x_1,x_2,x_3,x_4,x_5\geqslant 0\end{cases}$$

其中，$\boldsymbol{A}=(\boldsymbol{p}_1,\boldsymbol{p}_2,\boldsymbol{p}_3,\boldsymbol{p}_4,\boldsymbol{p}_5)=\begin{pmatrix}-1 & 2 & 1 & 0 & 0\\ 1 & 1 & 0 & 1 & 0\\ 3 & -1 & 0 & 0 & 1\end{pmatrix}$，

$$\boldsymbol{b}=(6,9,15)^{\mathrm{T}},\quad \boldsymbol{c}^{\mathrm{T}}=(-4,-2,0,0,0)^{\mathrm{T}}$$

取初始基

$$\boldsymbol{B}_0=(\boldsymbol{p}_3,\boldsymbol{p}_4,\boldsymbol{p}_5)=\boldsymbol{I}$$

则

$$\boldsymbol{B}_0^{-1}=\boldsymbol{B}_0=\boldsymbol{I}$$

$$\boldsymbol{x}_{B_0}=(x_3,x_4,x_5)^{\mathrm{T}}=\boldsymbol{B}_0^{-1}\boldsymbol{b}=(6,9,15)^{\mathrm{T}}$$

$$\boldsymbol{c}_{B_0}=(0,0,0),\quad \boldsymbol{x}_{N_0}=(x_1,x_2)^{\mathrm{T}}$$

$$\boldsymbol{c}_{N_0}=(-4,-2),\quad \boldsymbol{N}_0=\begin{pmatrix}-1&2\\1&1\\3&-1\end{pmatrix}$$

计算非基变量检验数

$$\boldsymbol{\sigma}_{N_0}=\boldsymbol{c}_{B_0}\boldsymbol{B}_0^{-1}\boldsymbol{N}_0-\boldsymbol{c}_{N_0}=(4,2)$$

由此确定 x_1 为进基变量，计算

$$\theta=\min\left\{\frac{(\boldsymbol{B}_0^{-1}\boldsymbol{b})_i}{(\boldsymbol{B}_0^{-1}\boldsymbol{p}_1)_i}\mid(\boldsymbol{B}_0^{-1}\boldsymbol{p}_1)_i>0\right\}=\min\left\{—,\frac{9}{1},\frac{15}{3}\right\}=\frac{15}{3}=5$$

即 x_5 为离基变量。

第 1 次迭代。

新的基 $\boldsymbol{B}_1=(\boldsymbol{p}_3,\boldsymbol{p}_4,\boldsymbol{p}_5)$， $\boldsymbol{x}_{B_1}=(x_3,x_4,x_1)^{\mathrm{T}}$， $\boldsymbol{x}_{N_1}=(x_2,x_5)^{\mathrm{T}}$

$$\boldsymbol{\xi}_1=\left(\frac{1}{3},-\frac{1}{3},\frac{1}{3}\right)^{\mathrm{T}}$$

$$\boldsymbol{B}_1^{-1}=\boldsymbol{E}_1\boldsymbol{B}_0^{-1}=\begin{pmatrix}1&0&\frac{1}{3}\\0&1&-\frac{1}{3}\\0&0&\frac{1}{3}\end{pmatrix}\begin{pmatrix}1&0&0\\0&1&0\\0&0&1\end{pmatrix}=\begin{pmatrix}1&0&\frac{1}{3}\\0&1&-\frac{1}{3}\\0&0&\frac{1}{3}\end{pmatrix}$$

$$\boldsymbol{x}_{B_1}=\begin{pmatrix}x_3\\x_4\\x_1\end{pmatrix}=\boldsymbol{B}_1^{-1}\boldsymbol{b}=\begin{pmatrix}1&0&\frac{1}{3}\\0&1&-\frac{1}{3}\\0&0&\frac{1}{3}\end{pmatrix}\begin{pmatrix}6\\9\\15\end{pmatrix}=\begin{pmatrix}11\\4\\5\end{pmatrix}$$

$$\boldsymbol{c}_{B_1}=(0,0,-4),\quad \boldsymbol{c}_{N_1}=(-2,0),\quad \boldsymbol{N}_1=\begin{pmatrix}2&0\\1&0\\-1&1\end{pmatrix}$$

计算非基变量检验数

$$\begin{aligned}\boldsymbol{\sigma}_{N_1}&=\boldsymbol{c}_{B_1}\boldsymbol{B}_1^{-1}\boldsymbol{N}_1-\boldsymbol{c}_{N_1}\\&=(0,0,-4)\begin{pmatrix}1&0&\frac{1}{3}\\0&1&-\frac{1}{3}\\0&0&\frac{1}{3}\end{pmatrix}\begin{pmatrix}2&0\\1&0\\-1&1\end{pmatrix}-(-2,0)\\&=\left(\frac{10}{3},-\frac{4}{3}\right)\end{aligned}$$

由此确定 x_2 为进基变量，计算

$$\theta=\min\left\{\frac{(\boldsymbol{B}_1^{-1}\boldsymbol{b})_i}{(\boldsymbol{B}_1^{-1}\boldsymbol{p}_2)_i}\mid(\boldsymbol{B}_1^{-1}\boldsymbol{p}_2)_i>0\right\}=\min\left\{\frac{33}{5},3,—\right\}=3$$

即 x_4 为离基变量。

第 2 次迭代。

新的基
$$\boldsymbol{B}_2=(\boldsymbol{p}_3,\boldsymbol{p}_2,\boldsymbol{p}_1)$$

$$\boldsymbol{x}_{B_2}=(x_3,x_2,x_1)^{\mathrm{T}},\quad \boldsymbol{x}_{N_2}=(x_4,x_5)^{\mathrm{T}}$$

计算
$$\boldsymbol{\xi}_2=\left(-\frac{5}{4},\frac{3}{4},\frac{1}{4}\right)^{\mathrm{T}}$$

$$\boldsymbol{B}_2^{-1}=\boldsymbol{E}_2\boldsymbol{B}_1^{-1}=\begin{pmatrix}1 & -\frac{5}{4} & 0\\ 0 & \frac{3}{4} & 0\\ 0 & \frac{1}{4} & 1\end{pmatrix}\begin{pmatrix}1 & 0 & \frac{1}{3}\\ 0 & 1 & -\frac{1}{3}\\ 0 & 0 & \frac{1}{3}\end{pmatrix}=\begin{pmatrix}1 & -\frac{5}{4} & \frac{3}{4}\\ 0 & \frac{3}{4} & -\frac{1}{4}\\ 0 & \frac{1}{4} & \frac{1}{4}\end{pmatrix}$$

$$\boldsymbol{x}_{B_2}=\begin{pmatrix}x_3\\x_2\\x_1\end{pmatrix}=\boldsymbol{B}_2^{-1}\boldsymbol{b}=\begin{pmatrix}1 & -\frac{5}{4} & \frac{3}{4}\\ 0 & \frac{3}{4} & -\frac{1}{4}\\ 0 & \frac{1}{4} & \frac{1}{4}\end{pmatrix}\begin{pmatrix}6\\9\\15\end{pmatrix}=\begin{pmatrix}6\\3\\6\end{pmatrix}$$

$$\boldsymbol{c}_{B_2}=(0,-2,-4),\quad \boldsymbol{c}_{N_2}=(0,0),\quad \boldsymbol{N}_2=\begin{pmatrix}0 & 0\\1 & 0\\0 & 1\end{pmatrix}$$

计算非基变量检验数

$$\begin{aligned}\boldsymbol{\sigma}_{N_2}&=\boldsymbol{c}_{B_2}\boldsymbol{B}_2^{-1}\boldsymbol{N}_2-\boldsymbol{c}_{N_2}\\&=(0,-2,-4)\begin{pmatrix}1 & -\frac{5}{4} & \frac{3}{4}\\ 0 & \frac{3}{4} & -\frac{1}{4}\\ 0 & \frac{1}{4} & \frac{1}{4}\end{pmatrix}\begin{pmatrix}0 & 0\\1 & 0\\0 & 1\end{pmatrix}-(0,0)\\&=\left(-\frac{5}{2},-\frac{1}{2}\right)\end{aligned}$$

因为非基变量检验数均小于 0，故得问题最优解为

$$\boldsymbol{x}=(x_1,x_2,x_3,x_4,x_5)^{\mathrm{T}}=(6,3,6,0,0)^{\mathrm{T}}$$

第 4 章　线性规划对偶理论

对偶问题是线性规划中最重要的内容之一。每一个线性规划问题，都存在一个与它有密切关系的线性规划问题，其中一个称为原问题，而另一个称为它的对偶问题。对偶理论深刻地揭示了每对问题中原问题与对偶问题的内在联系，为进一步深入研究线性规划问题提供了理论依据。

4.1　对偶问题的提出

例 4.1　营养问题

某饲养场所用的饲料由 n 种配料混合而成。要求这种饲料必须含有 m 种营养成分，而且每单位饲料中第 i 种营养成分的含量不能低于 b_i。已知第 i 种营养成分在每单位第 j 种配料中的含量为 a_{ij}，第 j 种配料的单位价格为 c_j。问在保证营养要求的条件下，应采用何种配方才能使饲料的费用最低?

解　设 x_j 为每单位饲料中第 j 种配料的含量$(j=1,2,\cdots,n)$，则营养问题的数学模型为

$$\min f=c_1x_1+c_2x_2+\cdots+c_nx_n$$

$$\text{s. t.}\begin{cases}a_{11}x_1+a_{12}x_2+\cdots+a_{1n}x_n\geqslant b_1\\a_{21}x_1+a_{22}x_2+\cdots+a_{2n}x_n\geqslant b_2\\\quad\vdots\\a_{m1}x_1+a_{m2}x_2+\cdots+a_{mn}x_n\geqslant b_m\\x_j\geqslant 0,j=1,2,\cdots,n\end{cases}\tag{4.1}$$

现在从另一个角度提出如下问题：某饲料公司欲把这 m 种营养成分分别制成 m 种营养丸出售。为了使饲养场能采用公司生产的营养丸替代天然配料，就必须做到营养丸的价格不超过与之相当的天然配料的价格。公司面临的问题是，在上述条件的限制下，如何确定各种营养丸的单位价格，才能使公司获利最大?

设第 i 种营养丸的单价为 $y_i(i=1,2,\cdots,m)$，则 $a_{ij}y_i$ 表示把单位第 j 种配料中第 i 种营养成分折合成营养丸的代价，于是这个问题的数学模型为

$$\max f=b_1y_1+b_2y_2+\cdots+b_my_m$$

$$\text{s. t.}\begin{cases}a_{11}y_1+a_{21}y_2+\cdots+a_{m1}y_m\leqslant c_1\\a_{12}y_1+a_{22}y_2+\cdots+a_{m2}y_m\leqslant c_2\\\quad\vdots\\a_{1n}y_1+a_{2n}y_2+\cdots+a_{mn}y_m\leqslant c_n\\y_j\geqslant 0,j=1,2,\cdots,m\end{cases}\tag{4.2}$$

问题（4.2）是从另一角度出发阐述问题（4.1）的，如果称问题（4.1）为线性规划原问题，则问题（4.2）称为它的对偶问题。因此，它们是对同一个实际问题，从不同角度提出并进行描述，组成一对互为对偶的线性规划问题。

4.2　原问题与对偶问题的关系

线性规划对偶问题可以概括为三种形式。

4.2.1　对称形式的对偶问题

设原问题为

$$\min f=\boldsymbol{c}^{\mathrm{T}}\boldsymbol{x}$$
$$\text{s.t.}\begin{cases}\boldsymbol{Ax}\geqslant\boldsymbol{b}\\ \boldsymbol{x}\geqslant\boldsymbol{0}\end{cases}\tag{4.3}$$

则其对偶问题为

$$\max w=\boldsymbol{b}^{\mathrm{T}}\boldsymbol{y}$$
$$\text{s.t.}\begin{cases}\boldsymbol{A}^{\mathrm{T}}\boldsymbol{y}\leqslant\boldsymbol{c}\\ \boldsymbol{y}\geqslant\boldsymbol{0}\end{cases}\tag{4.4}$$

其中，$\boldsymbol{A}$ 是 $m\times n$ 矩阵；$\boldsymbol{b}=(b_1,b_2,\cdots,b_m)^{\mathrm{T}}$；$\boldsymbol{c}=(c_1,c_2,\cdots,c_n)^{\mathrm{T}}$；$\boldsymbol{x}=(x_1,x_2,\cdots,x_n)^{\mathrm{T}}$ 为原问题变量；$\boldsymbol{y}=(y_1,y_2,\cdots,y_m)^{\mathrm{T}}$ 为对偶问题变量。

将这两个对称形式的问题进行比较，可以得出它们之间的对应关系：

（1）原问题中的约束条件个数等于它的对偶问题中的变量个数；

（2）原问题的目标函数的系数是它的对偶问题中约束条件的右端项；

（3）原问题的目标函数为最小化，则它的对偶问题目标函数为最大化；

（4）原问题的约束条件为“≥”，它的对偶问题的约束条件为“≤”。

例 4.2　写出下述线性规划的对偶问题：

$$\min f=15x_1+24x_2+5x_3$$
$$\text{s.t.}\begin{cases}6x_2+x_3\geqslant 2\\ 5x_1+2x_2+x_3\geqslant 1\\ x_1,x_2,x_3\geqslant 0\end{cases}$$

解　原问题的对偶问题为

$$\max w=2y_1+y_2$$
$$\text{s.t.}\begin{cases}5y_2\leqslant 15\\ 6y_1+2y_2\leqslant 24\\ y_1+y_2\leqslant 5\\ y_1,y_2\geqslant 0\end{cases}$$

4.2.2　非对称形式的对偶问题

设原问题为

$$\min f=\boldsymbol{c}^{\mathrm{T}}\boldsymbol{x}$$
$$\text{s.t.}\begin{cases}\boldsymbol{Ax}=\boldsymbol{b}\\ \boldsymbol{x}\geqslant\boldsymbol{0}\end{cases}\tag{4.5}$$

由于 $\boldsymbol{Ax}=\boldsymbol{b}$ 等价于

$$\begin{cases}\boldsymbol{Ax}\geqslant\boldsymbol{b}\\-\boldsymbol{Ax}\geqslant-\boldsymbol{b}\end{cases}$$

故问题（4.5）可改写为

$$\min f=\boldsymbol{c}^{\mathrm{T}}\boldsymbol{x}$$
$$\text{s. t. }\begin{cases}\boldsymbol{Ax}\geqslant\boldsymbol{b}\\-\boldsymbol{Ax}\geqslant-\boldsymbol{b}\\\boldsymbol{x}\geqslant\boldsymbol{0}\end{cases}$$

按对称形式写出它的对偶问题：

$$\max w=\boldsymbol{b}^{\mathrm{T}}\boldsymbol{y}'+(-\boldsymbol{b})^{\mathrm{T}}\boldsymbol{y}''$$
$$\text{s. t. }\begin{cases}\boldsymbol{A}^{\mathrm{T}}\boldsymbol{y}'-\boldsymbol{A}^{\mathrm{T}}\boldsymbol{y}''\leqslant\boldsymbol{c}\\\boldsymbol{y}'\geqslant\boldsymbol{0}\\\boldsymbol{y}''\geqslant\boldsymbol{0}\end{cases}$$

即

$$\max w=\boldsymbol{b}^{\mathrm{T}}(\boldsymbol{y}'-\boldsymbol{y}'')$$
$$\text{s. t. }\begin{cases}\boldsymbol{A}^{\mathrm{T}}(\boldsymbol{y}'-\boldsymbol{y}'')\leqslant\boldsymbol{c}\\\boldsymbol{y}'\geqslant\boldsymbol{0}\\\boldsymbol{y}''\geqslant\boldsymbol{0}\end{cases}$$

记

$$\boldsymbol{y}=\boldsymbol{y}'-\boldsymbol{y}''$$

显然 $\boldsymbol{y}$ 没有负限制，于是得到

$$\max w=\boldsymbol{b}^{\mathrm{T}}\boldsymbol{y}$$
$$\text{s. t. }\begin{cases}\boldsymbol{A}^{\mathrm{T}}\boldsymbol{y}\leqslant\boldsymbol{c}\\\boldsymbol{y}\text{ 无约束}\end{cases}\tag{4.6}$$

问题（4.6）是问题（4.5）的对偶问题。它与对称对偶问题不同，原问题中有 m 个等式约束，而且对偶问题中的 m 个变量无正负号限制，它们称为非对称对偶。

例 4.3 写出下述线性规划的对偶问题：

$$\min f=5x_1+4x_2+3x_3$$
$$\text{s. t. }\begin{cases}x_1+x_2+x_3=4\\3x_1+2x_2+x_3=5\\x_1,x_2,x_3\geqslant0\end{cases}$$

解 它的对偶问题为

$$\max w=4y_1+5y_2$$
$$\text{s. t. }\begin{cases}y_1+3y_2\leqslant5\\y_1+2y_2\leqslant4\\y_1+y_2\leqslant3\\y_1,y_2\text{ 均无约束}\end{cases}$$

4.2.3 一般情形

有许多线性规划问题同时含有“≥”“≤”及“=”型几种约束。下面给出这类问题的对

偶问题。

设原问题为

$$
\min f=\boldsymbol{c}^{\mathrm{T}}\boldsymbol{x}
$$
$$
\text{s. t. }\begin{cases}\boldsymbol{A}_1\boldsymbol{x}\geqslant\boldsymbol{b}_1\\ \boldsymbol{A}_2\boldsymbol{x}=\boldsymbol{b}_2\\ \boldsymbol{A}_3\boldsymbol{x}\leqslant\boldsymbol{b}_3\\ \boldsymbol{x}\geqslant\boldsymbol{0}\end{cases}\tag{4.7}
$$

其中，$\boldsymbol{A}_1$ 是 $m_1\times n$ 矩阵；$\boldsymbol{A}_2$ 是 $m_2\times n$ 矩阵；$\boldsymbol{A}_3$ 是 $m_3\times n$ 矩阵；$\boldsymbol{b}_1,\boldsymbol{b}_2$ 和 $\boldsymbol{b}_3$ 分别是 m_1 维、m_2 维和 m_3 维列向量；$\boldsymbol{c}$ 是 n 维列向量；$\boldsymbol{x}$ 是 n 维列向量。

引入松弛变量，上述问题的等价形式为

$$
\min f=\boldsymbol{c}^{\mathrm{T}}\boldsymbol{x}
$$
$$
\text{s. t. }\begin{cases}\boldsymbol{A}_1\boldsymbol{x}-\boldsymbol{x}_{\mathrm{s}}=\boldsymbol{b}_1\\ \boldsymbol{A}_2\boldsymbol{x}=\boldsymbol{b}_2\\ \boldsymbol{A}_3\boldsymbol{x}+\boldsymbol{x}_{\mathrm{t}}=\boldsymbol{b}_3\\ \boldsymbol{x},\boldsymbol{x}_{\mathrm{s}},\boldsymbol{x}_{\mathrm{t}}\geqslant\boldsymbol{0}\end{cases}
$$

其中，$\boldsymbol{x}_{\mathrm{s}}$ 是由 m_1 个松弛变量组成的 m_1 维列向量；$\boldsymbol{x}_{\mathrm{t}}$ 是由 m_3 个松弛变量组成的 m_3 维列向量。

上述问题即

$$
\min f=\boldsymbol{c}^{\mathrm{T}}\boldsymbol{x}+\boldsymbol{0}\boldsymbol{x}_{\mathrm{s}}+\boldsymbol{0}\boldsymbol{x}_{\mathrm{t}}
$$
$$
\text{s. t. }\begin{cases}\begin{pmatrix}\boldsymbol{A}_1 & -\boldsymbol{I}_{m_1} & \boldsymbol{0}\\ \boldsymbol{A}_2 & \boldsymbol{0} & \boldsymbol{0}\\ \boldsymbol{A}_3 & \boldsymbol{0} & \boldsymbol{I}_{m_3}\end{pmatrix}\begin{pmatrix}\boldsymbol{x}\\ \boldsymbol{x}_{\mathrm{s}}\\ \boldsymbol{x}_{\mathrm{t}}\end{pmatrix}=\begin{pmatrix}\boldsymbol{b}_1\\ \boldsymbol{b}_2\\ \boldsymbol{b}_3\end{pmatrix}\\ \boldsymbol{x},\boldsymbol{x}_{\mathrm{s}},\boldsymbol{x}_{\mathrm{t}}\geqslant\boldsymbol{0}\end{cases}
$$

按照非对称形式写出对偶问题为

$$
\max w=\boldsymbol{b}_1^{\mathrm{T}}\boldsymbol{y}_1+\boldsymbol{b}_2^{\mathrm{T}}\boldsymbol{y}_2+\boldsymbol{b}_3^{\mathrm{T}}\boldsymbol{y}_3
$$
$$
\text{s. t. }\left\{\begin{pmatrix}\boldsymbol{A}_1^{\mathrm{T}} & \boldsymbol{A}_2^{\mathrm{T}} & \boldsymbol{A}_3^{\mathrm{T}}\\ -\boldsymbol{I}_{m_1}^{\mathrm{T}} & \boldsymbol{0} & \boldsymbol{0}\\ \boldsymbol{0} & \boldsymbol{0} & \boldsymbol{I}_{m_3}^{\mathrm{T}}\end{pmatrix}\begin{pmatrix}\boldsymbol{y}_1\\ \boldsymbol{y}_2\\ \boldsymbol{y}_3\end{pmatrix}\leqslant\begin{pmatrix}\boldsymbol{c}\\ \boldsymbol{0}\\ \boldsymbol{0}\end{pmatrix}\right.
$$

即

$$
\max w=\boldsymbol{b}_1^{\mathrm{T}}\boldsymbol{y}_1+\boldsymbol{b}_2^{\mathrm{T}}\boldsymbol{y}_2+\boldsymbol{b}_3^{\mathrm{T}}\boldsymbol{y}_3
$$
$$
\text{s. t. }\begin{cases}\boldsymbol{A}_1^{\mathrm{T}}\boldsymbol{y}_1+\boldsymbol{A}_2^{\mathrm{T}}\boldsymbol{y}_2+\boldsymbol{A}_3^{\mathrm{T}}\boldsymbol{y}_3\leqslant\boldsymbol{c}\\ \boldsymbol{y}_1\geqslant 0\\ \boldsymbol{y}_2\text{ 无约束}\\ \boldsymbol{y}_3\leqslant\boldsymbol{0}\end{cases}\tag{4.8}
$$

其中，$\boldsymbol{y}_1,\boldsymbol{y}_2$ 和 $\boldsymbol{y}_3$ 分别是由变量组成的 m_1 维、m_2 维和 m_3 维列向量。问题（4.8）是问题（4.7）的对偶问题。

上述三种形式的对偶中，原问题和对偶问题是相对的。后面将证明，对偶问题的对偶问题是原问题。因此，互相对偶的两个问题中，任何一个问题均可作为原问题，而把另一个问题作为对偶问题。

通过上面的分析，可以总结出构成对偶规划的一般规则，见表 4.1。

表 4.1　原问题与对偶问题对应关系

原问题（对偶问题）	对偶问题（原问题）
目标函数 min	目标函数 max
约束条件 n 个	变量 n 个
约束条件≥	变量≥0
约束条件≤	变量≤0
约束条件=	变量无约束
约束条件右端项	目标函数变量的系数
变量 m 个	约束条件 m 个
变量≥0	约束条件≤
变量≤0	约束条件≥
变量无约束	约束条件=
目标函数变量的系数	约束条件右端项

例 4.4　写出下述线性规划的对偶问题

$$\min f=7x_1+4x_2-3x_3$$

$$\text{s. t.}\begin{cases}-4x_1+2x_2-6x_3\leqslant 24\\-3x_1-6x_2-4x_3\geqslant 25\\5x_2+3x_3=30\\x_1\leqslant 0,x_2\text{ 无约束},x_3\geqslant 0\end{cases}$$

解　原问题的对偶问题为

$$\max\ w=24y_1+25y_2+30y_3$$

$$\text{s. t.}\begin{cases}-4y_1-3y_2\geqslant 7\\2y_1-6y_2+5y_3=4\\-6y_1-4y_2+3y_3\leqslant -3\\y_1\leqslant 0,y_2\geqslant 0,y_3\text{ 无约束}\end{cases}$$

4.3　对偶问题的基本定理

在下面讨论中，假定线性规划原问题为

$$\min f=\boldsymbol{c}^{\mathrm{T}}\boldsymbol{x}$$

$$\text{s. t.}\begin{cases}\boldsymbol{Ax}\geqslant\boldsymbol{b}\\\boldsymbol{x}\geqslant\boldsymbol{0}\end{cases}\tag{4.9}$$

其对偶问题为

$$\max\ w=\boldsymbol{b}^{\mathrm{T}}\boldsymbol{y}$$

$$\text{s. t.}\begin{cases}\boldsymbol{A}^{\mathrm{T}}\boldsymbol{y}\leqslant\boldsymbol{c}\\\boldsymbol{y}\geqslant\boldsymbol{0}\end{cases}\tag{4.10}$$

定理 4.1　对偶问题的对偶问题是原问题。

证明　将对偶问题（4.10）化成与原问题（4.9）相同的形式：

$$\min(-w)=-\boldsymbol{b}^{\mathrm{T}}\boldsymbol{y}$$
$$\text{s. t.}\begin{cases}-\boldsymbol{A}^{\mathrm{T}}\boldsymbol{y}\leqslant-\boldsymbol{c}\\ \boldsymbol{y}\geqslant\boldsymbol{0}\end{cases}\tag{4.11}$$

则根据对应关系，问题（4.11）的对偶问题为

$$\min f'=-\boldsymbol{c}^{\mathrm{T}}\boldsymbol{x}$$
$$\text{s. t.}\begin{cases}-\boldsymbol{A}\boldsymbol{x}\leqslant-\boldsymbol{b}\\ \boldsymbol{x}\geqslant\boldsymbol{0}\end{cases}\tag{4.12}$$

令 $f=-f'$，则问题（4.12）等价于问题（4.9）。

这表明问题（4.10）的对偶问题为原问题（4.9）。

定理 4.2（弱对偶性）　若$\bar{\boldsymbol{x}}$和$\bar{\boldsymbol{y}}$分别是原问题和对偶问题的可行解，则 $\boldsymbol{c}^{\mathrm{T}}\boldsymbol{x}\geqslant\boldsymbol{b}^{\mathrm{T}}\boldsymbol{y}$。

证明　因为$\bar{\boldsymbol{x}}$是原问题（4.9）的可行解，故

$$\boldsymbol{A}\bar{\boldsymbol{x}}\geqslant\boldsymbol{b}\tag{4.13}$$

又因为$\bar{\boldsymbol{y}}$是对偶问题（4.10）的可行解，故

$$\boldsymbol{A}^{\mathrm{T}}\bar{\boldsymbol{y}}\leqslant\boldsymbol{c}\tag{4.14}$$

将式（4.13）左乘 $\bar{\boldsymbol{y}}^{\mathrm{T}}$，得

$$\bar{\boldsymbol{y}}^{\mathrm{T}}\boldsymbol{A}\bar{\boldsymbol{x}}\geqslant\bar{\boldsymbol{y}}^{\mathrm{T}}\boldsymbol{b}=\boldsymbol{b}^{\mathrm{T}}\bar{\boldsymbol{y}}$$

将式（4.14）左乘 $\bar{\boldsymbol{x}}^{\mathrm{T}}$，得

$$\bar{\boldsymbol{x}}^{\mathrm{T}}\boldsymbol{A}^{\mathrm{T}}\bar{\boldsymbol{y}}\leqslant\bar{\boldsymbol{x}}^{\mathrm{T}}\boldsymbol{c}$$

即

$$\bar{\boldsymbol{y}}^{\mathrm{T}}\boldsymbol{A}\bar{\boldsymbol{x}}\leqslant\boldsymbol{c}^{\mathrm{T}}\bar{\boldsymbol{x}}$$

故

$$\boldsymbol{b}^{\mathrm{T}}\bar{\boldsymbol{y}}\leqslant\bar{\boldsymbol{y}}^{\mathrm{T}}\boldsymbol{A}\bar{\boldsymbol{x}}\leqslant\boldsymbol{c}^{\mathrm{T}}\bar{\boldsymbol{x}}$$

则结论得证。

由此定理可推出以下结论。

推论 4.1　若$\bar{\boldsymbol{x}}$是原问题的任一可行解，则 $\boldsymbol{c}^{\mathrm{T}}\bar{\boldsymbol{x}}$为其对偶问题目标函数值的一个上界；若$\bar{\boldsymbol{y}}$是对偶问题的任一可行解，则 $\boldsymbol{b}^{\mathrm{T}}\bar{\boldsymbol{y}}$为原问题目标函数值的一个下界。

推论 4.2　若原问题有可行解，但其目标函数无下界，则其对偶问题无可行解；若对偶问题有可行解，但其目标函数值无上界，则其原问题无可行解。

推论 4.3　若原问题有可行解，但其对偶问题无可行解，则原问题无下界；若对偶问题有可行解，但其原问题无可行解，则对偶问题无上界。

例 4.5　试说明线性规划问题

$$\min f=-x_1-x_2$$
$$\text{s. t.}\begin{cases}x_1-x_2-x_3\geqslant-2\\ 2x_1-x_2+x_3\geqslant-1\\ x_1,x_2,x_3\geqslant0\end{cases}$$

为无界解。

解　原问题的对偶问题为

$$\max\ w=-2y_1-y_2$$
$$\text{s. t.}\ \begin{cases}y_1+2y_2\leqslant -1\\ -y_1-y_2\leqslant -1\\ -y_1+y_2\leqslant 0\\ y_1,y_2\geqslant 0\end{cases}$$

由于原问题有可行解 $x_1=x_2=x_3=0$，但对偶问题无可行解（第一个约束条件不可能），所以，由推论 4.3 知，原问题无下界，即目标函数可任意小。

定理 4.3（最优性） 设 $\boldsymbol{x}^*$ 为原问题可行解，$\boldsymbol{y}^*$ 是对偶问题可行解，且 $\boldsymbol{c}^{\mathrm{T}}\boldsymbol{x}^*=\boldsymbol{b}^{\mathrm{T}}\boldsymbol{y}^*$，则 $\boldsymbol{x}^*$，$\boldsymbol{y}^*$ 分别是原问题和对偶问题的最优解。

证明 设 $\boldsymbol{x}^*$ 为原问题的任一可行解，由定理 4.2 知 $\boldsymbol{c}^{\mathrm{T}}\overline{\boldsymbol{x}}=\boldsymbol{b}^{\mathrm{T}}\boldsymbol{y}^*$，所以

$$\boldsymbol{c}^{\mathrm{T}}\boldsymbol{x}^*=\boldsymbol{b}^{\mathrm{T}}\boldsymbol{y}^*\leqslant \boldsymbol{c}^{\mathrm{T}}\overline{\boldsymbol{x}}$$

故 $\boldsymbol{x}^*$ 为原问题的最优解。同理可证，$\boldsymbol{y}^*$ 是对偶问题的最优解。

定理 4.4（无界性） 若原问题（对偶问题）为无界解，则其对偶问题（原问题）无可行解。

证明 由定理 4.2 可得证。但注意，定理的逆命题不成立，即当原问题（对偶问题）无可行解时，其对偶问题（原问题）具有无界解或无可行解。

定理 4.5（强对偶性） 若原问题有最优解，那么对偶问题也有最优解，且最优值相等。

证明 引入松弛变量，把原问题（4.9）写成等价形式：

$$\min f=\boldsymbol{c}^{\mathrm{T}}\boldsymbol{x}$$
$$\text{s. t.}\ \begin{cases}\boldsymbol{A}\boldsymbol{x}-\boldsymbol{v}\geqslant \boldsymbol{b}\\ \boldsymbol{x}\geqslant \boldsymbol{0},\boldsymbol{v}\geqslant \boldsymbol{0}\end{cases}\tag{4.15}$$

设问题（4.15）存在最优解，不妨设这个最优解为

$$\bar{z}=\begin{pmatrix}\overline{\boldsymbol{x}}\\ \overline{\boldsymbol{v}}\end{pmatrix}$$

相应的最优基为 $\boldsymbol{B}$。这时所有检验数均为非正，即

$$\overline{\boldsymbol{y}}^{\mathrm{T}}\boldsymbol{p}_j-c_j\leqslant 0,\ \forall j\tag{4.16}$$

其中，$\overline{\boldsymbol{y}}^{\mathrm{T}}=\boldsymbol{c}_B\boldsymbol{B}^{-1}$，$\boldsymbol{c}_B$ 是目标函数中基变量（包括松弛变量中的基变量）的系数组成的行向量。考虑所有原来变量（不包括松弛变量）在基 $\boldsymbol{B}$ 下的检验数，把它们所满足的条件（4.16）用矩阵形式同时写出，得到

$$\overline{\boldsymbol{y}}^{\mathrm{T}}\boldsymbol{A}-\boldsymbol{c}^{\mathrm{T}}\leqslant \boldsymbol{0}$$

即

$$\overline{\boldsymbol{y}}^{\mathrm{T}}\boldsymbol{A}\leqslant \boldsymbol{c}^{\mathrm{T}}\tag{4.17}$$

把所有松弛变量在基 $\boldsymbol{B}$ 下对应的检验数所满足的条件（4.16）用矩阵形式表示，得到

$$\overline{\boldsymbol{y}}^{\mathrm{T}}(-\boldsymbol{I})\leqslant \boldsymbol{0}$$

即

$$\overline{\boldsymbol{y}}^{\mathrm{T}}\geqslant \boldsymbol{0}\tag{4.18}$$

由式（4.17）和式（4.18）可知，$\overline{\boldsymbol{y}}^{\mathrm{T}}$ 是对偶问题（4.10）的可行解。

由于非基变量取值为零及目标函数中松弛变量的系数为零，因此有

$$\overline{\boldsymbol{y}}^{\mathrm{T}}\boldsymbol{b}=\boldsymbol{c}_B\boldsymbol{B}^{-1}b=\boldsymbol{c}_B\,\bar{z}_B=\boldsymbol{c}^{\mathrm{T}}\overline{\boldsymbol{x}}$$

这里$\bar{z}_B$表示$\bar{z}$中基变量的取值。根据定理 4.3，$\bar{\boldsymbol{y}}^{\mathrm{T}}$ 是对偶问题（4.10）的最优解，且原问题（4.9）和对偶问题（4.10）的目标函数的最优值相等。类似地，可以证明，如果对偶问题（4.10）存在最优解，则原问题（4.9）也存在最优解，且两个问题目标函数的最优值相等。

由上述定理的证明过程可以得到下面一个推论。

推论 4.4　若原问题（4.9）存在一个对应基 $\boldsymbol{B}$ 的最优解，则 $\boldsymbol{y}^{\mathrm{T}}=\boldsymbol{c}_B\boldsymbol{B}^{-1}$ 是其对偶问题（4.10）的一个最优解。

定理 4.6（互补松弛性）　若 $\boldsymbol{x}^*$，$\boldsymbol{y}^*$ 分别是原问题（4.9）和对偶问题（4.10）的可行解，$\boldsymbol{x}_{\mathrm{s}}$ 和 $\boldsymbol{y}_{\mathrm{s}}$ 分别是它们的松弛变量，那么 $\boldsymbol{y}^{*\mathrm{T}}\boldsymbol{x}_{\mathrm{s}}=0$ 和 $\boldsymbol{y}_{\mathrm{s}}^{\mathrm{T}}\boldsymbol{x}^*=0$，当且仅当 $\boldsymbol{x}^*$，$\boldsymbol{y}^*$ 分别为原问题和对偶问题的最优解。

证明　必要性。设原问题为

$$\min f=\boldsymbol{c}^{\mathrm{T}}\boldsymbol{x}$$
$$\text{s.t.}\begin{cases}\boldsymbol{A}\boldsymbol{x}-\boldsymbol{x}_{\mathrm{s}}=\boldsymbol{b}\\ \boldsymbol{x},\boldsymbol{x}_{\mathrm{s}}\geqslant\boldsymbol{0}\end{cases}$$

其对偶问题为

$$\max w=\boldsymbol{b}^{\mathrm{T}}\boldsymbol{y}$$
$$\text{s.t.}\begin{cases}\boldsymbol{A}^{\mathrm{T}}\boldsymbol{y}+\boldsymbol{y}_{\mathrm{s}}=\boldsymbol{c}\\ \boldsymbol{y},\boldsymbol{y}_{\mathrm{s}}\geqslant\boldsymbol{0}\end{cases}$$

所以

$$f=\boldsymbol{c}^{\mathrm{T}}\boldsymbol{x}=(\boldsymbol{y}^{\mathrm{T}}\boldsymbol{A}+\boldsymbol{y}_{\mathrm{s}}^{\mathrm{T}})\boldsymbol{x}=\boldsymbol{y}^{\mathrm{T}}\boldsymbol{A}\boldsymbol{x}+\boldsymbol{y}_{\mathrm{s}}^{\mathrm{T}}\boldsymbol{x} \tag{4.19}$$

$$w=\boldsymbol{b}^{\mathrm{T}}\boldsymbol{y}=(\boldsymbol{x}^{\mathrm{T}}\boldsymbol{A}^{\mathrm{T}}-\boldsymbol{x}_{\mathrm{s}}^{\mathrm{T}})\boldsymbol{y}=\boldsymbol{y}^{\mathrm{T}}\boldsymbol{A}\boldsymbol{x}-\boldsymbol{y}^{\mathrm{T}}\boldsymbol{x}_{\mathrm{s}} \tag{4.20}$$

若 $\boldsymbol{y}_{\mathrm{s}}^{\mathrm{T}}\boldsymbol{x}^*=0$，$\boldsymbol{y}^{*\mathrm{T}}\boldsymbol{x}_{\mathrm{s}}=0$，则 $\boldsymbol{b}^{\mathrm{T}}\boldsymbol{y}^*=\boldsymbol{y}^{*\mathrm{T}}\boldsymbol{A}\boldsymbol{x}^*=\boldsymbol{c}^{\mathrm{T}}\boldsymbol{x}^*$，由定理 4.3 知 $\boldsymbol{x}^*$，$\boldsymbol{y}^*$ 为最优解。

充分性。若 $\boldsymbol{x}^*$，$\boldsymbol{y}^*$ 分别为原问题和对偶问题的最优解，由定理 4.5 知

$$\boldsymbol{b}^{\mathrm{T}}\boldsymbol{y}^*=\boldsymbol{y}^{*\mathrm{T}}\boldsymbol{A}\boldsymbol{x}^*=\boldsymbol{c}^{\mathrm{T}}\boldsymbol{x}^*$$

根据式（4.19）和式（4.20），可得 $\boldsymbol{y}^{*\mathrm{T}}\boldsymbol{x}_{\mathrm{s}}=0$，$\boldsymbol{y}_{\mathrm{s}}^{\mathrm{T}}\boldsymbol{x}^*=0$。

对偶问题的互补松弛性，用分量形式可以表述为在线性规划问题的最优解中，

（1）如果 $y_i^*>0$，则 $\sum\limits_{j=1}^{n}a_{ij}x_j^*=b_i$；

（2）如果 $\sum\limits_{j=1}^{n}a_{ij}x_j^*>b_i$，则 $y_i^*>0$。

将互补松弛性应用于其对偶问题，于是

（1）如果 $x_j^*>0$，则 $\sum\limits_{i=1}^{m}a_{ij}y_i^*=c_j$；

（2）如果 $\sum\limits_{i=1}^{m}a_{ij}y_i^*<c_j$，则 $x_j^*=0$。

例 4.6　给定线性规划问题

$$\min f=2x_1+3x_2+x_3$$
$$\text{s.t.}\begin{cases}3x_1-x_2+x_3\geqslant 1\\ x_1+2x_2-3x_3\geqslant 2\\ x_1,x_2,x_3\geqslant 0\end{cases}$$

的对偶问题的最优解为 $y_1^*=\frac{1}{7}$，$y_2^*=\frac{11}{7}$。求原问题的最优解。

解 对偶问题为

$$\max\ w=y_1+2y_2$$
$$\text{s. t.}\begin{cases}3y_1+y_2\leqslant 2\\-y_1+2y_2\leqslant 3\\y_1-3y_2\leqslant 1\\y_1,y_2\geqslant 0\end{cases}\tag{4.21}$$

将 y_1^*，y_2^* 代入约束条件（4.21）知，该不等式约束条件严格成立，由互补松弛性得 $x_3^*=0$。

因为 $y_1^*,y_2^*>0$，对应的约束条件应取等式，故得

$$\text{s. t.}\begin{cases}3x_1^*-x_2^*+x_3^*=1\\x_1^*+2x_2^*-3x_3^*=2\\x_3^*=0\end{cases}$$

解得原问题最优解为$\bar{\boldsymbol{x}}=(x_1^*,x_2^*,x_3^*)^{\mathrm{T}}=\left(\frac{4}{7},\frac{5}{7},0\right)^{\mathrm{T}}$。

定理 4.7（变量对应关系） 原问题检验数的相反数对应于对偶问题的一组基本解，其中原问题的剩余变量对应对偶问题的变量，对偶问题的松弛变量对应原问题的变量；这些互相对应的变量如果在一个问题的解中是基变量，则在另一个问题的解中是非基变量；将这两个解代入各自的目标函数中，有 $f=w$。

证明 因为

$$-\sigma_j=c_j-\boldsymbol{c}_B\boldsymbol{B}^{-1}\boldsymbol{p}_j=c_j-\boldsymbol{y}^{\mathrm{T}}\boldsymbol{p}_j$$

所以

$$\sum_{i=1}^{m}a_{ij}y_i+(-\sigma_j)=c_j$$

即$-\sigma_j$ 在对偶问题的约束条件中相当于松弛变量。又因为与原问题中的基变量对应的对偶问题变量取值为零，故对偶问题中非零的变量数不超过对偶问题的约束条件数，且不难证明这些非零变量对应的系数向量线性无关，故检验数的相反数恰好是对偶问题的基本解。由对偶性质知

$$f=\boldsymbol{c}_B\boldsymbol{x}=\boldsymbol{c}_B\boldsymbol{B}^{-1}\boldsymbol{b}=\boldsymbol{y}^{\mathrm{T}}\boldsymbol{b}=w$$

例 4.7 例 4.2 中给出了两个互为对偶的线性规划问题。

原问题为

$$\min\ f=15x_1+24x_2+5x_3$$
$$\text{s. t.}\begin{cases}6x_2+x_3\geqslant 2\\5x_1+2x_2+x_3\geqslant 1\\x_1,x_2,x_3\geqslant 0\end{cases}$$

对偶问题为

$$\max\ w=2y_1+y_2$$
$$\text{s. t.}\begin{cases}5y_2\leqslant 15\\6y_1+2y_2\leqslant 24\\y_1+y_2\leqslant 5\\y_1,y_2\geqslant 0\end{cases}$$

用对偶单纯形法（4.4 节介绍）和单纯形法求得两个问题的最终单纯形表分别见表 4.2 和表 4.3。

表 4.2　原问题的最终单纯形表

		原问题变量			原问题剩余变量	
基	b	x_1	x_2	x_3	x_4	x_5
x_2	$\frac{1}{4}$	$-\frac{5}{4}$	1	0	$-\frac{1}{4}$	$-\frac{1}{4}$
x_3	$\frac{1}{2}$	$\frac{15}{2}$	0	1	$\frac{1}{2}$	$-\frac{3}{2}$
$-\sigma_j$		$\frac{15}{2}$	0	0	$\frac{7}{2}$	$\frac{3}{2}$
		y_3	y_4	y_5	y_1	y_2
		对偶问题松弛变量			对偶问题变量	

表 4.3　对偶问题的最终单纯形表

		对偶问题变量		对偶问题松弛变量		
基	b	y_1	y_2	y_3	y_4	y_5
y_3	$\frac{15}{2}$	0	0	1	$\frac{5}{4}$	$-\frac{15}{2}$
y_1	$\frac{7}{2}$	1	0	0	$\frac{1}{4}$	$-\frac{3}{2}$
y_2	$\frac{3}{2}$	0	1	0	$-\frac{1}{4}$	$\frac{3}{2}$
$-\sigma_j$		0	0	0	$\frac{1}{4}$	$\frac{1}{2}$
		x_4	x_5	x_1	x_2	x_3
		原问题松弛变量		原问题变量		

从表 4.2 和表 4.3 可以清楚看出两个问题变量之间的对应关系。同时根据上述对偶问题的性质，只需求解其中一个问题，就可从最优解的单纯形表中同时得到另一个问题的最优解。

4.4　对偶单纯形法

由定理 4.7 可知，用单纯形法求解线性规划问题时，在得到原问题的一个基本可行解的同时，由检验数对应的行得到对偶问题的一个基本解，并且将两个解分别代入各自目标函数使其值相等。

根据对偶问题基本性质，将单纯形法应用于对偶问题的计算，构造出一种求解线性规划问题的方法，即对偶单纯形法。

4.4.1　基本对偶单纯形法

基本对偶单纯形法（对偶单纯形法）的基本思想是从对偶问题的一个可行解出发，在保持对偶问题可行的前提下，对原问题的非可行解进行迭代，逐步增大目标函数值，当原问题也达到可行解时，即得到了目标函数的最优值。具体求解算法如下：

（1）建立初始单纯形表。

设线性规划问题存在一个对偶问题的可行基 $\boldsymbol{B}$，不妨设 $\boldsymbol{B}=(\boldsymbol{p}_1,\boldsymbol{p}_2,\cdots,\boldsymbol{p}_m)$，列出单纯形表，见表 4.4。

表 4.4 单纯形表

c_B	基	b	x_1		x_r		x_m	x_{m+1}		x_s		x_n
c_1	x_1	b_1	1	$\cdots$	0	$\cdots$	0	$a_{1,m+1}$	$\cdots$	a_{1s}	$\cdots$	a_{1n}
$\vdots$	$\vdots$	$\vdots$	$\vdots$		$\vdots$		$\vdots$	$\vdots$		$\vdots$		
c_r	x_r	b_r	0	$\cdots$	1	$\cdots$	0	$a_{r,m+1}$	$\cdots$	a_{rs}	$\cdots$	a_{rn}
$\vdots$	$\vdots$	$\vdots$	$\vdots$		$\vdots$		$\vdots$	$\vdots$		$\vdots$		
c_m	x_m	b_m	0	$\cdots$	0	$\cdots$	1	$a_{m,m+1}$	$\cdots$	a_{ms}	$\cdots$	a_{mn}
	σ_j		0	$\cdots$	0	$\cdots$	0	σ_{m+1}	$\cdots$	σ_s	$\cdots$	σ_n

（2）进行最优性检验。

若现行常数列所有 $b_i \geqslant 0(i=1,2,\cdots,m)$，则表中原问题和对偶问题均为最优解，停止计算；否则转下一步。

（3）确定换出基的变量。

令

$$b_r=\min_i\{b_i \mid b_i<0\}$$

其对应变量 x_r 为换出基的变量。

（4）确定换入基的变量。

令

$$\theta=\min_j\left\{\frac{\sigma_j}{a_{rj}} \mid a_{rj}<0\right\}=\frac{\sigma_s}{a_{rs}} \tag{4.22}$$

对应的基变量 x_s 为换入基的变量，称 a_{rs} 为主元素。

（5）以 a_{rs} 为主元素，按原单纯形法进行迭代计算。

（6）重复步骤（2）～（5）。

需要指出的是：

（1）为使迭代后的表中第 r 行基变量为正值，因而只有对应 $a_{rj}<0(j=m+1,\cdots,n)$ 的非基变量才可以考虑作为换入基的变量。

（2）按式（4.22）选取主元素时，一定能保证迭代后所有变量检验数小于或等于零。事实上，不妨设迭代后变量检验数为 σ_j'，由第 3 章单纯形法算法步骤（6）（表 3.3）有

$$\begin{aligned}\sigma_j'&=\sigma_j-\frac{a_{rj}}{a_{rs}}\sigma_s\\&=a_{rj}\left(\frac{\sigma_j}{a_{rj}}-\frac{\sigma_s}{a_{rs}}\right)\end{aligned} \tag{4.23}$$

分两种情况：

1）对 $a_{rj}\geqslant 0$，因 $\sigma_j\leqslant 0$，故 $\frac{\sigma_j}{a_{rj}}\leqslant 0$，又因为 $a_{rs}<0$，故有 $\frac{\sigma_s}{a_{rs}}\geqslant 0$，由 $\frac{\sigma_j}{a_{rj}}-\frac{\sigma_s}{a_{rs}}<0$，则 $\sigma_j'\leqslant 0$。

2）对 $a_{rj}<0$，根据式（4.22），有

$$\frac{\sigma_j}{a_{rj}} \geqslant \frac{\sigma_s}{a_{rs}}$$

故有
$$\frac{\sigma_j}{a_{rj}} - \frac{\sigma_s}{a_{rs}} \geqslant 0$$

所以同样有
$$\sigma_j' \leqslant 0$$

（3）由对偶问题的基本性质可知，当对偶问题存在可行解时，原问题可能存在可行解，也可能无可行解。对出现后一种情况的判别准则为，当 $b_r<0$ 时，对所有 $j=1,2,\cdots,n$，有 $a_{rj} \geqslant 0$。因为在这种情况下，如果把表 4.4 中第 r 行的约束方程列出有

$$x_r + a_{r,m+1}x_{m+1} + \cdots + a_{rn}x_n = b_r \tag{4.24}$$

因 $a_{rj} \geqslant 0(j=m+1,\cdots,n)$，又 $b_r<0$，所以不可能存在 $x_j \geqslant 0$（$j=1,2,\cdots,n$）的解，故原问题无可行解，这时对偶问题的目标函数值无界。

下面举例说明对偶单纯形法的计算步骤。

例 4.8 用对偶单纯形法求解下述线性规划问题

$$\min f = 15x_1 + 24x_2 + 5x_3$$
$$\text{s.t.} \begin{cases} 6x_2 + x_3 \geqslant 2 \\ 5x_1 + 2x_2 + x_3 \geqslant 1 \\ x_1, x_2, x_3 \geqslant 0 \end{cases}$$

解 先引入松弛变量 x_4, x_5，并化为标准形。

$$\min f = 15x_1 + 24x_2 + 5x_3 + 0x_4 + 0x_5$$
$$\text{s.t.} \begin{cases} 6x_2 + x_3 - x_4 = 2 \\ 5x_1 + 2x_2 + x_3 - x_5 = 1 \\ x_i \geqslant 0, i=1,2,3,4,5 \end{cases}$$

为得到一个对偶可行的基本解，把每个约束方程两端乘（−1），这样变换后的系数矩阵含有一个单位矩阵，以此作为基，建立初始单纯形表，并用上述对偶单纯形法求解步骤进行计算，其过程见表 4.5。

表 4.5 对偶单纯形法表

c_j			15	24	5	0	0
$\boldsymbol{c}_B$	基	$\boldsymbol{b}$	x_1	x_2	x_3	x_4	x_5
0	x_4	−2	0	[−6]	−1	1	0
0	x_5	−1	−5	−2	−1	0	1
σ_j			−15	−24	−5	0	0
24	x_2	$\frac{1}{3}$	0	1	$\frac{1}{6}$	$-\frac{1}{6}$	0
0	x_5	$-\frac{1}{3}$	−5	0	$\left[-\frac{2}{3}\right]$	$-\frac{1}{3}$	1
σ_j			−15	0	−1	−4	0
24	x_2	$\frac{1}{4}$	$-\frac{5}{4}$	1	0	$-\frac{1}{4}$	$\frac{1}{4}$
5	x_3	$\frac{1}{2}$	$\frac{15}{2}$	0	1	$\frac{1}{2}$	$-\frac{3}{2}$
σ_j			$-\frac{15}{2}$	0	0	$-\frac{7}{2}$	$-\frac{3}{2}$

4.4.2 人工对偶单纯形法

运用对偶单纯形法，需要先给定一个对偶可行的基本解。如果初始对偶可行的基本解不易直接得到，则计算一个扩充问题，通过求解这个问题得到原问题的解。构造扩充问题的方法如下。

对于线性规划问题

$$\begin{aligned}&\min f=\boldsymbol{c}^{\mathrm{T}}\boldsymbol{x}\\&\text{s. t.}\begin{cases}\boldsymbol{A}\boldsymbol{x}=\boldsymbol{b}\\\boldsymbol{x}\geqslant\boldsymbol{0}\end{cases}\end{aligned}\tag{4.25}$$

先给出一个基本解，这是容易做到的。不妨设 $\boldsymbol{A}$ 的前 m 列线性无关，由这 m 列构成基矩阵 $\boldsymbol{B}$。这样线性规划（4.25）可以转化为

$$\begin{aligned}&\min f=\boldsymbol{c}^{\mathrm{T}}\boldsymbol{x}\\&\text{s. t.}\begin{cases}\boldsymbol{x}_B+\sum\limits_{j\in\mathbf{R}}\boldsymbol{u}_j x_j=\bar{\boldsymbol{b}}\\\boldsymbol{x}\geqslant\boldsymbol{0}\end{cases}\end{aligned}\tag{4.26}$$

其中，R 是非基变量下标集，

$$\boldsymbol{u}_j=\boldsymbol{B}^{-1}\boldsymbol{p}_j,\quad \bar{\boldsymbol{b}}=\boldsymbol{B}^{-1}\boldsymbol{b}$$

引进一个人工约束

$$\sum_{j\in\mathbf{R}}x_j+x_{n+1}=M\tag{4.27}$$

其中，M 是充分大的正数，x_{n+1}是引进的变量，得到线性规划（4.26）的一个扩充问题

$$\begin{aligned}&\min f=\boldsymbol{c}^{\mathrm{T}}\boldsymbol{x}\\&\text{s. t.}\begin{cases}\boldsymbol{x}_B+\sum\limits_{j\in R}\boldsymbol{u}_j x_j=\bar{\boldsymbol{b}}\\\sum\limits_{j\in\mathbf{R}}x_j+x_{n+1}=M\\x_j\geqslant 0,j=1,2,\cdots,n+1\end{cases}\end{aligned}\tag{4.28}$$

在线性规划（4.28）中，以系数矩阵的前 m 列和第 $n+1$ 列组成的 $m+1$ 阶单位矩阵为基，立即得到问题（4.28）的一个初始基本解

$$\begin{cases}\boldsymbol{x}_{\bar{B}}=\begin{pmatrix}\boldsymbol{x}_B\\\boldsymbol{x}_{n+1}\end{pmatrix}=\begin{pmatrix}\bar{\boldsymbol{b}}\\M\end{pmatrix}\\x_j=0,j\in\mathbf{R}\end{cases}$$

这个基本解不一定是对偶可行的。但是，由此出发容易求出线性规划问题（4.28）的一个对偶可行的基本解。

用$\bar{\boldsymbol{u}}_j$ 表示问题（4.28）约束矩阵的第 j 列，令

$$\sigma_k=\max_j\{\sigma_j\}$$

以$\bar{\boldsymbol{u}}_k$ 的第 $m+1$ 个分量$\bar{u}_{m+1,k}$为主元素进行主元消去运算。把第 k 列化为单位向量，这时就能得到一个对偶可行的基本解。理由如下：

根据前面多次指出的，主元消去运算前后检验数之间的关系是

$$\sigma_j'=\sigma_j-\frac{\bar{u}_{m+1,j}}{\bar{u}_{m+1,k}}\sigma_k\tag{4.29}$$

其中，σ_j'是运算后在新基下的检验数。

当$j\in\mathbf{R}\cup\{n+1\}$时，$\bar{u}_{m+1,j}=1$，因此有

$$\sigma_j'=\sigma_j-\sigma_k\leqslant 0 \tag{4.30}$$

当$j\notin\mathbf{R}\cup\{n+1\}$时，$\sigma_j=0$，$\bar{u}_{m+1,j}=0$，因此有

$$\sigma_j'=0 \tag{4.31}$$

由式（4.30）和式（4.31）可知，主元消去后，在新基下的判别数均非正，因此所得到的基本解是对偶可行的。

由于线性规划（4.28）的对偶问题有可行解，因此用对偶单纯形法求解线性规划（4.28）时，仅有下列两种可能的情形：

（1）扩充问题没有可行解，这时原来的问题也没有可行解。

否则，设
$$\boldsymbol{x}^{(0)}=(x_1^{(0)},x_2^{(0)},\cdots,x_n^{(0)})^{\mathrm{T}}$$
是原来问题的一个可行解，那么

$$\bar{\boldsymbol{x}}^{(0)}=(x_1^{(0)},x_2^{(0)},\cdots,x_n^{(0)},M-\sum_{j\in\mathbf{R}}x_j^{(0)})^{\mathrm{T}}$$

是扩充问题（4.28）的可行解，这是矛盾的。

（2）得到扩充问题的最优解

$$\bar{\boldsymbol{x}}^{(0)}=(x_1^{(0)},x_2^{(0)},\cdots,x_n^{(0)},x_{n+1}^{(0)})^{\mathrm{T}}$$

这时，

$$\boldsymbol{x}^{(0)}=(x_1^{(0)},x_2^{(0)},\cdots,x_n^{(0)})^{\mathrm{T}}$$

是原来问题的可行解。如果扩充问题的目标函数最优值与 M 无关，则

$$\boldsymbol{x}^{(0)}=(x_1^{(0)},x_2^{(0)},\cdots,x_n^{(0)})^{\mathrm{T}}$$

也是原来问题的可行解。

因为原来问题若有可行解

$$\boldsymbol{x}^{(1)}=(x_1^{(1)},\cdots,x_n^{(1)})^{\mathrm{T}}$$

使
$$f(\boldsymbol{x}^{(1)})<f(\boldsymbol{x}^{(0)})$$
那么

$$\bar{\boldsymbol{x}}^{(1)}=(x_1^{(1)},\cdots,x_n^{(1)},M-\sum_{j\in\mathbf{R}}x_j^{(1)})^{\mathrm{T}}$$

是扩充问题的可行解，且

$$f(\bar{\boldsymbol{x}}^{(1)})<f(\bar{\boldsymbol{x}}^{(0)})$$

与假设矛盾。

例 4.9　用人工对偶单纯形法求解下列问题：

$$\min f=-2x_1+x_2$$
$$\text{s. t.}\begin{cases}x_1+x_2+x_3\geqslant 4\\ x_1+2x_2+2x_3\leqslant 6\\ x_1,x_2,x_3\geqslant 0\end{cases}$$

解　引进松弛变量 x_4,x_5，化为标准形

$$\min f=-2x_1+x_2+0x_3+0x_4+0x_5$$
$$\text{s. t.}\begin{cases}x_1+x_2+x_3-x_4=4\\ x_1+2x_2+2x_3+x_5=6\\ x_j\geqslant 0,j=1,2,\cdots,5\end{cases}$$

为得到一个基本解，把第一个方程乘以（-1），x_4,x_5 作为基变量，x_1,x_2,x_3 作为非基变量，增加约束条件

$$x_1+x_2+x_3+x_6=M$$

得到原问题的增广约束如下：

$$\min f=-2x_1+x_2+0x_3+0x_4+0x_5$$

$$\text{s. t.}\begin{cases}-x_1-x_2-x_3+x_4=-4\\ x_1+2x_2+2x_3+x_5=6\\ x_1+x_2+x_3+x_6=M\\ x_j\geqslant 0,j=1,2,3,4,5,6\end{cases}$$

对新的问题建立单纯形表，见表 4.6。

表 4.6　单纯形表

c_j			-2	1	0	0	0	0
$\boldsymbol{c}_B$	基	$\boldsymbol{b}$	x_1	x_2	x_3	x_4	x_5	x_6
0	x_4	-4	-1	-1	-1	1	0	0
0	x_5	6	1	2	2	0	1	0
0	x_6	M	[1]	1	1	0	0	1
σ_j			2	-1	0	0	0	0

由 $\sigma_1=\max\limits_j\{\sigma_j\}$ 可知，以 $\bar{u}_{31}=1$ 为主元并消去，得到表 4.7。

表 4.7　以 $\bar{u}_{31}=1$ 为主元素经主元消去运算得到的表

c_j			-2	1	0	0	0	0
$\boldsymbol{c}_B$	基	$\boldsymbol{b}$	x_1	x_2	x_3	x_4	x_5	x_6
0	x_4	$M-4$	0	0	0	1	0	1
0	x_5	$6-M$	0	1	1	0	1	-1
-2	x_1	M	1	1	1	0	0	1
σ_j			0	-3	-2	0	0	-2

得到扩充问题的一个对偶可行的基本解，下面用对偶单纯形法求解此问题。首先选择主行，即确定离基变量，由于 $6-M<0$，因此取第 2 行为主行，这一行只有 $\bar{u}_{26}<0$，以它为主元素进行主元消去，得到表 4.8。

表 4.8　以 $\bar{u}_{26}$ 为主元素经主元消去运算得到的表

c_j			-2	1	0	0	0	0
$\boldsymbol{c}_B$	基	$\boldsymbol{b}$	x_1	x_2	x_3	x_4	x_5	x_6
0	x_4	2	0	1	1	1	1	0
0	x_5	$6-M$	0	-1	-1	0	-1	1
-2	x_1	6	1	2	2	0	1	0
σ_j			0	-5	-4	0	-2	0

因为 $\bar{\boldsymbol{b}}\geqslant\mathbf{0}$，所以对偶可行的基本解也是可行解，且为最优解。由此得到原问题的最优解是

$$(x_1,x_2,x_3)^{\mathrm{T}}=(6,0,0)^{\mathrm{T}}$$

目标函数最优值是

$$f_{\min}=-12$$

例 4.10　用人工对偶单纯形法解下列问题：

$$\min f=x_1-2x_2-3x_3$$

$$\text{s. t.}\begin{cases}x_1+x_2-2x_3+3x_4\geqslant 5\\2x_1-x_2+x_3-x_4\geqslant 4\\x_j\geqslant 0,j=1,2,3,4\end{cases}$$

解　引进松弛变量 x_5,x_6，每个方程两端乘以（−1），取 x_5,x_6 为基变量，x_1,x_2,x_3,x_4 为非基变量。构造扩充问题如下：

$$\min f=x_1-2x_2-3x_3+0x_4+0x_5+0x_6+0x_7$$

$$\text{s. t.}\begin{cases}-x_1-x_2+2x_3-3x_4+x_5=-5\\-2x_1+x_2-x_3+x_4+x_6=-4\\x_1+x_2+x_3+x_4+x_7=M\\x_j\geqslant 0,j=1,2,\cdots,7\end{cases}$$

建立单纯形表，其计算过程见表 4.9。

表 4.9　单纯形表

c_j			1	−2	−3	0	0	0	0
$\boldsymbol{c}_B$	基	$\boldsymbol{b}$	x_1	x_2	x_3	x_4	x_5	x_6	x_7
0	x_5	−5	−1	−1	2	−3	1	0	0
0	x_6	−4	−2	1	−1	1	0	1	0
0	x_7	M	1	1	[1]	1	0	0	1
σ_j			−1	2	3	0	0	0	0
0	x_5	$-5-2M$	−3	[−3]	0	−5	1	0	−2
0	x_6	$M-4$	−1	2	0	2	0	1	1
−3	x_3	M	1	1	1	1	0	0	1
σ_j			−4	−1	0	−3	0	0	−3
−2	x_2	$\frac{5}{3}+\frac{2}{3}M$	1	1	0	$\frac{5}{3}$	$-\frac{1}{3}$	0	$\frac{2}{3}$
0	x_6	$-\frac{22}{3}-\frac{1}{3}M$	[−3]	0	0	$-\frac{4}{3}$	$\frac{2}{3}$	1	$-\frac{1}{3}$
−3	x_3	$-\frac{5}{3}+\frac{1}{3}M$	0	0	1	$-\frac{2}{3}$	$\frac{1}{3}$	0	$\frac{1}{3}$
σ_j			−3	0	0	$-\frac{4}{3}$	$-\frac{1}{3}$	0	$-\frac{7}{3}$
−2	x_2	$-\frac{7}{9}+\frac{5}{9}M$	0	1	0	$\frac{11}{9}$	$-\frac{1}{9}$	$\frac{1}{3}$	$\frac{5}{9}$
1	x_1	$\frac{22}{9}+\frac{1}{9}M$	1	0	0	$\frac{4}{9}$	$-\frac{2}{9}$	$-\frac{1}{3}$	$\frac{1}{9}$
−3	x_3	$-\frac{5}{3}+\frac{1}{3}M$	0	0	1	$-\frac{2}{3}$	$\frac{1}{3}$	0	$\frac{1}{3}$
σ_j			0	0	0	0	−1	−1	−2

扩充问题的最优解是

$$\bar{\boldsymbol{x}}=\left(\frac{22}{9}+\frac{1}{9}M,-\frac{7}{9}+\frac{5}{9}M,-\frac{5}{3}+\frac{1}{3}M,0,0,0\right)^{\mathrm{T}}$$

目标函数最优值为

$$\min \bar{f}=9-2M$$

由于 M 取任何足够大的正数时，点

$$\boldsymbol{x}=\left(\frac{22}{9}+\frac{1}{9}M,-\frac{7}{9}+\frac{5}{9}M,-\frac{5}{3}+\frac{1}{3}M,0,0,0\right)^{\mathrm{T}}$$

都是原问题（标准形）的可行解。当 $M\to+\infty$ 时，$9-2M\to-\infty$，因此原问题的目标函数值在可行域上无下界。

4.5 灵敏度分析

前面讨论的线性规划模型，都假定问题中的数据 c_j, b_i 和 a_{ij} 是已知常数。但实际上，这些数据需要根据问题的实际情况进行估计和预测，估计必然存在误差，因此要研究数据变化对最优解的影响，这就是灵敏度分析。

灵敏度分析通常有两种情况：一是当这些数据发生变化时，讨论最优解与最优值怎样变化？二是研究这些数据在什么范围内波动时，原有最优解保持不变，同时讨论此时最优值如何变动？

现给定线性规划问题

$$\begin{aligned}&\min f=\boldsymbol{c}^{\mathrm{T}}\boldsymbol{x}\\&\text{s. t.}\begin{cases}\boldsymbol{A}\boldsymbol{x}=\boldsymbol{b}\\ \boldsymbol{x}\geqslant\boldsymbol{0}\end{cases}\end{aligned}\tag{4.32}$$

设 $\boldsymbol{B}$ 是最优可行基，其相应的最优单纯形表见表 4.10。

表 4.10 最优单纯形表

c_j			c_1	c_2	$\cdots$	c_n
$\boldsymbol{c}_B$	基	$\bar{\boldsymbol{b}}$	x_1	x_2	$\cdots$	x_n
c_{B_1} c_{B_2} $\vdots$ c_{B_m}	x_{B_1} x_{B_2} $\vdots$ x_{B_m}	$\boldsymbol{B}^{-1}\boldsymbol{b}$	$\boldsymbol{B}^{-1}\boldsymbol{A}=\boldsymbol{B}^{-1}(\boldsymbol{p}_1,\boldsymbol{p}_2,\cdots,\boldsymbol{p}_n)$			
$\bar{\boldsymbol{\sigma}}$			$\boldsymbol{c}_B\boldsymbol{B}^{-1}\boldsymbol{A}-\boldsymbol{c}^{\mathrm{T}}$			

下面介绍 $\boldsymbol{c},\boldsymbol{b}$ 和 $\boldsymbol{A}$ 的变化所带来的影响。

4.5.1 改变系数向量 $\boldsymbol{c}$

设 $\boldsymbol{c}$ 改变为 $\boldsymbol{c}'$，在最优单纯形表 4.10 中，只有第 $m+1$ 行，即检验数行变化，其变为

$$\bar{\boldsymbol{\sigma}}=\boldsymbol{c}'_B\boldsymbol{B}^{-1}\boldsymbol{A}-\boldsymbol{c}'^{\mathrm{T}}\tag{4.33}$$

目标函数值变为

$$f=\boldsymbol{c}'_B\boldsymbol{B}^{-1}\boldsymbol{A}\tag{4.34}$$

若式（4.33）中仍保持检验数 $\bar{\boldsymbol{\sigma}}\leqslant\boldsymbol{0}$，则原最优解仍为新问题最优解，但目标函数值已发生变化，由式（4.34）计算可得；若式（4.33）检验数不满足最优性条件（$\bar{\boldsymbol{\sigma}}\leqslant\boldsymbol{0}$），解就不再是最优解。此时应从修改后的单纯形表出发，再次用单纯形法迭代，直到求出最优解。

例 4.11　已知线性规划问题

$$\min f=-3x_1-5x_2$$

$$\text{s. t.}\begin{cases}x_1\leqslant 4\\2x_2\leqslant 12\\3x_1+2x_2\leqslant 18\\x_1,x_2\geqslant 0\end{cases}$$

其最优单纯形表见表 4.11。

表 4.11　最优单纯形表

c_j			-3	-5	0	0	0
$\boldsymbol{c}_B$	基	$\boldsymbol{b}$	x_1	x_2	x_3	x_4	x_5
0	x_3	2	0	0	1	$\frac{1}{3}$	$-\frac{1}{3}$
-5	x_2	6	0	1	0	$\frac{1}{2}$	0
-3	x_1	2	1	0	0	$-\frac{1}{3}$	$\frac{1}{3}$
σ_j			0	0	0	$-\frac{2}{3}$	-1

考虑下列两个问题：

（1）把 $c_1=-3$ 改变为 $c_1'=1$，求新问题的最优解。

（2）讨论 c_2 在什么范围内变化时，原来的最优解也是新问题的最优解（当然，最优值可以不同）。

解　（1）将 c_1 的变化反映到表 4.11 中，按式（4.33）重新计算检验数。由于修改后的检验数存在大于 0 的数，故需用单纯形法继续迭代，直至得到最优解，过程见表 4.12。

表 4.12　单纯形法继续迭代过程

c_j			1	-5	0	0	0
$\boldsymbol{c}_B$	基	$\boldsymbol{b}$	x_1	x_2	x_3	x_4	x_5
0	x_3	2	0	0	1	$\frac{1}{3}$	$-\frac{1}{3}$
-5	x_2	6	0	1	0	$\frac{1}{2}$	0
1	x_1	2	1	0	0	$-\frac{1}{3}$	$\left[\frac{1}{3}\right]$
σ_j			0	0	0	$-\frac{17}{6}$	$\frac{1}{3}$
0	x_3	4	1	0	1	0	0
-5	x_2	6	0	1	0	$\frac{1}{2}$	0
0	x_5	6	3	0	0	-1	1
σ_j			-1	0	0	$-\frac{5}{2}$	0

新的最优解为$\bar{x}=(0,6)^{\mathrm{T}}$，目标函数最优值为$f_{\min}=-30$。

（2）将 c_2 反映到表 4.11 中，重新计算检验数，见表 4.13。

表 4.13　重新计算检验数表

c_j			-3	c_2	0	0	0
$\boldsymbol{c}_B$	基	$\boldsymbol{b}$	x_1	x_2	x_3	x_4	x_5
0	x_3	2	0	0	1	$\frac{1}{3}$	$-\frac{1}{3}$
c_2	x_2	6	0	1	0	$\frac{1}{2}$	0
-3	x_1	2	1	0	0	$-\frac{1}{3}$	$\frac{1}{3}$
σ_j			0	0	0	$1+\frac{c_2}{2}$	-1

表中解为最优的条件是

$$1+\frac{c_2}{2}\leqslant 0$$

即当 $c_2\leqslant -2$ 时，原来的最优解也是新问题的最优解。目标函数的最优值为

$$f_{\min}=-6+6c_2$$

4.5.2　改变右端向量 b

设 $\boldsymbol{b}$ 改变为 $\boldsymbol{b}'$，这一改变直接影响最优单纯形表 4.10 中第三列～右端列。改变后，有$\bar{\boldsymbol{b}}=\boldsymbol{B}^{-1}\boldsymbol{b}'$。$\boldsymbol{b}$ 的变化会使右端项出现两种情况：

（1）$\boldsymbol{B}^{-1}\boldsymbol{b}'\geqslant\boldsymbol{0}$。

这时，原来的最优基仍是最优基，而基变量的取值（或者说最优解）和目标函数最优值将发生变化。

新问题的最优解是

$$\bar{\boldsymbol{x}}_B=\boldsymbol{B}^{-1}\boldsymbol{b}',\quad \bar{\boldsymbol{x}}_N=\boldsymbol{0} \tag{4.35}$$

目标函数的最优值是

$$f=\boldsymbol{c}_B\bar{\boldsymbol{x}}_B=\boldsymbol{c}_B\boldsymbol{B}^{-1}\boldsymbol{b}' \tag{4.36}$$

（2）$\boldsymbol{B}^{-1}\boldsymbol{b}'<\boldsymbol{0}$。

这时，原来的最优基 $\boldsymbol{B}$ 对于新问题来说不再是可行基，但所有检验数仍小于或等于零，因此现行的基本解是对偶可行的。这样只需把原来的最优单纯形表 4.10 的右端列加以修改后，用对偶单纯形法继续迭代可得到新问题最优解。

例 4.12　在例 4.11 问题中，将右端项$(4,12,18)^{\mathrm{T}}$改为$(2,3,12)^{\mathrm{T}}$，求新问题的最优解。

解　先计算改变后的右端列

$$\bar{\boldsymbol{b}}=\boldsymbol{B}^{-1}\boldsymbol{b}'=\begin{pmatrix}1 & \frac{1}{3} & -\frac{1}{3}\\ 0 & \frac{1}{2} & 0\\ 0 & -\frac{1}{3} & \frac{1}{3}\end{pmatrix}\begin{pmatrix}2\\3\\12\end{pmatrix}=\begin{pmatrix}-1\\ \frac{3}{2}\\ 3\end{pmatrix}$$

将表 4.11 中右端列做相应的修改，由于 $\boldsymbol{b}$ 改变后，原来的最优基不再是可行基，所以需用对偶单纯形法继续迭代，从而得到新问题的最优解，求解过程见表 4.14。

表 4.14　求解过程

c_j			-3	-5	0	0	0
$\boldsymbol{c}_B$	基	$\boldsymbol{b}$	x_1	x_2	x_3	x_4	x_5
0	x_3	-1	0	0	1	$\frac{1}{3}$	$\left[-\frac{1}{3}\right]$
-5	x_2	$\frac{3}{2}$	0	1	0	$\frac{1}{2}$	0
-3	x_1	3	1	0	0	$-\frac{1}{3}$	$\frac{1}{3}$
σ_j			0	0	0	$-\frac{3}{2}$	-1
0	x_5	3	0	0	-3	-1	1
-5	x_2	$\frac{3}{2}$	0	1	0	$\frac{1}{2}$	0
-3	x_1	2	1	0	1	0	0
σ_j			0	0	-3	$-\frac{5}{2}$	0

新问题的最优解是

$$\bar{\boldsymbol{x}}=(x_1,x_2)^{\mathrm{T}}=\left(2,\frac{3}{2}\right)^{\mathrm{T}}$$

目标函数的最优值是
$$f_{\min}=-\frac{27}{2}$$

4.5.3　改变约束矩阵 A

有下列两种情形：

（1）非基列 $\boldsymbol{p}_j$ 改变为 $\boldsymbol{p}_j'$。

这一改变直接影响最优单纯形表 4.10 中 x_j 的检验数和约束矩阵的第 j 列。改变后，有

$$\bar{\boldsymbol{p}}_j=\boldsymbol{B}^{-1}\boldsymbol{p}_j' \tag{4.37}$$

$$\bar{\sigma}_j=\boldsymbol{c}_B\bar{\boldsymbol{p}}_j-c_j \tag{4.38}$$

如果$\bar{\sigma}_j\leqslant 0$，则原来的最优解仍是新问题的最优解；如果$\bar{\sigma}_j>0$，则原来的最优基，在非退化的情形下，不再是最优基。这时，需将表 4.10 做相应修改，然后把 x_j 作为进基变量，用单纯形法继续迭代。

（2）基列 $\boldsymbol{p}_j$ 改变为 $\boldsymbol{p}_j'$。

改变 $\boldsymbol{A}$ 中的基向量可能引起严重后果，原来的基向量组用 $\boldsymbol{p}_j'$ 取代 $\boldsymbol{p}_j$ 后，有可能线性相关，因而不再构成基，即使线性无关，可以构成基，它的逆与原来基矩阵的逆 $\boldsymbol{B}^{-1}$ 可能差别很大。由于基向量的改变使得单纯形表变化较大，因此一般不修改原来的最优单纯形表，而是重

新计算。

例 4.13 在例 4.11 问题中，将 $\boldsymbol{p}_4=(0,1,0)^{\mathrm{T}}$ 改为 $\boldsymbol{p}_4'=(1,-4,3)^{\mathrm{T}}$，求新问题的最优解。

解 先计算改变项。

$$\overline{\boldsymbol{p}}_4=\boldsymbol{B}^{-1}\boldsymbol{p}_4'=\begin{pmatrix}1 & \frac{1}{3} & -\frac{1}{3}\\ 0 & \frac{1}{2} & 0\\ 0 & -\frac{1}{3} & \frac{1}{3}\end{pmatrix}\begin{pmatrix}1\\-4\\3\end{pmatrix}=\begin{pmatrix}-\frac{4}{3}\\-2\\\frac{7}{3}\end{pmatrix}$$

$$\overline{\sigma}_4=\boldsymbol{c}_B\overline{\boldsymbol{p}}_4-c_4=(0,-5,-3)\begin{pmatrix}-\frac{4}{3}\\-2\\\frac{7}{3}\end{pmatrix}-0=3$$

将表 4.11 中改变项做相应的修改，由于$\overline{\sigma}_4>0$，故用单纯形法继续迭代，迭代过程见表 4.15。

表 4.15 迭代过程

c_j			-3	-5	0	0	0
$\boldsymbol{c}_B$	基	$\boldsymbol{b}$	x_1	x_2	x_3	x_4	x_5
0	x_3	2	0	0	1	$-\frac{4}{3}$	$-\frac{1}{3}$
-5	x_2	6	0	1	0	-2	0
-3	x_1	2	1	0	0	$\left[\frac{7}{3}\right]$	$\frac{1}{3}$
σ_j			0	0	0	3	-1
0	x_3	$\frac{22}{7}$	$\frac{4}{7}$	0	1	0	$-\frac{1}{7}$
-5	x_2	$\frac{54}{7}$	$\frac{6}{7}$	1	0	0	$\frac{2}{7}$
0	x_4	$\frac{6}{7}$	$\frac{3}{7}$	0	0	1	$\frac{1}{7}$
σ_j			$-\frac{9}{7}$	0	0	0	$-\frac{10}{7}$

新问题的最优解是

$$\overline{\boldsymbol{x}}=(x_1,x_2)^{\mathrm{T}}=\left(0,\frac{54}{7}\right)^{\mathrm{T}}$$

目标函数的最优值是

$$f_{\min}=-\frac{270}{7}$$

4.5.4　增加新约束

在例 4.11 问题中，增加一个新的约束

$$\boldsymbol{a}^{m+1}\boldsymbol{x} \leqslant b_{m+1} \tag{4.39}$$

其中，$\boldsymbol{a}^{m+1}$是 n 维行向量

$$\boldsymbol{a}^{m+1} = (a_{m+1,1}, a_{m+1,2}, \cdots, a_{m+1,n})$$

下面分两种情形进行讨论：

（1）若原来的最优解满足新增加的约束，那么它也是新问题的最优解，这是显然的。

（2）若原来的最优解不满足新增加的约束，那么就需要把新的约束条件增加到原来的最优单纯形表 4.10 中，再解新问题。

设原来的最优解为

$$\bar{\boldsymbol{x}} = \begin{pmatrix} \boldsymbol{x}_B \\ \boldsymbol{x}_N \end{pmatrix} = \begin{pmatrix} \boldsymbol{B}^{-1}\boldsymbol{b} \\ \boldsymbol{0} \end{pmatrix}$$

在新增加的约束置入表 4.10 之前，先引进松弛变量 x_{n+1}，记

$$\boldsymbol{a}^{m+1} = (\boldsymbol{a}_B^{m+1}, \boldsymbol{a}_N^{m+1})$$

把式（4.39）写成

$$\boldsymbol{a}_B^{m+1}\boldsymbol{x}_B + \boldsymbol{a}_N^{m+1}\boldsymbol{x}_N + x_{n+1} = b_{m+1} \tag{4.40}$$

增加约束后，新的基 $\boldsymbol{B}'$，$(\boldsymbol{B}')^{-1}$及右端向量 $\boldsymbol{b}'$如下：

$$\boldsymbol{B}' = \begin{pmatrix} \boldsymbol{B} & \boldsymbol{0} \\ \boldsymbol{a}_B^{m+1} & 1 \end{pmatrix},\quad (\boldsymbol{B}')^{-1} = \begin{pmatrix} \boldsymbol{B}^{-1} & \boldsymbol{0} \\ -\boldsymbol{a}_B^{m+1}\boldsymbol{B}^{-1} & 1 \end{pmatrix},\quad \boldsymbol{b}' = \begin{pmatrix} \boldsymbol{b} \\ b_{m+1} \end{pmatrix}$$

对于增加约束后的新问题，在现行基下对应变量 $x_j(j \neq n+1)$ 的检验数是

$$\begin{aligned} \sigma_j' &= \boldsymbol{c}_B'(\boldsymbol{B}')^{-1}\boldsymbol{p}_j' - c_j = (\boldsymbol{c}_B, 0)\begin{pmatrix} \boldsymbol{B}^{-1} & \boldsymbol{0} \\ -\boldsymbol{a}_B^{m+1}\boldsymbol{B}^{-1} & 1 \end{pmatrix}\begin{pmatrix} \boldsymbol{p}_j \\ p_j^{m+1} \end{pmatrix} - c_j \\ &= c_B(\boldsymbol{B})^{-1}\boldsymbol{p}_j - c_j = \sigma_j \end{aligned} \tag{4.41}$$

与不增加约束时相同，x_{n+1}的检验数是

$$\sigma_{n+1}' = \boldsymbol{c}_B'(\boldsymbol{B}')^{-1}\boldsymbol{e}_{n+1} - c_{n+1} = (\boldsymbol{c}_B, 0)\begin{pmatrix} \boldsymbol{B}^{-1} & \boldsymbol{0} \\ -\boldsymbol{a}_B^{m+1}\boldsymbol{B}^{-1} & 1 \end{pmatrix}\begin{pmatrix} \boldsymbol{0} \\ 1 \end{pmatrix} - 0 = 0 \tag{4.42}$$

这是必然的，因为 x_{n+1}是基变量。

现行的基本解为

$$\begin{aligned} \begin{pmatrix} \boldsymbol{x}_B \\ x_{n+1} \end{pmatrix} &= (\boldsymbol{B}')^{-1}\begin{pmatrix} \boldsymbol{b} \\ b_{m+1} \end{pmatrix} = \begin{pmatrix} \boldsymbol{B}^{-1} & \boldsymbol{0} \\ -\boldsymbol{a}_B^{m+1}\boldsymbol{B}^{-1} & 1 \end{pmatrix}\begin{pmatrix} \boldsymbol{b} \\ b_{m+1} \end{pmatrix} \\ &= \begin{pmatrix} \boldsymbol{B}^{-1}\boldsymbol{b} \\ b_{m+1} - \boldsymbol{a}_B^{m+1}\boldsymbol{B}^{-1}\boldsymbol{b} \end{pmatrix} \end{aligned} \tag{4.43}$$

$$\boldsymbol{x}_N = \boldsymbol{0}$$

由式（4.41）和式（4.42）可知，上述基本解是对偶可行的。由于 $\boldsymbol{x}_B = \boldsymbol{B}^{-1}\boldsymbol{b}$，$\boldsymbol{x}_N = \boldsymbol{0}$ 是原来的最优解，因此，$\boldsymbol{B}^{-1}\boldsymbol{b} \geqslant \boldsymbol{0}$。如果 $b_{m+1} - \boldsymbol{a}_B^{m+1}\boldsymbol{B}^{-1}\boldsymbol{b} < 0$，则可用对偶单纯形法求解。

此时添加约束，即在原最优单纯形表 4.10 中增加第 $n+1$ 列和第 $m+1$ 行。不妨设新单纯形

表为表 4.16（实际上，$\boldsymbol{x}_B$ 的分量不一定在 $\boldsymbol{x}_N$ 的左边）。

表 4.16　新的单纯形表

c_j			$\boldsymbol{c}_B$	$\boldsymbol{c}_N$	c_{n+1}
$\boldsymbol{c}'_B$	基	$\boldsymbol{b}'$	$\boldsymbol{x}_B$	$\boldsymbol{x}_N$	x_{n+1}
$\boldsymbol{c}_B$	$\boldsymbol{x}_B$	$\boldsymbol{B}^{-1}\boldsymbol{b}$	$\boldsymbol{I}_m$	$\boldsymbol{B}^{-1}\boldsymbol{N}$	0
0	x_{n+1}	b_{m+1}	$\boldsymbol{a}_B^{m+1}$	$\boldsymbol{a}_N^{m+1}$	1
σ_j			$\boldsymbol{0}$	$\boldsymbol{c}_B\boldsymbol{B}^{-1}\boldsymbol{N}-\boldsymbol{c}_N$	0

进行初等行变换，把表中 $\boldsymbol{x}_B, x_{n+1}$ 下的矩阵

$$\begin{pmatrix} \boldsymbol{I}_m & \boldsymbol{0} \\ \boldsymbol{a}_B^{m+1} & 1 \end{pmatrix}$$

化成单位矩阵，这个变换相当于左乘矩阵

$$\begin{pmatrix} \boldsymbol{I}_m & \boldsymbol{0} \\ -\boldsymbol{a}_B^{m+1} & 1 \end{pmatrix}$$

因此变换结果的右端向量为

$$\begin{pmatrix} \boldsymbol{I}_m & \boldsymbol{0} \\ -\boldsymbol{a}_B^{m+1} & 1 \end{pmatrix}\begin{pmatrix} \boldsymbol{B}^{-1}\boldsymbol{b} \\ b_{m+1} \end{pmatrix}=\begin{pmatrix} \boldsymbol{B}^{-1}\boldsymbol{b} \\ b_{m+1}-\boldsymbol{a}_B^{m+1}\boldsymbol{B}^{-1}\boldsymbol{b} \end{pmatrix}$$

正是式（4.43）的右端。然后按对偶单纯形法进行求解。

例 4.14　在例 4.11 问题中，增加约束条件

$$x_1+2x_2\leqslant 10$$

求新问题最优解。

解　增加约束后的问题是

$$\min f=-3x_1-5x_2$$

$$\text{s. t.}\begin{cases} x_1\leqslant 4 \\ 2x_2\leqslant 12 \\ 3x_1+2x_2\leqslant 18 \\ x_1+2x_2\leqslant 10 \\ x_1,x_2\geqslant 0 \end{cases}$$

原问题的最优解

$$\bar{\boldsymbol{x}}=(x_1,x_2)^{\mathrm{T}}=(2,6)^{\mathrm{T}}$$

不满足新增加的约束条件，因此需要引进松弛变量 x_6，把增加的约束条件写成

$$x_1+2x_2+x_6=10$$

再把这个约束方程的系数置于原来的最优单纯形表 4.11 中，并相应地增加一列

$$\boldsymbol{p}_6=(0,0,0,1)^{\mathrm{T}}$$

得到表 4.17。

表 4.17 增加一列的最优单纯形表

c_j			-3	-5	0	0	0	0
$\boldsymbol{c}_B$	基	$\boldsymbol{b}$	x_1	x_2	x_3	x_4	x_5	x_6
0	x_3	2	0	0	1	$\frac{1}{3}$	$-\frac{1}{3}$	0
-5	x_2	6	0	1	0	$\frac{1}{2}$	0	0
-3	x_1	2	1	0	0	$-\frac{1}{3}$	$\frac{1}{3}$	0
0	x_6	10	1	2	0	0	0	1
σ_j			0	0	0	$-\frac{3}{2}$	-1	0

分别把第 2 行的（-2）倍，第 3 行的（-1）倍加到第 4 行，使基变量 x_3,x_2,x_1,x_6 的系数矩阵化为单位矩阵，结果见表 4.18。

表 4.18 化简后的单纯形表

c_j			-3	-5	0	0	0	0
$\boldsymbol{c}_B$	基	$\boldsymbol{b}$	x_1	x_2	x_3	x_4	x_5	x_6
0	x_3	2	0	0	1	$\frac{1}{3}$	$-\frac{1}{3}$	0
-5	x_2	6	0	1	0	$\frac{1}{2}$	0	0
-3	x_1	2	1	0	0	$-\frac{1}{3}$	$\frac{1}{3}$	0
0	x_6	-4	0	0	0	$-\frac{2}{3}$	$-\frac{1}{3}$	1
σ_j			0	0	0	$-\frac{3}{2}$	-1	0

现行基本解是对偶可行的，而检验数均非正。对表 4.18 继续用对偶单纯形法迭代计算，得到表 4.19。

表 4.19 迭代计算

c_j			-3	-5	0	0	0	0
$\boldsymbol{c}_B$	基	$\boldsymbol{b}$	x_1	x_2	x_3	x_4	x_5	x_6
0	x_3	0	0	0	1	0	$-\frac{1}{2}$	$\frac{1}{2}$
-5	x_2	3	0	1	0	0	$-\frac{1}{4}$	$\frac{3}{4}$

（续）

c_j			-3	-5	0	0	0	0
$\boldsymbol{c}_B$	基	$\boldsymbol{b}$	x_1	x_2	x_3	x_4	x_5	x_6
-3	x_1	4	1	0	0	0	$\frac{1}{2}$	$-\frac{1}{2}$
0	x_4	6	0	0	0	1	$\frac{1}{2}$	$-\frac{3}{2}$
σ_j			0	0	0	0	$-\frac{1}{4}$	$-\frac{9}{4}$

增加约束后，新问题的最优解为

$$\bar{\boldsymbol{x}}=(x_1,x_2)^{\mathrm{T}}=(4,3)^{\mathrm{T}}$$

目标函数最优值为

$$f_{\min}=-27$$

第 5 章　最优性条件

最优化问题的最优解所要满足的必要条件和充分条件称为最优性条件。最优性条件较为重要，它为各种算法的推导和分析提供了理论基础。

5.1　无约束问题的最优性条件

考虑无约束最优化问题

$$\min f(\boldsymbol{x}),\quad \boldsymbol{x}\in\mathbf{R}^n \tag{5.1}$$

其中，$f(\boldsymbol{x})$ 是定义在 $\mathbf{R}^n$ 上的实函数。这是一个经典的极值问题，在微积分学中已经有过相关研究，在此对其进一步讨论。

5.1.1　无约束问题的必要条件

先介绍一个定理，它在后面的证明中将要多次用到。

定理 5.1　设函数 $f(\boldsymbol{x})$ 在点 $\bar{\boldsymbol{x}}$ 处可微，如果存在方向 $\boldsymbol{d}$，使 $\nabla f(\bar{\boldsymbol{x}})^{\mathrm{T}}\boldsymbol{d}<0$，则存在 $\delta>0$，使得对每个 $\alpha\in(0,\delta)$，有 $f(\bar{\boldsymbol{x}}+\alpha\boldsymbol{d})<f(\bar{\boldsymbol{x}})$。

证明　函数 $f(\bar{\boldsymbol{x}}+\alpha\boldsymbol{d})$ 在 $\bar{\boldsymbol{x}}$ 处的一阶泰勒展开式为

$$\begin{aligned}f(\bar{\boldsymbol{x}}+\alpha\boldsymbol{d})&=f(\bar{\boldsymbol{x}})+\alpha\nabla f(\bar{\boldsymbol{x}})^{\mathrm{T}}\boldsymbol{d}+o(\|\alpha\boldsymbol{d}\|)\\&=f(\bar{\boldsymbol{x}})+\alpha\left[\nabla f(\bar{\boldsymbol{x}})^{\mathrm{T}}\boldsymbol{d}+\frac{o(\|\alpha\boldsymbol{d}\|)}{\alpha}\right]\end{aligned}$$

其中，当 $\alpha\to0$ 时，$\dfrac{o(\|\alpha\boldsymbol{d}\|)}{\alpha}\to0$。

由于 $\nabla f(\bar{\boldsymbol{x}})^{\mathrm{T}}\boldsymbol{d}<0$，当 $|\alpha|$ 充分小时，

$$\nabla f(\bar{\boldsymbol{x}})^{\mathrm{T}}\boldsymbol{d}+\frac{o(\|\alpha\boldsymbol{d}\|)}{\alpha}<0$$

因此，存在 $\delta>0$，使得当 $\alpha\in(0,\delta)$ 时，有

$$\alpha\left[\nabla f(\bar{\boldsymbol{x}})^{\mathrm{T}}\boldsymbol{d}+\frac{o(\|\alpha\boldsymbol{d}\|)}{\alpha}\right]<0$$

从而

$$f(\bar{\boldsymbol{x}}+\alpha\boldsymbol{d})<f(\bar{\boldsymbol{x}})$$

利用上述定理可以证明局部极小点的一阶必要条件。

定理 5.2　设函数 $f(\boldsymbol{x})$ 在点 $\bar{\boldsymbol{x}}$ 处可微，若 $\bar{\boldsymbol{x}}$ 是局部极小点，则梯度 $\nabla f(\bar{\boldsymbol{x}})=\boldsymbol{0}$。

证明　用反证法。

设 $\nabla f(\bar{\boldsymbol{x}})\neq\boldsymbol{0}$，令方向 $\boldsymbol{d}=-\nabla f(\bar{\boldsymbol{x}})$，则有

$$\nabla f(\bar{\boldsymbol{x}})^{\mathrm{T}}\boldsymbol{d}=-\nabla f(\bar{\boldsymbol{x}})^{\mathrm{T}}\nabla f(\bar{\boldsymbol{x}})=-\|\nabla f(\bar{\boldsymbol{x}})\|^2<0$$

根据定理 5.1，必存在 $\delta>0$，使得当 $\alpha\in(0,\delta)$ 时，

$$f(\bar{\boldsymbol{x}}+\alpha\boldsymbol{d})<f(\bar{\boldsymbol{x}})$$

成立，这与$\bar{\boldsymbol{x}}$是局部极小点矛盾。

定义 5.1 设函数$f(\boldsymbol{x})$在点$\bar{\boldsymbol{x}}$处可微，若$\nabla f(\bar{\boldsymbol{x}})=\boldsymbol{0}$，则称$\bar{\boldsymbol{x}}$为$f(\boldsymbol{x})$的稳定点。

由定理 5.2 可知，可微函数的局部极小点一定是函数的稳定点。反之不然，函数的稳定点可以是极小点，可以是极大点，也可以二者都不是。例如，函数$f(\boldsymbol{x})=x_1x_2$，在点$\bar{\boldsymbol{x}}=(0,0)^{\mathrm{T}}$处的梯度$\nabla f(\bar{\boldsymbol{x}})=\boldsymbol{0}$，但是$\bar{\boldsymbol{x}}$是双曲面的鞍点，而不是极小点。

下面利用函数$f(\boldsymbol{x})$的黑塞矩阵，给出局部极小点的二阶必要条件。

定理 5.3 设函数$f(\boldsymbol{x})$在点$\bar{\boldsymbol{x}}$处二次可微，若$\bar{\boldsymbol{x}}$是局部极小点，则梯度$\nabla f(\bar{\boldsymbol{x}})=\boldsymbol{0}$，并且黑塞矩阵$\nabla^2 f(\bar{\boldsymbol{x}})$半正定。

证明 定理 5.2 已经证明$\nabla f(\bar{\boldsymbol{x}})=\boldsymbol{0}$，现在只需证明黑塞矩阵$\nabla^2 f(\bar{\boldsymbol{x}})$半正定。

由于$f(\boldsymbol{x})$在$\bar{\boldsymbol{x}}$处二次可微，且$\nabla f(\bar{\boldsymbol{x}})=\boldsymbol{0}$，所以由二阶泰勒公式，对于任意非零向量$\boldsymbol{d}$和充分小的$\alpha>0$，有

$$\begin{aligned}f(\bar{\boldsymbol{x}}+\alpha\boldsymbol{d})&=f(\bar{\boldsymbol{x}})+\alpha\boldsymbol{d}^{\mathrm{T}}\nabla f(\bar{\boldsymbol{x}})+\frac{1}{2}\alpha^2\boldsymbol{d}^{\mathrm{T}}\nabla^2 f(\bar{\boldsymbol{x}})\boldsymbol{d}+o(\|\alpha\boldsymbol{d}\|^2)\\&=f(\bar{\boldsymbol{x}})+\frac{1}{2}\alpha^2\boldsymbol{d}^{\mathrm{T}}\nabla^2 f(\bar{\boldsymbol{x}})\boldsymbol{d}+o(\|\alpha\boldsymbol{d}\|^2)\end{aligned}$$

经移项整理，得到

$$\frac{f(\bar{\boldsymbol{x}}+\alpha\boldsymbol{d})-f(\bar{\boldsymbol{x}})}{\alpha^2}=\frac{1}{2}\boldsymbol{d}^{\mathrm{T}}\nabla^2 f(\bar{\boldsymbol{x}})\boldsymbol{d}+\frac{o(\|\alpha\boldsymbol{d}\|^2)}{\alpha^2}\tag{5.2}$$

由于$\bar{\boldsymbol{x}}$是局部极小点，当α充分小时，有

$$f(\bar{\boldsymbol{x}}+\alpha\boldsymbol{d})\geqslant f(\bar{\boldsymbol{x}})$$

从而由式（5.2）推得

$$\boldsymbol{d}^{\mathrm{T}}\nabla^2 f(\bar{\boldsymbol{x}})\boldsymbol{d}\geqslant 0$$

因而黑塞矩阵$\nabla^2 f(\bar{\boldsymbol{x}})$是半正定的。

5.1.2 无约束问题的充分条件

下面给出局部极小点的二阶充分条件。

定理 5.4 设函数$f(\boldsymbol{x})$在$\bar{\boldsymbol{x}}$处二次可微，若梯度$\nabla f(\bar{\boldsymbol{x}})=\boldsymbol{0}$，且黑塞矩阵$\nabla^2 f(\bar{\boldsymbol{x}})$正定，则$\bar{\boldsymbol{x}}$是严格局部极小点。

证明 任取单位向量$\boldsymbol{d}_0$及常数$\alpha>0$，将$f(\boldsymbol{x})$在点$\bar{\boldsymbol{x}}$处做二阶泰勒展开，有

$$f(\bar{\boldsymbol{x}}+\alpha\boldsymbol{d}_0)=f(\bar{\boldsymbol{x}})+\alpha\boldsymbol{d}_0^{\mathrm{T}}\nabla f(\bar{\boldsymbol{x}})+\frac{1}{2}\alpha^2\boldsymbol{d}_0^{\mathrm{T}}\nabla^2 f(\bar{\boldsymbol{x}})\boldsymbol{d}_0+o(\|\alpha\boldsymbol{d}_0\|^2)\tag{5.3}$$

因为

$$\nabla f(\bar{\boldsymbol{x}})=\boldsymbol{0},\quad \|\boldsymbol{d}_0\|=1$$

所以

$$f(\bar{\boldsymbol{x}}+\alpha\boldsymbol{d}_0)-f(\bar{\boldsymbol{x}})=\frac{1}{2}\alpha^2\boldsymbol{d}_0^{\mathrm{T}}\nabla^2 f(\bar{\boldsymbol{x}})\boldsymbol{d}_0+o(\alpha^2)\tag{5.4}$$

构造一个有界闭区域

$$D_0=\{\boldsymbol{d}_0\mid \boldsymbol{d}_0\in\mathbf{R}^n\text{ 且}\|\boldsymbol{d}_0\|=1\}$$

因为二次函数$\boldsymbol{d}_0^{\mathrm{T}}\nabla^2 f(\bar{\boldsymbol{x}})\boldsymbol{d}_0$在有界闭区域$D_0$上连续，所以二次函数$\boldsymbol{d}_0^{\mathrm{T}}\nabla^2 f(\bar{\boldsymbol{x}})\boldsymbol{d}_0$在有界闭区域

D_0 上取到最小值，记该最小值为 r_0，又因为$\nabla^2 f(\bar{\boldsymbol{x}})$是正定矩阵，故有 $r_0>0$。所以

$$\boldsymbol{d}_0^{\mathrm{T}} \nabla^2 f(\bar{\boldsymbol{x}}) \boldsymbol{d}_0 \geqslant r_0>0$$

$$\frac{1}{2}\boldsymbol{d}_0^{\mathrm{T}} \nabla^2 f(\bar{\boldsymbol{x}}) \boldsymbol{d}_0+\frac{o(\alpha^2)}{\alpha^2} \geqslant \frac{1}{2} r_0+\frac{o(\alpha^2)}{\alpha^2} \tag{5.5}$$

由于当 $\alpha \to 0$ 时，$\dfrac{o(\alpha^2)}{\alpha^2} \to 0$，又因为 $r_0>0$，由极限理论，必存在 $\delta>0$，当 $0<\alpha<\delta$ 时，式（5.5）大于 0，即式（5.4）右端大于 0，从而 $f(\bar{\boldsymbol{x}}+\alpha \boldsymbol{d}_0)>f(\bar{\boldsymbol{x}})$，因此$\bar{\boldsymbol{x}}$是严格局部极小点。

例 5.1 利用最优性条件解下列问题：

$$\min f(\boldsymbol{x})=\frac{1}{3} x_1^3+\frac{1}{3} x_2^3-x_2^2-x_1$$

解 因为

$$\frac{\partial f}{\partial x_1}=x_1^2-1, \quad \frac{\partial f}{\partial x_2}=x_2^2-2 x_2$$

令$\nabla f(\boldsymbol{x})=\mathbf{0}$，即

$$\begin{cases} x_1^2-1=0 \\ x_2^2-2 x_2=0 \end{cases}$$

解得稳定点 $\boldsymbol{x}^{(1)}=(1,0)^{\mathrm{T}}, \boldsymbol{x}^{(2)}=(1,2)^{\mathrm{T}}, \boldsymbol{x}^{(3)}=(-1,0)^{\mathrm{T}}, \boldsymbol{x}^{(4)}=(-1,2)^{\mathrm{T}}$。

函数 $f(\boldsymbol{x})$ 的黑塞矩阵为

$$\nabla^2 f(\boldsymbol{x})=\begin{pmatrix} 2 x_1 & 0 \\ 0 & 2 x_2-2 \end{pmatrix}$$

由此可知，在点 $\boldsymbol{x}^{(1)}, \boldsymbol{x}^{(2)}, \boldsymbol{x}^{(3)}, \boldsymbol{x}^{(4)}$ 处的墨塞矩阵依次为

$$\nabla^2 f(\boldsymbol{x}^{(1)})=\begin{pmatrix} 2 & 0 \\ 0 & -2 \end{pmatrix}, \quad \nabla^2 f(\boldsymbol{x}^{(2)})=\begin{pmatrix} 2 & 0 \\ 0 & 2 \end{pmatrix}$$

$$\nabla^2 f(\boldsymbol{x}^{(3)})=\begin{pmatrix} -2 & 0 \\ 0 & -2 \end{pmatrix}, \quad \nabla^2 f(\boldsymbol{x}^{(4)})=\begin{pmatrix} -2 & 0 \\ 0 & 2 \end{pmatrix}$$

矩阵$\nabla^2 f(\boldsymbol{x}^{(1)}), \nabla^2 f(\boldsymbol{x}^{(4)})$不定，根据定理 5.3，$\boldsymbol{x}^{(1)}$和 $\boldsymbol{x}^{(4)}$ 不是极小点，矩阵$\nabla^2 f(\boldsymbol{x}^{(2)})$正定，根据定理 5.4，$\boldsymbol{x}^{(2)}$是严格局部极小点。

5.1.3 无约束问题的充要条件

下面在函数凸性的假设下，给出全局极小点的充要条件。

定理 5.5 设 $f(\boldsymbol{x})$ 是可微凸函数，则$\bar{\boldsymbol{x}}$为全局极小点的充要条件是梯度 $\nabla f(\bar{\boldsymbol{x}})=\mathbf{0}$。

证明 显然必要性成立，若$\bar{\boldsymbol{x}}$是全局极小点，则必是局部极小点，根据定理 5.2，有

$$\nabla f(\bar{\boldsymbol{x}})=\mathbf{0}$$

现在证明充分性。因为 $f(\boldsymbol{x})$ 是凸函数，且在点$\bar{\boldsymbol{x}}$处可微，所以由定理 2.14，有

$$f(\boldsymbol{x}) \geqslant f(\bar{\boldsymbol{x}})+\nabla f(\bar{\boldsymbol{x}})^{\mathrm{T}}(\boldsymbol{x}-\bar{\boldsymbol{x}}), \quad \forall \boldsymbol{x} \in \mathbf{R}^n$$

由于 $\nabla f(\bar{\boldsymbol{x}})=\mathbf{0}$，所以 $f(\boldsymbol{x}) \geqslant f(\bar{\boldsymbol{x}}), \forall \boldsymbol{x} \in \mathbf{R}^n$，即$\bar{\boldsymbol{x}}$是全局极小点。

在定理 5.5 中，如果 $f(\boldsymbol{x})$ 是严格可微凸函数，且$\nabla f(\bar{\boldsymbol{x}})=\mathbf{0}$，则$\bar{\boldsymbol{x}}$是严格全局极小点。

定义 5.2 若 $\boldsymbol{G}$ 是 $n \times n$ 正定对称矩阵，称函数 $f(\boldsymbol{x})=\dfrac{1}{2} \boldsymbol{x}^{\mathrm{T}} \boldsymbol{G} \boldsymbol{x}+\boldsymbol{r}^{\mathrm{T}} \boldsymbol{x}+\delta$ 为正定二次函数。

例 5.2 试证正定二次函数

$$f(\boldsymbol{x})=\frac{1}{2}\boldsymbol{x}^{\mathrm{T}}\boldsymbol{G}\boldsymbol{x}+\boldsymbol{r}^{\mathrm{T}}\boldsymbol{x}+\delta$$

有唯一的严格全局极小点

$$\bar{\boldsymbol{x}}=-\boldsymbol{G}^{-1}\boldsymbol{r}$$

其中，$\boldsymbol{G}$ 为 n 阶正定矩阵。

证明 因为 $\boldsymbol{G}$ 为正定矩阵，且

$$\nabla f(\boldsymbol{x})=\boldsymbol{G}\boldsymbol{x}+\boldsymbol{r},\quad \forall\boldsymbol{x}\in\mathbf{R}^n$$

所以可得 $f(\boldsymbol{x})$ 的唯一稳定点 $\bar{\boldsymbol{x}}=-\boldsymbol{G}^{-1}\boldsymbol{r}$。又由于 $f(\boldsymbol{x})$ 是严格凸函数，所以由定理 5.5 知，$\bar{\boldsymbol{x}}$ 是 $f(\boldsymbol{x})$ 的严格全局极小点。

5.2 约束问题的最优性条件

考虑约束最优化问题

$$\begin{aligned}&\min f(\boldsymbol{x}),\qquad \forall\boldsymbol{x}\in\mathbf{R}^n\\&\text{s.t.}\begin{cases}c_i(\boldsymbol{x})=0, & i\in E=\{1,2,\cdots,l\}\\ c_i(\boldsymbol{x})\geqslant 0, & i\in I=\{l+1,l+2,\cdots,l+m\}\end{cases}\end{aligned}\tag{5.6}$$

记 D 为可行域，即

$$D=\{\boldsymbol{x}\mid c_i(\boldsymbol{x})=0,i\in E;c_i(\boldsymbol{x})\geqslant 0,i\in I\}$$

由于在约束最优化问题中，变量的取值受到限制，目标函数在无约束情况下的稳定点很可能不在可行域内，所以一般不能用无约束最优化条件处理约束问题。

5.2.1 不等式约束问题的最优性条件

考虑只有不等式约束的最优化问题

$$\begin{aligned}&\min f(x),\qquad \boldsymbol{x}\in\mathbf{R}^n\\&\text{s.t.}\ \ c_i(\boldsymbol{x})\geqslant 0,\quad i=1,2,\cdots,m\end{aligned}\tag{5.7}$$

该问题的可行域为

$$D=\{\boldsymbol{x}\mid c_i(\boldsymbol{x})\geqslant 0,i,=1,2,\cdots,m\}$$

为增加直观性，首先给出最优性的几何条件，其次再给出它们的代数表示，为此引入以下概念。

定义 5.3 设 $D\subset\mathbf{R}^n$，集合 $\mathrm{c1}D=\{\boldsymbol{x}\in\mathbf{R}^n\mid D\cap N_\delta(\boldsymbol{x})\neq\varnothing,\forall\delta>0\}$ 称为 $\mathbf{R}^n$ 中集合 D 的闭包。

定义 5.4 设 $f(\boldsymbol{x})$ 是定义在 $\mathbf{R}^n$ 上的实函数，$\bar{\boldsymbol{x}}\in\mathbf{R}^n$，$\boldsymbol{d}$ 是非零向量。若存在常数 $\delta>0$，使得对任意 $\alpha\in(0,\delta)$，都有 $f(\bar{\boldsymbol{x}}+\alpha\boldsymbol{d})<f(\bar{\boldsymbol{x}})$，则称 $\boldsymbol{d}$ 为函数 $f(\boldsymbol{x})$ 在 $\bar{\boldsymbol{x}}$ 处的下降方向。

如果 $f(\boldsymbol{x})$ 是可微函数，且 $\nabla f(\bar{\boldsymbol{x}})^{\mathrm{T}}\boldsymbol{d}<0$，根据定理 5.1，显然 $\boldsymbol{d}$ 为 $f(\boldsymbol{x})$ 在 $\bar{\boldsymbol{x}}$ 处的下降方向，这时记作

$$F_0=\{\boldsymbol{d}\mid\nabla f(\bar{\boldsymbol{x}})^{\mathrm{T}}\boldsymbol{d}<0\}$$

定义 5.5 设集合 $D\subset\mathbf{R}^n$，$\bar{\boldsymbol{x}}\in\mathrm{c1}D$，$\boldsymbol{d}\in\mathbf{R}^n$，且 $\boldsymbol{d}\neq\boldsymbol{0}$，若存在常数 $\delta>0$，使得对任意 $\alpha\in(0,\delta)$，都有 $\bar{\boldsymbol{x}}+\alpha\boldsymbol{d}\in D$，则称 $\boldsymbol{d}$ 为集合 D 在 $\bar{\boldsymbol{x}}$ 处的可行方向。

集合 D 在$\bar{\boldsymbol{x}}$处的可行方向的集合

$$S=\{\boldsymbol{d}\mid \boldsymbol{d}\neq\boldsymbol{0},\bar{\boldsymbol{x}}\in \mathrm{cl}D,\exists\delta>0,\text{使得}\forall\alpha\in(0,\delta),\text{有}\bar{\boldsymbol{x}}+\alpha\boldsymbol{d}\in D\}$$

称为在$\bar{\boldsymbol{x}}$处的可行方向锥。

由可行方向和下降方向的定义可知，如果$\bar{\boldsymbol{x}}$是 $f(\boldsymbol{x})$ 在 D 上的局部极小点，则在$\bar{\boldsymbol{x}}$处，任何下降方向都不是可行方向，而任何可行方向也不是下降方向，就是说，不存在可行下降方向。

定理 5.6　考虑问题

$$\begin{aligned}&\min f(x)\\&\text{s.t.}\ \ \boldsymbol{x}\in D\end{aligned}$$

设 D 是 $\mathbf{R}^n$ 中的非空集合，$\bar{\boldsymbol{x}}\in D$，$f(\boldsymbol{x})$在$\bar{\boldsymbol{x}}$处可微，如果$\bar{\boldsymbol{x}}$是局部极小点，则

$$F_0\cap S=\varnothing$$

证明　用反证法。

如果存在向量 $\boldsymbol{d}\neq\boldsymbol{0}$，$\boldsymbol{d}\in F_0\cap S$，则 $\boldsymbol{d}\in F_0$ 且 $\boldsymbol{d}\in S$，根据 F_0 的定义，有

$$\nabla f(\bar{\boldsymbol{x}})^{\mathrm{T}}\boldsymbol{d}<0$$

由定理 5.1 可知，存在 $\delta_1>0$，当 $\alpha\in(0,\delta_1)$时，有

$$f(\bar{\boldsymbol{x}}+\alpha\boldsymbol{d})<f(\bar{\boldsymbol{x}})\tag{5.8}$$

又根据 S 的定义，存在 $\delta_2>0$，当 $\alpha\in(0,\delta_2)$时，有

$$\bar{\boldsymbol{x}}+\alpha\boldsymbol{d}\in D\tag{5.9}$$

令

$$\delta=\min\{\delta_1,\delta_2\}$$

则当 $\alpha\in(0,\delta)$时，式（5.8）和式（5.9）同时成立，而这与$\bar{\boldsymbol{x}}$是局部极小点相矛盾。因此，若$\bar{\boldsymbol{x}}$是局部极小点，则 $F_0\cap S=\varnothing$。

定义 5.6　设$\bar{\boldsymbol{x}}$为问题（5.7）的可行点，则其不等式约束条件在$\bar{\boldsymbol{x}}$处呈现两种情形：

（1）$c_i(\bar{\boldsymbol{x}})=0$，称第 i 个不等式约束为在$\bar{\boldsymbol{x}}$处起作用约束，也称有效约束；

（2）$c_i(\bar{\boldsymbol{x}})>0$，称第 i 个不等式约束为在$\bar{\boldsymbol{x}}$处不起作用约束，也称非有效约束。

用 $I(\bar{\boldsymbol{x}})$表示在可行点$\bar{\boldsymbol{x}}$处起作用约束的指标集，即

$$I(\bar{\boldsymbol{x}})=\{i\mid c_i(\bar{\boldsymbol{x}})=0,i=1,2,\cdots,m\}$$

对于起作用约束，当点沿某些方向稍微离开$\bar{\boldsymbol{x}}$时，仍能满足这些约束，而沿另一些方向离开$\bar{\boldsymbol{x}}$时，不论步长多么小，都会违背这些约束。对于不起作用约束，当点稍微离开$\bar{\boldsymbol{x}}$时，不论什么方向都不违背这些约束。如图 5.1 所示，在$\bar{\boldsymbol{x}}$处，$c_1\geqslant0$ 和 $c_2\geqslant0$ 是起作用约束，$c_3\geqslant0$ 是不起作用约束。

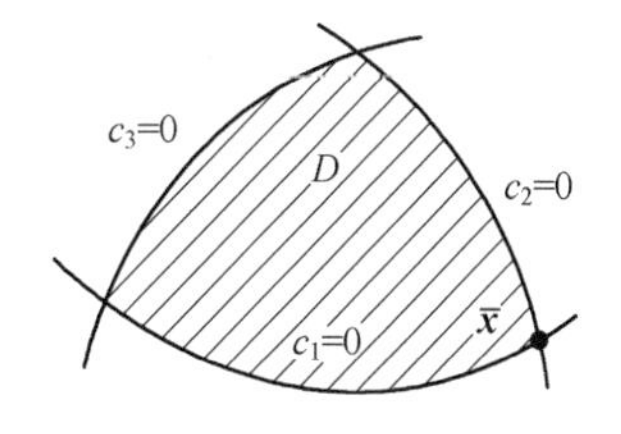

图 5.1　约束的指标集

因此，研究在一点处的可行方向时，只需考虑在该点起作用约束。

定理 5.7　设$\bar{\boldsymbol{x}}$是问题（5.7）的可行点，$f(\boldsymbol{x})$和 $c_i(\boldsymbol{x})$（$i\in I(\bar{\boldsymbol{x}})$）在$\bar{\boldsymbol{x}}$处可微，$c_i(\boldsymbol{x})$（$i\notin I(\bar{\boldsymbol{x}})$）在$\bar{\boldsymbol{x}}$处连续。如果$\bar{\boldsymbol{x}}$是问题（5.7）的局部极小点，则 $F_0\cap G_0=\varnothing$。其中，

$$G_0=\{\boldsymbol{d} \mid \nabla c_i(\bar{\boldsymbol{x}})^{\mathrm{T}}\boldsymbol{d}>0, i\in I(\bar{\boldsymbol{x}})\}$$

证明 由定理 5.6 可知，在点$\bar{\boldsymbol{x}}$处，有 $F_0\cap S=\varnothing$，所以只需证明 $G_0\subset S$。

对于任意 $\boldsymbol{d}\in G_0$，当 $i\in I(\bar{\boldsymbol{x}})$时，

$$\nabla c_i(\bar{\boldsymbol{x}})^{\mathrm{T}}\boldsymbol{d}>0$$

为了方便，记$\tilde{c}_i(\boldsymbol{x})=-c_i(\boldsymbol{x})$，因此，$\forall i\in I(\bar{\boldsymbol{x}})$，有$\nabla\tilde{c}_i(\bar{\boldsymbol{x}})^{\mathrm{T}}\boldsymbol{d}<0$。

根据定理 5.1，存在 $\delta_i>0$，当 $\alpha\in(0,\delta_i)$时，有

$$\tilde{c}_i(\bar{\boldsymbol{x}}+\alpha\boldsymbol{d})<\tilde{c}_i(\bar{\boldsymbol{x}}),\quad i\in I(\bar{\boldsymbol{x}})$$

即

$$c_i(\bar{\boldsymbol{x}}+\alpha\boldsymbol{d})>c_i(\bar{\boldsymbol{x}})=0,\quad i\in I(\bar{\boldsymbol{x}}) \tag{5.10}$$

当 $i\notin I(\bar{\boldsymbol{x}})$时，$c_i(\bar{\boldsymbol{x}})>0$。由于 $c_i(\boldsymbol{x})$在$\bar{\boldsymbol{x}}$处连续，因此存在 $\delta_i>0$，当 $\alpha\in(0,\delta_i)$时，有

$$c_i(\bar{\boldsymbol{x}}+\alpha\boldsymbol{d})>0,\quad i\notin I(\bar{\boldsymbol{x}}) \tag{5.11}$$

令

$$\delta=\min\{\delta_i \mid i=1,2,\cdots,m\} \tag{5.12}$$

由式（5.10）~式（5.11）可知，当 $\alpha\in(0,\delta)$时，有

$$c_i(\bar{\boldsymbol{x}}+\alpha\boldsymbol{d})>0,\quad i=1,2,\cdots,m$$

从而

$$\bar{\boldsymbol{x}}+\alpha\boldsymbol{d}$$

为问题的可行解，即

$$\bar{\boldsymbol{x}}+\alpha\boldsymbol{d}\in D$$

由定义 5.5 可知，$\boldsymbol{d}$ 为可行方向，因此 $\boldsymbol{d}\in S$，从而得出 $G_0\subset S$，故 $F_0\cap G_0=\varnothing$。

下面将最优性的几何条件转化为代数条件。

定理 5.8(Fritz John 条件) 设$\bar{\boldsymbol{x}}$是问题（5.7）的可行点，$f(\boldsymbol{x})$和 $c_i(\boldsymbol{x})(i\in I(\bar{\boldsymbol{x}}))$在$\bar{\boldsymbol{x}}$处可微，$c_i(\boldsymbol{x})(i\notin I(\bar{\boldsymbol{x}}))$在$\bar{\boldsymbol{x}}$处连续。若$\bar{\boldsymbol{x}}$是问题（5.7）的局部极小点，则存在不全为零的非负数 λ_0，$\lambda_i(i\in I(\bar{\boldsymbol{x}}))$使得

$$\lambda_0\nabla f(\bar{\boldsymbol{x}})-\sum_{i\in I(\bar{\boldsymbol{x}})}\lambda_i\nabla c_i(\bar{\boldsymbol{x}})=\boldsymbol{0} \tag{5.13}$$

证明 根据定理 5.7，在点$\bar{\boldsymbol{x}}$处，$F_0\cap G_0=\varnothing$，即不等式组

$$\begin{cases}\nabla f(\bar{\boldsymbol{x}})^{\mathrm{T}}\boldsymbol{d}<0\\-\nabla c_i(\bar{\boldsymbol{x}})^{\mathrm{T}}\boldsymbol{d}<0,\quad i\in I(\bar{\boldsymbol{x}})\end{cases} \tag{5.14}$$

无解。

记 $$I(\bar{\boldsymbol{x}})=\{i_1,i_2,\cdots,i_r\}$$

且 $$\boldsymbol{A}=(\nabla f(\bar{\boldsymbol{x}}),-\nabla c_{i_1}(\bar{\boldsymbol{x}}),-\nabla c_{i_2}(\bar{\boldsymbol{x}}),\cdots,-\nabla c_{i_r}(\bar{\boldsymbol{x}}))^{\mathrm{T}}$$

则关系式组（5.14）无解等价于关系式

$$\boldsymbol{A}\boldsymbol{d}<0 \tag{5.15}$$

无解。

根据戈丹定理可知，若关系式（5.15）无解，则必存在 $\boldsymbol{\lambda}\in\mathbf{R}^{r+1},\boldsymbol{\lambda}\geqslant\boldsymbol{0},\boldsymbol{\lambda}\neq\boldsymbol{0}$，使得

$$\boldsymbol{A}^{\mathrm{T}}\boldsymbol{\lambda}=\boldsymbol{0} \tag{5.16}$$

把 $\boldsymbol{\lambda}$ 的分量记作 λ_0 和 $\lambda_i(i\in I(\bar{\boldsymbol{x}}))$。从而，由 $\boldsymbol{A}$ 的定义及式（5.16）可知，定理结论成立。

例 5.3 已知最优化问题

$$\min f(\boldsymbol{x})=-x_1$$

$$\text{s.t.}\begin{cases}c_1(\boldsymbol{x})=(1-x_1)^3-x_2\geqslant 0\\ c_2(\boldsymbol{x})=x_2\geqslant 0\end{cases}$$

试判别最优解$\bar{\boldsymbol{x}}=(1,0)^{\mathrm{T}}$是否满足 Fritz John 条件。

解　因为

$$\nabla f(\bar{\boldsymbol{x}})=(-1,0)^{\mathrm{T}},\quad \nabla c_1(\bar{\boldsymbol{x}})=(0,-1)^{\mathrm{T}},\quad \nabla c_2(\bar{\boldsymbol{x}})=(0,1)^{\mathrm{T}}$$

且

$$I(\bar{\boldsymbol{x}})=\{1,2\}$$

所以为使 Fritz John 条件

$$\lambda_0(-1,0)^{\mathrm{T}}-\lambda_1(0,-1)^{\mathrm{T}}-\lambda_2(0,1)^{\mathrm{T}}=(0,0)^{\mathrm{T}}$$

成立，只有 $\lambda_0=0$，因此，取 $\lambda_0=0$，$\lambda_1=\lambda_2=\alpha>0$ 即可。这一关系表明，存在不全为零的非负数 $\lambda_0,\lambda_1,\lambda_2$ 使上式成立。因此，$\bar{\boldsymbol{x}}$是 Fritz John 点。

这个例子说明在 Fritz John 条件中有可能 $\lambda_0=0$。当 $\lambda_0=0$ 时，目标函数的梯度$\nabla f(\bar{\boldsymbol{x}})$就会从 Fritz John 条件消失，此时，Fritz John 条件实际上不包含目标函数的任何信息，仅仅把起作用约束函数的梯度组合成零向量，而这对表述最优解没有什么实际价值。我们感兴趣的是 $\lambda_0\neq 0$ 的情形。为保证 $\lambda_0\neq 0$，还需要对约束施加某种限制，这种限制条件通常称为约束品性。在定理 5.8 中，如果增加起作用约束的梯度线性无关的约束品性，则给出不等式约束问题的著名的 Kuhn-Tucker 条件（简称 K-T 条件）。

定理 5.9(Kuhn-Tucker 条件)　考虑问题（5.7），设$\bar{\boldsymbol{x}}\in D$，$f(\boldsymbol{x})$和 $c_i(\boldsymbol{x})\,(i\in I(\bar{\boldsymbol{x}}))$在$\bar{\boldsymbol{x}}$处可微，$c_i(\boldsymbol{x})\,(i\notin I(\bar{\boldsymbol{x}}))$在$\bar{\boldsymbol{x}}$处连续，$\{\nabla c_i(\bar{\boldsymbol{x}})\mid i\in I(\bar{\boldsymbol{x}})\}$线性无关。若$\bar{\boldsymbol{x}}$是局部极小点，则存在非负数 λ_i，$i\in I(\bar{\boldsymbol{x}})$，使得

$$\nabla f(\bar{\boldsymbol{x}})-\sum_{i\in I(\bar{\boldsymbol{x}})}\lambda_i\nabla c_i(\bar{\boldsymbol{x}})=\boldsymbol{0}\tag{5.17}$$

证明　根据定理 5.8，存在不全为零的非负数 λ_0，$\hat{\lambda}_i(i\in I(\bar{\boldsymbol{x}}))$，使得

$$\lambda_0\nabla f(\bar{\boldsymbol{x}})-\sum_{i\in I(\bar{\boldsymbol{x}})}\hat{\lambda}_i\nabla c_i(\bar{\boldsymbol{x}})=\boldsymbol{0}$$

显然 $\lambda_0\neq 0$，因为如果 $\lambda_0=0$，$\hat{\lambda}_i(i\in I(\bar{\boldsymbol{x}}))$不全为零，必导致$\{\nabla c_i(\bar{\boldsymbol{x}})\mid i\in I(\bar{\boldsymbol{x}})\}$线性相关，于是可令 $\lambda_i=\dfrac{\hat{\lambda}_i}{\lambda_0}$，$i\in I(\bar{\boldsymbol{x}})$，从而得到

$$\nabla f(\bar{\boldsymbol{x}})-\sum_{i\in I(\bar{\boldsymbol{x}})}\lambda_i\nabla c_i(\bar{\boldsymbol{x}})=\boldsymbol{0}$$

$$\lambda_i\geqslant 0,\quad i\in I(\bar{\boldsymbol{x}})$$

在定理 5.9 中，若 $c_i(\boldsymbol{x})\,(i\notin I(\bar{\boldsymbol{x}}))$在$\bar{\boldsymbol{x}}$处可微，则 K-T 条件可写成等价形式：

$$\nabla f(\bar{\boldsymbol{x}})-\sum_{i=1}^{m}\lambda_i\nabla c_i(\bar{\boldsymbol{x}})=\boldsymbol{0}\tag{5.18}$$

$$\lambda_i c_i(\bar{\boldsymbol{x}})=0,\quad i=1,2,\cdots,m\tag{5.19}$$

$$\lambda_i\geqslant 0,\quad i=1,2,\cdots,m\tag{5.20}$$

当 $i\notin I(\bar{\boldsymbol{x}})$时，$c_i(\bar{\boldsymbol{x}})\neq 0$，由式（5.19）可知 $\lambda_i=0$，这时，$\lambda_i\nabla c_i(\bar{\boldsymbol{x}})\,(i\notin I(\bar{\boldsymbol{x}}))$从式（5.18）中消去，得到式（5.17）。

当 $i\in I(\bar{\boldsymbol{x}})$时，$c_i(\bar{\boldsymbol{x}})=0$，因此条件（5.19）对 λ_i 没有限制。条件（5.19）称为互补松弛条件。

如果给定点$\bar{\boldsymbol{x}}$，验证它是否满足K-T条件，只需解方程组（5.17）。如果$\bar{\boldsymbol{x}}$没有给定，欲求满足K-T条件的点，就需要求解式（5.18）和式（5.19）。

例5.4 给定最优化问题

$$\min f(\boldsymbol{x})=(x_1-2)^2+x_2^2$$
$$\text{s.t.}\begin{cases}c_1(\boldsymbol{x})=x_1-x_2^2\geqslant 0\\ c_2(\boldsymbol{x})=-x_1+x_2\geqslant 0\end{cases}$$

验证下列两点$\boldsymbol{x}^{(1)}=(0,0)^{\mathrm{T}}$，$\boldsymbol{x}^{(2)}=(1,1)^{\mathrm{T}}$是否为K-T点。

解 目标函数和约束函数的梯度为

$$\nabla f(\boldsymbol{x})=(2(x_1-2),2x_2)^{\mathrm{T}},\quad \nabla c_1(\boldsymbol{x})=(1,-2x_2)^{\mathrm{T}},\quad \nabla c_2(\boldsymbol{x})=(-1,1)^{\mathrm{T}}$$

先验证$\boldsymbol{x}^{(1)}$。在$\boldsymbol{x}^{(1)}$点处，$c_1(\boldsymbol{x})\geqslant 0$和$c_2(\boldsymbol{x})\geqslant 0$都是起作用约束，目标函数和约束函数的梯度分别是

$$\nabla f(\boldsymbol{x}^{(1)})=(-4,0)^{\mathrm{T}},\quad \nabla c_1(\boldsymbol{x}^{(1)})=(1,0)^{\mathrm{T}},\quad \nabla c_2(\boldsymbol{x}^{(1)})=(-1,1)^{\mathrm{T}}$$

设
$$(-4,0)^{\mathrm{T}}-\lambda_1(1,0)^{\mathrm{T}}-\lambda_2(-1,1)^{\mathrm{T}}=(0,0)^{\mathrm{T}}$$

即
$$\begin{cases}-4-\lambda_1+\lambda_2=0\\ -\lambda_2=0\end{cases}$$

解此方程组得$\lambda_1=-4,\lambda_2=0$。由于$\lambda_1<0$，因此$\boldsymbol{x}^{(1)}$不是K-T点。

再验证$\boldsymbol{x}^{(2)}$。在$\boldsymbol{x}^{(2)}$点处，$c_1(\boldsymbol{x})\geqslant 0$和$c_2(\boldsymbol{x})\geqslant 0$都是起作用约束，目标函数和约束函数的梯度分别是

$$\nabla f(\boldsymbol{x}^{(2)})=(-2,2)^{\mathrm{T}},\quad \nabla c_1(\boldsymbol{x}^{(2)})=(1,-2)^{\mathrm{T}},\quad \nabla c_2(\boldsymbol{x}^{(2)})=(-1,1)^{\mathrm{T}}$$

设
$$(-2,2)^{\mathrm{T}}-\lambda_1(1,-2)^{\mathrm{T}}-\lambda_2(-1,1)^{\mathrm{T}}=(0,0)^{\mathrm{T}}$$

即
$$\begin{cases}-2-\lambda_1+\lambda_2=0\\ 2+2\lambda_1-\lambda_2=0\end{cases}$$

解此方程组得$\lambda_1=0$，$\lambda_2=2$。所以$\boldsymbol{x}^{(2)}$是K-T点。

例5.5 给定最优化问题

$$\min f(\boldsymbol{x})=(x_1-1)^2+x_2$$
$$\text{s.t.}\begin{cases}c_1(\boldsymbol{x})=-x_1-x_2+2\geqslant 0\\ c_2(\boldsymbol{x})=x_2\geqslant 0\end{cases}$$

求满足K-T条件的点。

解 因为$\nabla f(\boldsymbol{x})=(2(x_1-1),1)^{\mathrm{T}}$，$\nabla c_1(\boldsymbol{x})=(-1,-1)^{\mathrm{T}}$，$\nabla c_2(\boldsymbol{x})=(0,1)^{\mathrm{T}}$，所以K-T条件为

$$\begin{cases}2(x_1-1)+\lambda_1=0\\ 1+\lambda_1-\lambda_2=0\\ \lambda_1(-x_1-x_2+2)=0\\ \lambda_2x_2=0\\ \lambda_1\geqslant 0,\lambda_2\geqslant 0\end{cases}\tag{5.21}$$

这是以 $x_1, x_2, \lambda_1, \lambda_2$ 为变量的非线性方程组。

若 $\lambda_2=0$，则由式（5.21）的第 2 式得 $\lambda_1=-1$，这与 $\lambda_1\geqslant 0$ 矛盾。因此 $\lambda_2>0$，由式（5.21）的第 4 式知 $x_2=0$；

若 $-x_1+2=0$，则由式（5.21）的第 1 式得 $\lambda_1=-2$，这与 $\lambda_1\geqslant 0$ 矛盾。因此由式（5.21）的第 3 式知 $\lambda_1=0$；

再将 $\lambda_1=0$ 代入式（5.21）的第 1 式和第 2 式得 $x_1=1$，$\lambda_2=1$；

由于 $\lambda_1\geqslant 0$，$\lambda_2\geqslant 0$，且 $\bar{\boldsymbol{x}}=(1,0)^{\mathrm{T}}$ 为问题的可行点，因此 $\bar{\boldsymbol{x}}$ 是问题的 K-T 点。

下面给出凸规划最优解的充分条件。

定理 5.10　考虑问题（5.7），设 $f(\boldsymbol{x})$ 是凸函数，$c_i(\boldsymbol{x})\,(i=1,2,\cdots,m)$ 是凹函数，$\bar{\boldsymbol{x}}\in D$，$f(\boldsymbol{x})$ 和 $c_i(\boldsymbol{x})\,(i\in I(\bar{\boldsymbol{x}}))$ 在点 $\bar{\boldsymbol{x}}$ 处可微，$c_i(\boldsymbol{x})\,(i\notin I(\bar{\boldsymbol{x}}))$ 在 $\bar{\boldsymbol{x}}$ 处连续，且在 $\bar{\boldsymbol{x}}$ 处 K-T 条件成立，则 $\bar{\boldsymbol{x}}$ 为全局极小点。

证明　由定理假设条件，问题（5.7）的可行域 D 是凸集。由于 $f(\boldsymbol{x})$ 是凸函数且在 $\bar{\boldsymbol{x}}$ 处可微，根据定理 2.14，对任意的 $\boldsymbol{x}\in D$，有

$$f(\boldsymbol{x})\geqslant f(\bar{\boldsymbol{x}})+\nabla f(\bar{\boldsymbol{x}})^{\mathrm{T}}(\boldsymbol{x}-\bar{\boldsymbol{x}}) \tag{5.22}$$

又知在点 $\bar{\boldsymbol{x}}$ 处 K-T 条件成立，即存在 $\lambda_i\geqslant 0(i\in I(\bar{\boldsymbol{x}}))$，使得

$$\nabla f(\bar{\boldsymbol{x}})=\sum_{i\in I(\bar{\boldsymbol{x}})}\lambda_i\nabla c_i(\bar{\boldsymbol{x}}) \tag{5.23}$$

把式（5.23）代入式（5.22），得到

$$f(\boldsymbol{x})\geqslant f(\bar{\boldsymbol{x}})+\sum_{i\in I(\bar{\boldsymbol{x}})}\lambda_i\nabla c_i(\bar{\boldsymbol{x}})^{\mathrm{T}}(\boldsymbol{x}-\bar{\boldsymbol{x}}) \tag{5.24}$$

由于 $c_i(\boldsymbol{x})\,(i=1,2,\cdots,m)$ 是凹函数，所以 $-c_i(\boldsymbol{x})$ 是凸函数，当 $i\in I(\bar{\boldsymbol{x}})$ 时，由定理 2.14 得到

$$-c_i(\boldsymbol{x})\geqslant -c_i(\bar{\boldsymbol{x}})+[-\nabla c_i(\bar{\boldsymbol{x}})]^{\mathrm{T}}(\boldsymbol{x}-\bar{\boldsymbol{x}})$$

即

$$\nabla c_i(\bar{\boldsymbol{x}})^{\mathrm{T}}(\boldsymbol{x}-\bar{\boldsymbol{x}})\geqslant c_i(\boldsymbol{x})-c_i(\bar{\boldsymbol{x}}),\ i\in I(\bar{\boldsymbol{x}}) \tag{5.25}$$

由于 $c_i(\bar{\boldsymbol{x}})=0$，$c_i(\boldsymbol{x})\geqslant 0$，因此有

$$\nabla c_i(\bar{\boldsymbol{x}})^{\mathrm{T}}(\boldsymbol{x}-\bar{\boldsymbol{x}})\geqslant 0,\quad i\in I(\bar{\boldsymbol{x}}) \tag{5.26}$$

根据式（5.24）和式（5.26），显然

$$f(\boldsymbol{x})\geqslant f(\bar{\boldsymbol{x}})$$

即 $\bar{\boldsymbol{x}}$ 是问题（5.7）的全局解。

由上述定理可知，例 5.5 的 K-T 点 $\bar{\boldsymbol{x}}=(1,0)^{\mathrm{T}}$ 一定是该问题的全局极小点。

5.2.2　一般约束问题的最优性条件

考虑最优化问题（5.6），同不等式约束最优化问题类似，先给出问题（5.6）的几何最优性条件，然后给出代数最优性条件。

定理 5.11　设 $\bar{\boldsymbol{x}}$ 为问题（5.6）的可行点，$I(\bar{\boldsymbol{x}})=\{i\mid c_i(\bar{\boldsymbol{x}})=0, i\in I\}$，$f(\boldsymbol{x})$ 和 $c_i(\boldsymbol{x})\,(i\in I(\bar{\boldsymbol{x}}))$ 在点 $\bar{\boldsymbol{x}}$ 处可微，$c_i(\boldsymbol{x})\,(i\in I$ 且 $i\notin I(\bar{\boldsymbol{x}}))$ 在 $\bar{\boldsymbol{x}}$ 处连续，$c_i(\boldsymbol{x})\,(i\in E)$ 在 $\bar{\boldsymbol{x}}$ 处连续可微，且 $\nabla c_1(\bar{\boldsymbol{x}}),\nabla c_2(\bar{\boldsymbol{x}}),\cdots,\nabla c_l(\bar{\boldsymbol{x}})$ 线性无关。如果 $\bar{\boldsymbol{x}}$ 是局部极小点，则在 $\bar{\boldsymbol{x}}$ 处，有

$$F_0\cap G_0\cap H_0=\varnothing$$

其中，F_0，G_0 和 H_0 的定义为

$$F_0=\{\boldsymbol{d} \mid \nabla f(\overline{\boldsymbol{x}})^{\mathrm{T}}\boldsymbol{d}<0\}$$

$$G_0=\{\boldsymbol{d} \mid \nabla c_i(\overline{\boldsymbol{x}})^{\mathrm{T}}\boldsymbol{d}>0, i\in I(\overline{\boldsymbol{x}})\}$$

$$H_0=\{\boldsymbol{d} \mid \nabla c_i(\overline{\boldsymbol{x}})^{\mathrm{T}}\boldsymbol{d}=0, i\in E\}$$

证明 若 $l=n$，则由 $\nabla c_1(\overline{\boldsymbol{x}}),\nabla c_2(\overline{\boldsymbol{x}}),\cdots,\nabla c_l(\overline{\boldsymbol{x}})$ 线性无关可知，$H_0=\{0\}$，从而 $G_0\cap H_0=\varnothing$，故结论成立。设 $l<n$，且 $G_0\cap H_0\neq\varnothing$，只需证明：对于一切 $\boldsymbol{d}\in G_0\cap H_0$，必有 $\boldsymbol{d}\notin F_0$。

由于 $\nabla c_1(\overline{\boldsymbol{x}}),\nabla c_2(\overline{\boldsymbol{x}}),\cdots,\nabla c_l(\overline{\boldsymbol{x}})$ 线性无关，所以由它们生成的 $\mathbf{R}^n$ 中的 l 维子空间，存在一个正交补子空间。因为 $\boldsymbol{d}\in G_0\cap H_0$，所以 $\boldsymbol{d}\neq\boldsymbol{0}$，且 $\nabla c_i(\overline{\boldsymbol{x}})^{\mathrm{T}}\boldsymbol{d}=0(i\in E)$，从而可设这个正交补子空间的正交基为 $\boldsymbol{d},\boldsymbol{d}_1,\boldsymbol{d}_2,\cdots,\boldsymbol{d}_{n-l-1}$。

现在考虑方程组

$$\begin{cases}c_i(\boldsymbol{x})=0, & i=1,2,\cdots,l\\ \boldsymbol{d}_i^{\mathrm{T}}(\boldsymbol{x}-\overline{\boldsymbol{x}})=0, & i=1,2,\cdots,n-l-1\\ \boldsymbol{d}^{\mathrm{T}}(\boldsymbol{x}-\overline{\boldsymbol{x}})-\theta=0\end{cases} \tag{5.27}$$

其中，θ 为实变量，若记

$$c(\boldsymbol{x})=(c_1(\boldsymbol{x}),c_2(\boldsymbol{x}),\cdots,c_l(\boldsymbol{x}))^{\mathrm{T}}$$

$$\boldsymbol{A}=(\boldsymbol{d}_1,\boldsymbol{d}_2,\cdots,\boldsymbol{d}_{n-l-1})$$

$$\varphi(\boldsymbol{x},\theta)=\begin{pmatrix}c(\boldsymbol{x})\\ \boldsymbol{A}^{\mathrm{T}}(\boldsymbol{x}-\overline{\boldsymbol{x}})\\ \boldsymbol{d}^{\mathrm{T}}(\boldsymbol{x}-\overline{\boldsymbol{x}})-\theta\end{pmatrix}$$

则问题（5.27）等价于

$$\varphi(\boldsymbol{x},\theta)=0 \tag{5.28}$$

显然，向量函数 $\varphi(\boldsymbol{x},\theta)$ 在点 $(\overline{\boldsymbol{x}},0)^{\mathrm{T}}$ 处关于 $\boldsymbol{x}$ 的雅可比矩阵为

$$\nabla_x\varphi(\overline{\boldsymbol{x}},0)=\begin{pmatrix}\nabla c(\overline{\boldsymbol{x}})\\ \boldsymbol{A}^{\mathrm{T}}\\ \boldsymbol{d}^{\mathrm{T}}\end{pmatrix}$$

其中，

$$\nabla c(\overline{\boldsymbol{x}})=(\nabla c_1(\overline{\boldsymbol{x}}),\nabla c_2(\overline{\boldsymbol{x}}),\cdots,\nabla c_l(\overline{\boldsymbol{x}}))^{\mathrm{T}}$$

是向量函数 $c(\boldsymbol{x})$ 在点 $\overline{\boldsymbol{x}}$ 处的雅可比矩阵。由前面的讨论及假设，不难知道，$\nabla_x\varphi(\overline{\boldsymbol{x}},0)$ 的逆矩阵为

$$(\nabla c(\overline{\boldsymbol{x}})^{\mathrm{T}}(\nabla c(\overline{\boldsymbol{x}})\nabla c(\overline{\boldsymbol{x}})^{\mathrm{T}})^{-1},\boldsymbol{A},\boldsymbol{d})$$

又因为问题（5.27）的左边每个函数关于 $\boldsymbol{x}$ 和 θ 都有一阶连续偏导数，所以由隐函数存在定理，在 $\theta=0$ 的某个邻域内存在具有一阶连续偏导数的向量函数 $\boldsymbol{x}(\theta)$，使 $\boldsymbol{x}(0)=\overline{\boldsymbol{x}}$，且当 θ 充分小时，有 $\varphi(\boldsymbol{x}(\theta),\theta)=0$，从而 $c(\boldsymbol{x}(\theta))=0$。

把式（5.28）的两边对 θ 求导，得

$$\nabla_\theta\varphi(\boldsymbol{x},\theta)+\nabla_x\varphi(\boldsymbol{x},\theta)\nabla\boldsymbol{x}(\theta)=0$$

$$\nabla_\theta\varphi(\boldsymbol{x},\theta)=(0,0,\cdots,0,-1)^{\mathrm{T}}$$

故

$$\nabla\boldsymbol{x}(0)=-(\nabla_x\varphi(\overline{\boldsymbol{x}},0))^{-1}\nabla_\theta\varphi(\overline{\boldsymbol{x}},0)=\boldsymbol{d}$$

由于对一切 $i\in I$ 且 $i\notin I(\overline{\boldsymbol{x}})$，$c_i(\boldsymbol{x})$ 在点 $\overline{\boldsymbol{x}}$ 处连续，且 $c_i(\overline{\boldsymbol{x}})>0$，所以当 θ 充分小时，有

$$c_i(\boldsymbol{x}(\theta))>0,\quad \forall i\in I \text{ 且 } i\notin I(\overline{\boldsymbol{x}})$$

又因 $\boldsymbol{d}\in G_0$，故 $c_i(\boldsymbol{x}(\theta))$ 在 $\theta=0$ 处的导数为

$$\nabla c_i(\bar{\boldsymbol{x}})^{\mathrm{T}} \nabla \boldsymbol{x}(0) = \nabla c_i(\bar{\boldsymbol{x}})^{\mathrm{T}} \boldsymbol{d} > 0, \quad \forall i \in I(\bar{\boldsymbol{x}})$$

即 $c_i(\boldsymbol{x}(\theta))(i \in I(\bar{\boldsymbol{x}}))$ 在 $\theta=0$ 处严格单调增加，即当 θ 为充分小的正数时，有

$$c_i(\boldsymbol{x}(\theta)) > c_i(\boldsymbol{x}(0)) = 0, \quad \forall i \in I(\bar{\boldsymbol{x}})$$

于是当 θ 为充分小的正数时，有

$$\begin{cases} c_i(\boldsymbol{x}(\theta)) > 0, & i \in I \\ c_i(\boldsymbol{x}(\theta)) = 0, & i \in E \end{cases}$$

即当 $\theta>0$ 充分小时，$\boldsymbol{x}(\theta) \in D$。

因为 $\bar{\boldsymbol{x}}$ 为问题（5.6）的局部极小点，所以当 $\theta>0$ 充分小时，有

$$f(\boldsymbol{x}(\theta)) \geqslant f(\bar{\boldsymbol{x}}) \tag{5.29}$$

由于 $f(\boldsymbol{x})$ 在点 $\bar{\boldsymbol{x}} \in D$ 处可微，$\boldsymbol{x}(\theta)$ 在 $\theta=0$ 处可微，所以由泰勒公式，有

$$f(\boldsymbol{x}(\theta)) = f(\boldsymbol{x}(0)) + \theta \nabla f(\bar{\boldsymbol{x}})^{\mathrm{T}} \boldsymbol{d} + o(\theta)$$

即由式（5.29）知

$$\nabla f(\bar{\boldsymbol{x}})^{\mathrm{T}} \boldsymbol{d} + \frac{o(\theta)}{\theta} \geqslant 0$$

在上式中令 $\theta \to 0$，得 $\nabla f(\bar{\boldsymbol{x}})^{\mathrm{T}} \boldsymbol{d} \geqslant 0$，即 $\boldsymbol{d} \notin F_0$。

下面给出这几个几何最优性条件的代数表达。

定理 5.12（Fritz John 条件）　设 $\bar{\boldsymbol{x}}$ 为问题（5.6）的可行点，$I(\bar{\boldsymbol{x}}) = \{i \mid c_i(\bar{\boldsymbol{x}}) = 0, i \in I\}$，$f(\boldsymbol{x})$ 和 $c_i(\boldsymbol{x})(i \in I(\bar{\boldsymbol{x}}))$ 在点 $\bar{\boldsymbol{x}}$ 处可微，$c_i(\boldsymbol{x})(i \in I$ 且 $i \notin I(\bar{\boldsymbol{x}}))$ 在 $\bar{\boldsymbol{x}}$ 处连续，$c_i(\boldsymbol{x})(i \in E)$ 在 $\bar{\boldsymbol{x}}$ 处连续可微。如果 $\bar{\boldsymbol{x}}$ 是局部极小点，则存在不全为零的数 λ_0，$\lambda_i(i \in I(\bar{\boldsymbol{x}}))$ 和 $\lambda_i(i \in E)$，使得

$$\lambda_0 \nabla f(\bar{\boldsymbol{x}}) - \sum_{i \in I(\bar{\boldsymbol{x}})} \lambda_i \nabla c_i(\bar{\boldsymbol{x}}) - \sum_{i \in E} \lambda_i \nabla c_i(\bar{\boldsymbol{x}}) = \boldsymbol{0}$$
$$\lambda_0, \lambda_i \geqslant 0, \quad i \in I(\bar{\boldsymbol{x}})$$

证明　如果 $\nabla c_1(\bar{\boldsymbol{x}}), \cdots, \nabla c_l(\bar{\boldsymbol{x}})$ 线性相关，则存在不全为零的数 $\lambda_i(i \in E)$ 使

$$\sum_{i \in E} \lambda_i \nabla c_i(\bar{\boldsymbol{x}}) = \boldsymbol{0}$$

这时，可令 $\lambda_0 = 0$，$\lambda_i = 0(i \in I(\bar{\boldsymbol{x}}))$，则定理结论成立。

如果 $\nabla c_1(\bar{\boldsymbol{x}}), \nabla c_2(\bar{\boldsymbol{x}}), \cdots, \nabla c_l(\bar{\boldsymbol{x}})$ 线性无关，则满足定理 5.11 的条件，必有

$$F_0 \cap G_0 \cap H_0 = \varnothing$$

即关系式组

$$\begin{cases} \nabla f(\bar{\boldsymbol{x}})^{\mathrm{T}} \boldsymbol{d} < 0 \\ \nabla c_i(\bar{\boldsymbol{x}})^{\mathrm{T}} \boldsymbol{d} > 0, i \in I(\bar{\boldsymbol{x}}) \\ \nabla c_i(\bar{\boldsymbol{x}})^{\mathrm{T}} \boldsymbol{d} = 0, i = 1, 2, \cdots, l \end{cases} \tag{5.30}$$

无解。

记

$$I(\bar{\boldsymbol{x}}) = \{i_1, i_2, \cdots, i_r\}$$

$$\boldsymbol{A} = (\nabla f(\bar{\boldsymbol{x}}), -\nabla c_{i_1}(\bar{\boldsymbol{x}}), \cdots, -\nabla c_{i_r}(\bar{\boldsymbol{x}}))^{\mathrm{T}}$$

$$\boldsymbol{B} = (-\nabla c_1(\bar{\boldsymbol{x}}), -\nabla c_2(\bar{\boldsymbol{x}}), \cdots, -\nabla c_l(\bar{\boldsymbol{x}}))^{\mathrm{T}}$$

关系式组（5.30）无解等价于关系式组

$$\begin{cases} \boldsymbol{A}\boldsymbol{d} < 0 \\ \boldsymbol{B}\boldsymbol{d} = 0 \end{cases} \tag{5.31}$$

无解。

由定理 2.9 可知，关系式组（5.31）无解当且仅当存在

$$\boldsymbol{\lambda}' \in \mathbf{R}^{r+1}, \boldsymbol{\lambda}' \geqslant \mathbf{0}, \boldsymbol{\lambda}' \neq \mathbf{0} \text{ 及 } \lambda'' \in \mathbf{R}^{l}$$

使得

$$\boldsymbol{A}^{\mathrm{T}}\boldsymbol{\lambda}' + \boldsymbol{B}^{\mathrm{T}}\boldsymbol{\lambda}'' = \mathbf{0} \tag{5.32}$$

把 $\boldsymbol{\lambda}'$的分量记作 λ_0 和 $\lambda_i(i \in I(\bar{\boldsymbol{x}}))$，$\lambda''$的分量记作 $\lambda_i(i \in E)$。从而，由 $\boldsymbol{A}$ 和 $\boldsymbol{B}$ 的意义以及式（5.32）可知，定理结论成立。

例 5.6　给定最优化问题

$$\min f(\boldsymbol{x}) = x_1^2 + x_2^2$$

$$\text{s. t.} \begin{cases} c_1(\boldsymbol{x}) = -(x_1-1)^2 + x_2 = 0 \\ c_2(\boldsymbol{x}) = x_1^3 - x_2 \geqslant 0 \\ c_3(\boldsymbol{x}) = x_2 \geqslant 0 \end{cases}$$

试判断点 $\bar{\boldsymbol{x}} = (1,0)^{\mathrm{T}}$ 是否为 Fritz John 点。

解　$I(\bar{\boldsymbol{x}}) = \{3\}$，且

$$\nabla f(\bar{\boldsymbol{x}}) = (2,0)^{\mathrm{T}}, \nabla c_3(\bar{\boldsymbol{x}}) = (0,1)^{\mathrm{T}}, \nabla c_1(\bar{\boldsymbol{x}}) = (0,1)^{\mathrm{T}}$$

因此为使 Fritz John 条件

$$\lambda_0(2,0)^{\mathrm{T}} - \lambda_3(0,1)^{\mathrm{T}} - \lambda_1(0,1)^{\mathrm{T}} = (0,0)^{\mathrm{T}}$$

成立，取

$$\lambda_0 = 0, \lambda_3 = 1, \lambda_1 = -1$$

即知 $\bar{\boldsymbol{x}}$ 是 Fritz John 点。

上例表明，在 Fritz John 条件中，不排除目标函数梯度的系数 λ_0 等于零的情形。为保证 λ_0 不等于零，需给约束条件施加某种限制，从而给出一般约束问题的 K-T 条件。

定理 5.13　设 $\bar{\boldsymbol{x}}$ 为问题（5.6）的可行点，$I(\bar{\boldsymbol{x}}) = \{i \mid c_i(\bar{\boldsymbol{x}}) = 0, i \in I\}$，$f(\boldsymbol{x})$ 和 $c_i(\boldsymbol{x})(i \in I(\bar{\boldsymbol{x}}))$ 在点 $\bar{\boldsymbol{x}}$ 处可微，$c_i(\boldsymbol{x})(i \in I$ 且 $i \notin I(\bar{\boldsymbol{x}}))$ 在 $\bar{\boldsymbol{x}}$ 处连续，$c_i(\boldsymbol{x})(i \in E)$ 在 $\bar{\boldsymbol{x}}$ 处连续可微，$\{\nabla c_i(\bar{\boldsymbol{x}})(i \in I(\bar{\boldsymbol{x}})), \nabla c_i(\bar{\boldsymbol{x}})(i \in E)\}$ 线性无关。如果 $\bar{\boldsymbol{x}}$ 是局部极小点，则存在数 $\lambda_i(i \in I(\bar{\boldsymbol{x}}))$ 和 $\lambda_i(i \in E)$，使得

$$\nabla f(\bar{\boldsymbol{x}}) - \sum_{i \in I(\bar{\boldsymbol{x}})} \lambda_i \nabla c_i(\bar{\boldsymbol{x}}) - \sum_{i \in E} \lambda_i \nabla c_i(\bar{\boldsymbol{x}}) = \mathbf{0}$$

$$\lambda_i \geqslant 0, \quad i \in I(\bar{\boldsymbol{x}})$$

证明　根据定理 5.12，存在不全为零的数 λ_0，$\bar{\lambda}_i(i \in I(\bar{\boldsymbol{x}}))$ 和 $\bar{\lambda}_i(i \in E)$，使得

$$\lambda_0 \nabla f(\bar{\boldsymbol{x}}) - \sum_{i \in I(\bar{\boldsymbol{x}})} \bar{\lambda}_i \nabla c_i(\bar{\boldsymbol{x}}) - \sum_{i \in E} \bar{\lambda}_i \nabla c_i(\bar{\boldsymbol{x}}) = \mathbf{0}$$

$$\lambda_0, \bar{\lambda}_i \geqslant 0, \quad i \in I(\bar{\boldsymbol{x}})$$

由向量组 $\{\nabla c_i(\bar{\boldsymbol{x}})(i \in I(\bar{\boldsymbol{x}})), \nabla c_i(\bar{\boldsymbol{x}})(i \in E)\}$ 线性无关，必得出 $\lambda_0 \neq 0$，反之，将得出上述向量组线性相关的结论。令

$$\lambda_i = \frac{\bar{\lambda}_i}{\lambda_0}, \quad i \in I(\bar{\boldsymbol{x}})$$

$$\lambda_i = \frac{\bar{\lambda}_i}{\lambda_0}, \quad i \in E$$

于是得到

$$\nabla f(\bar{\boldsymbol{x}}) - \sum_{i \in I(\bar{\boldsymbol{x}})} \lambda_i \nabla c_i(\bar{\boldsymbol{x}}) - \sum_{i \in E} \lambda_i \nabla c_i(\bar{\boldsymbol{x}}) = \mathbf{0}$$

$$\lambda_i \geqslant 0, \quad i \in I(\bar{\boldsymbol{x}})$$

与只有不等式约束的情形类似，当 $c_i(\boldsymbol{x})\,(i \in I$ 且 $i \notin I(\bar{\boldsymbol{x}}))$ 在点$\bar{\boldsymbol{x}}$处也可微时，令其相应的数 λ_i 等于零，于是可将上述 K-T 条件写成下列等价形式：

$$\begin{cases}\nabla f(\bar{\boldsymbol{x}}) - \sum\limits_{i \in I} \lambda_i \nabla c_i(\bar{\boldsymbol{x}}) - \sum\limits_{i \in E} \lambda_i \nabla c_i(\bar{\boldsymbol{x}}) = \boldsymbol{0} \\ \lambda_i c_i(\bar{\boldsymbol{x}}) = 0, \quad i \in I \\ \lambda_i \geqslant 0, \quad i \in I\end{cases}$$

其中，$\lambda_i c_i(\bar{\boldsymbol{x}}) = 0\,(i \in I)$ 仍称为互补松弛条件。

现在定义广义的拉格朗日函数

$$L(\boldsymbol{x}, \boldsymbol{\lambda}', \boldsymbol{\lambda}'') = f(\boldsymbol{x}) - \sum_{i \in I} \lambda_i c_i(\boldsymbol{x}) - \sum_{i \in E} \lambda_i c_i(\boldsymbol{x})$$

由上面的讨论可知，在定理 5.13 的条件下，若$\bar{\boldsymbol{x}}$是问题（5.6）的局部极小点，则存在乘子向量$\bar{\boldsymbol{\lambda}}' \geqslant \boldsymbol{0}$ 和$\bar{\boldsymbol{\lambda}}''$，使得

$$\nabla_x L(\bar{\boldsymbol{x}}, \bar{\boldsymbol{\lambda}}', \bar{\boldsymbol{\lambda}}'') = \boldsymbol{0}$$

K-T 乘子$\bar{\boldsymbol{\lambda}}'$和$\bar{\boldsymbol{\lambda}}''$也称为拉格朗日乘子。

这时，一般约束问题的 K-T 条件可以表达为

$$\begin{cases}\nabla_x L(\boldsymbol{x}, \boldsymbol{\lambda}', \boldsymbol{\lambda}'') = \boldsymbol{0} \\ c_i(\boldsymbol{x}) \geqslant 0, \quad i \in I \\ c_i(\boldsymbol{x}) = 0, \quad i \in E \\ \lambda_i c_i(\boldsymbol{x}) \geqslant 0, \quad i \in I \\ \lambda_i \geqslant 0, \quad i \in I\end{cases} \tag{5.33}$$

对于凸规划，上述 K-T 条件也是最优解的充分条件。

定理 5.14　设$\bar{\boldsymbol{x}}$为问题（5.6）的可行点，$f(\boldsymbol{x})$ 是凸函数，$c_i(\boldsymbol{x})\,(i \in I)$ 是凹函数，$c_i(\boldsymbol{x})\,(i \in E)$ 是线性函数，$I(\bar{\boldsymbol{x}}) = \{i \mid c_i(\bar{\boldsymbol{x}}) = 0, i \in I\}$，且在$\bar{\boldsymbol{x}}$处 K-T 条件成立，即存在 $\lambda_i \geqslant 0\,(i \in I(\bar{\boldsymbol{x}}))$ 及 $\lambda_i\,(i \in E)$，使得

$$\nabla f(\bar{\boldsymbol{x}}) - \sum_{i \in I(\bar{\boldsymbol{x}})} \lambda_i \nabla c_i(\bar{\boldsymbol{x}}) - \sum_{i \in E} \lambda_i \nabla c_i(\bar{\boldsymbol{x}}) = \boldsymbol{0}$$

则$\bar{\boldsymbol{x}}$是全局极小点。

证明　由定理的假设易知，可行域 D 是凸集，且目标函数 $f(\boldsymbol{x})$ 是凸函数，因此该问题属于凸规划。

对任一点 $\boldsymbol{x} \in D$，由于 $f(\boldsymbol{x})$ 是凸函数，且在$\bar{\boldsymbol{x}} \in D$ 处可微，所以根据定理 2.14，必有

$$f(\boldsymbol{x}) \geqslant f(\bar{\boldsymbol{x}}) + \nabla f(\bar{\boldsymbol{x}})^{\mathrm{T}}(\boldsymbol{x} - \bar{\boldsymbol{x}}) \tag{5.34}$$

由于 $c_i(\boldsymbol{x})\,(i \in I(\bar{\boldsymbol{x}}))$ 是凹函数且在$\bar{\boldsymbol{x}}$处可微，必有

$$c_i(\boldsymbol{x}) \leqslant c_i(\bar{\boldsymbol{x}}) + \nabla c_i(\bar{\boldsymbol{x}})^{\mathrm{T}}(\boldsymbol{x} - \bar{\boldsymbol{x}}), \quad i \in I(\bar{\boldsymbol{x}})$$

因为 $\boldsymbol{x} \in D$，$c_i(\boldsymbol{x}) \geqslant 0\,(i \in I)$ 及 $c_i(\bar{\boldsymbol{x}}) = 0\,(i \in I(\bar{\boldsymbol{x}}))$，由上式可知

$$\nabla c_i(\bar{\boldsymbol{x}})^{\mathrm{T}}(\boldsymbol{x} - \bar{\boldsymbol{x}}) \geqslant 0, \quad i \in I(\bar{\boldsymbol{x}}) \tag{5.35}$$

根据 $c_i(\boldsymbol{x})\,(i \in E)$ 是线性函数，必有

$$c_i(\boldsymbol{x}) = c_i(\bar{\boldsymbol{x}}) + \nabla c_i(\bar{\boldsymbol{x}})^{\mathrm{T}}(\boldsymbol{x} - \bar{\boldsymbol{x}}) \tag{5.36}$$

又因为 $\boldsymbol{x}$ 和$\bar{\boldsymbol{x}}$为可行点，满足

$$c_i(\boldsymbol{x}) = c_i(\bar{\boldsymbol{x}}) = 0$$

由式（5.36）得到

$$\nabla c_i(\bar{\boldsymbol{x}})^{\mathrm{T}}(\boldsymbol{x}-\bar{\boldsymbol{x}})=0,\quad i\in E \tag{5.37}$$

由定理条件可以得到

$$\nabla f(\bar{\boldsymbol{x}})=\sum_{i\in E}\lambda_i\nabla c_i(\bar{\boldsymbol{x}})+\sum_{i\in I(\bar{\boldsymbol{x}})}\lambda_i\nabla c_i(\bar{\boldsymbol{x}}) \tag{5.38}$$

把式（5.38）代入式（5.34），并注意到式（5.35），式（5.37）以及 $\lambda_i\geqslant 0(i\in I(\bar{\boldsymbol{x}}))$，则得到

$$f(\boldsymbol{x})\geqslant f(\bar{\boldsymbol{x}})$$

故$\bar{\boldsymbol{x}}$为全局极小点。

例 5.7 求下列问题的最优解：

$$\min f(\boldsymbol{x})=(x_1-2)^2+(x_2-1)^2$$

$$\text{s.t.}\begin{cases}c_1(\boldsymbol{x})=-x_1^2+x_2\geqslant 0\\ c_2(\boldsymbol{x})=-x_1-x_2+2\geqslant 0\end{cases}$$

解 该问题的目标函数和约束函数的梯度分别为

$$\nabla f(\boldsymbol{x})=(2(x_1-2),2(x_2-1))^{\mathrm{T}},\quad \nabla c_1(\boldsymbol{x})=(-2x_1,1)^{\mathrm{T}},\quad \nabla c_2(\boldsymbol{x})=(-1,-1)^{\mathrm{T}}$$

根据式（5.33），最优解应满足下列关系式：

$$\begin{cases}2(x_1-2)+2\lambda_1x_1+\lambda_2=0\\ 2(x_2-1)-\lambda_1+\lambda_2=0\\ \lambda_1(-x_1^2+x_2)=0\\ \lambda_2(-x_1-x_2+2)=0\\ -x_1^2+x_2\geqslant 0\\ -x_1-x_2+2\geqslant 0\\ \lambda_1\geqslant 0\\ \lambda_2\geqslant 0\end{cases}$$

求解上述问题，得

$$x_1=1,x_2=1,\lambda_1=\frac{2}{3},\lambda_2=\frac{2}{3}$$

因此$\bar{\boldsymbol{x}}=(1,1)^{\mathrm{T}}$为 K-T 点。

本例中，由于目标函数$f(\boldsymbol{x})$是凸函数，约束函数$c_1(\boldsymbol{x})$是凹函数，线性约束函数$c_2(\boldsymbol{x})$也是凹函数，所以本例是凸规划，根据定理 5.14 知，K-T 点$\bar{\boldsymbol{x}}$是该问题的全局极小点。

下面利用广义拉格朗日函数可以给出问题（5.6）的局部最优解的二阶充分条件。

定理 5.15 设$\bar{\boldsymbol{x}}$为问题（5.6）的可行点，$f(\boldsymbol{x})$和$c_i(\boldsymbol{x})(i\in E\cup I)$在点$\bar{\boldsymbol{x}}$处具有连续的二阶偏导数，并且存在乘子$\bar{\boldsymbol{\lambda}}'=(\bar{\lambda}'_{i+1},\bar{\lambda}'_{i+2},\cdots,\bar{\lambda}'_{i+m})^{\mathrm{T}}$和$\bar{\boldsymbol{\lambda}}''=(\bar{\lambda}''_1,\bar{\lambda}''_2,\cdots,\bar{\lambda}''_l)^{\mathrm{T}}$使条件（5.33）成立。若对于任何满足

$$\begin{cases}\boldsymbol{z}^{\mathrm{T}}\nabla c_i(\bar{\boldsymbol{x}})\geqslant 0,i\in I(\bar{\boldsymbol{x}})\text{且}\bar{\lambda}'_i=0\\ \boldsymbol{z}^{\mathrm{T}}\nabla c_i(\bar{\boldsymbol{x}})=0,i\in I(\bar{\boldsymbol{x}})\text{且}\bar{\lambda}'_i>0\\ \boldsymbol{z}^{\mathrm{T}}\nabla c_i(\bar{\boldsymbol{x}})=0,i\in E\end{cases} \tag{5.39}$$

的向量$\boldsymbol{z}\neq\boldsymbol{0}$，都有

$$z^{\mathrm{T}} \nabla_x^2 L(\bar{\boldsymbol{x}}, \bar{\boldsymbol{\lambda}}', \bar{\boldsymbol{\lambda}}'') z > 0 \tag{5.40}$$

则$\bar{\boldsymbol{x}}$为问题（5.6）的严格局部极小点。

证明　用反证法。假设$\bar{\boldsymbol{x}}$不是严格局部极小点，则存在收敛于$\bar{\boldsymbol{x}}$的可行序列$\{\boldsymbol{x}^{(k)}\}$，使得

$$f(\boldsymbol{x}^{(k)}) \leqslant f(\bar{\boldsymbol{x}}) \tag{5.41}$$

令

$$\boldsymbol{z}^{(k)} = \frac{\boldsymbol{x}^{(k)} - \bar{\boldsymbol{x}}}{\|\boldsymbol{x}^{(k)} - \bar{\boldsymbol{x}}\|} \tag{5.42}$$

由于$\{\boldsymbol{z}^{(k)}\}$是有界序列，因此有收敛子列，不妨仍设为$\{\boldsymbol{z}^{(k)}\}$，其极限记为$\boldsymbol{z}^{(0)}$。将$c_i(\boldsymbol{x})(i \in I)$在点$\bar{\boldsymbol{x}}$展开，再令$\boldsymbol{x} = \boldsymbol{x}^{(k)}$，得到

$$c_i(\boldsymbol{x}^{(k)}) = c_i(\bar{\boldsymbol{x}}) + \nabla c_i(\bar{\boldsymbol{x}})^{\mathrm{T}}(\boldsymbol{x}^{(k)} - \bar{\boldsymbol{x}}) + o(\|\boldsymbol{x}^{(k)} - \bar{\boldsymbol{x}}\|) \tag{5.43}$$

当$i \in I(\bar{\boldsymbol{x}})$时，$c_i(\bar{\boldsymbol{x}}) = 0$，又知$\boldsymbol{x}^{(k)}$是可行点，$c_i(\boldsymbol{x}^{(k)}) \geqslant 0$，于是由式（5.43）得

$$\nabla c_i(\bar{\boldsymbol{x}})^{\mathrm{T}}(\boldsymbol{x}^{(k)} - \bar{\boldsymbol{x}}) + o(\|\boldsymbol{x}^{(k)} - \bar{\boldsymbol{x}}\|) \geqslant 0 \tag{5.44}$$

上式两端除以$\|\boldsymbol{x}^{(k)} - \bar{\boldsymbol{x}}\|$，并令$k \to \infty$，得

$$\boldsymbol{z}^{(0)\mathrm{T}} \nabla c_i(\bar{\boldsymbol{x}}) \geqslant 0, \quad i \in I(\bar{\boldsymbol{x}}) \tag{5.45}$$

用类似方法不难得到

$$\boldsymbol{z}^{(0)\mathrm{T}} \nabla c_i(\bar{\boldsymbol{x}}) = 0, \quad i \in E \tag{5.46}$$

和

$$\boldsymbol{z}^{(0)\mathrm{T}} \nabla f(\bar{\boldsymbol{x}}) \leqslant 0 \tag{5.47}$$

下面分两种情况讨论。

（1）$\boldsymbol{z}^{(0)}$不满足式（5.39）。

此时，由式（5.45）和式（5.39）可知，存在$i \in I(\bar{\boldsymbol{x}})$，使$\bar{\lambda}'_i \geqslant 0$，且$\boldsymbol{z}^{(0)\mathrm{T}} \nabla c_i(\bar{\boldsymbol{x}}) > 0$，由K-T 条件（5.33）可推导出以下结果：

$$\begin{aligned}\boldsymbol{z}^{(0)\mathrm{T}} \nabla f(\bar{\boldsymbol{x}}) &= \boldsymbol{z}^{(0)\mathrm{T}} \left(\sum_{i \in I(\bar{\boldsymbol{x}})} \bar{\lambda}'_i \nabla c_i(\bar{\boldsymbol{x}}) + \sum_{i \in E} \bar{\lambda}''_i \nabla c_i(\bar{\boldsymbol{x}}) \right) \\ &= \sum_{i \in I(\bar{\boldsymbol{x}})} \bar{\lambda}'_i \boldsymbol{z}^{(0)\mathrm{T}} \nabla c_i(\bar{\boldsymbol{x}}) > 0\end{aligned}$$

可以看到此结果与式（5.47）矛盾。

（2）$\boldsymbol{z}^{(0)}$满足式（5.39）。

此时，把广义拉格朗日函数$L(\boldsymbol{x}, \bar{\boldsymbol{\lambda}}', \bar{\boldsymbol{\lambda}}'')$在点$\bar{\boldsymbol{x}}$处展开，并令$\boldsymbol{x} = \boldsymbol{x}^{(k)}$，有

$$\begin{aligned}L(\boldsymbol{x}^{(k)}, \bar{\boldsymbol{\lambda}}', \bar{\boldsymbol{\lambda}}'') = {} & L(\bar{\boldsymbol{x}}, \bar{\boldsymbol{\lambda}}', \bar{\boldsymbol{\lambda}}'') + \nabla_x L(\bar{\boldsymbol{x}}, \bar{\boldsymbol{\lambda}}', \bar{\boldsymbol{\lambda}}'')^{\mathrm{T}}(\boldsymbol{x}^{(k)} - \bar{\boldsymbol{x}}) + \\ & \frac{1}{2}(\boldsymbol{x}^{(k)} - \boldsymbol{x})^{\mathrm{T}} \nabla_x^2 L(\bar{\boldsymbol{x}}, \bar{\boldsymbol{\lambda}}', \bar{\boldsymbol{\lambda}}'')(\boldsymbol{x}^{(k)} - \bar{\boldsymbol{x}}) + o(\|\boldsymbol{x}^{(k)} - \bar{\boldsymbol{x}}\|^2)\end{aligned} \tag{5.48}$$

因为$\boldsymbol{x}^{(k)}$是可行点，$\bar{\boldsymbol{\lambda}}' \geqslant 0$，且由广义拉格朗日函数$L(\boldsymbol{x}, \bar{\boldsymbol{\lambda}}', \bar{\boldsymbol{\lambda}}'')$的定义，有

$$L(\boldsymbol{x}^{(k)}, \bar{\boldsymbol{\lambda}}', \bar{\boldsymbol{\lambda}}'') = f(\boldsymbol{x}^{(k)}) - \sum_{i \in I} \bar{\lambda}'_i c_i(\boldsymbol{x}^{(k)}) - \sum_{i \in E} \bar{\lambda}''_i c_i(\boldsymbol{x}^{(k)})$$

所以

$$L(\boldsymbol{x}^{(k)}, \bar{\boldsymbol{\lambda}}', \bar{\boldsymbol{\lambda}}'') \leqslant f(\boldsymbol{x}^{(k)}) \tag{5.49}$$

且

$$L(\bar{\boldsymbol{x}}, \bar{\boldsymbol{\lambda}}', \bar{\boldsymbol{\lambda}}'') = f(\bar{\boldsymbol{x}}) \tag{5.50}$$

又由假设，有

$$\nabla_x L(\bar{\boldsymbol{x}},\bar{\boldsymbol{\lambda}}',\bar{\boldsymbol{\lambda}}'')=\boldsymbol{0} \tag{5.51}$$

以及

$$f(\boldsymbol{x}^{(k)})\leqslant f(\bar{\boldsymbol{x}}) \tag{5.52}$$

将式（5.49）~式（5.52）代入式（5.48），得

$$\frac{1}{2}(\boldsymbol{x}^{(k)}-\bar{\boldsymbol{x}})^{\mathrm{T}}\nabla_x^2 L(\bar{\boldsymbol{x}},\bar{\boldsymbol{\lambda}}',\bar{\boldsymbol{\lambda}}'')(\boldsymbol{x}^{(k)}-\bar{\boldsymbol{x}})+o(\|\boldsymbol{x}_{(k)}-\bar{\boldsymbol{x}}\|^2)\leqslant 0$$

上式两边除以$\|\boldsymbol{x}^{(k)}-\bar{\boldsymbol{x}}\|^2$，并令$k\to\infty$，得到

$$\boldsymbol{z}^{(0)\mathrm{T}}\nabla_x^2 L(\bar{\boldsymbol{x}},\bar{\boldsymbol{\lambda}}',\bar{\boldsymbol{\lambda}}'')\boldsymbol{z}^{(0)}\leqslant 0$$

这与式（5.40）矛盾。综上所述，可知定理5.15成立。

例5.8 求解下列最优化问题：

$$\min f(\boldsymbol{x})=\sum_{i=1}^{n}\frac{c_i}{x_i}$$

$$\text{s.t.}\begin{cases}\displaystyle\sum_{i=1}^{n}a_i x_i-b=0\\ x_i\geqslant 0, \qquad i=1,2,\cdots,n\end{cases} \tag{5.53}$$

其中，常数$a_i>0$，$c_i>0$，$i=1,2,\cdots,n$，$b>0$。

解 问题（5.53）的广义拉格朗日函数为

$$L(\boldsymbol{x},\boldsymbol{\lambda}',\boldsymbol{\lambda}'')=\sum_{i=1}^{n}\frac{c_i}{x_i}-\sum_{i=1}^{n}\lambda_i x_i-\lambda_0\left(\sum_{i=1}^{n}a_i x_i-b\right)$$

因为

$$\frac{\partial L(\boldsymbol{x},\boldsymbol{\lambda}',\boldsymbol{\lambda}'')}{\partial x_i}=-\frac{c_i}{x_i^2}-\lambda_i-a_i\lambda_0, i=1,2,\cdots,n$$

所以，问题（5.53）的K-T条件及约束条件为

$$\begin{cases}-\dfrac{c_i}{x_i^2}-\lambda_i-a_i\lambda_0=0, & i=1,2,\cdots,n\\ \lambda_i x_i=0, & i=1,2,\cdots,n\\ x_i\geqslant 0, & i=1,2,\cdots,n\\ \displaystyle\sum_{i=1}^{n}a_i x_i-b=0 & \\ \lambda_i\geqslant 0, & i=1,2,\cdots,n\end{cases} \tag{5.54}$$

由式（5.54）的第1式、第3式知$x_i>0(i=1,2,\cdots,n)$，从而由式（5.54）的第2式解得

$$\bar{\lambda}_i=0, \quad i=1,2,\cdots,n$$

于是，由式（5.54）的第1式知$\lambda_0<0$，且

$$a_i\lambda_0 x_i^2+c_i=0,\ i=1,2,\cdots,n$$

即得

$$x_i=\sqrt{\frac{c_i}{-a_i\lambda_0}}, \quad i=1,2,\cdots,n \tag{5.55}$$

将式（5.55）代入式（5.54）的第4式，得

$$\sum_{i=1}^{n}a_i\sqrt{\frac{c_i}{-a_i\lambda_0}}-b=0$$

解得 $\bar{\lambda}_0=-\dfrac{\left(\sum\limits_{i=1}^{n}\sqrt{a_i c_i}\right)^2}{b^2}$，代入式（5.55），即有

$$\bar{x}_i=\frac{b}{\sum\limits_{i=1}^{n}\sqrt{a_i c_i}}\sqrt{\frac{c_i}{a_i}},\quad i=1,2,\cdots,n$$

所以，$\bar{\boldsymbol{x}}=(\bar{x}_1,\bar{x}_2,\cdots,\bar{x}_n)$是问题（5.53）的 K-T 点。

又由于 $L(\boldsymbol{x},\bar{\boldsymbol{\lambda}}',\bar{\boldsymbol{\lambda}}'')$在点$(\bar{\boldsymbol{x}}^{\mathrm{T}},\bar{\boldsymbol{\lambda}}'^{\mathrm{T}},\bar{\boldsymbol{\lambda}}''^{\mathrm{T}})^{\mathrm{T}}$ 处关于 $\boldsymbol{x}$ 的黑塞矩阵$\nabla_x^2 L(\bar{\boldsymbol{x}},\bar{\boldsymbol{\lambda}}',\bar{\boldsymbol{\lambda}}'')$是一个 n 阶对角矩阵，其对角线上第 i 个元素为

$$\frac{2c_i}{\bar{x}_i^3}>0,\quad i=1,2,\cdots,n$$

因此$\nabla_x^2 L(\bar{\boldsymbol{x}},\bar{\boldsymbol{\lambda}}',\bar{\boldsymbol{\lambda}}'')$是正定矩阵，根据定理 5.15，$\bar{\boldsymbol{x}}$为问题（5.53）的严格局部极小点。

第6章 算　　法

从理论上讲，基于最优性条件可以求非线性规划的最优解，但在实践中往往并不可行。利用最优性条件求解非线性规划问题时，一般需要求解非线性方程组，这是非常困难的，而且有些问题的导数还不存在，所以求解非线性规划一般采取数值计算的迭代方法。本章介绍关于算法的一些概念，为以后各章对具体算法的研究做准备。

6.1　基本迭代公式

所谓迭代，就是从已知点 $\boldsymbol{x}^{(k)}$ 出发，按照某种规则求出后继点 $\boldsymbol{x}^{(k+1)}$，用 $k+1$ 代替 k，重复以上过程，这样就得到一个点列 $\{\boldsymbol{x}^{(k)}\}$，把其中的规则称为迭代算法。对于非线性最优化问题

$$\begin{aligned}&\min f(\boldsymbol{x})\\&\text{s.t.}\ \ \boldsymbol{x}\in D, D\subseteq\mathbf{R}^n\end{aligned}\tag{6.1}$$

如果有 $f(\boldsymbol{x}^{(k+1)})<f(\boldsymbol{x}^{(k)})$，则称此规则为下降迭代算法，简称为下降算法。

设 $\boldsymbol{x}^{(k)}\in\mathbf{R}^n$ 是某种迭代算法的第 k 次迭代点，$\boldsymbol{x}^{(k+1)}$ 是第 $k+1$ 次迭代点，记

$$\Delta\boldsymbol{x}_k=\boldsymbol{x}^{(k+1)}-\boldsymbol{x}^{(k)}\tag{6.2}$$

则有

$$\boldsymbol{x}^{(k+1)}=\boldsymbol{x}^{(k)}+\Delta\boldsymbol{x}_k$$

由式（6.2）可知，$\Delta\boldsymbol{x}_k$ 是一个以 $\boldsymbol{x}^{(k)}$ 为起点、$\boldsymbol{x}^{(k+1)}$ 为终点的 n 维向量。现记 $\boldsymbol{d}^{(k)}\in\mathbf{R}^n$，是与 $\Delta\boldsymbol{x}_k$ 同方向的向量，则必存在 $\alpha_k\geqslant 0$，使得 $\Delta\boldsymbol{x}_k=\alpha_k\boldsymbol{d}^{(k)}$，于是有

$$\boldsymbol{x}^{(k+1)}=\boldsymbol{x}^{(k)}+\alpha_k\boldsymbol{d}^{(k)}\tag{6.3}$$

式（6.3）就是求解非线性最优化问题（6.1）的基本迭代格式。

通常将式（6.3）中的 $\boldsymbol{d}^{(k)}$ 称为第 k 次迭代的搜索方向，α_k 称为第 k 次迭代的步长。从式（6.3）基本迭代格式可以看出，求解非线性最优化问题的关键在于如何构造每一轮的搜索方向和确定步长。

对于无约束最优化问题，搜索方向通常取目标函数的下降方向。但对于约束最优化问题，迭代一般在可行域内进行，搜索方向取可行下降方向。每一种确定搜索方向的方法就决定了一种不同算法。

下面给出用基本迭代格式（6.3）求解非线性最优化问题（6.1）的一般步骤。

算法 6.1（一般下降算法）：

（1）给定初始点 $\boldsymbol{x}^{(1)}$，精度要求 $\varepsilon>0$，置 $k=1$。

（2）若在点 $\boldsymbol{x}^{(k)}$ 处满足某个终止准则，则停止计算，$\boldsymbol{x}^{(k)}$ 为问题的最优解；否则依据一定规则选择 $\boldsymbol{x}^{(k)}$ 处的搜索方向 $\boldsymbol{d}^{(k)}$。

（3）确定步长 α_k，使目标函数有某种意义的下降，通常是使

$$f(\boldsymbol{x}^{(k)}+\alpha_k\boldsymbol{d}^{(k)})<f(\boldsymbol{x}^{(k)})$$

（4）令 $\boldsymbol{x}^{(k+1)}=\boldsymbol{x}^{(k)}+\alpha_k\boldsymbol{d}^{(k)}$。

（5）置 $k=k+1$，转步骤（2）。

6.2　算法的收敛性问题

6.2.1　算法的收敛性

前面讨论的下降算法是一类迭代方法，即从任意的初始点 $\boldsymbol{x}^{(1)}$ 出发，构造出点列 $\{\boldsymbol{x}^{(k)}\}$，并满足

$$f(\boldsymbol{x}^{(k+1)})<f(\boldsymbol{x}^{(k)}),\quad k=1,2,\cdots \tag{6.4}$$

但这个条件并不能保证序列 $\{\boldsymbol{x}^{(k)}\}$ 达到或收敛到最优化问题的最优解。因此，通常要求算法具有下面的收敛性：当 $\{\boldsymbol{x}^{(k)}\}$ 是有穷点列时，其最后一点是该问题的最优解；当 $\{\boldsymbol{x}^{(k)}\}$ 是无穷点列时，它有极限点并收敛到问题的最优解。

所谓收敛，是指序列 $\{\boldsymbol{x}^{(k)}\}$ 或它的一个子列（不妨仍记为 $\{\boldsymbol{x}^{(k)}\}$）满足

$$\lim_{k\to\infty}\boldsymbol{x}^{(k)}=\boldsymbol{x}^* \tag{6.5}$$

这里 $\boldsymbol{x}^*$ 是最优化问题的局部解。

但是，要获得式（6.5）这样强的结果通常是困难的，往往只能证明 $\{\boldsymbol{x}^{(k)}\}$ 的任意聚点的稳定点，或者证明更弱的条件

$$\liminf_{k\to\infty}\|\nabla f(\boldsymbol{x}^{(k)})\|=0 \tag{6.6}$$

这种情况也称为收敛。

若对于某些算法来说，只有当初始点 $\boldsymbol{x}^{(1)}$ 充分靠近极小点 $\boldsymbol{x}^*$ 时，才能保证序列 $\{\boldsymbol{x}^{(k)}\}$ 收敛到 $\boldsymbol{x}^*$，则称这类算法为局部收敛。反之，若对任意的初始点 $\boldsymbol{x}^{(1)}$，产生的序列 $\{\boldsymbol{x}^{(k)}\}$ 收敛到 $\boldsymbol{x}^*$，则称这类算法为全局收敛。

6.2.2　收敛速率

评价一个迭代算法，不仅要求它是收敛的，而且希望由该算法产生的点列 $\{\boldsymbol{x}^{(k)}\}$ 能以较快的速度收敛于最优解 $\boldsymbol{x}^*$。因此，算法的收敛速率是一个十分重要的问题。一般用收敛级来度量收敛的速率。

定义 6.1　设序列 $\{\boldsymbol{x}^{(k)}\}$ 收敛于 $\boldsymbol{x}^*$，定义满足

$$0\leqslant\overline{\lim_{k\to\infty}}\frac{\|\boldsymbol{x}^{(k+1)}-\boldsymbol{x}^*\|}{\|\boldsymbol{x}^{(k)}-\boldsymbol{x}^*\|^p}=\beta<\infty \tag{6.7}$$

的非负数 p 的上界为序列 $\{\boldsymbol{x}^{(k)}\}$ 的收敛级。

若序列的收敛级为 p，就称序列是 p 级收敛的。

若 $p=1$，且 $\beta<1$，则称序列是以收敛比 β 线性收敛的。

若 $p>1$，或者 $p=1$ 且 $\beta=0$，则称序列是超线性收敛的。

例 6.1　考虑序列

$$\{a^k\},\ 0<a<1$$

由于 $a^k\to 0$ 以及

$$\lim_{k\to\infty}\frac{a^{k+1}}{a^k}=a<1$$

因此，序列$\{a^k\}$以收敛比 a 线性收敛于零。

例 6.2 考虑序列

$$\{a^{2^k}\},\quad 0<|a|<1$$

显然 $a^{2^k}\to 0$。由于

$$\lim_{k\to\infty}\frac{a^{2^{k+1}}}{(a^{2^k})^2}=1$$

因此，序列$\{a^{2^k}\}$是 2 级收敛的。

收敛序列的收敛级，取决于当 $k\to\infty$ 时该序列所具有的性质，它反映了序列收敛的快慢。在某种意义上讲，收敛级 p 越大，序列收敛得越快。当收敛级 p 相同时，收敛比 β 越小，序列收敛得越快。

定理 6.1 如果点列$\{\boldsymbol{x}^{(k)}\}$超线性收敛于 $\boldsymbol{x}^*$，则

$$\lim_{k\to\infty}\frac{\|\boldsymbol{x}^{(k+1)}-\boldsymbol{x}^{(k)}\|}{\|\boldsymbol{x}^{(k)}-\boldsymbol{x}^*\|}=1$$

证明 因$\{\boldsymbol{x}^{(k)}\}$超线性收敛于 $\boldsymbol{x}^*$，则有

$$\lim_{k\to\infty}\frac{\|\boldsymbol{x}^{(k+1)}-\boldsymbol{x}^*\|}{\|\boldsymbol{x}^{(k)}-\boldsymbol{x}^*\|}=0$$

又

$$\begin{aligned}\frac{\|\boldsymbol{x}^{(k+1)}-\boldsymbol{x}^*\|}{\|\boldsymbol{x}^{(k)}-\boldsymbol{x}^*\|}&=\frac{\|(\boldsymbol{x}^{(k+1)}-\boldsymbol{x}^{(k)})+(\boldsymbol{x}^{(k)}-\boldsymbol{x}^*)\|}{\|\boldsymbol{x}^{(k)}-\boldsymbol{x}^*\|}\\&\geqslant\left|\frac{\|\boldsymbol{x}^{(k+1)}-\boldsymbol{x}^{(k)}\|}{\|\boldsymbol{x}^{(k)}-\boldsymbol{x}^*\|}-\frac{\|\boldsymbol{x}^{(k)}-\boldsymbol{x}^*\|}{\|\boldsymbol{x}^{(k)}-\boldsymbol{x}^*\|}\right|\\&=\left|\frac{\|\boldsymbol{x}^{(k+1)}-\boldsymbol{x}^{(k)}\|}{\|\boldsymbol{x}^{(k)}-\boldsymbol{x}^*\|}-1\right|\end{aligned}$$

故

$$\lim_{k\to\infty}\frac{\|\boldsymbol{x}^{(k+1)}-\boldsymbol{x}^{(k)}\|}{\|\boldsymbol{x}^{(k)}-\boldsymbol{x}^*\|}=1$$

这个定理表明，可以用$\|\boldsymbol{x}^{(k+1)}-\boldsymbol{x}^{(k)}\|$来代替$\|\boldsymbol{x}^{(k)}-\boldsymbol{x}^*\|$给出终止判断，并且这个估计随着 k 的增加而改善。需要指出，该定理的逆不成立。

6.2.3 算法的二次终止性

上面谈到的收敛性和收敛速率能够较为准确地刻画出迭代算法的优劣程度，但使用起来比较困难。特别是证明一个算法是否收敛或具有什么样的收敛速率，需要很强的理论知识。这里给出一个较为简单的判断算法优劣的评价标准，即算法的二次终止性。

定义 6.2 若某个算法对于任意的正定二次函数，从任意的初始点出发，总能经过有限步迭代达到其极小点，则称该算法具有二次终止性。

用算法的二次终止性作为判断算法优劣的标准的主要原因有：

（1）正定二次函数具有某些好的性质，因此一个好的算法应该能够在有限步内达到其极小点。

（2）对于一个一般的目标函数，若在其极小点处的黑塞矩阵正定，由泰勒展开式得到

$$f(\boldsymbol{x})=f(\boldsymbol{x}^*)+\nabla f(\boldsymbol{x}^*)^{\mathrm{T}}(\boldsymbol{x}-\boldsymbol{x}^*)+$$

$$\frac{1}{2}(\boldsymbol{x}-\boldsymbol{x}^*)^{\mathrm{T}}\nabla^2 f(\boldsymbol{x}^*)(\boldsymbol{x}-\boldsymbol{x}^*)+o(\|\boldsymbol{x}-\boldsymbol{x}^*\|^2) \tag{6.8}$$

即目标函数 $f(\boldsymbol{x})$ 在极小点附近与一个正定二次函数相近似，因此，对于正定二次函数好的算法，对于一般目标函数也应具有较好的性质。

因此，算法的二次终止性是一个很重要的性质，后面将要讲到的许多算法都是根据它设计出来的。

6.3　算法的终止准则

迭代算法是一个取极限的过程，需要无限次迭代。因此，为解决实际问题，需要规定一些实用的终止迭代过程的准则。

常用的终止准则有以下几种：

（1）当自变量的改变量充分小时，即

$$\|\boldsymbol{x}^{(k+1)}-\boldsymbol{x}^{(k)}\|<\varepsilon \tag{6.9}$$

或者

$$\frac{\|\boldsymbol{x}^{(k+1)}-\boldsymbol{x}^{(k)}\|}{\|\boldsymbol{x}^{(k)}\|}<\varepsilon \tag{6.10}$$

时，停止计算。

（2）当函数值的下降量充分小时，即

$$f(\boldsymbol{x}^{(k)})-f(\boldsymbol{x}^{(k+1)})<\varepsilon \tag{6.11}$$

或者

$$\frac{f(\boldsymbol{x}^{(k)})-f(\boldsymbol{x}^{(k+1)})}{|f(\boldsymbol{x}^{(k)})|}<\varepsilon \tag{6.12}$$

时，停止计算。

（3）在无约束最优化中，当梯度充分接近于零时，即

$$\|\nabla f(\boldsymbol{x}^{(k)})\|<\varepsilon \tag{6.13}$$

时，停止计算。

在以上各式中，ε 是事先给定的充分小的正数。除此以外，还可以根据收敛定理，参照上述终止准则，规定出其他的终止准则。

第7章　二次规划

本章及以后各章节讨论有约束最优化问题。二次规划是指目标函数是二次函数，约束函数是线性的规划问题。由于二次规划比较简单，便于求解，而且某些非线性规划问题可以转化为求解一系列二次规划问题，所以很早之前二次规划算法就受到重视，并作为求解非线性规划的一个重要途径。二次规划的算法较多，本章介绍其中几个典型的方法。

7.1　二次规划的概念与性质

考虑约束问题

$$\min f(\boldsymbol{x})=\frac{1}{2}\boldsymbol{x}^{\mathrm{T}}\boldsymbol{G}\boldsymbol{x}+\boldsymbol{r}^{\mathrm{T}}\boldsymbol{x},\quad \boldsymbol{x}\in\mathbf{R}^n$$
$$\text{s.t.}\begin{cases}c_i(\boldsymbol{x})=\boldsymbol{a}_i^{\mathrm{T}}\boldsymbol{x}-b_i=0, & i\in E=\{1,2,\cdots,l\}\\ c_i(\boldsymbol{x})=\boldsymbol{a}_i^{\mathrm{T}}\boldsymbol{x}-b_i\geqslant 0, & i\in I=\{l+1,l+2,\cdots,l+m\}\end{cases}\tag{7.1}$$

其中，$\boldsymbol{G}$ 为 $n\times n$ 对称矩阵，$\boldsymbol{r},\boldsymbol{a}_i(i\in E\cup I)$ 为 n 维向量，$b_i(i\in E\cup I)$ 为标量（也称为纯量），称问题（7.1）为二次规划问题；若 $\boldsymbol{G}$ 为（正定）半正定矩阵，则称问题（7.1）为（严格）凸二次规划。

在第5章中已经讨论了最优化问题的最优性条件，结合前面内容，现给出二次规划问题的一些性质。

定理 7.1　$\boldsymbol{x}^*$ 是（严格）凸二次规划的全局解的充分必要条件是，$\boldsymbol{x}^*$ 是K-T点，即存在 $\boldsymbol{\lambda}^*=(\lambda_1^*,\lambda_2^*,\cdots,\lambda_{l+m}^*)^{\mathrm{T}}$ 使得

$$\begin{cases}\boldsymbol{G}\boldsymbol{x}^*+\boldsymbol{r}-\sum\limits_{i=1}^{l+m}\lambda_i^*\boldsymbol{a}_i=\boldsymbol{0}\\ \boldsymbol{a}_i^{\mathrm{T}}\boldsymbol{x}^*-b_i=0, \quad i\in E\\ \boldsymbol{a}_i^{\mathrm{T}}\boldsymbol{x}^*-b_i\geqslant 0, \quad i\in I\\ \lambda_i^*\geqslant 0, \quad i\in I\\ \lambda_i^*(\boldsymbol{a}_i^{\mathrm{T}}\boldsymbol{x}^*-b_i)=0, \quad i\in I\end{cases}\tag{7.2}$$

证明　必要性：由约束问题的一阶必要条件，得证。

充分性：设 $\boldsymbol{x}^*$ 是K-T点，考虑 $\forall\boldsymbol{x}\neq\boldsymbol{x}^*,\boldsymbol{x}\in D$，这里

$$D=\{\boldsymbol{x}\mid\boldsymbol{a}_i^{\mathrm{T}}\boldsymbol{x}^*=b_i,\quad i\in E;\quad \boldsymbol{a}_i^{\mathrm{T}}\boldsymbol{x}^*\geqslant b_i,\quad i\in I\}$$

将 $f(\boldsymbol{x})$ 在 $\boldsymbol{x}^*$ 处泰勒展开

$$f(\boldsymbol{x})=f(\boldsymbol{x}^*)+\nabla f(\boldsymbol{x}^*)^{\mathrm{T}}(\boldsymbol{x}-\boldsymbol{x}^*)+\frac{1}{2}(\boldsymbol{x}-\boldsymbol{x}^*)^{\mathrm{T}}\boldsymbol{G}(\boldsymbol{x}-\boldsymbol{x}^*)$$

由于 $\boldsymbol{G}$ 为半正定（正定），故有

$$(\boldsymbol{x}-\boldsymbol{x}^*)^{\mathrm{T}}\boldsymbol{G}(\boldsymbol{x}-\boldsymbol{x}^*)\geqslant 0(>0)$$

因此

$$\begin{aligned}f(\boldsymbol{x})-f(\boldsymbol{x}^*)&\geqslant(>)\nabla f(\boldsymbol{x}^*)^{\mathrm{T}}(\boldsymbol{x}-\boldsymbol{x}^*)\\&=\sum_{i\in E}\lambda_i^*\boldsymbol{a}_i^{\mathrm{T}}(\boldsymbol{x}-\boldsymbol{x}^*)+\sum_{i\subset I(\boldsymbol{x}^*)}\lambda_i^*\boldsymbol{a}_i^{\mathrm{T}}(\boldsymbol{x}-\boldsymbol{x}^*)+\sum_{i\in I\backslash I(\boldsymbol{x}^*)}\lambda_i^*\boldsymbol{a}_i^{\mathrm{T}}(\boldsymbol{x}-\boldsymbol{x}^*)\\&\geqslant 0\end{aligned}\tag{7.3}$$

所以，$\boldsymbol{x}^*$ 是（严格）全局解。

推论 7.1 （严格）凸二次规划问题的局部解均为全局解。

定理 7.2 若 $\boldsymbol{x}^*$ 是凸二次规划（7.1）的全局解，则 $\boldsymbol{x}^*$ 是如下等式约束二次规划问题

$$\begin{aligned}&\min f(\boldsymbol{x})=\frac{1}{2}\boldsymbol{x}^{\mathrm{T}}\boldsymbol{G}\boldsymbol{x}+\boldsymbol{r}^{\mathrm{T}}\boldsymbol{x},\quad \boldsymbol{x}\in\mathbf{R}^n\\&\text{s. t. }\ c_i(\boldsymbol{x})=\boldsymbol{a}_i^{\mathrm{T}}\boldsymbol{x}-b_i=0,\quad i\in E\cup I(\boldsymbol{x}^*)\end{aligned}\tag{7.4}$$

的全局解。

证明 若 $\boldsymbol{x}^*$ 是问题（7.1）的全局解，则 $\boldsymbol{x}^*$ 是问题（7.1）的 K-T 点，也是问题（7.4）的 K-T 点，由定理 7.1，$\boldsymbol{x}^*$ 是问题（7.4）的全局解。

7.2 等式约束二次规划

等式约束二次规划问题可表示为

$$\begin{aligned}&\min f(\boldsymbol{x})=\frac{1}{2}\boldsymbol{x}^{\mathrm{T}}\boldsymbol{G}\boldsymbol{x}+\boldsymbol{r}^{\mathrm{T}}\boldsymbol{x},\quad \boldsymbol{x}\in\mathbf{R}^n\\&\text{s. t. }\ \boldsymbol{A}\boldsymbol{x}=\boldsymbol{b}\end{aligned}\tag{7.5}$$

其中，$\boldsymbol{G}$ 是 n 阶对称矩阵，$\boldsymbol{A}$ 是 $m\times n$ 矩阵，且不妨设

$$\operatorname{rank}(\boldsymbol{A})=m<n,\quad \boldsymbol{r}\in\mathbf{R}^n,\boldsymbol{b}\in\mathbf{R}^m$$

下面介绍求解问题（7.5）的两种方法。

7.2.1 拉格朗日乘子法

首先定义问题（7.5）的拉格朗日函数

$$L(\boldsymbol{x},\boldsymbol{\lambda})=\frac{1}{2}\boldsymbol{x}^{\mathrm{T}}\boldsymbol{G}\boldsymbol{x}+\boldsymbol{r}^{\mathrm{T}}\boldsymbol{x}-\boldsymbol{\lambda}^{\mathrm{T}}(\boldsymbol{A}\boldsymbol{x}-\boldsymbol{b})\tag{7.6}$$

令

$$\nabla_x L(\boldsymbol{x},\boldsymbol{\lambda})=\boldsymbol{0},\quad \nabla_\lambda L(\boldsymbol{x},\boldsymbol{\lambda})=\boldsymbol{0}$$

得到 K-T 条件

$$\begin{cases}\boldsymbol{G}\boldsymbol{x}+\boldsymbol{r}-\boldsymbol{A}^{\mathrm{T}}\boldsymbol{\lambda}=\boldsymbol{0}\\-\boldsymbol{A}\boldsymbol{x}+\boldsymbol{b}=\boldsymbol{0}\end{cases}$$

将此方程组写成

$$\begin{pmatrix}\boldsymbol{G}&-\boldsymbol{A}^{\mathrm{T}}\\-\boldsymbol{A}&\boldsymbol{0}\end{pmatrix}\begin{pmatrix}\boldsymbol{x}\\\boldsymbol{\lambda}\end{pmatrix}=\begin{pmatrix}-\boldsymbol{r}\\-\boldsymbol{b}\end{pmatrix}\tag{7.7}$$

系数矩阵$\begin{pmatrix}\boldsymbol{G}&-\boldsymbol{A}^{\mathrm{T}}\\-\boldsymbol{A}&\boldsymbol{0}\end{pmatrix}$称为拉格朗日矩阵。

假设上述拉格朗日矩阵可逆，则可表示为

$$\begin{pmatrix} \boldsymbol{G} & -\boldsymbol{A}^{\mathrm{T}} \\ -\boldsymbol{A} & \boldsymbol{0} \end{pmatrix}^{-1} = \begin{pmatrix} \boldsymbol{Q} & -\boldsymbol{R}^{\mathrm{T}} \\ -\boldsymbol{R} & \boldsymbol{S} \end{pmatrix}$$

由式

$$\begin{pmatrix} \boldsymbol{G} & -\boldsymbol{A}^{\mathrm{T}} \\ -\boldsymbol{A} & \boldsymbol{0} \end{pmatrix}\begin{pmatrix} \boldsymbol{Q} & -\boldsymbol{R}^{\mathrm{T}} \\ -\boldsymbol{R} & \boldsymbol{S} \end{pmatrix} = \begin{pmatrix} \boldsymbol{I}_n & \boldsymbol{0} \\ \boldsymbol{0} & \boldsymbol{I}_m \end{pmatrix} = \boldsymbol{I}_{m+n}$$

推得

$$\boldsymbol{G}\boldsymbol{Q}+\boldsymbol{A}^{\mathrm{T}}\boldsymbol{R}=\boldsymbol{I}_n \tag{7.8}$$

$$-\boldsymbol{G}\boldsymbol{R}^{\mathrm{T}}-\boldsymbol{A}^{\mathrm{T}}\boldsymbol{S}=\boldsymbol{0}_{m\times n} \tag{7.9}$$

$$-\boldsymbol{A}\boldsymbol{Q}=\boldsymbol{0}_{m\times n} \tag{7.10}$$

$$\boldsymbol{A}\boldsymbol{R}^{\mathrm{T}}=\boldsymbol{I}_m \tag{7.11}$$

因为 $\boldsymbol{G}$ 是对称正定矩阵，$\boldsymbol{G}$ 可逆，由式（7.9）可求得

$$\boldsymbol{R}^{\mathrm{T}}=-\boldsymbol{G}^{-1}\boldsymbol{A}^{\mathrm{T}}\boldsymbol{S} \tag{7.12}$$

在式（7.12）两边左乘 $\boldsymbol{A}$，且由式（7.11），得

$$\boldsymbol{A}\boldsymbol{R}^{\mathrm{T}}=-\boldsymbol{A}\boldsymbol{G}^{-1}\boldsymbol{A}^{\mathrm{T}}\boldsymbol{S}=\boldsymbol{I}_m$$

故有

$$\boldsymbol{S}=-(\boldsymbol{A}\boldsymbol{G}^{-1}\boldsymbol{A}^{\mathrm{T}})^{-1} \tag{7.13}$$

由式（7.12）得

$$\boldsymbol{R}=(-\boldsymbol{G}^{-1}\boldsymbol{A}^{\mathrm{T}}\boldsymbol{S})^{\mathrm{T}}=-\boldsymbol{S}^{\mathrm{T}}\boldsymbol{A}(\boldsymbol{G}^{-1})^{\mathrm{T}} \tag{7.14}$$

因为 $\boldsymbol{G}$ 为对称正定矩阵，故

$$(\boldsymbol{G}^{-1})^{\mathrm{T}}=(\boldsymbol{G}^{\mathrm{T}})^{-1}=\boldsymbol{G}^{-1}$$

又由式（7.13）

$$\begin{aligned}\boldsymbol{S}^{\mathrm{T}}&=-[(\boldsymbol{A}\boldsymbol{G}^{-1}\boldsymbol{A}^{\mathrm{T}})^{-1}]^{\mathrm{T}}\\&=-[(\boldsymbol{A}\boldsymbol{G}^{-1}\boldsymbol{A}^{\mathrm{T}})^{\mathrm{T}}]^{-1}\\&=-(\boldsymbol{A}\boldsymbol{G}^{-1}\boldsymbol{A}^{\mathrm{T}})^{-1}=\boldsymbol{S}\end{aligned}$$

将上式及式（7.13）代入式（7.14），得

$$\boldsymbol{R}=-\boldsymbol{S}\boldsymbol{A}\boldsymbol{G}^{-1}=(\boldsymbol{A}\boldsymbol{G}^{-1}\boldsymbol{A}^{\mathrm{T}})^{-1}\boldsymbol{A}\boldsymbol{G}^{-1} \tag{7.15}$$

由式（7.8）

$$\begin{aligned}\boldsymbol{Q}&=\boldsymbol{G}^{-1}-\boldsymbol{G}^{-1}\boldsymbol{A}^{\mathrm{T}}\boldsymbol{R}\\&=\boldsymbol{G}^{-1}-\boldsymbol{G}^{-1}\boldsymbol{A}^{\mathrm{T}}(\boldsymbol{A}\boldsymbol{G}^{-1}\boldsymbol{A}^{\mathrm{T}})^{-1}\boldsymbol{A}\boldsymbol{G}^{-1}\end{aligned}$$

因此可归纳为

$$\boldsymbol{Q}=\boldsymbol{G}^{-1}-\boldsymbol{G}^{-1}\boldsymbol{A}^{\mathrm{T}}(\boldsymbol{A}\boldsymbol{G}^{-1}\boldsymbol{A}^{\mathrm{T}})^{-1}\boldsymbol{A}\boldsymbol{G}^{-1} \tag{7.16}$$

$$\boldsymbol{R}=(\boldsymbol{A}\boldsymbol{G}^{-1}\boldsymbol{A}^{\mathrm{T}})^{-1}\boldsymbol{A}\boldsymbol{G}^{-1} \tag{7.17}$$

$$\boldsymbol{S}=-(\boldsymbol{A}\boldsymbol{G}^{-1}\boldsymbol{A}^{\mathrm{T}})^{-1} \tag{7.18}$$

由式（7.7）等号两端乘以拉格朗日矩阵的逆，则得到问题的解

$$\boldsymbol{x}^*=-\boldsymbol{Q}\boldsymbol{r}+\boldsymbol{R}^{\mathrm{T}}\boldsymbol{b} \tag{7.19}$$

$$\boldsymbol{\lambda}^*=\boldsymbol{R}\boldsymbol{r}-\boldsymbol{S}\boldsymbol{b} \tag{7.20}$$

下面给出 $\boldsymbol{x}^*$ 和 $\boldsymbol{\lambda}^*$ 的另一种表达式。

设 $\bar{\boldsymbol{x}}$ 是式（7.5）的任一可行解，即 $\bar{\boldsymbol{x}}$ 满足

$$A\bar{x}=b$$

在此点目标函数的梯度为

$$\nabla f(\bar{x})=G\bar{x}+r$$

利用$\bar{x}$和$\nabla f(\bar{x})$，以及式（7.16）~式（7.18），可将式（7.19）和式（7.20）改写成

$$x^*=\bar{x}-Q\nabla f(\bar{x}) \tag{7.21}$$

$$\lambda^*=R\nabla f(\bar{x}) \tag{7.22}$$

例 7.1　用拉格朗日方法求解下列问题：

$$\min f(x)=x_1^2+2x_2^2+x_3^2-2x_1x_2+x_3$$

$$\text{s. t.}\begin{cases}x_1+x_2+x_3=4\\2x_1-x_2+x_3=2\end{cases}$$

解　易知

$$G=\begin{pmatrix}2&-2&0\\-2&4&0\\0&0&2\end{pmatrix},\quad r=\begin{pmatrix}0\\0\\1\end{pmatrix}$$

$$A=\begin{pmatrix}1&1&1\\2&-1&1\end{pmatrix},\quad b=\begin{pmatrix}4\\2\end{pmatrix}$$

求得

$$G^{-1}=\begin{pmatrix}1&\frac{1}{2}&0\\\frac{1}{2}&\frac{1}{2}&0\\0&0&\frac{1}{2}\end{pmatrix}$$

由式（7.16）~式（7.18）算得

$$Q=\frac{4}{11}\begin{pmatrix}\frac{1}{2}&\frac{1}{4}&-\frac{3}{4}\\\frac{1}{4}&\frac{1}{8}&-\frac{3}{8}\\-\frac{3}{4}&-\frac{3}{8}&\frac{9}{8}\end{pmatrix}$$

$$R=\frac{4}{11}\begin{pmatrix}\frac{3}{4}&\frac{7}{4}&\frac{1}{4}\\\frac{3}{4}&-1&\frac{1}{4}\end{pmatrix},\quad S=-\frac{4}{11}\begin{pmatrix}3&-\frac{5}{2}\\-\frac{5}{2}&3\end{pmatrix}$$

把 Q,R,S 代入式（7.19）和式（7.20），得到问题的最优解及相应的乘子

$$x^*=(x_1,x_2,x_3)^{\mathrm{T}}=\left(\frac{21}{11},\frac{43}{22},\frac{3}{22}\right)^{\mathrm{T}}$$

$$\lambda^*=\left(\frac{21}{11},-\frac{15}{11}\right)^{\mathrm{T}}$$

显然，$\bar{x}=(0,1,3)^{\mathrm{T}}$ 是问题的可行解，此时$\nabla f(\bar{x})=G\bar{x}+r=(-2,4,7)^{\mathrm{T}}$，由式（7.21）和

式（7.22）得

$$\boldsymbol{x}^* = \bar{\boldsymbol{x}} - \boldsymbol{Q}\nabla f(\bar{\boldsymbol{x}}) = \left(\frac{21}{11}, \frac{43}{22}, \frac{3}{22}\right)^{\mathrm{T}}$$

$$\boldsymbol{\lambda}^* = \boldsymbol{R}\nabla f(\bar{\boldsymbol{x}}) = \left(\frac{21}{11}, -\frac{15}{11}\right)^{\mathrm{T}}$$

从而验证了式（7.21）和式（7.22）的正确性。

7.2.2 直接消元法

求解问题（7.5）最简单且最直接的方法就是利用约束消去部分变量，从而把问题转化为无约束问题，这一方法称为直接消元法。

将 $\boldsymbol{A}$ 分解为 $\boldsymbol{A}=(\boldsymbol{A}_B,\boldsymbol{A}_N)$，其中，$\boldsymbol{A}_B\in\mathbf{R}^{m\times m}$ 非奇异，相应地，将 $\boldsymbol{x},\boldsymbol{r},\boldsymbol{G}$ 作如下分块：

$$\boldsymbol{x}=\begin{bmatrix}\boldsymbol{x}_B\\ \boldsymbol{x}_N\end{bmatrix},\quad \boldsymbol{r}=\begin{bmatrix}\boldsymbol{r}_B\\ \boldsymbol{r}_N\end{bmatrix},\quad \boldsymbol{G}=\begin{bmatrix}\boldsymbol{G}_{BB} & \boldsymbol{G}_{BN}\\ \boldsymbol{G}_{NB} & \boldsymbol{G}_{NN}\end{bmatrix}$$

因此，等式约束问题（7.5）可以写成

$$\begin{aligned}&\min f(\boldsymbol{x})=\frac{1}{2}(\boldsymbol{x}_B^{\mathrm{T}}\boldsymbol{G}_{BB}\boldsymbol{x}_B+\boldsymbol{x}_B^{\mathrm{T}}\boldsymbol{G}_{BN}\boldsymbol{x}_N+\boldsymbol{x}_N^{\mathrm{T}}\boldsymbol{G}_{NB}\boldsymbol{x}_B+\boldsymbol{x}_N^{\mathrm{T}}\boldsymbol{G}_{NN}\boldsymbol{x}_N+\boldsymbol{r}_B^{\mathrm{T}}\boldsymbol{x}_B+\boldsymbol{r}_N^{\mathrm{T}}\boldsymbol{x}_N)\\ &\text{s.t.}\ \ \boldsymbol{A}_B\boldsymbol{x}_B+\boldsymbol{A}_N\boldsymbol{x}_N=\boldsymbol{b}\end{aligned}\tag{7.23}$$

考虑问题（7.23）的约束条件，由于 $\boldsymbol{A}_B$ 非奇异，可将 $\boldsymbol{x}_B$ 表示成关于 $\boldsymbol{x}_N$ 的函数，如下所示：

$$\boldsymbol{x}_B=\boldsymbol{A}_B^{-1}\boldsymbol{b}-\boldsymbol{A}_B^{-1}\boldsymbol{A}_N\boldsymbol{x}_N\tag{7.24}$$

将式（7.24）代入问题（7.23）中的目标函数，得到相应的无约束问题，其目标函数为

$$\begin{aligned}\hat{f}(\boldsymbol{x}_N)=&\frac{1}{2}\boldsymbol{x}_N^{\mathrm{T}}[\boldsymbol{G}_{NN}-\boldsymbol{A}_N^{\mathrm{T}}(\boldsymbol{A}_B^{\mathrm{T}})^{-1}\boldsymbol{G}_{BN}-\boldsymbol{G}_{NB}\boldsymbol{A}_B^{-1}\boldsymbol{A}_N+\boldsymbol{A}_N^{\mathrm{T}}(\boldsymbol{A}_B^{\mathrm{T}})^{-1}\boldsymbol{G}_{BB}\boldsymbol{A}_B^{-1}\boldsymbol{A}_N]\boldsymbol{x}_N+\\ &\boldsymbol{b}^{\mathrm{T}}(\boldsymbol{A}_B^{\mathrm{T}})^{-1}(\boldsymbol{G}_{BN}-\boldsymbol{G}_{NB}\boldsymbol{A}_B^{-1}\boldsymbol{A}_N)\boldsymbol{x}_N+(\boldsymbol{r}_N^{\mathrm{T}}-\boldsymbol{r}_B^{\mathrm{T}}\boldsymbol{A}_B^{-1}\boldsymbol{A}_N)\boldsymbol{x}_N+\\ &\frac{1}{2}\boldsymbol{b}^{\mathrm{T}}(\boldsymbol{A}_B^{\mathrm{T}})^{-1}\boldsymbol{G}_{BB}\boldsymbol{A}_B^{-1}\boldsymbol{b}-\boldsymbol{r}_B^{\mathrm{T}}\boldsymbol{A}_B^{-1}\boldsymbol{b}\end{aligned}\tag{7.25}$$

令

$$\begin{aligned}\hat{\boldsymbol{G}}_N&=\boldsymbol{G}_{NN}-\boldsymbol{A}_N^{\mathrm{T}}(\boldsymbol{A}_B^{\mathrm{T}})^{-1}\boldsymbol{G}_{BN}-\boldsymbol{G}_{NB}\boldsymbol{A}_B^{-1}\boldsymbol{A}_N+\boldsymbol{A}_N^{\mathrm{T}}(\boldsymbol{A}_B^{\mathrm{T}})^{-1}\boldsymbol{G}_{BB}\boldsymbol{A}_B^{-1}\boldsymbol{A}_N\\ \hat{\boldsymbol{r}}_N&=\boldsymbol{r}_N-\boldsymbol{A}_N^{\mathrm{T}}(\boldsymbol{A}_B^{\mathrm{T}})^{-1}\boldsymbol{r}_B+\boldsymbol{G}_{BN}^{\mathrm{T}}-\boldsymbol{A}_N^{\mathrm{T}}(\boldsymbol{A}_B^{\mathrm{T}})^{-1}\boldsymbol{G}_{NB}^{\mathrm{T}}\\ \hat{\delta}&=\frac{1}{2}\boldsymbol{b}^{\mathrm{T}}(\boldsymbol{A}_B^{\mathrm{T}})^{-1}\boldsymbol{G}_{BB}\boldsymbol{A}_B^{-1}\boldsymbol{b}-\boldsymbol{r}_B^{\mathrm{T}}\boldsymbol{A}_B^{-1}\boldsymbol{b}\end{aligned}\tag{7.26}$$

则相应的无约束问题为

$$\min\hat{f}(\boldsymbol{x}_N)=\frac{1}{2}\boldsymbol{x}_N^{\mathrm{T}}\hat{\boldsymbol{G}}_N\boldsymbol{x}_N+\hat{\boldsymbol{r}}_N^{\mathrm{T}}\boldsymbol{x}_N+\hat{\delta}\tag{7.27}$$

若 $\hat{\boldsymbol{G}}_N$ 是正定对称矩阵，则问题（7.27）有唯一解

$$\boldsymbol{x}_N^*=-\hat{\boldsymbol{G}}_N^{-1}\hat{\boldsymbol{r}}_N\tag{7.28}$$

由式（7.24）可以得到问题（7.25）的最优解

$$\boldsymbol{x}^*=\begin{bmatrix}\boldsymbol{x}_B^*\\ \boldsymbol{x}_N^*\end{bmatrix}=\begin{bmatrix}\boldsymbol{A}_B^{-1}\boldsymbol{b}+\boldsymbol{A}_B^{-1}\boldsymbol{A}_N\hat{\boldsymbol{G}}_N^{-1}\hat{\boldsymbol{r}}_N\\ -\hat{\boldsymbol{G}}_N^{-1}\hat{\boldsymbol{r}}_N\end{bmatrix}\tag{7.29}$$

由于相应的乘子 $\boldsymbol{\lambda}^*$ 满足

$$\boldsymbol{G}\boldsymbol{x}^*+\boldsymbol{r}-\boldsymbol{A}^{\mathrm{T}}\boldsymbol{\lambda}^*=\boldsymbol{0}$$

即

$$\begin{pmatrix}\boldsymbol{G}_{BB} & \boldsymbol{G}_{BN}\\ \boldsymbol{G}_{NB} & \boldsymbol{G}_{NN}\end{pmatrix}\begin{pmatrix}\boldsymbol{x}_B^*\\ \boldsymbol{x}_N^*\end{pmatrix}+\begin{pmatrix}\boldsymbol{r}_B\\ \boldsymbol{r}_N\end{pmatrix}-\begin{pmatrix}\boldsymbol{A}_B^{\mathrm{T}}\\ \boldsymbol{A}_N^{\mathrm{T}}\end{pmatrix}\boldsymbol{\lambda}^*=\begin{pmatrix}0\\0\end{pmatrix}$$

所以

$$\boldsymbol{\lambda}^*=(\boldsymbol{A}_B^{\mathrm{T}})^{-1}(\boldsymbol{G}_{BB}\boldsymbol{x}_B^*+\boldsymbol{G}_{BN}\boldsymbol{x}_N^*+\boldsymbol{r}_B) \tag{7.30}$$

可以证明，若问题（7.5）中的 $\boldsymbol{G}$ 是正定对称矩阵，则相应的无约束问题（7.27）中的 $\hat{\boldsymbol{G}}_N$ 也是正定对称矩阵。因此对于等式约束的严格凸二次规划问题，可以用直接消元法得到原问题的最优解。

例 7.2　用直接消元法求解凸二次规划问题

$$\min f(\boldsymbol{x})=x_1^2+x_2^2+x_3^2$$

$$\text{s. t.}\begin{cases}x_1+2x_2-x_3=4\\ x_1-x_2+x_3=-2\end{cases}$$

解　将约束写成

$$\begin{cases}x_1+2x_2=4+x_3\\ x_1-x_2=-2-x_3\end{cases} \tag{7.31}$$

求解方程组（7.31）得到

$$x_1=-\frac{1}{3}x_3,x_2=2+\frac{2}{3}x_3 \tag{7.32}$$

将式（7.32）代入目标函数 $f(\boldsymbol{x})$ 中，得到

$$\hat{f}(x_3)=\frac{14}{9}x_3^2+\frac{8}{3}x_3+4 \tag{7.33}$$

求解无约束问题（7.33），得到

$$x_3^*=-\frac{6}{7}$$

代入式（7.32）中，得到约束问题的最优解为

$$\boldsymbol{x}^*=\left(\frac{2}{7},\frac{10}{7},-\frac{6}{7}\right)^{\mathrm{T}}$$

由于乘子 $\boldsymbol{\lambda}^*$ 满足方程

$$\boldsymbol{G}\boldsymbol{x}^*+\boldsymbol{r}-\boldsymbol{A}^{\mathrm{T}}\boldsymbol{\lambda}^*=\boldsymbol{0}$$

因此有

$$\begin{pmatrix}1 & 1\\ 2 & -1\\ -1 & 1\end{pmatrix}\begin{pmatrix}\lambda_1^*\\ \lambda_2^*\end{pmatrix}=\begin{pmatrix}2 & 0 & 0\\ 0 & 2 & 0\\ 0 & 0 & 2\end{pmatrix}\begin{pmatrix}\dfrac{2}{7}\\ \dfrac{10}{7}\\ -\dfrac{6}{7}\end{pmatrix}$$

解得

$$\lambda_1^* = \frac{8}{7}, \lambda_2^* = -\frac{4}{7}$$

直接消元法思想简单直观，使用方便，不足之处是 $\boldsymbol{A}_B$ 可能接近一个奇异方阵，从而引起最优解 $\boldsymbol{x}^*$ 的数值不稳定。

7.3 有效集法

本节讨论二次规划的有效集法。有效集法的基本思想是通过求解有限个等式约束二次规划问题来得到一般约束二次规划问题的最优解。

对于凸二次规划问题（7.1），由定理 7.2 可知，只要能确定出最优解 $\boldsymbol{x}^*$ 处的有效约束指标集 $I(\boldsymbol{x}^*)$，通过求解等式约束问题（7.4）就可以得到最优解。

7.3.1 有效集法的基本步骤

设在第 k 次迭代中，$\boldsymbol{x}^{(k)}$ 是凸二次规划问题（7.1）的可行点，确定相应的有效约束指标集为

$$I(\boldsymbol{x}^*) = \{i \mid \boldsymbol{a}_i^{\mathrm{T}}\boldsymbol{x}^{(k)} = b_i, i \in I\} \tag{7.34}$$

并假设 $\boldsymbol{a}_i(i \in E \cup I(\boldsymbol{x}^*))$ 线性无关。

现需要求解等式约束问题

$$\begin{aligned} &\min f(\boldsymbol{x}) = \frac{1}{2}\boldsymbol{x}^{\mathrm{T}}\boldsymbol{G}\boldsymbol{x} + \boldsymbol{r}^{\mathrm{T}}\boldsymbol{x} \\ &\text{s. t.}\ \ \boldsymbol{a}_i^{\mathrm{T}}\boldsymbol{x} - b_i = 0, \quad i \in E \cup I(\boldsymbol{x}^{(k)}) \end{aligned} \tag{7.35}$$

为了方便起见，现将坐标原点移至 $\boldsymbol{x}^{(k)}$，令

$$\boldsymbol{d} = \boldsymbol{x} - \boldsymbol{x}^{(k)}$$

则

$$\begin{aligned} f(\boldsymbol{x}) &= \frac{1}{2}(\boldsymbol{d} + \boldsymbol{x}^{(k)})^{\mathrm{T}}\boldsymbol{G}(\boldsymbol{d} + \boldsymbol{x}^{(k)}) + \boldsymbol{r}^{\mathrm{T}}(\boldsymbol{d} + \boldsymbol{x}^{(k)}) \\ &= \frac{1}{2}\boldsymbol{d}^{\mathrm{T}}\boldsymbol{G}\boldsymbol{d} + \boldsymbol{d}^{\mathrm{T}}\boldsymbol{G}\boldsymbol{x}^{(k)} + \frac{1}{2}(\boldsymbol{x}^{(k)})^{\mathrm{T}}\boldsymbol{G}\boldsymbol{x}^{(k)} + \boldsymbol{r}^{\mathrm{T}}\boldsymbol{d} + \boldsymbol{r}^{\mathrm{T}}\boldsymbol{x}^{(k)} \\ &= \frac{1}{2}\boldsymbol{d}^{\mathrm{T}}\boldsymbol{G}\boldsymbol{d} + \nabla f(\boldsymbol{x}^{(k)})^{\mathrm{T}}\boldsymbol{d} + f(\boldsymbol{x}^{(k)}) \end{aligned} \tag{7.36}$$

而对于等式约束和有效约束，有

$$c_i(\boldsymbol{x}) = \boldsymbol{a}_i^{\mathrm{T}}\boldsymbol{x} - b_i = \boldsymbol{a}_i^{\mathrm{T}}\boldsymbol{x}^{(k)} - b_i + \boldsymbol{a}_i^{\mathrm{T}}\boldsymbol{d} = 0$$

因此

$$\boldsymbol{a}_i^{\mathrm{T}}\boldsymbol{d} = 0, \quad i \in E \cup I(\boldsymbol{x}^{(k)}) \tag{7.37}$$

结合式（7.36）和式（7.37），等式约束问题（7.35）转化为

$$\begin{aligned} &\min \frac{1}{2}\boldsymbol{d}^{\mathrm{T}}\boldsymbol{G}\boldsymbol{d} + \nabla f(\boldsymbol{x}^{(k)})^{\mathrm{T}}\boldsymbol{d} \\ &\text{s. t.}\ \ \boldsymbol{a}_i^{\mathrm{T}}\boldsymbol{d} = 0, \quad i \in E \cup I(\boldsymbol{x}^{(k)}) \end{aligned} \tag{7.38}$$

解等式二次规划问题（7.38），求出最优解 $\boldsymbol{d}^{(k)}$，得到相应的问题（7.35）的最优解为

$$\bar{\boldsymbol{x}}^{(k)}=\boldsymbol{x}^{(k)}+\boldsymbol{d}^{(k)}$$

现根据实际情况，执行以下相应措施：

(1) 若 $\boldsymbol{d}^{(k)}\neq\mathbf{0}$，即$\bar{\boldsymbol{x}}^{(k)}\neq\boldsymbol{x}^{(k)}$，又$\bar{\boldsymbol{x}}^{(k)}$是问题（7.35）的最优解，因此，有

$$f(\bar{\boldsymbol{x}}^{(k)})\neq f(\boldsymbol{x}^{(k)}) \tag{7.39}$$

继续分两种情况讨论。

1）若$\bar{\boldsymbol{x}}^{(k)}$是原问题（7.1）的可行点，此时取 $\boldsymbol{x}^{(k+1)}=\bar{\boldsymbol{x}}^{(k)}$。

若 $\boldsymbol{x}^{(k+1)}$在不等式约束的内部，则 $\boldsymbol{x}^{(k+1)}$处的有效约束个数不变，即

$$I(\boldsymbol{x}^{(k+1)})=I(\boldsymbol{x}^{(k)})$$

若 $\boldsymbol{x}^{(k+1)}$位于某一不等式约束的边界上（不妨设是第 p 个约束），则在 $\boldsymbol{x}^{(k+1)}$处的有效约束个数增加一个，即

$$I(\boldsymbol{x}^{(k+1)})=I(\boldsymbol{x}^{(k)})+\{p\}$$

重复上一轮计算。

2）若$\bar{\boldsymbol{x}}^{(k)}$不是原问题（7.1）的可行点，将 $\boldsymbol{d}^{(k)}=\bar{\boldsymbol{x}}^{(k)}-\boldsymbol{x}^{(k)}$作为搜索方向。由于 $\boldsymbol{x}^{(k)}$是可行点，这表明从 $\boldsymbol{x}^{(k)}$点出发，沿方向 $\boldsymbol{d}^{(k)}$前进，在达到$\bar{\boldsymbol{x}}^{(k)}$之前，一定会遇到某约束的边界。$\bar{\boldsymbol{x}}^{(k)}$是问题（7.35）的最优解，因此，$\bar{\boldsymbol{x}}^{(k)}$满足等式约束和 $\boldsymbol{x}^{(k)}$处的有效约束，问题只能出现在那些非有效约束上。令

$$\boldsymbol{x}=\boldsymbol{x}^{(k)}+\alpha_k\boldsymbol{d}^{(k)} \tag{7.40}$$

现在分析怎样确定沿 $\boldsymbol{d}^{(k)}$方向搜索的步长 α_k，根据保持可行性的要求，α_k 的取值应使得对于每个 $i\in I\backslash I(\boldsymbol{x}^{(k)})$，有下式成立：

$$\boldsymbol{a}_i^{\mathrm{T}}\boldsymbol{x}-b_i=\boldsymbol{a}_i^{\mathrm{T}}\boldsymbol{x}^{(k)}-b_i+\alpha\boldsymbol{a}_i^{\mathrm{T}}\boldsymbol{d}^{(k)}\geqslant 0 \tag{7.41}$$

由于 $\boldsymbol{x}^{(k)}$是可行点，$\boldsymbol{a}_i^{\mathrm{T}}\boldsymbol{x}^{(k)}-b_i\geqslant 0$，所以由式（7.41）可知，当 $\boldsymbol{a}_i^{\mathrm{T}}\boldsymbol{d}^{(k)}\geqslant 0$ 时，对于任意的非负数 α_k，式（7.41）总成立；当 $\boldsymbol{a}_i^{\mathrm{T}}\boldsymbol{d}^{(k)}<0$ 时，只需取

$$\alpha_k=\min\left\{\frac{b_i-\boldsymbol{a}_i^{\mathrm{T}}\boldsymbol{x}^{(k)}}{\boldsymbol{a}_i^{\mathrm{T}}\boldsymbol{d}^{(k)}}\ \middle|\ \boldsymbol{a}_i^{\mathrm{T}}\boldsymbol{d}^{(k)}<0,i\in I\backslash I(\boldsymbol{x}^{(k)})\right\}$$

则对于每个 $i\in I\backslash I(\boldsymbol{x}^{(k)})$，式（7.41）成立。

记

$$\hat{\alpha}_k=\min\left\{\frac{b_i-\boldsymbol{a}_i^{\mathrm{T}}\boldsymbol{x}^{(k)}}{\boldsymbol{a}_i^{\mathrm{T}}\boldsymbol{d}^{(k)}}\ \middle|\ \boldsymbol{a}_i^{\mathrm{T}}\boldsymbol{d}^{(k)}<0,i\in I\backslash I(\boldsymbol{x}^{(k)})\right\} \tag{7.42}$$

由于 $\boldsymbol{d}^{(k)}$是问题（7.38）的最优解，为在第 k 次迭代中得到的最好可行点，应进一步取

$$\alpha_k=\min\{\hat{\alpha}_k,1\} \tag{7.43}$$

此时

$$\boldsymbol{x}^{(k+1)}=\boldsymbol{x}^{(k)}+\alpha_k\boldsymbol{d}^{(k)}$$

是问题（7.1）的可行点，并且满足

$$f(\boldsymbol{x}^{(k+1)})<f(\boldsymbol{x}^{(k)})$$

如果

$$\alpha_k=\frac{b_p-\boldsymbol{a}_p^{\mathrm{T}}\boldsymbol{x}^{(k)}}{\boldsymbol{a}_p^{\mathrm{T}}\boldsymbol{d}^{(k)}}<1 \tag{7.44}$$

则在点 $\boldsymbol{x}^{(k+1)}$，有

$$\boldsymbol{a}_p^{\mathrm{T}}\boldsymbol{x}^{(k+1)}=\boldsymbol{a}_p^{\mathrm{T}}(\boldsymbol{x}^{(k)}+\alpha_k\boldsymbol{d}^{(k)})=b_p$$

因此，在 $\boldsymbol{x}^{(k+1)}$ 处，$\boldsymbol{a}_p^{\mathrm{T}}\boldsymbol{x}-b_p\geqslant 0$ 为有效约束。这时，把指标 p 加入 $I(\boldsymbol{x}^{(k)})$，得到在 $\boldsymbol{x}^{(k+1)}$ 处的有效约束指标集

$$I(\boldsymbol{x}^{(k+1)})=I(\boldsymbol{x}^{(k)})+\{p\} \tag{7.45}$$

重复上一轮计算。

（2）若 $\boldsymbol{d}^{(k)}=\boldsymbol{0}$，即 $\bar{\boldsymbol{x}}^{(k)}=\boldsymbol{x}^{(k)}$，它表明 $\bar{\boldsymbol{x}}^{(k)}$ 无进展，仍分两种情况讨论。

1）若存在 $q\in I(\boldsymbol{x}^{(k)})$，使得 $\lambda_q^{(k)}<0$，则 $\boldsymbol{x}^{(k)}$ 不可能是最优解。可以验证，当 $\lambda_q^{(k)}<0$ 时，在 $\boldsymbol{x}^{(k)}$ 处存在可行下降方向。例如，记 $\boldsymbol{A}^{(k)}$ 是有效约束系数矩阵，且 $\boldsymbol{A}^{(k)}$ 满秩，令方向

$$\boldsymbol{d}=\boldsymbol{A}^{(k)\mathrm{T}}(\boldsymbol{A}^{(k)}\boldsymbol{A}^{(k)\mathrm{T}})^{-1}\boldsymbol{e}_q$$

其中，$\boldsymbol{e}_q$ 是单位向量，对应下标 q 的分量为 1，则有

$$\boldsymbol{d}^{\mathrm{T}}\nabla f(\boldsymbol{x}^{(k)})=\boldsymbol{e}_q^{\mathrm{T}}(\boldsymbol{A}^{(k)}\boldsymbol{A}^{(k)\mathrm{T}})^{-1}\boldsymbol{A}^{(k)}\boldsymbol{A}^{(k)\mathrm{T}}\boldsymbol{\lambda}^{(k)}=\lambda_q^{(k)}<0$$

因此 $\boldsymbol{d}$ 是在 $\boldsymbol{x}^{(k)}$ 处的下降方向。容易验证 $\boldsymbol{d}$ 也是可行方向。

当 $\lambda_q^{(k)}<0$ 时，把下标 q 从 $I(\boldsymbol{x}^{(k)})$ 中删除，即

$$I(\boldsymbol{x}^{(k+1)})=I(\boldsymbol{x}^{(k)})-\{q\}$$

若同时有多个乘子均为负数，令

$$\lambda_q^{(k)}=\min\{\lambda_i^{(k)}\mid i\in I(\boldsymbol{x}^{(k)})\}$$

同时，令

$$\boldsymbol{x}^{(k+1)}=\bar{\boldsymbol{x}}^{(k)}$$

重复上一轮计算。

2）若 $\lambda_i^{(k)}\geqslant 0,\forall i\in I(\boldsymbol{x}^{(k)})$，此时 $\bar{\boldsymbol{x}}^{(k)}=\boldsymbol{x}^{(k)}$ 是问题（7.1）的 K-T 点，由定理 7.1 可知，$\boldsymbol{x}^{(k)}$ 是最优解。

7.3.2 有效集算法

算法 7.1 （有效集法）：

（1）取初始可行点 $\boldsymbol{x}^{(1)}$，确定 $\boldsymbol{x}^{(1)}$ 处的有效约束指标集

$$I(\boldsymbol{x}^{(1)})=\{i\mid \boldsymbol{a}_i^{\mathrm{T}}\boldsymbol{x}^{(1)}-b_i=0,i\in I\}$$

置 $k=1$。

（2）求解等式约束二次规划问题

$$\min\ \frac{1}{2}\boldsymbol{d}^{\mathrm{T}}\boldsymbol{G}\boldsymbol{d}+\nabla f(\boldsymbol{x}^{(k)})^{\mathrm{T}}\boldsymbol{d}$$
$$\text{s.t.}\ \ \boldsymbol{a}_i^{\mathrm{T}}\boldsymbol{d}=0,\quad i\in E\cup I(\boldsymbol{x}^{(k)})$$

得到 $\boldsymbol{d}^{(k)}$。

（3）若 $\boldsymbol{d}^{(k)}=\boldsymbol{0}$，即 $\bar{\boldsymbol{x}}^{(k)}=\boldsymbol{x}^{(k)}$，则计算相应的乘子 $\boldsymbol{\lambda}^{(k)}$，转步骤（4）。若 $\boldsymbol{d}^{(k)}\neq\boldsymbol{0}$，转（5）。

（4）若 $\forall i\in I(\boldsymbol{x}^{(k)}),\lambda_i^{(k)}\geqslant 0$，则停止计算（此时 $\boldsymbol{x}^{(k)}$ 为二次规划问题（7.1）的最优解，$\boldsymbol{\lambda}^{(k)}$ 为相应的乘子）；否则计算

$$\lambda_q^{(k)}=\min\{\lambda_i^{(k)}\mid i\in I(\boldsymbol{x}^{(k)})\}$$

并置

$$\boldsymbol{x}^{(k+1)}=\boldsymbol{x}^{(k)},\quad I(\boldsymbol{x}^{(k+1)})=I(\boldsymbol{x}^{(k)})-\{q\}$$

置 $k=k+1$，转步骤（2）。

（5）若满足 $\boldsymbol{a}_i^{\mathrm{T}}\boldsymbol{x}-b_i\geqslant 0$，$i\in I\backslash I(\boldsymbol{x}^{(k)})$（$\overline{\boldsymbol{x}}^{(k)}$ 也是问题（7.1）的可行点），则令

$$\boldsymbol{x}^{(k+1)}=\overline{\boldsymbol{x}}^{(k)}$$

确定 $\boldsymbol{x}^{(k+1)}$ 处的有效约束指标集 $I(\boldsymbol{x}^{(k+1)})$。置 $k=k+1$，转步骤（2）；否则（$\overline{\boldsymbol{x}}^{(k)}$ 不是问题（7.1）的可行点），转步骤（6）。

（6）计算

$$\begin{aligned}\hat{\alpha}_k&=\min\left\{\frac{b_i-\boldsymbol{a}_i^{\mathrm{T}}\boldsymbol{x}^{(k)}}{\boldsymbol{a}_i^{\mathrm{T}}\boldsymbol{d}^{(k)}}\mid \boldsymbol{a}_i^{\mathrm{T}}\boldsymbol{d}^{(k)}<0,i\in I\backslash I(\boldsymbol{x}^{(k)})\right\}\\&=\frac{b_p-\boldsymbol{a}_p^{\mathrm{T}}\boldsymbol{x}^{(k)}}{\boldsymbol{a}_p^{\mathrm{T}}\boldsymbol{d}^{(k)}}\end{aligned}$$

取 $\alpha_k=\min\{\hat{\alpha}_k,1\}$，置

$$\boldsymbol{x}^{(k+1)}=\boldsymbol{x}^{(k)}+\alpha_k\boldsymbol{d}^{(k)}$$

如果

$$\alpha_k=\hat{\alpha}_k$$

则置

$$I(\boldsymbol{x}^{(k+1)})=I(\boldsymbol{x}^{(k)})+\{p\}$$

（7）置 $k=k+1$，转步骤（2）。

例 7.3　用有效集法求解二次规划问题

$$\begin{aligned}&\min f(\boldsymbol{x})=x_1^2-x_1x_2+2x_2^2-x_1-10x_2\\&\text{s.t.}\begin{cases}-3x_1-2x_2\geqslant -6\\x_1\geqslant 0\\x_2\geqslant 0\end{cases}\end{aligned}$$

取初始点 $\boldsymbol{x}^{(1)}=(0,0)^{\mathrm{T}}$。

解　易知

$$\boldsymbol{G}=\begin{pmatrix}2&-1\\-1&4\end{pmatrix},\quad \boldsymbol{r}=(-1,-10)^{\mathrm{T}}$$

取初始点 $\boldsymbol{x}^{(1)}=(0,0)^{\mathrm{T}},I(\boldsymbol{x}^{(1)})=\{2,3\}$，求解相应的问题（7.38），即

$$\begin{aligned}&\min d_1^2-d_1d_2+2d_2^2-d_1-10d_2\\&\text{s.t.}\begin{cases}d_1=0\\d_2=0\end{cases}\end{aligned}$$

解得 $\boldsymbol{d}^{(1)}=(0,0)^{\mathrm{T}}=0$，因此相应问题（7.35）的最优解为

$$\overline{\boldsymbol{x}}^{(1)}=\boldsymbol{x}^{(1)}+\boldsymbol{d}^{(1)}=(0,0)^{\mathrm{T}}$$

为了判断 $\overline{\boldsymbol{x}}^{(1)}$ 是否为原问题的最优解，需要计算拉格朗日乘子。由 $I^{(1)}=\{2,3\}$ 知

$$\boldsymbol{A}=\begin{pmatrix}1&0\\0&1\end{pmatrix},\quad \boldsymbol{b}=\begin{pmatrix}0\\0\end{pmatrix}$$

利用式（7.20），算得乘子 $\lambda_2^{(1)}=-1,\lambda_3^{(1)}=-10$。由此可知 $\overline{\boldsymbol{x}}^{(1)}=(0,0)^{\mathrm{T}}$ 不是问题的最优解。

取

$$x^{(2)}=\bar{x}^{(1)}=(0,0)^{\mathrm{T}}$$

将 $\lambda_3^{(1)}$ 对应的约束，即原来问题的第 3 个约束，从有效约束指标集中去掉，故 $I(x^{(2)})=\{2\}$，在求解相应问题（7.38），即

$$\begin{aligned}&\min d_1^2-d_1d_2+2d_2^2-d_1-10d_2\\&\text{s.t. } d_1=0\end{aligned}$$

解得 $d^{(2)}=\left(0,\frac{5}{2}\right)^{\mathrm{T}}\neq\mathbf{0}$，因此相应问题（7.35）的最优解为

$$\bar{x}^{(2)}=x^{(2)}+d^{(2)}=\left(0,\frac{5}{2}\right)^{\mathrm{T}}$$

经检验，$\bar{x}^{(2)}$ 也是原问题的可行点，故取

$$x^{(3)}=\bar{x}^{(2)}=\left(0,\frac{5}{2}\right)^{\mathrm{T}},\quad I(x^{(3)})=\{2\}$$

再求解相应问题（7.38），即

$$\begin{aligned}&\min d_1^2-d_1d_2+2d_2^2-\frac{7}{2}d_1\\&\text{s.t. } d_1=0\end{aligned}$$

解得 $d^{(3)}=(0,0)^{\mathrm{T}}=\mathbf{0}$。因此相应问题（7.35）的最优解为

$$\bar{x}^{(3)}=x^{(3)}+d^{(3)}=\left(0,\frac{5}{2}\right)^{\mathrm{T}}$$

又利用式（7.20），求得 $\lambda_2^{(3)}=-\frac{7}{2}<0$，因此 $\bar{x}^{(3)}=\left(0,\frac{5}{2}\right)^{\mathrm{T}}$ 不是原问题的最优解。

取 $\bar{x}^{(4)}=\bar{x}^{(3)}=\left(0,\frac{5}{2}\right)^{\mathrm{T}}, I(x^{(4)})=I(x^{(3)})-\{2\}=\varnothing$。再求解相应问题（7.38），即

$$\min d_1^2-d_1d_2+2d_2^2-\frac{7}{2}d_1$$

解得 $d^{(4)}=\left(2,\frac{1}{2}\right)^{\mathrm{T}}\neq\mathbf{0}$。因此相应问题（7.35）的最优解为

$$\bar{x}^{(4)}=x^{(4)}+d^{(4)}=(2,3)^{\mathrm{T}}$$

经检验，$\bar{x}^{(4)}$ 不是原问题的可行解，因此需要计算步长 $\hat{\alpha}_k$。由式（7.42）有

$$\begin{aligned}\hat{\alpha}_k&=\min\left\{\frac{b_i-a_i^{\mathrm{T}}x^{(4)}}{a_i^{\mathrm{T}}d^{(4)}}\mid a_i^{\mathrm{T}}d^{(4)}<0,i\in I\backslash I(x^{(4)})\right\}\\&=\min\left\{\frac{b_i-a_i^{\mathrm{T}}x^{(4)}}{a_i^{\mathrm{T}}d^{(4)}}\right\}=\frac{-6-(-5)}{-6-1}=\frac{1}{7}\end{aligned}$$

又

$$\alpha_k=\min\{1,\hat{\alpha}_k\}=\min\left\{1,\frac{1}{7}\right\}=\frac{1}{7}$$

故

$$\bar{x}^{(5)}=x^{(4)}+\alpha_4d^{(4)}=\left(\frac{2}{7},\frac{18}{7}\right)^{\mathrm{T}},\quad I(x^{(5)})=I(x^{(4)})+\{1\}=\{1\}$$

再求相应问题（7.38），即

$$\min d_1^2-d_1d_2+2d_2^2-3d_1$$
$$\text{s. t.}\ -3d_1-2d_2=0$$

解得 $\boldsymbol{d}^{(4)}=\left(\frac{3}{14},-\frac{9}{28}\right)^{\mathrm{T}}\neq\boldsymbol{0}$，因此相应问题最优解（7.35）的最优解为

$$\overline{\boldsymbol{x}}^{(5)}=\boldsymbol{x}^{(5)}+\boldsymbol{d}^{(5)}=\left(\frac{1}{2},\frac{9}{4}\right)^{\mathrm{T}}$$

经检验，$\overline{\boldsymbol{x}}^{(5)}$ 也是原问题的可行点，故取 $\overline{\boldsymbol{x}}^{(6)}=\boldsymbol{x}^{(5)}=\left(\frac{1}{2},\frac{9}{4}\right)^{\mathrm{T}}, I(\boldsymbol{x}^{(6)})=\{1\}$，再求解相应问题（7.38），即

$$\min d_1^2-d_1d_2+2d_2^2-\frac{9}{4}d_1-\frac{3}{2}d_2$$
$$\text{s. t.}\ -3d_1-2d_2=0$$

解得 $\boldsymbol{d}^{(6)}=(0,0)^{\mathrm{T}}=\boldsymbol{0}$，又利用式（7.20），求得乘子

$$\lambda_1^{(6)}=\frac{3}{4}>0$$

故 $\overline{\boldsymbol{x}}^{(6)}=\left(\frac{1}{2},\frac{9}{4}\right)^{\mathrm{T}}$ 为原规划问题的最优解。

7.4　Lemke 方法

Lemke 方法是求解二次规划的又一种方法，它的基本思想是把线性规划的单纯形法加以适当修改，再用来求二次规划的 K-T 点。

考虑二次规划问题

$$\begin{aligned}&\min f(\boldsymbol{x})=\frac{1}{2}\boldsymbol{x}^{\mathrm{T}}\boldsymbol{G}\boldsymbol{x}+\boldsymbol{r}^{\mathrm{T}}\boldsymbol{x}\\&\text{s. t.}\begin{cases}\boldsymbol{A}\boldsymbol{x}\geqslant\boldsymbol{b}\\\boldsymbol{x}\geqslant\boldsymbol{0}\end{cases}\end{aligned}\tag{7.46}$$

其中，$\boldsymbol{G}\in\mathbf{R}^{n\times n}$ 且对称，$\boldsymbol{r}\in\mathbf{R}^{n}, \boldsymbol{A}\in\mathbf{R}^{m\times n}, \boldsymbol{b}\in\mathbf{R}^{m}$，不妨设 $\operatorname{rank}(\boldsymbol{A})=m$。

引入乘子 $\boldsymbol{u}$ 和 $\boldsymbol{v}$，定义拉格朗日函数

$$L(\boldsymbol{x},\boldsymbol{u},\boldsymbol{v})=f(\boldsymbol{x})-\boldsymbol{u}^{\mathrm{T}}(\boldsymbol{A}\boldsymbol{x}-\boldsymbol{b})-\boldsymbol{v}^{\mathrm{T}}\boldsymbol{x}$$

再引入松弛变量 $\boldsymbol{y}\geqslant\boldsymbol{0}$，使

$$\boldsymbol{A}\boldsymbol{x}-\boldsymbol{y}=\boldsymbol{b}$$

这样，问题（7.46）的 K-T 条件可写成

$$\begin{cases}\boldsymbol{G}\boldsymbol{x}-\boldsymbol{A}^{\mathrm{T}}\boldsymbol{u}-\boldsymbol{v}=-\boldsymbol{r}\\\boldsymbol{y}-\boldsymbol{A}\boldsymbol{x}=-\boldsymbol{b}\\\boldsymbol{v}^{\mathrm{T}}\boldsymbol{x}=0\\\boldsymbol{y}^{\mathrm{T}}\boldsymbol{u}=0\\\boldsymbol{u}\geqslant 0,\boldsymbol{v}\geqslant 0,\boldsymbol{x}\geqslant 0,\boldsymbol{y}\geqslant 0\end{cases}\tag{7.47}$$

记

$$\boldsymbol{w}=\begin{pmatrix}\boldsymbol{v}\\ \boldsymbol{y}\end{pmatrix},\quad \boldsymbol{z}=\begin{pmatrix}\boldsymbol{x}\\ \boldsymbol{u}\end{pmatrix},\quad \boldsymbol{M}=\begin{pmatrix}\boldsymbol{G} & -\boldsymbol{A}^{\mathrm{T}}\\ \boldsymbol{A} & \boldsymbol{O}\end{pmatrix},\quad \boldsymbol{q}=\begin{pmatrix}\boldsymbol{r}\\ -\boldsymbol{b}\end{pmatrix}$$

于是，式（7.47）可写成如下形式：

$$\begin{cases}\boldsymbol{w}-\boldsymbol{M}\boldsymbol{z}=\boldsymbol{q}\\ \boldsymbol{w}\geqslant 0,\boldsymbol{z}\geqslant 0\end{cases}\tag{7.48}$$

$$\boldsymbol{w}^{\mathrm{T}}\boldsymbol{z}=0\tag{7.49}$$

其中，$\boldsymbol{w},\boldsymbol{q},\boldsymbol{z}$ 均为 $m+n$ 维列向量，$\boldsymbol{M}$ 则是 $(m+n)\times(m+n)$ 矩阵。式（7.48）和式（7.49）称为线性互补问题，它的每一个解 $(\boldsymbol{w},\boldsymbol{z})$ 具有这样的特征：解的 $2(m+n)$ 个分量中，至少有 $m+n$ 个取零值，而且其中每对变量 (w_i,z_i) 中至少有一个为零，其余分量均是非负数。下面研究怎样求出线性互补问题的解。

定义 7.1 设 $(\boldsymbol{w},\boldsymbol{z})$ 是式（7.48）的一个基本可行解，且每个互补变量对 (w_i,z_i) 中有一个变量是基变量，则称 $(\boldsymbol{w},\boldsymbol{z})$ 是互补基本可行解。

这样，求二次规划 K-T 点的问题就转化为求互补基本可行解。现在介绍求互补基本可行解的 Lemke 方法。分两种情形讨论：

（1）如果 $\boldsymbol{q}\geqslant\boldsymbol{0}$，则 $(\boldsymbol{w},\boldsymbol{z})=(\boldsymbol{q},\boldsymbol{0})$ 就是一个互补基本可行解。

（2）如果不满足 $\boldsymbol{q}\geqslant\boldsymbol{0}$，则引入人工变量 z_0，令

$$\boldsymbol{w}-\boldsymbol{M}\boldsymbol{z}-\boldsymbol{e}z_0=\boldsymbol{q}\tag{7.50}$$

$$\boldsymbol{w},\boldsymbol{z}\geqslant 0,\quad z_0\geqslant 0\tag{7.51}$$

$$\boldsymbol{w}^{\mathrm{T}}\boldsymbol{z}=0\tag{7.52}$$

其中，$\boldsymbol{e}=(1,\cdots,1)^{\mathrm{T}}$ 是分量全为 1 的 $m+n$ 维列向量。

在求解式（7.50）~式（7.52）之前，先引入准互补基本可行解的概念。

定义 7.2 设 $(\boldsymbol{w},\boldsymbol{z},z_0)$ 是式（7.50）~式（7.52）的一个可行解，并且满足下列条件：

（1）$(\boldsymbol{w},\boldsymbol{z},z_0)$ 是式（7.50）和式（7.51）的一个基本可行解；

（2）对某个 $s\in\{1,\cdots,m+n\}$，w_s 和 z_s 都不是基变量；

（3）z_0 是基变量，每个互补变量对 $(w_i,z_i)(i=1,\cdots,m+n,i\neq s)$ 中，恰有一个变量是基变量；

则称 $(\boldsymbol{w},\boldsymbol{z},z_0)$ 为准互补基本可行解。

下面用主元消去法求准互补基本可行解。

首先，令

$$z_0=\max\{-q_i\mid i=1,\cdots,m+n\}=-q_s$$

$$\boldsymbol{z}=\boldsymbol{0}$$

$$\boldsymbol{w}=\boldsymbol{q}+\boldsymbol{e}z_0=\boldsymbol{q}-\boldsymbol{e}q_s$$

则 $(\boldsymbol{w},\boldsymbol{z},z_0)$ 是一个准互补基本可行解，其中，$w_i(i\neq s)$ 和 z_0 是基变量，其余变量为非基变量。以此解为起始解，用主元消去法求新的准互补基本可行解，力图用这种方法使 z_0 变为非基变量。为保持可行性，选择主元时要遵守两条规则：

（1）若 w_i（或 z_i）离基，则 z_i（或 w_i）进基；

（2）按照单纯形法中的最小比值规则确定离基变量。

这样就能实现从一个准互补基本可行解到另一个准互补基本可行解的转换，直至得到互补基本可行解，即 z_0 变为非基变量，或者得出由式（7.50）~式（7.52）所定义的可行域无界的结论。

算法 7.2 （Lemke 方法）

（1）若 $\boldsymbol{q} \geqslant 0$，则停止计算，$(\boldsymbol{w},\boldsymbol{z})=(\boldsymbol{q},\boldsymbol{0})$ 是互补基本可行解；否则，用表格形式表示方程组（7.50），设

$$-q_s=\max\{-q_i \mid i=1,\cdots,m+n\}$$

取 s 行为主行，z_0 对应的列为主列，进行主元消去，令 $y_s=z_s$。

（2）设在现行表中变量 y_s 下面的列为 d_s。若 $d_s \leqslant 0$，则停止计算，得到式（7.50）和式（7.51）的可行域的极方向；否则，按最小比值规则确定指标 r，使

$$\frac{\bar{q}_r}{d_{rs}}=\min\left\{\frac{\bar{q}_i}{d_{is}} \mid d_{is}>0\right\}$$

如果 r 行的基变量是 z_0，则转步骤（4）；否则，进行步骤（3）。

（3）设 r 行的基变量为 w_l 或 z_l（对于某个 $l \neq s$），变量 y_s 进基，以 r 行为主行，y_s 对应的列为主列，进行主元消去。如果离基变量是 w_l，则令

$$y_s=z_l$$

如果离基变量是 z_l，则令

$$y_s=w_l$$

转步骤（2）。

（4）变量 y_s 进基，z_0 离基。以 r 行为主行，y_s 对应的列为主列，进行主元消去，得到互补基本可行解，停止计算。

例 7.4 用 Lemke 方法求解例 7.3。

$$\min f(\boldsymbol{x})=x_1^2-x_1x_2+2x_2^2-x_1-10x_2$$

$$\text{s. t.}\begin{cases}-3x_1-2x_2 \geqslant -6\\ x_1 \geqslant 0\\ x_2 \geqslant 0\end{cases}$$

解 易知

$$\boldsymbol{G}=\begin{pmatrix}2 & -1\\ -1 & 4\end{pmatrix},\quad \boldsymbol{r}=\begin{pmatrix}-1\\ -10\end{pmatrix}$$

$$\boldsymbol{A}=(-3,-2),\ b=-6$$

$$\boldsymbol{M}=\begin{pmatrix}\boldsymbol{G} & -\boldsymbol{A}^{\mathrm{T}}\\ \boldsymbol{A} & \boldsymbol{0}\end{pmatrix}=\begin{pmatrix}2 & -1 & 3\\ -1 & 4 & 2\\ -3 & -2 & 0\end{pmatrix}$$

$$\boldsymbol{q}=\begin{pmatrix}\boldsymbol{r}\\ -b\end{pmatrix}=\begin{pmatrix}-1\\ -10\\ 6\end{pmatrix}$$

线性互补问题为

$$\begin{cases}w_1-2z_1+z_2-3z_3=-1\\ w_2+z_1-4z_2-2z_3=-10\\ w_3+3z_1+2z_2=6\\ w_i \geqslant 0, z_i \geqslant 0, i=1,2,3\\ w_iz_i=0, i=1,2,3\end{cases}$$

引入人工变量 z_0，建立表 7.1。

表 7.1　引入人工变量 z_0 建立的表

	w_1	w_2	w_3	z_1	z_2	z_3	z_0	$\boldsymbol{q}$
w_1	1	0	0	-2	1	-3	-1	-1
w_2	0	1	0	1	-4	-2	[-1]	-10
w_3	0	0	1	3	2	0	-1	6

$q_s=-10$，主元 $d_{27}=-1$，经主元消去，得到表 7.2。

表 7.2　经主元消去法得到的表（一）

	w_1	w_2	w_3	z_1	z_2	z_3	z_0	$\bar{\boldsymbol{q}}$
w_1	1	-1	0	-3	[5]	-1	0	9
z_0	0	-1	0	-1	4	2	1	10
w_3	0	-1	1	2	6	2	0	16

$y_s=z_2, r=1$，主元 $d_{15}=5$，经主元消去，得到表 7.3。

表 7.3　经主元消去法得到的表（二）

	w_1	w_2	w_3	z_1	z_2	z_3	z_0	$\bar{\boldsymbol{q}}$
z_2	$\frac{1}{5}$	$-\frac{1}{5}$	0	$-\frac{3}{5}$	1	$-\frac{1}{5}$	0	$\frac{9}{5}$
z_0	$-\frac{4}{5}$	$-\frac{1}{5}$	0	$\frac{7}{5}$	0	$\frac{14}{5}$	1	$\frac{14}{5}$
w_3	$-\frac{6}{5}$	$\frac{1}{5}$	1	$\left[\frac{28}{5}\right]$	0	$\frac{16}{5}$	0	$\frac{26}{5}$

$y_s=z_1, r=3$，主元 $d_{34}=\dfrac{28}{5}$，经主元消去，得到表 7.4。

表 7.4　经主元消去法得到的表（三）

	w_1	w_2	w_3	z_1	z_2	z_3	z_0	$\bar{\boldsymbol{q}}$
z_2	$\frac{1}{14}$	$-\frac{5}{28}$	$\frac{3}{28}$	0	1	$\frac{1}{7}$	0	$\frac{33}{14}$
z_0	$-\frac{1}{2}$	$-\frac{1}{4}$	$-\frac{1}{4}$	0	0	[2]	1	$\frac{3}{2}$
z_1	$-\frac{3}{14}$	$\frac{1}{28}$	$\frac{5}{28}$	1	0	$\frac{4}{7}$	0	$\frac{13}{14}$

$y_s=z_3, r=2$，主元 $d_{26}=2$，经主元消去，得到表 7.5。

表 7.5　经主元消去法得到的表（四）

	w_1	w_2	w_3	z_1	z_2	z_3	z_0	$\bar{q}$
z_2	$\frac{3}{28}$	$-\frac{9}{56}$	$\frac{7}{56}$	0	1	0	$-\frac{1}{14}$	$\frac{9}{4}$
z_3	$-\frac{1}{4}$	$-\frac{1}{8}$	$-\frac{1}{8}$	0	0	1	$\frac{1}{2}$	$\frac{3}{4}$
z_1	$-\frac{1}{14}$	$\frac{3}{28}$	$\frac{1}{4}$	1	0	0	$-\frac{2}{7}$	$\frac{1}{2}$

由于 $z_0=0$，得到互补基本可行解为

$$(w_1,w_2,w_3,z_1,z_2,z_3)=\left(0,0,0,\frac{1}{2},\frac{9}{4},\frac{3}{4}\right)$$

因此得到 K-T 点

$$(x_1,x_2)^{\mathrm{T}}=\left(\frac{1}{2},\frac{9}{4}\right)^{\mathrm{T}}$$

由于此例是凸规则，所以 K-T 点也是最优解。

第 8 章　概率与信息论

本章讨论概率论和信息论。

概率论是用于表示不确定性声明的数学框架。它不仅提供了量化不确定性的方法，也提供了用于导出新的不确定性声明（statement）的公理。在人工智能（AI）领域，概率论主要有两种应用。首先，概率法则告诉我们 AI 系统如何推理，据此设计一些算法来计算或者估算由概率论导出的表达式；其次，可以用概率和统计从理论上分析 AI 系统的行为。

概率论是众多科学学科和工程学科的基本工具。之所以讲述这章的内容，是为了确保那些背景偏软件工程而较少接触概率论的读者也可以理解本书的内容。

概率论使我们能够提出不确定性声明以及在不确定性存在的情况下进行推理，而信息论使我们能够量化概率分布中的不确定性总量。

8.1　概述

计算机科学的许多分支处理的实体大部分都是完全确定且必然的。程序员通常可以安全地假定 CPU 将完美地执行每条机器指令。虽然硬件错误确实会发生，但它们非常罕见，以至于大部分软件应用在设计时并不需要考虑这些因素的影响。鉴于许多计算机科学家和软件工程师在一个相对干净和确定的环境中工作，机器学习对于概率论的大量使用是很令人吃惊的。

这是因为机器学习通常需要处理不确定量，有时也可能需要处理随机（非确定性的）量。不确定性和随机性可能来自多个方面。至少从 20 世纪 80 年代开始，研究人员就对使用概率论来量化不确定性提出了令人信服的论据。这里给出的许多论据都是根据 Pearl（1988）的工作总结或启发得到的。

几乎所有活动都存在着不确定性。事实上，除了那些被定义为真的数学声明，我们很难认定某个命题是千真万确的或者确保某件事一定会发生。

不确定性有以下 3 种可能的来源：

（1）被建模系统内在的随机性。例如，大多数量子力学的解释，都将亚原子粒子的动力学描述为概率的。可以假设一些具有随机动态的理论情境，如一个纸牌游戏，在这个游戏中，假设纸牌被真正混洗成了随机顺序。

（2）不完全观测。即使是确定的系统，当不能观测到所有驱动系统行为的变量时，该系统也会呈现随机性。例如，在 Monty Hall 问题中，一个游戏节目的参与者被要求在 3 个门之间选择，并且会赢得放置在选中门后的奖品。其中两扇门通向山羊，第 3 扇门通向一辆汽车。选手的每个选择所导致的结果是确定的，但是站在选手的角度，结果是不确定的。

（3）不完全建模。当使用一些必须舍弃某些观测信息的模型时，舍弃的信息会导致模型的预测出现不确定性。例如，假设我们制作了一个机器人，它可以准确地观察周围每一个对象的位置。在对这些对象将来的位置进行预测时，如果机器人采用的是离散化的空间，那么离散化的方法将使得机器人无法确定对象的精确位置：因为每个对象都可能处于它被观测到的离散单元的任何一个角落。在很多情况下，即使真正的规则是确定的并且建模的系统可以足够精确地容纳复杂的规则，使用一些简单而不确定的规则要比复杂而确定的规则更为实用，例如，在定义“鸟会不会飞”这个规则时，较为真实的规则是“除了那些还没学会飞翔的幼鸟、因为生病或受伤而失去飞翔能力的鸟，以及食火鸟（cassowary）、鸵鸟（ostrich）、几维鸟（kiwi，一种新西兰产的无翼鸟）等不会飞的鸟类以外，鸟儿都会飞”，很显然，这样的规则很难应用和沟通，而且随着对自然认识的深入，可能还会发现别的例外，这就导致了这个规则是脆弱的且容易失效。反之，类似“多数鸟儿都会飞”这样概率性的规则描述就很简单而实用。

对于概率论是如何应用的，可以通过“在扑克牌游戏中抽出一手特定牌”这个例子来研究。可以知道上述的研究事件是可以重复的，对于这类可以重复的事件，当一个结果发生的概率为 p 时，这意味着如果反复实验无限次（不断抽一手牌），出现该结果（上述我们所期望的特定牌组合）的次数占总实验次数的比例为 p。当然这种推理似乎并不使用于那些不可重复的命题，比如，如果一位医生诊断病人，并说该病人患流感的概率为 40%，这里的 40% 与前面的 p 表示不同的事情，因为我们无法重复实验，既不能让这位病人有无穷多的副本，也没有任何理由去相信这位病人的无穷多副本在不同的潜在条件下表现出相同的症状。因此在医生诊断病人的例子中，这里所说的概率是一种信任度（degree of belief），其中，1 表示非常肯定病人患有流感，而 0 表示非常肯定病人没有患流感。前一个例子中的概率直接与事件发生的频率相联系，称为频率派概率（frequentist probability）；而后一个例子中的概率涉及确定性水平，称为贝叶斯概率（Bayesian probability）。

关于不确定性的常识推理，如果已经列出了若干条期望它具有的性质，那么满足这些性质的唯一一种方法就是将贝叶斯概率和频率派概率视为等同的。例如，如果要在扑克牌游戏中根据玩家手上的牌计算他们获胜的概率，那么可以使用和医生情境完全相同的公式，即依据病人的某些症状计算他是否患病的概率。

概率可以被看作用于处理不确定性的逻辑扩展。逻辑提供了一套形式化的规则，可以在给定某些命题是真或假的假设下，判断另外一些命题是真的还是假的。

8.2　随机变量

随机变量（random variable）是可以随机地取不同值的变量。通常用无格式字体（plain typeface）中的小写字母来表示随机变量本身，而用手写体中的小写字母来表示随机变量能够取到的值。例如，x_1 和 x_2 都是随机变量 X 可能的取值。对于向量值变量，将随机变量写成 X，它的一个可能取值为 x。就其本身而言，一个随机变量只是对可能的状态的描述，它必须伴随着一个概率分布来指定每个状态的可能性。

随机变量可以是离散的也可以是连续的。离散型随机变量拥有有限或者不可数的无限多的状态。注意：这些状态不一定非要是整数，它们也可能只是一些被命名而没有数值的状态。连续型随机变量是在某一区间内任取一点的随机变量，是连续的、伴随着实数值的。

8.3　概率分布

概率分布（probability distribution）用来描述随机变量或一簇随机变量在每一个状态被取到的可能性大小。描述概率分布的方式取决于随机变量是离散的还是连续的。

8.3.1 离散型随机变量和概率质量函数

离散型随机变量的概率分布可以用概率质量函数（probability mass function，PMF）描述。通常用大写字母 P 来表示概率质量函数。每一个随机变量都会有一个不同的概率质量函数，读者必须根据随机变量来推断所使用的概率质量函数，而不是根据函数的名称来推断，例如，$P(x)$通常和 $P(y)$不一样。

概率质量函数将随机变量能够取得的每个状态映射到随机变量取得该状态的概率。$X=x$ 的概率用 $P(x)$来表示，概率为 1 表示 $X=x$ 是确定的，概率为 0 表示 $X=x$ 是不可能发生的。有时为了使得概率质量函数的使用不相互混淆，需要明确写出随机变量的名称：$P(X=x)$。有时先定义一个随机变量，然后用~符号来说明它遵循的分布：$X \sim P(x)$。

概率质量函数可以同时作用于多个随机变量。这种多个变量的概率分布被称为联合概率分布（joint probability distribution）。$P(X=x,Y=y)$表示 $X=x$ 和 $Y=y$ 同时发生的概率，也可以简写为 $P(x,y)$。

如果一个函数 P 是随机变量 X 的概率质量函数，必须满足下面几个条件：

（1）P 的定义域必须是 X 所有可能状态的集合。

（2）$\forall x \in X, 0 \leqslant P(x) \leqslant 1$。不可能发生的事件概率为 0，并且不存在比这概率更低的状态。

（3）$\sum\limits_{x \in X} P(x) = 1$。这条性质称为归一化（normalized）条件。如果没有这条性质，计算很多事件其中之一发生的概率时，可能会得到大于 1 的概率。

例如，考虑一个离散型随机变量 X 有 k 个不同的状态。可以假设 X 是均匀分布（uniform distribution）的（也就是将它的每个状态视为等可能），通过将它的概率质量函数设为

$$P(X=x_i)=\frac{1}{k} \tag{8.1}$$

对于所有的 i 都成立。可以看出该函数满足上述称为概率质量函数的条件。因为 k 是一个正整数，所以$\frac{1}{k}$是正数。也可以看出

$$\sum_i P(X=x_i) = \sum_i \frac{1}{k} = \frac{k}{k} = 1 \tag{8.2}$$

因此分布也满足归一化条件。

8.3.2 连续型随机变量和概率密度函数

当研究的对象是连续型随机变量时，用概率密度函数（probability density function，PDF），而不是概率质量函数来描述它的概率分布。如果一个函数 p 是概率密度函数，必须满足下面几个条件：

（1）p 的定义域必须是 X 所有可能状态的集合。

（2）$\forall x \in X, p(x) \geqslant 0$。注意，并不要求 $p(x) \leqslant 1$。

（3）$\int p(x)\mathrm{d}x = 1$。

概率密度函数并没有直接对特定的状态给出概率，相对地，它给出了落在面积为 δx 的无限小的区域内的概率为 $p(x)\delta x$。

可以对概率密度函数求积分来获得点集的真实概率质量。特别地，x 落在集合 S 中的概率可以通过 $p(x)$ 对这个集合求积分来得到。在单变量的例子中，x 落在区间 $[a,b]$ 上的概率是 $\int_a^b p(x)\mathrm{d}x$。

为了给出一个连续型随机变量的概率密度函数的例子，可以考虑实数区间上的均匀分布。例如，可以使用函数 $u(x;a,b)$，其中，a 和 b 是区间的端点且满足 $b>a$；x 作为函数的自变量，a 和 b 作为定义函数的参数。为了确保区间外没有概率，对所有的 $x\notin[a,b]$，令 $u(x;a,b)=0$。在 $[a,b]$ 内，有 $u(x;a,b)=\frac{1}{b-a}$。可以看出，该函数在任何一点都非负。另外，它在区间 $[a,b]$ 上的积分为 1。通常用 $X\sim U(a,b)$ 表示 x 在 $[a,b]$ 上是均匀分布的。

8.4　边缘概率

有时，知道了一组变量的联合概率分布，但想要了解其中一个子集的概率分布。这种定义在子集上的概率分布称为边缘概率分布（marginal probability distribution）。

例如，有离散型随机变量 X 和 Y，并且知道 $P(x,y)$，可以依据下面的求和法则（sum rule）来计算 $P(x)$：

$$\forall x \in X, P(X=x)=\sum_y P(X=x,Y=y) \tag{8.3}$$

“边缘概率”的名称来源于边缘概率的计算过程。当 $P(x,y)$ 的每个值被写在由每行表示不同的 x 值、每列表示不同的 y 值形成的网格中时，对网格中的每行求和是很自然的事情，然后将求和的结果 $P(x)$ 写在每行右边的纸的边缘处。

对于连续型随机变量，需要用积分替代求和：

$$p(x)=\int p(x,y)\mathrm{d}y \tag{8.4}$$

8.5　条件概率

在很多情况下，我们感兴趣的是某个事件在给定其他事件发生时出现的概率，这种概率称为条件概率。将给定在 $X=x$ 发生的前提下，$Y=y$ 发生的条件概率记为 $P(Y=y|X=x)$。这个条件概率可以通过下面的公式计算：

$$P(Y=y|X=x)=\frac{P(Y=y,X=x)}{P(X=x)} \tag{8.5}$$

条件概率只在 $P(x)$ 时有定义，不能计算出给定在永远不会发生的事件上的条件概率。这里需要注意的是，不要把条件概率和计算当采用某个动作后会发生什么相混淆。假定某个人说德语，那么他是德国人的条件概率是非常高的，但是如果随机选择的一个人会说德语，他的国籍不会因此而改变。计算一个行动的后果被称为干预查询（intervention query）。干预查询属于因果模型（causal model）的范畴，在本书中不作讨论。

8.6　条件概率的链式法则

任何多维随机变量的联合概率分布，都可以分解成只有一个变量的条件概率相乘的形式：

$$P(X^{(1)},\cdots,X^{(n)})=P(X^{(1)})\prod_{i=2}^{n}P(X^{i}|X^{(1)},\cdots,X^{(i-1)}) \tag{8.6}$$

这个规则称为概率的链式法则（chain rule）或者乘法法则（product rule）。它可以直接从式（8.5）条件概率的定义中得到。例如，使用两次定义可以得到

$$P(a,b,c)=P(c|a,b)P(a,b)$$
$$P(a,b)=P(b|a)P(a)$$
$$P(a,b,c)=P(a)P(b|a)P(c|a,b)$$

8.7 独立性和条件独立性

给定两个随机变量 X 和 Y，如果它们的概率分布可以表示成两个因子的乘积形式，并且一个因子只包含 X，另一个因子只包含 Y，就称这两个随机变量是相互独立的（independent）：

$$\forall x\in X,y\in Y,p(X=x,Y=y)=p(X=x)p(Y=y) \tag{8.7}$$

如果关于 X 和 Y 的条件概率分布对于 Z 的每一个值都可以写成乘积的形式，那么这两个随机变量 X 和 Y 在给定随机变量 Z 时是条件独立的（conditionally independent）：

$$\forall x\in X,y\in Y,z\in Z,p(X=x,Y=y|Z=z)=p(X=x|Z=z)p(Y=y|Z=z) \tag{8.8}$$

可以采用一种简化形式来表示独立性和条件独立性，即 $X\perp Y$ 表示 X 和 Y 相互独立，$X\perp Y|Z$ 表示 X 和 Y 在给定 Z 时条件独立。

8.8 期望、方差和协方差

函数 $f(x)$ 关于某分布 $P(x)$ 的期望（expectation）或者期望值（expected value）是指，当 x 由 P 产生，f 作用于 x 时，$f(x)$ 的平均值。对于离散型随机变量，这可以通过求和得到

$$E_{X\sim P}[f(x)]=\sum_{x}P(x)f(x) \tag{8.9}$$

对于连续型随机变量，可以通过求积分得到

$$E_{X\sim p}[f(x)]=\int p(x)f(x)\mathrm{d}x \tag{8.10}$$

当概率分布在上下文中指明时，可以只写出期望作用的随机变量的名称来进行简化，例如 $E_X[f(x)]$。如果期望作用的随机变量也很明确，则可以完全不写下标，就像 $E[f(x)]$。默认地，用 $E[\cdot]$ 表示对方括号内的所有随机变量的值求平均。类似地，当没有歧义时，还可以省略方括号。

期望满足线性性质，即

$$E_X[\alpha f(x)+\beta g(x)]=\alpha E_X[f(x)]+\beta E_X[g(x)] \tag{8.11}$$

其中，α 和 β 不依赖于 x。

方差（variance）衡量的是对 X 依据它的概率分布进行采样时，随机变量 X 的函数值会呈现多大的差异：

$$\mathrm{Var}(f(x))=E[(f(x)-E(f(x)))^2] \tag{8.12}$$

当方差很小时，$f(x)$ 的值形成的簇比较接近它们的期望值。方差的平方根被称为标准差（standard deviation）。

协方差（covariance）在某种意义上给出了两个变量线性相关性的强度以及这些变量的

尺度：

$$\mathrm{Cov}(f(x),g(x))=E[(f(x)-E(f(x)))(g(y)-E(g(y)))] \tag{8.13}$$

协方差的绝对值如果很大，则意味着变量值变化很大，并且它们同时距离各自的均值很远。如果协方差是正的，那么两个变量都倾向于同时取得相对较大的值。如果协方差是负的，那么其中一个变量倾向于取得相对较大的值的同时，另一个变量倾向于取得相对较小的值，反之亦然。其他的衡量指标如相关系数（correlation）是将每个变量的贡献归一化，即只衡量变量的相关性而不受各个变量尺度大小的影响。

协方差、相关性和独立性三个概念是有联系的，但并不完全相同。如果两个变量相互独立，那么它们一定不相关，其协方差为零；如果两个变量的协方差不为零，那么它们一定是相关的；如果两个变量的协方差为零，那么这两个变量之间不存在（线性）相关性，但不一定独立。独立是比协方差为零更强的约束，存在两个变量的协方差为零，但这两个变量是相互依赖的情况。例如，假设首先从区间$[-1,1]$上的均匀分布中采样出一个实数 x，然后对一个随机变量 s 进行采样且 s 以$\frac{1}{2}$的概率值为 1，否则为-1。可以通过令 $y=sx$ 来生成一个随机变量 y。显然，x 和 y 不是相互独立的，因为 x 完全决定了 y 的尺度。然而，$\mathrm{Cov}(x,y)=0$。

随机向量 $\boldsymbol{x}\in\mathrm{R}^n$ 的协方差矩阵（covariance matrix）是一个 $n\times n$ 矩阵，并且满足

$$\mathrm{Cov}(X)_{i,j}=\mathrm{Cov}(X_i,X_j) \tag{8.14}$$

协方差矩阵的对角元是方差：

$$\mathrm{Cov}(X_i,X_i)=\mathrm{Var}(X_i) \tag{8.15}$$

8.9　常用概率分布

许多简单的概率分布在机器学习的众多领域中都是有用的。

8.9.1　伯努力分布

伯努力分布（Bernoulli distribution）是单个二值随机变量的分布。它由单个参数 $\phi\in\{0,1\}$ 控制，ϕ 给出了随机变量等于 1 的概率。它具有如下的一些性质：

$$P(X=1)=\phi \tag{8.16}$$

$$P(X=0)=1-\phi \tag{8.17}$$

$$P(X=x)=\phi^x(1-\phi)^{1-x} \tag{8.18}$$

$$E_X(x)=\phi \tag{8.19}$$

$$\mathrm{Var}_X(x)=\phi(1-\phi) \tag{8.20}$$

8.9.2　多项式分布

多项式分布（multinoulli distribution）又称为范畴分布（categorical distribution）是指在具有 k 个不同状态的单个离散型随机变量上的分布，其中，k 是一个有限值。多项式分布由向量 $\boldsymbol{p}\in\{0,1\}^{k-1}$参数化，每一个分量 p_i 表示第 i 个状态的概率。最后的第 k 个状态的概率可以通过 $1-\mathbf{1}^{\mathrm{T}}\boldsymbol{p}$ 给出。注意必须限制 $\mathbf{1}^{\mathrm{T}}\boldsymbol{p}\leqslant 1$。

伯努利分布和多项式分布足够用来描述在它们领域内的任意分布。它们能够描述这些分布，不是因为它们特别强大，而是因为它们的领域很简单。它们可以对那些能够将所有状态

进行枚举的离散型随机变量进行建模。

8.9.3 高斯分布

实际上最常用的分布就是正态分布（normal distribution），也称为高斯分布（Gaussian distribution）：

$$N(x;\mu,\sigma^2)=\sqrt{\frac{1}{2\pi\sigma^2}}\exp\left(-\frac{1}{2\sigma^2}(x-\mu)^2\right) \tag{8.21}$$

图 8.1 画出了正态分布的概率密度函数。

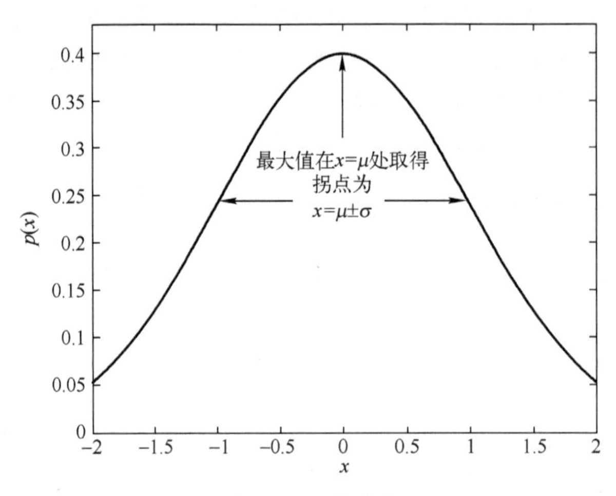

图 8.1 正态分布

注：正态分布呈现经典的“钟形曲线”的形状。图 8.1 中是标准正态分布（standard normal distribution），其中，$\mu=0,\sigma=1$。

正态分布由两个参数确定，$\mu\in\mathbf{R}$ 和 $\sigma\in(0,+\infty)$。参数 μ 给出了中心峰值的坐标，这也是分布的均值：$E(X)=\mu$。分布的标准差用 σ 表示，方差用 σ^2 表示。

当要对概率密度函数求值时，需要对 σ 平方并且取倒数。当需要经常对不同参数下的概率密度函数求值时，一种更高效的参数化分布的方式是使用参数 $\beta\in(0,+\infty)$ 来控制分布的精度（或方差的倒数）：

$$N(x;\mu,\beta^{-1})=\sqrt{\frac{\beta}{2\pi}}\exp\left(-\frac{1}{2}\beta(x-\mu)^2\right) \tag{8.22}$$

采用正态分布在很多应用中都是一个明智的选择。当由于缺乏关于某个实数上分布的先验知识而不知道该选择怎样的形式时，正态分布是默认的比较好的选择，其中有两个原因：第一，很多分布的真实情况是比较接近正态分布的。中心极限定理（central limit theorem）说明很多独立随机变量的和近似服从正态分布。这意味着在实际中，很多复杂系统都可以被成功地建模成正态分布的噪声，即使系统可以被分解成一些更结构化的部分。第二，在具有相同方差的所有可能的概率分布中，正态分布在实数上具有最大的不确定性。因此，可以认为正态分布是对模型加入的先验知识量最少的分布。

正态分布可以推广到 $\mathbf{R}^n$ 空间，这种情况下称为多维正态分布（multivariate normal distribution）。它的参数是一个正定对称矩阵 $\boldsymbol{\Sigma}$：

$$N(\boldsymbol{x};\boldsymbol{\mu},\boldsymbol{\Sigma})=\sqrt{\frac{1}{(2\pi)^n\det(\boldsymbol{\Sigma})}}\exp\left(-\frac{1}{2}(\boldsymbol{x}-\boldsymbol{\mu})^{\mathrm{T}}\boldsymbol{\Sigma}^{-1}(\boldsymbol{x}-\boldsymbol{\mu})\right) \tag{8.23}$$

参数$\boldsymbol{\mu}$仍然表示分布的均值，参数$\boldsymbol{\Sigma}$给出了分布的协方差矩阵。和单变量的情况类似，当希望对很多不同参数下的概率密度函数多次求值时，因为需要对$\boldsymbol{\Sigma}$求逆，所以协方差矩阵并不是一个很高效的参数化分布的方式，可以使用一个精度矩阵（precision matrix）$\boldsymbol{\beta}$进行替代：

$$N(\boldsymbol{x};\boldsymbol{\mu},\boldsymbol{\beta}^{-1})=\sqrt{\frac{\det(\boldsymbol{\beta})}{(2\pi)^n}}\exp\left(-\frac{1}{2}(\boldsymbol{x}-\boldsymbol{\mu})^{\mathrm{T}}\boldsymbol{\beta}(\boldsymbol{x}-\boldsymbol{\mu})\right) \tag{8.24}$$

常常把协方差矩阵固定成一个对角阵。一个更简单的版本是各向同性（isotropic）高斯分布，它的协方差矩阵是一个标量乘以单位阵。

8.9.4　指数分布和拉普拉斯分布

在深度学习中，经常会需要一个在点$X=0$处取得边界点（sharp point）的分布。为了实现这一目的，可以使用指数分布（exponential distribution）：

$$p(x;)=\lambda\mathbf{1}_{x\geqslant 0}\exp(-\lambda x) \tag{8.25}$$

当x取负值时，指数分布用指示函数（indicator function）$\mathbf{1}_{x\geqslant 0}$来使得其概率为零。

一个与指数分布联系紧密的概率分布是拉普拉斯分布（Laplace distribution），它允许在任意一点μ处设置概率质量的峰值：

$$\mathrm{Laplace}(x;\mu,\gamma)=\frac{1}{2\pi}\exp\left(-\frac{|x-\mu|}{\gamma}\right) \tag{8.26}$$

8.9.5　Dirac 分布和经验分布

在一些情况下，我们希望概率分布中的所有质量都集中在一个点上。这可以通过 Dirac delta 函数（Dirac delta function）$\delta(x)$定义概率密度函数来实现：

$$p(x)=\delta(x-\mu) \tag{8.27}$$

Dirac delta 函数被定义成在除了 0 以外的所有点的值都为 0 ，但是积分为 1。Dirac delta 函数不像普通函数一样对x的每一个值都有一个实数值的输出，它是一种不同类型的数学对象，被称为广义函数（generalized function），广义函数是依据积分性质定义的数学对象。可以把 Dirac delta 函数想成一系列函数的极限点，这一系列函数把除 0 以外的所有点的概率密度越变越小。

通过把$p(x)$定义成δ函数右移μ个单位，得到了一个在$x=\mu$处具有无限窄也无限高的峰值的概率质量。

Dirac 分布经常作为经验分布（empirical distribution）的一个组成部分出现：

$$\hat{p}(x)=\frac{1}{m}\sum_{i=1}^{m}\delta(x-x^{(i)}) \tag{8.28}$$

经验分布将概率密度$\frac{1}{m}$赋给m个点$x^{(1)},\cdots,x^{(m)}$中的每一个，这些点是给定的数据集或者采样的集合。只有在定义连续型随机变量的经验分布时，Dirac delta 函数才是必要的。对于离散型随机变量，情况更加简单：经验分布可以被定义成一个多项式分布，对于每一个可能的输入，其概率可以简单地设为在训练集上的输入值的经验频率（empirical frequency）。

当在训练集上训练模型时，可以认为从这个训练集上得到的经验分布指明了采样来源的分布。关于经验分布另外一种重要的观点是，它是训练数据的极大似然概率密度函数。

8.9.6 分布的混合

通过组合一些简单的概率分布来定义新的概率分布也是很常见的。一种通用的组合方法是构造混合分布（mixture distribution）。混合分布由一些组件（component）分布构成。每次实验，样本是由哪个组件分布产生的取决于从一个多项式分布中采样的结果：

$$P(x) = \sum_i P(c=i)P(X|c=i) \tag{8.29}$$

这里 $P(c)$ 是对各组件的一个多项式分布。

我们已经看过一个混合分布的例子了：实值变量的经验分布对于每一个训练实例来说，就是以 Dirac 分布为组件的混合分布。

混合模型是组合简单概率分布来生成更丰富的分布的一种简单策略。

混合模型使我们能够了解以后会用到的一个非常重要的概念——潜变量（latent variable）。潜变量是不能直接观测到的随机变量。混合模型的组件标识变量 c 就是潜变量。潜变量在联合分布中可能和 X 有关，在这种情况下，$P(X)=P(X|c)P(c)$。潜变量的分布 $P(c)$ 以及关联潜变量和观测变量的条件分布 $P(X|c)$，共同决定了分布 $P(X)$ 的形状，尽管描述 $P(X)$ 时可能并不需要潜变量。

一个非常强大且常见的混合模型是高斯混合模型（Gaussian mixture model），它的组件 $P(X|c=i)$ 是高斯分布。每个组件都有各自的参数，即均值 $\boldsymbol{\mu}^{(i)}$ 和协方差矩阵 $\boldsymbol{\Sigma}^{(i)}$。有一些混合可以有更多的限制。例如，协方差矩阵可以通过 $\boldsymbol{\Sigma}^{(i)}=\boldsymbol{\Sigma}$，$\forall i$ 的形式在组件之间共享参数。和单个高斯分布一样，高斯混合模型有时会限制每个组件的协方差矩阵为对角的或者各向同性的（标量乘以单位矩阵）。

除了均值和协方差以外，高斯混合模型的参数指明了给每个组件 i 的先验概率（prior probability），$\alpha_i=P(c=i)$。“先验”一词表明了在观测到 X 之前传递给模型关于 c 的信念。作为对比，$P(c|\boldsymbol{x})$ 是后验概率（posterior probability），因为它是在观测到 X 之后进行计算的。高斯混合模型是概率密度的万能近似器（universal approximator），在这种意义下，任何平滑的概率密度都可以用具有足够多组件的高斯混合模型以任意精度来逼近。

图 8.2 展示了某个高斯混合模型生成的样本。

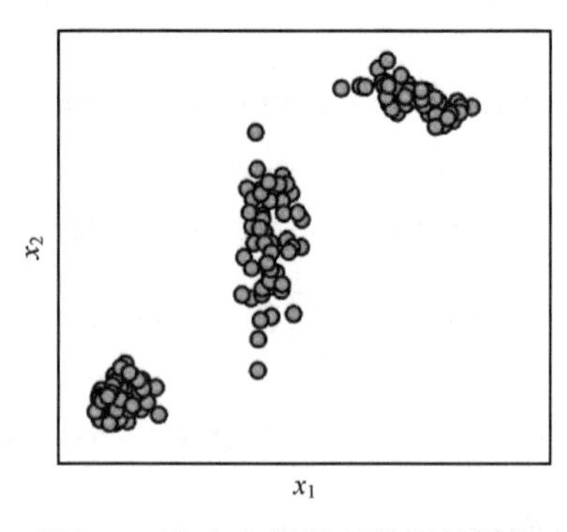

图 8.2　来自高斯混合模型的样本

注：在这个示例中，有 3 个组件。从左到右，第 1 个组件具有各向同性的协方差矩阵，这意味着它在每个方向上具有相同的方差。第 2 个组件具有对角的协方差矩阵，这意味着它可以沿着每个轴的对齐方向单独控制方差。该示例中，沿着 x_2 轴的方差要比沿着 x_1 轴的方差大。第 3 个组件具有满秩的协方差矩阵，使它能够沿着任意基的方向单独地控制方差。

8.10　几个关键函数

某些函数在处理概率分布时经常会出现，尤其是深度学习的模型中用到的概率分布。其中一个函数是 logistic sigmoid 函数：

$$\sigma(x)=\frac{1}{1+\exp(-x)} \tag{8.30}$$

logistic sigmoid 函数通常用来产生伯努利分布中的参数 ϕ，因为它的取值范围是(0,1)，处在 ϕ 的有效取值范围内。图 8.3 给出了 logistic sigmoid 函数的图示。logistic sigmoid 函数在变量取绝对值非常大的正值或负值时会出现饱和现象，意味着函数曲线会变得很平，并且函数值对输入的微小改变会变得不敏感。

另外一个经常遇到的函数是 softplus 函数（softplus function）：

$$\zeta(x)=\log(1+\exp(x)) \tag{8.31}$$

softplus 函数可以用来产生正态分布的 β 和 σ 参数，它的取值范围是$(0,+\infty)$。当处理包含 sigmoid 函数的表达式时，它也经常出现。softplus 函数名来源于它是另外一个函数的平滑（或“软化”）形式，这个函数是

$$x^+=\max\{0,x\} \tag{8.32}$$

图 8.4 给出了 softplus 函数的图示。

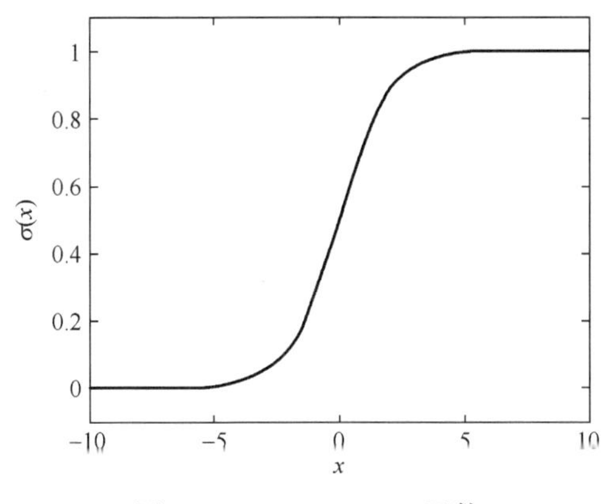

图 8.3　logistic sigmoid 函数

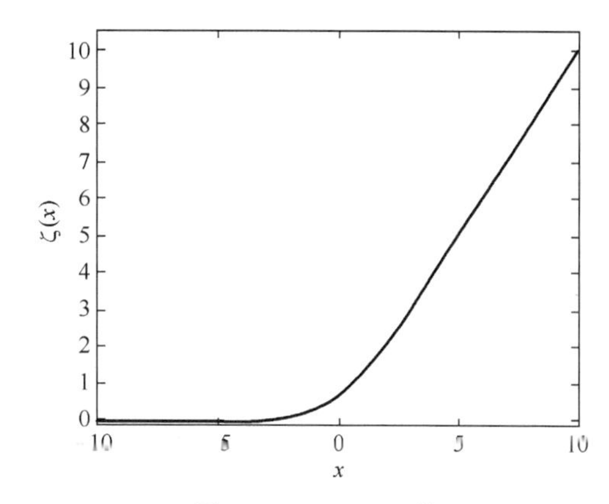

图 8.4　softplus 函数

下面给出 softplus 函数的一些非常有用的性质：

$$\sigma(x)=\frac{\exp(x)}{\exp(x)+\exp(0)} \tag{8.33}$$

$$\frac{\mathrm{d}}{\mathrm{d}x}\sigma(x)=\sigma(x)(1-\sigma(x)) \tag{8.34}$$

$$1-\sigma(x)=\sigma(-x) \tag{8.35}$$

$$\log\sigma(x)=-\zeta(-x) \tag{8.36}$$

$$\frac{\mathrm{d}}{\mathrm{d}x}\zeta(x)=\sigma(x) \tag{8.37}$$

$$\forall x\in(0,1),\sigma^{-1}(x)=\log\left(\frac{x}{1-x}\right) \tag{8.38}$$

$$\forall x>0, \zeta^{-1}(x)=\log(\exp(x)-1) \tag{8.39}$$

$$\zeta(x)=\int_{-\infty}^{x} \sigma(y) \mathrm{d} y \tag{8.40}$$

$$\zeta(x)-\zeta(-x)=x \tag{8.41}$$

函数$\sigma^{-1}(x)$在统计学中被称为分对数（logit），但这个函数在机器学习中很少用到。

式（8.41）为 softplus 函数提供了其他的正当理由。softplus 函数被设计成正部函数（positive part function）的平滑版本，这个正部函数是指$x^{+}=\max\{0, x\}$。与正部函数相对的是负部函数（negative part function），即$x^{-}=\max\{0,-x\}$。为了获得类似负部函数的一个平滑函数，可以使用$\zeta(-x)$。就像x可以用它的正部和负部通过等式$x^{+}-x^{-}=x$恢复一样，也可以用同样的方式对$\zeta(x)$和$\zeta(-x)$进行操作，就像式（8.41）中那样。

8.11 贝叶斯规则

我们经常会需要在已知$P(Y|X)$时计算$P(X|Y)$。如果还知道$P(X)$，则可以用贝叶斯规则（Bayes' rule）来实现这一目的：

$$P(X|Y)=\frac{P(X)P(Y|X)}{P(Y)} \tag{8.42}$$

注意到$P(Y)$出现在上面的公式中，它通常使用$P(Y)=\sum_{x} P(Y|x)P(x)$来计算，所以并不需要事先知道$P(Y)$的信息。

贝叶斯规则可以从条件概率的定义直接推导得出，但最好记住这个公式的名字，因为很多文献通过名字来引用这个公式。这个公式是以牧师 Thomas Bayes 的名字来命名的，他是第一个发现这个公式特例的人。这里介绍由 Pierre-Simon Laplace 独立发现的一般形式。

8.12 连续型随机变量的技术细节

连续型随机变量和概率密度函数的深入理解需要用到数学分支测度论（measure theory）的相关内容来扩展概率论。测度论超出了本书的范畴，但这里简要介绍一些用测度论来解决的问题。

在 8.3.2 节中，已经看到连续型向量值随机变量X落在某个集合S中的概率是通过$p(x)$对集合S积分得到的。对于集合S的一些选择可能会引起悖论。例如，构造两个集合S_1和S_2使得$p(x\in S_1)+p(x\in S_2)>1$并且$S_1\cap S_2=\varnothing$是可能的。这些集合通常是大量使用了实数的无限精度来构造的，例如，通过构造分形形状（fractal-shaped）的集合或者通过有理数相关集合的变换定义的集合。测度论的一个重要贡献就是提供了一些集合的特征，使得在计算概率时不会遇到悖论。在本书中，只对相对简单的集合进行积分，所以测度论的这个方面不会成为一个相关考虑因素。

测度论更多的是用来描述那些适用于$\mathbf{R}^n$上的大多数点，却不适用于一些边界情况的定理。测度论提供了一种严格的方式来描述那些非常微小的点集。这种集合被称为零测度（measure zero）。在本书中不会给出这个概念的正式定义。然而，直观地理解这个概念是有用的，可以认为零测度集在度量空间中不占有任何的体积。例如，在$\mathbf{R}^2$空间中，一条直线的测度为零，而填充的多边形具有正的测度。类似地，一个单独的点的测度为零。可数多个零测度集的并仍然是零测度的（所以，所有有理数构成的集合的测度为零）。

另外一个有用的测度论中的术语是“几乎处处（almost everywhere）”。某个性质如果是几乎处处都成立的，那么它在整个空间中除了一个测度为零的集合以外都是成立的。因为这些例外只在空间中占有极其微小的量，它们在多数应用中都可以被忽略。概率论中的一些重要结果对于离散值成立，但对于连续值只能是“几乎处处”成立。

连续型随机变量的另一技术细节涉及处理相互之间有确定性函数关系的连续型随机变量。假设有两个随机变量 X 和 Y 满足 $y=g(x)$，其中，g 是可逆的、连续可微的函数。存在一个常见错误 $p_y(y)=p_x(g^{-1}(y))$。

举一个简单的例子，假设有两个随机变量 X 和 Y，并且满足 $X\sim U(0,1)$ 以及 $Y=\frac{X}{2}$。如果使用 $p_y(y)=p_x(2y)$，那么 $p_y(y)$ 除了区间 $\left[0,\frac{1}{2}\right]$ 以外都为 0，并且在这个区间上的值为 1，这意味着

$$\int p_y(y)\,\mathrm{d}y=\frac{1}{2} \tag{8.43}$$

而这违背了概率密度的定义（积分为 1）。这是因为它没有考虑到引入函数 g 后造成的空间变形。x 落在无穷小的体积为 $\delta(x)$ 的区域内的概率为 $p(x)\delta(x)$。因为 g 可能会扩展或者压缩空间，在 x 空间内的包围着 x 的无穷小体积在 y 空间中可能有不同的体积。

为了了解如何改正这个问题，回到标量值的情况。需要保持下面这个性质：

$$|p_y(g(x))\,\mathrm{d}y|=|p_x(x)\,\mathrm{d}x| \tag{8.44}$$

求解上式得

$$p_y(y)=p_x(g^{-1}(y))\left|\frac{\partial x}{\partial y}\right| \tag{8.45}$$

或

$$p_x(x)=p_y(g(x))\left|\frac{\partial g(x)}{\partial x}\right| \tag{8.46}$$

在高维空间中，微分运算扩展为雅可比矩阵（Jacobian matrix）的行列式，矩阵的每个元素为 $J_{i,j}=\frac{\partial x_i}{\partial y_j}$。因此，对于实值向量 $\boldsymbol{x}$ 和 $\boldsymbol{y}$，有

$$p_x(\boldsymbol{x})=p_y(g(\boldsymbol{x}))\left|\det\left(\frac{\partial g(\boldsymbol{x})}{\partial \boldsymbol{x}}\right)\right| \tag{8.47}$$

8.13　信息论

信息论是应用数学的一个分支，主要研究对一个信号包含的信息进行量化。它最初是用来研究在一个含有噪声的信道上用离散的字母表来发送消息，例如，通过无线电传输来通信。在这种情况下，信息论告诉我们如何对消息设计最优编码以及计算消息的期望长度，这些消息是使用多种不同编码机制、从特定的概率分布上采样得到的。在机器学习中，也可以把信息论应用于连续型随机变量，此时某些消息长度的解释不再适用。信息论是电子工程和计算机科学中许多领域的基础。在本书中，主要使用信息论的主要思想来描述概率分布或者量化概率分布之

间的相似性。

信息论的基本思想是一个不太可能的事件居然发生了，要比一个非常可能的事件发生，能提供更多的信息。消息说“今天早上太阳升起”，信息量非常少，没有必要发送；但一条消息说“今天早上有日食”，信息量就很丰富。

我们想要通过这种基本想法来量化信息，特别是：

(1) 非常可能发生的事件信息量较少，并且极端情况下，一定能够发生的事件应该没有信息量。

(2) 比较不可能发生的事件具有更大的信息量。

(3) 独立事件应具有增量的信息。例如，投掷的硬币两次正面朝上传递的信息量，应该是投掷一次硬币正面朝上的信息量的两倍。

为了满足上述 3 个性质，定义一个事件 $X=x$ 的自信息（self-information）为

$$I(x)=-\ln P(x) \tag{8.48}$$

在本书中，用 ln 来表示自然对数，其底数为 e。因此定义的 $I(x)$ 单位是奈特（nat）。1 奈特是以 $\frac{1}{e}$ 的概率观测到一个事件时获得的信息量。当使用底数为 2 的对数时，单位是比特（bit）或者香农（sh）。

当 X 是连续的，使用类似的关于信息的定义，但有些来源于离散形式的性质就丢失了。例如，一个具有单位密度的事件信息量仍然为 0，但是不能保证它一定发生。

自信息只处理单个的输出。可以用香农熵（Shannon entropy）来对整个概率分布中的不确定性总量进行量化：

$$H(X)=E_{X\sim P}[I(x)]=-E_{X\sim P}[\log P(x)] \tag{8.49}$$

也记作 $H(P)$。换言之，一个分布的香农熵是指遵循这个分布的事件所产生的期望信息总量。它给出了对依据概率分布 P 生成的符号进行编码所需的比特数在平均意义上的下界（当对数底数不是 2 时，单位将有所不同）。那些接近确定性的分布（输出几乎可以确定）具有较低的熵；那些接近均匀分布的概率分布具有较高的熵。图 8.5 给出了一个说明。当 X 是连续的，香农熵被称为微分熵（differential entropy）。

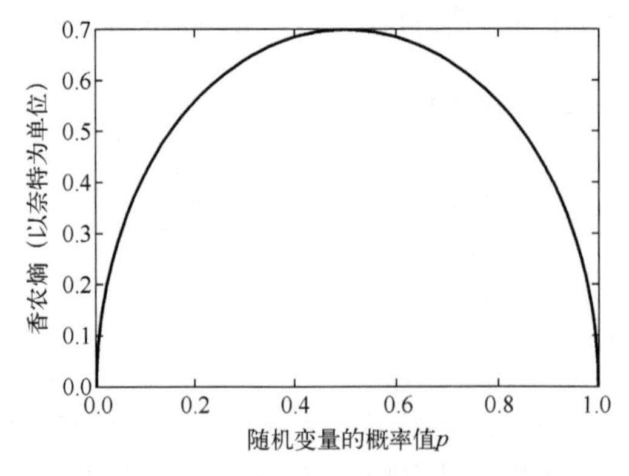

图 8.5 二值随机变量的香农熵

注：该图说明了更接近确定性的分布是如何具有较低的香农熵，而更接近均匀分布的分布是如何具有较高的香农熵。水平轴是 p，表示二值随机变量等于 1 的概率。熵由 p 给出。当 $(p-1)\log(1-p)-p\log p$ 接近 0 时，分布几乎是确定的，因为随机变量几乎总是 0。当 p 接近 1 时，分布也几乎是确定的，因为随机变量几乎总是 1。当 $p=0.5$ 时，熵是最大的，因为分布在两个结果（0 和 1）上是均匀的。

如果对于同一个随机变量 X 有两个单独的概率分布 $P(X)$ 和 $Q(X)$，可以使用 K-L 散度（Kullback-Leibler divergence）来衡量这两个分布的差异：

$$D_{\text{K-L}}(P\|Q)=E_{X\sim P}\left[\log\frac{P(x)}{Q(x)}\right]=E_{X\sim P}[\log P(x)-\log Q(x)] \tag{8.50}$$

在离散型随机变量的情况下，K-L 散度衡量的是，当使用一种被设计成能够使得概率分布 Q 产生的消息的长度最小的编码，发送包含由概率分布 P 产生的符号的消息时，所需要的额外信息量（如果使用底数为 2 的对数时，信息量用比特衡量，但在机器学习中，通常用奈特和自然对数）。

K-L 散度有很多重要的性质，最重要的是，它是非负的。K-L 散度为 0，当且仅当 P 和 Q 在离散型变量的情况下具有相同的分布，或者在连续型变量的情况下是“几乎处处”相同的。因为 K-L 散度是非负的并且衡量的是两个分布之间的差异，它经常被用作分布之间的某种距离。然而，它并不是真的距离，因为它不是对称的：对于某些 P 和 Q，$D_{\text{K-L}}(P\|Q)\neq D_{\text{K-L}}(Q\|P)$。这种非对称性意味着选择 $D_{\text{K-L}}(P\|Q)$ 还是 $D_{\text{K-L}}(Q\|P)$ 影响很大。更多细节如图 8.6 所示。

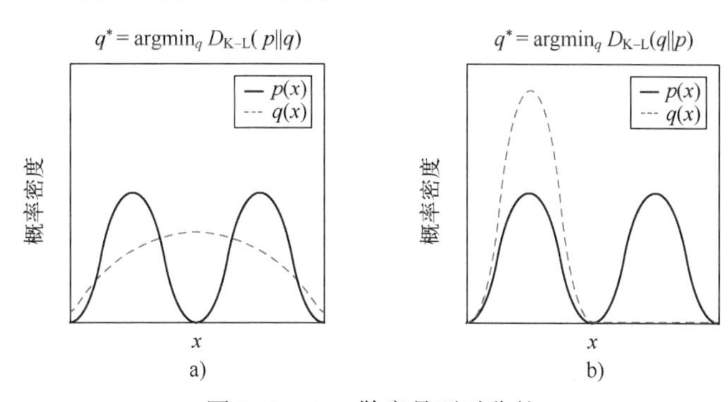

图 8.6　K-L 散度是不对称的

注：假设有一个分布 $p(x)$，并且希望用另一个分布 $q(x)$ 来近似它。可以选择最小化 $D_{\text{K-L}}(p\|q)$ 或最小化 $D_{\text{K-L}}(q\|p)$。为了说明每种选择的效果，令 p 是两个高斯分布的混合分布，q 为单个高斯分布。选择使用 K-L 散度的哪个方向取决于具体问题。一些应用需要这个近似分布 q 在真实分布 p 有高概率的所有地方都有高概率，而其他应用需要这个近似分布 q 在真实分布 p 有低概率的所有地方都很少有高概率。K-L 散度方向的选择反映了对于每种应用，应该优先考虑哪一种选择。图 8.6a 是最小化 $D_{\text{K-L}}(p\|q)$ 的效果。在这种情况下，选择一个 q，使得它在 p 具有高概率的地方具有高概率。当 p 具有多个峰时，q 选择将这些峰模糊到一起，以便将高概率质量放到所有峰上。图 8.6b 是最小化 $D_{\text{K-L}}(q\|p)$ 的效果。在这种情况下，选择一个 q，使得它在 p 具有低概率的地方具有低概率。当 p 具有多个峰并且这些峰间隔很宽时，如该图所示，最小化 K-L 散度会选择单个峰，以避免将概率质量放置在 p 的多个峰之间的低概率区域中。这里说明的是当 q 被选择成强调左边峰时的结果。也可以通过选择右边峰来得到 K-L 散度相同的值。如果这些峰没有被足够强的低概率区域分离，那么 K-L 散度的这个方向仍然可能选择模糊这些峰。

一个和 K-L 散度密切联系的量是交叉熵（cross-entropy），即 $H(P,Q)=H(P)+D_{\text{K-L}}(P\|Q)$，它和 K-L 散度很像，但是缺少左边一项：

$$H(P,Q)=-E_{X\sim P}\log Q(x) \tag{8.51}$$

针对 Q 最小化交叉熵等价于最小化 K-L 散度。

当计算这些量时，经常会遇到 $0\log 0$ 这个表达式。按照惯例，在信息论中，将这个表达式处理为 $\lim_{x\to 0}x\log x=0$。

8.14　结构化概率模型

机器学习的算法经常会涉及在非常多的随机变量上的概率分布。通常，这些概率分布涉及的直接相互作用都是介于非常少的变量之间的。使用单个函数来描述整个联合概率分布是非常低效的（无论是计算上还是统计上）。

可以把概率分布分解成许多因子的乘积形式，而不是使用单一的函数来表示概率分布。例如，假设有3个随机变量 a、b 和 c，并且 a 影响 b 的取值，b 影响 c 的取值，但是 a 和 c 在给定 b 时是条件独立的。可以把全部3个变量的概率分布重新表示为两个变量的概率分布的连乘形式：

$$p(a,b,c)=p(a)p(b|a)p(c|b) \tag{8.52}$$

这种分解可以极大地减少用来描述一个分布的参数数目。每个因子使用的参数数目是其变量数目的指数倍。这意味着，如果能够找到一种使每个因子分布具有更少变量的分解方法，就能极大地降低表示联合分布的成本。

可以用图来描述这种分解。这里使用的是图论中“图”的概念：由一些可以通过边互相连接的顶点的集合构成，本书中用符号 ζ 表示一个图。当用图来表示这种概率分布的分解时，把它称为结构化概率模型（structured probabilistic model）或者图模型（graphical model）。

有两种主要的结构化概率模型：有向的和无向的。两种图模型都使用图 ζ，其中，图的每个节点对应着一个随机变量，连接两个随机变量的边意味着概率分布可以表示成这两个随机变量之间的直接作用。

有向（directed）模型使用带有有向边的图，它们用条件概率分布来表示分解。特别地，有向模型对于分布中的每一个随机变量 X_i 都包含着一个影响因子，这个组成 X_i 条件概率的影响因子称为 X_i 的父节点，记为 $Pa\zeta(X_i)$，

$$p(X)=\prod_i p(X_i|Pa\zeta(X_i)) \tag{8.53}$$

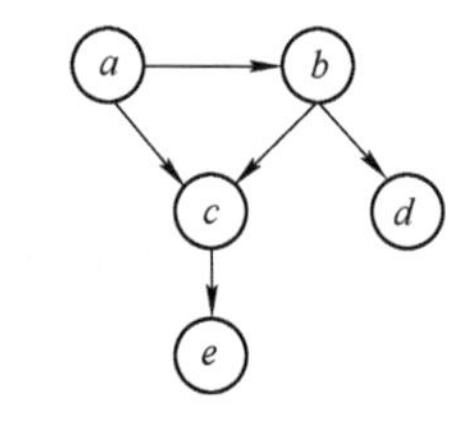

图 8.7　关于随机变量 a、b、c、d 和 e 的有向图模型

图 8.7 给出了一个有向图的例子以及它表示的概率分布的分解。

图 8.7 对应的概率分布可以分解为

$$p(a,b,c,d,e)=p(a)p(b|a)p(c|a,b)p(d|b)p(e|c) \tag{8.54}$$

该图使我们能够快速看出此分布的一些性质。例如，a 和 c 直接相互影响，但 a 和 e 只有通过 c 间接相互影响。

无向（undirected）模型使用带有无向边的图，它们将分解后表示成一组函数：和有向模型不同，这些函数通常不属于任何类型的概率分布。图 ζ 中任何满足两两之间有边连接的顶点的集合称为团。无向模型中的每个团 $C^{(i)}$ 都伴随着一个因子 $\phi^{(i)}(C^{(i)})$，这些因子仅仅是函数，并不是概率分布。每个因子的输出都必须是非负的，但是并没有像概率分布中那样要求因子的和或者积分为1。

随机变量的联合概率与所有这些因子的乘积成比例，这意味着因子的值越大，则可能性越大。当然，不能保证这种乘积的和为1，所以需要除以一个归一化常数 Z 来得到归一化的概率分布，归一化常数 Z 被定义为 ϕ 函数乘积的所有状态的和或积分。概率分布为

$$p(X)=\frac{1}{Z}\prod_i \phi^{(i)}(C^{(i)}) \tag{8.55}$$

图 8.8 给出了一个无向图的例子以及它表示的概率分布的分解。

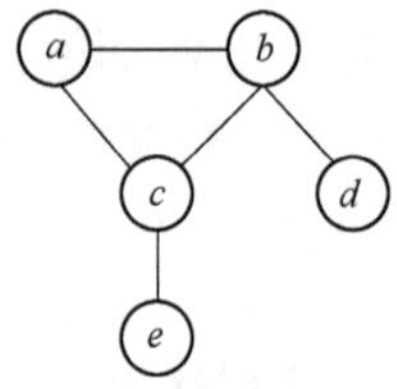

图 8.8　关于随机变量 a、b、c、d 和 e 的无向图模型

图 8.8 对应的概率分布可以分解为

$$p(a,b,c,d,e)=\frac{1}{Z}\phi^{(1)}(a,b,c)\phi^{(2)}(b,d)\phi^{(3)}(c,e) \tag{8.56}$$

该图使我们能够快速看出此分布的一些性质。例如，a 和 c 直接相互影响，但 a 和 e 只有通过 c 间接相互影响。

这些图模型表示的分解仅仅是描述概率分布的一种方式，它们不是互相排斥的概率分布族。有向或者无向不是概率分布的特性，它是概率分布的一种特殊描述所具有的特性，而任何概率分布都可以用这两种方式进行描述。

第 9 章　多元正态分布

在基础统计学中，随机变量的正态分布在理论和实际应用中都有着重要的地位。同样，在多元统计学中，多元正态分布也占有着相当重要的位置。这是由于许多实际问题中的随机向量服从或近似服从多元正态分布；对于多元正态分布，已有一整套统计推断方法，并且可以得到许多完整的结果。

多元正态分布是最常用的一种多元概率分布。此外，还有多元对数正态分布、多项式分布、多元超几何分布、多元β分布、多元χ^2分布、多元指数分布等。本章从多维变量及多元分布的基本概念开始，着重介绍多元分布及其抽样分布的定义和基本性质。

9.1　多元分布的基本概念

在研究社会、经济现象和许多实际问题时，经常会遇到多指标问题。例如，研究职工工资构成情况时，计时工资、基础工资与职务工资、各种奖金、各种津贴等都是同时需要考查的指标；又如，研究公司的运营情况时，要涉及公司的资金周转能力、偿债能力、获利能力及竞争能力等财务指标，这些都是多指标研究的问题。显然，由于这些指标之间往往不独立，仅研究某个指标或者将这些指标割裂开来分别研究，都不能从整体上把握所研究问题的实质。一般地，假设所研究的问题涉及 p 个指标，进行了 n 次独立观测，将得到 np 个数据。研究的目的就是对观测对象进行分组、分类、分析这 p 个变量之间的相互关联程度，或找出内在规律等。下面简要介绍多元分析中涉及的一些基本概念。

9.1.1　随机向量

假定所讨论的是多个变量的总体，所研究的数据是同时观测 p 个指标（即变量），并进行了 n 次观测得到的，把这 p 个指标表示为 $\boldsymbol{X}_1,\boldsymbol{X}_2,\cdots,\boldsymbol{X}_p$，常用向量

$$\boldsymbol{X}=(\boldsymbol{X}_1,\boldsymbol{X}_2,\cdots,\boldsymbol{X}_p)^{\mathrm{T}}$$

表示对同一个体观测的 p 个变量。若观测了 n 个个体，则可得到表 9.1 所示的数据，称每一个个体的 p 个变量为一个样品，而全体 n 个样品为一个样本。

表 9.1　样品数据

序　号	变　量			
	$\boldsymbol{X}_1$	$\boldsymbol{X}_2$	$\cdots$	$\boldsymbol{X}_p$
1	x_{11}	x_{12}	$\cdots$	x_{1p}
2	x_{21}	x_{22}	$\cdots$	x_{2p}
$\vdots$	$\vdots$	$\vdots$	$\cdots$	$\vdots$
n	x_{n1}	x_{n2}	$\cdots$	x_{np}

横向观察表 9.1，记

$$X_{(\alpha)}=(x_{\alpha 1},x_{\alpha 2},\cdots,x_{\alpha p})^{\mathrm{T}},\quad \alpha=1,2,\cdots,n$$

它表示第 α 个样品的观测值。纵向观察表 9.1，第 j 列的元素

$$X_j=(x_{1j},x_{2j},\cdots,x_{nj})^{\mathrm{T}},\quad j=1,2,\cdots,p$$

表示对第 j 个变量 X_j 的 n 次观测数值。

因此，样本矩阵可表示为

$$X=\begin{pmatrix}x_{11} & x_{12} & \cdots & x_{1p}\\ x_{21} & x_{22} & \cdots & x_{2p}\\ \vdots & \vdots & & \vdots\\ x_{n1} & x_{n2} & \cdots & x_{np}\end{pmatrix}=(X_1,X_2,\cdots,X_p)=\begin{pmatrix}X_{(1)}^{\mathrm{T}}\\ X_{(2)}^{\mathrm{T}}\\ \vdots\\ X_{(n)}^{\mathrm{T}}\end{pmatrix}$$

若无特别说明，本书所指向量均为列向量。

定义 9.1　设 $X_1,X_2,\cdots,X_p$ 为 p 个随机变量，由它们组成的向量 $X=(X_1,X_2,\cdots,X_p)^{\mathrm{T}}$ 称为随机向量。

9.1.2　分布函数与密度函数

描述随机变量的最基本工具包括分布函数与密度函数。

定义 9.2　设 $X=(X_1,X_2,\cdots,X_p)^{\mathrm{T}}$ 是一组随机向量，它的多元分布函数是

$$F(x)=F(x_1,x_2,\cdots,x_p)=P(X_1\leqslant x_1,X_2\leqslant x_2,\cdots,X_p\leqslant x_p)\tag{9.1}$$

式中，$x=(x_1,x_2,\cdots,x_p)^{\mathrm{T}}\in\mathbf{R}^p$，并记成 $X\sim F$。

多元分布函数的有关性质此处从略。

定义 9.3　设 $X\sim F(x)=F(x_1,x_2,\cdots,x_p)$，若存在一个非负函数 $f(\cdot)$，使得

$$F(x)=\int_{-\infty}^{x_1}\int_{-\infty}^{x_2}\cdots\int_{-\infty}^{x_p}f(t_1,t_2,\cdots,t_p)\,\mathrm{d}t_1\mathrm{d}t_2\cdots\mathrm{d}t_p\tag{9.2}$$

对一切 $x\in\mathbf{R}^p$ 成立，则称 X（或 $F(x)$）有分布密度 $f(\cdot)$，并称 X 为连续型随机向量。

一个 p 维变量的函数 $f(\cdot)$ 能作为 $\mathbf{R}^p$ 中某个随机向量的分布密度，当且仅当

（1）$f(x)\geqslant 0$，$\forall x\in\mathbf{R}^p$；

（2）$\int_{\mathbf{R}^p}f(x)\,\mathrm{d}x=1$。

例 9.1　若随机向量 (X_1,X_2,X_3) 有密度函数

$$f(x_1,x_2,x_3)=x_1^2+6x_3^2+\frac{1}{3}x_1x_2$$

其中，$0<x_1<1$，$0<x_2<2$，$0<x_3<\frac{1}{2}$，容易验证它符合分布密度函数的两个条件。

最重要的连续型多元分布——多元正态分布将在 9.3 节讨论。

9.1.3　多元变量的独立性

定义 9.4　若两个随机向量 X 和 Y 是相互独立的，则

$$P(X\leqslant x,Y\leqslant y)=P(X\leqslant x)P(Y\leqslant y)\tag{9.3}$$

对一切 x，y 成立。若 $F(x,y)$ 为 (X,Y) 的联合分布函数，$G(x)$ 和 $H(y)$ 分别为 X 和 Y 的分布函数，则 X 与 Y 独立当且仅当

$$F(\boldsymbol{x},\boldsymbol{y})=G(\boldsymbol{x})H(\boldsymbol{y}) \tag{9.4}$$

若$(\boldsymbol{X},\boldsymbol{Y})$有密度函数$f(\boldsymbol{x},\boldsymbol{y})$，用$g(\boldsymbol{x})$和$h(\boldsymbol{y})$分别表示$\boldsymbol{X}$和$\boldsymbol{Y}$的分布密度，则$\boldsymbol{X}$和$\boldsymbol{Y}$独立当且仅当

$$f(\boldsymbol{x},\boldsymbol{y})=g(\boldsymbol{x})h(\boldsymbol{y}) \tag{9.5}$$

注意在上述定义中，$\boldsymbol{X}$和$\boldsymbol{Y}$的维数一般是不同的。

类似地，若它们的联合分布等于各自分布的乘积，则称p个随机向量$\boldsymbol{X}_1,\boldsymbol{X}_2,\cdots,\boldsymbol{X}_p$相互独立。由$\boldsymbol{X}_1,\boldsymbol{X}_2,\cdots,\boldsymbol{X}_p$相互独立可以推知任何$\boldsymbol{X}_i$与$\boldsymbol{X}_j(i\neq j)$独立。但是，若已知任何$\boldsymbol{X}_i$与$\boldsymbol{X}_j(i\neq j)$独立，并不能推出$\boldsymbol{X}_1,\boldsymbol{X}_2,\cdots,\boldsymbol{X}_p$相互独立。

9.1.4 随机向量的数字特征

1. 随机向量$\boldsymbol{X}$的均值

设$\boldsymbol{X}=(X_1,X_2,\cdots,X_p)^{\mathrm{T}}$有$p$个分量。若$E(X_i)=\mu_i(i=1,2,\cdots,p)$存在，定义随机向量$\boldsymbol{X}$的均值为

$$E(\boldsymbol{X})=\begin{pmatrix}E(X_1)\\E(X_2)\\\vdots\\E(X_p)\end{pmatrix}=\begin{pmatrix}\mu_1\\\mu_2\\\vdots\\\mu_p\end{pmatrix}=\boldsymbol{\mu} \tag{9.6}$$

$\boldsymbol{\mu}$是一个p维向量，称为均值向量。

当$\boldsymbol{A}$，$\boldsymbol{B}$为常数矩阵时，由定义可立即推出如下性质：

(1) $E(\boldsymbol{AX})=\boldsymbol{A}E(\boldsymbol{X})$； (9.7)

(2) $E(\boldsymbol{AXB})=\boldsymbol{A}E(\boldsymbol{X})\boldsymbol{B}$。 (9.8)

2. 随机向量$\boldsymbol{X}$的协方差矩阵

$$\begin{aligned}\boldsymbol{\Sigma}&=\mathrm{Cov}(\boldsymbol{X},\boldsymbol{X})=E(\boldsymbol{X}-E(\boldsymbol{X}))(\boldsymbol{X}-E(\boldsymbol{X}))^{\mathrm{T}}=D(\boldsymbol{X})\\&=\begin{pmatrix}D(X_1)&\mathrm{Cov}(X_1,X_2)&\cdots&\mathrm{Cov}(X_1,X_p)\\\mathrm{Cov}(X_2,X_1)&D(X_2)&\cdots&\mathrm{Cov}(X_2,X_p)\\\vdots&\vdots&&\vdots\\\mathrm{Cov}(X_p,X_1)&\mathrm{Cov}(X_p,X_2)&\cdots&D(X_p)\end{pmatrix}\\&=(\sigma_{ij})\end{aligned} \tag{9.9}$$

称它为p维随机向量$\boldsymbol{X}$的协方差矩阵，简称为$\boldsymbol{X}$的协方差矩阵。

称$|\mathrm{Cov}(\boldsymbol{X},\boldsymbol{X})|$为$\boldsymbol{X}$的广义方差，它是协方差矩阵的行列式之值。

3. 随机向量$\boldsymbol{X}$和$\boldsymbol{Y}$的协方差矩阵

设$\boldsymbol{X}=(X_1,X_2,\cdots,X_p)^{\mathrm{T}}$和$\boldsymbol{Y}=(Y_1,Y_2,\cdots,Y_q)^{\mathrm{T}}$分别为$p$维和$q$维随机向量，它们之间的协方差定义为一个$p\times q$矩阵，其元素是$\mathrm{Cov}(X_i,X_j)$，即

$$\mathrm{Cov}(\boldsymbol{X},\boldsymbol{Y})=(\mathrm{Cov}(X_i,X_j)),\quad i=1,2,\cdots,p;j=1,2,\cdots,q \tag{9.10}$$

若$\mathrm{Cov}(\boldsymbol{X},\boldsymbol{Y})=\boldsymbol{0}$，则称$\boldsymbol{X}$和$\boldsymbol{Y}$是不相关的。

当$\boldsymbol{A},\boldsymbol{B}$为常数矩阵时，由定义可推出如下性质：

(1) $D(\boldsymbol{AX})=\boldsymbol{A}D(\boldsymbol{X})\boldsymbol{A}^{\mathrm{T}}=\boldsymbol{A\Sigma A}^{\mathrm{T}}$；

(2) $\mathrm{Cov}(\boldsymbol{AX},\boldsymbol{BY})=\boldsymbol{A}\mathrm{Cov}(\boldsymbol{X},\boldsymbol{Y})\boldsymbol{B}^{\mathrm{T}}$；

(3) 设$\boldsymbol{X}$为p维随机向量，期望和协方差存在，记$\boldsymbol{\mu}=E(\boldsymbol{X})$，$\boldsymbol{\Sigma}=D(\boldsymbol{X})$，$\boldsymbol{A}$为$p\times p$常数

阵，则

$$E(\boldsymbol{X}^{\mathrm{T}}\boldsymbol{A}\boldsymbol{X})=\operatorname{tr}(\boldsymbol{A}\boldsymbol{\Sigma})+\boldsymbol{\mu}^{\mathrm{T}}\boldsymbol{A}\boldsymbol{\mu}$$

对于任何随机向量 $\boldsymbol{X}=(X_1,X_2,\cdots,X_p)^{\mathrm{T}}$ 来说，其协方差矩阵 $\boldsymbol{\Sigma}$ 都是对称阵，同时总是非负定（也称半正定）的。大多数情形下是正定的。

4. 随机向量 $\boldsymbol{X}$ 的相关矩阵

若随机向量 $\boldsymbol{X}=(X_1,X_2,\cdots,X_p)^{\mathrm{T}}$ 的协方差存在，且每个分量的方差大于零，则 $\boldsymbol{X}$ 的相关矩阵定义为

$$\boldsymbol{R}=(\operatorname{Corr}(X_i,X_j))=(r_{ij})_{p\times p}$$

$$r_{ij}=\frac{\operatorname{Cov}(X_i,X_j)}{\sqrt{D(X_i)}\sqrt{D(X_j)}},\quad i,j=1,2,\cdots,p \tag{9.11}$$

r_{ij}也称为分量 X_i 与 X_j 之间的（线性）相关系数。

对于两组不同的随机向量 $\boldsymbol{X}$ 和 $\boldsymbol{Y}$，它们之间的相关问题将在典型相关分析的章节中详细讨论。

在数据处理时，为了克服由于指标的量纲不同对统计分析结果带来的影响，往往在使用某种统计分析方法之前，将每个指标“标准化”，即做如下变换：

$$X_j^*=\frac{X_j-E(X_j)}{[\operatorname{Var}(X_j)]^{1/2}},\quad j=1,2,\cdots,p$$

$$\boldsymbol{X}^*=(X_1^*,X_2^*,\cdots,X_p^*) \tag{9.12}$$

于是

$$E(\boldsymbol{X}^*)=\boldsymbol{0}$$

$$D(\boldsymbol{X}^*)=\operatorname{Corr}(\boldsymbol{X})=\boldsymbol{R}$$

即标准化数据的协方差矩阵正好是原指标的相关矩阵：

$$\boldsymbol{R}=\frac{1}{n-1}\boldsymbol{X}^{*\mathrm{T}}\boldsymbol{X}^* \tag{9.13}$$

9.2　统计距离

在多指标统计分析中，距离的概念十分重要，样品间的很多特征都可用距离来描述。大部分多元方法是建立在简单的距离概念基础上的，即平时人们熟悉的欧氏距离。如几何平面上的点 $P(x_1,x_2)$到原点 $O(0,0)$的欧氏距离为

$$d(O,P)=(x_1^2+x_2^2)^{1/2} \tag{9.14}$$

一般地，若点 P 的坐标 $P(x_1,x_2,\cdots,x_p)$，则它到原点 $O(0,0,\cdots,0)$的欧氏距离为

$$d(O,P)=\sqrt{x_1^2+x_2^2+\cdots+x_p^2} \tag{9.15}$$

所有与原点距离为 C 的点满足方程

$$d^2(O,P)=x_1^2+x_2^2+\cdots+x_p^2=C^2 \tag{9.16}$$

因为这是一个球面方程（$p=2$ 时是圆），所以，与原点等距离的点构成一个球面，任意两个点 $P(x_1,x_2,\cdots,x_p)$和 $Q(y_1,y_2,\cdots,y_p)$之间的欧氏距离为

$$d(P,Q)=\sqrt{(x_1-y_1)^2+(x_2-y_2)^2+\cdots+(x_p-y_p)^2} \tag{9.17}$$

但就大部分统计问题而言，欧氏距离是不能令人满意的。这是因为每个坐标对欧氏距离的

贡献是同等的。当坐标轴表示测量值时，它们往往带有大小不等的随机波动，在这种情况下，合理的办法是对坐标加权，使变化较大的坐标比变化小的坐标有较小的权系数，这就产生了各种距离。

欧氏距离还有一个缺点，那就是当各个分量为不同性质的量时，“距离”的大小与指标的单位有关。例如，横轴 x_1 代表重量（以 kg 为单位），纵轴 x_2 代表长度（以 cm 为单位）。有四个点 A,B,C,D，它们的坐标如图 9.1 所示。

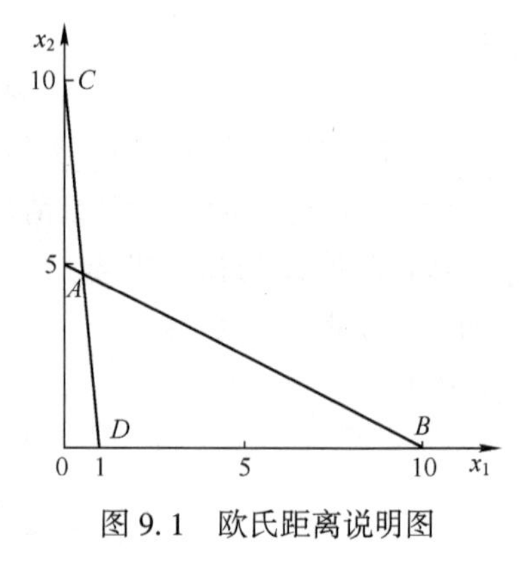

图 9.1　欧氏距离说明图

这时，

$$AB=\sqrt{5^2+10^2}=\sqrt{125}$$

$$CD=\sqrt{10^2+1^2}=\sqrt{101}$$

显然，AB 要比 CD 长。

如果 x_2 用 mm 作单位，x_1 单位保持不变，此时 A 坐标为 $(0,50)$，C 坐标为 $(0,100)$，则

$$AB=\sqrt{50^2+10^2}=\sqrt{2600}$$

$$CD=\sqrt{100^2+1^2}=\sqrt{10001}$$

结果 CD 反而比 AB 长！这显然是不合理的。因此，有必要建立一种距离，这种距离应能够体现各个变量在变差大小上的不同，以及可能存在的相关性，还要求距离与各变量所用的单位无关。选择的距离要依赖于样本方差和协方差。因此，需要采用“统计距离”这个术语以区别通常习惯用的欧氏距离。

下面介绍统计距离。

设 $P(x_1,x_2,\cdots,x_p)$，$Q(y_1,y_2,\cdots,y_p)$，且 Q 的坐标是固定的，点 P 的坐标相互独立地变化。用 $S_{11},S_{22},\cdots,S_{pp}$ 表示 p 个变量 $x_1,x_2,\cdots,x_p$ 的 n 次观测的样本方差。为给出坐标的合理权重，用坐标样本方差去除每个坐标，得到标准化坐标，则从 P 到 Q 的统计距离为

$$d(P,Q)=\sqrt{\frac{(x_1-y_1)^2}{S_{11}}+\frac{(x_2-y_2)^2}{S_{22}}+\cdots+\frac{(x_p-y_p)^2}{S_{pp}}} \tag{9.18}$$

所有与点 Q 的距离平方为常数的点 P 构成一个椭球，其中心在 Q，其长短轴平行于坐标轴。容易看到：

（1）在式（9.18）中，令 $y_1=y_2=\cdots=y_p=0$，得到点 P 到原点 O 的距离。

（2）如果 $S_{11}=S_{22}=\cdots=S_{pp}$，则用欧氏距离式（9.17）是方便可行的。

还可以利用旋转变换的方法得到合理的距离。考虑点 $P(x_1,x_2,\cdots,x_p)$ 和 $Q(y_1,y_2,\cdots,y_p)$，这里 Q 为固定点，而 P 的坐标是变化的，且彼此相关，$O(0,0,\cdots,0)$ 为坐标原点，则 P 到 O 和 Q 的距离分别为

$$\begin{aligned} d(O,P)&=(a_{11}x_1^2+a_{22}x_2^2+\cdots+a_{pp}x_p^2+2a_{12}x_1x_2+\cdots+2a_{p-1,p}x_{p-1}x_p)^{1/2} \\ &=(\boldsymbol{X}^{\mathrm{T}}\boldsymbol{A}\boldsymbol{X})^{1/2} \end{aligned} \tag{9.19}$$

$$\begin{aligned} d(P,Q)=&[a_{11}(x_1-y_1)^2+a_{22}(x_2-y_2)^2+\cdots+a_{pp}(x_p-y_p)^2+ \\ &2a_{12}(x_1-y_1)(x_2-y_2)+\cdots+2a_{p-1,p}(x_{p-1}-y_{p-1})(x_p-y_p)]^{1/2} \\ =&[(\boldsymbol{X}-\boldsymbol{Y})^{\mathrm{T}}\boldsymbol{A}(\boldsymbol{X}-\boldsymbol{Y})]^{1/2} \end{aligned} \tag{9.20}$$

这里

$$\boldsymbol{A}=\begin{pmatrix} a_{11} & a_{12} & \cdots & a_{1p} \\ a_{21} & a_{22} & \cdots & a_{2p} \\ \vdots & \vdots & & \vdots \\ a_{p1} & a_{p2} & \cdots & a_{pp} \end{pmatrix}, \quad \boldsymbol{X}=\begin{pmatrix} x_1 \\ x_2 \\ \vdots \\ x_p \end{pmatrix}, \quad \boldsymbol{Y}=\begin{pmatrix} y_1 \\ y_2 \\ \vdots \\ y_p \end{pmatrix}$$

且 $\boldsymbol{A}$ 为对称矩阵，满足条件：对任意的 $\boldsymbol{X}$，恒有 $\boldsymbol{X}^{\mathrm{T}}\boldsymbol{A}\boldsymbol{X} \geqslant \boldsymbol{0}$，且当且仅当 $\boldsymbol{X}=\boldsymbol{0}$ 等号成立，即 $\boldsymbol{A}$ 为正定矩阵。

最常用的一种统计距离是由印度统计学家马哈拉诺比斯（Mahalanobis）于 1936 年得出的“马氏距离”。下面用一个一维的例子说明欧氏距离与马氏距离在概率上的差异。设有两个一维正态总体 $G_1:N(\mu_1,\sigma_1^2)$ 和 $G_2:N(\mu_2,\sigma_2^2)$。若有一个样品，其值在点 A 处，点 A 距离哪个总体近些呢？如图 9.2 所示。

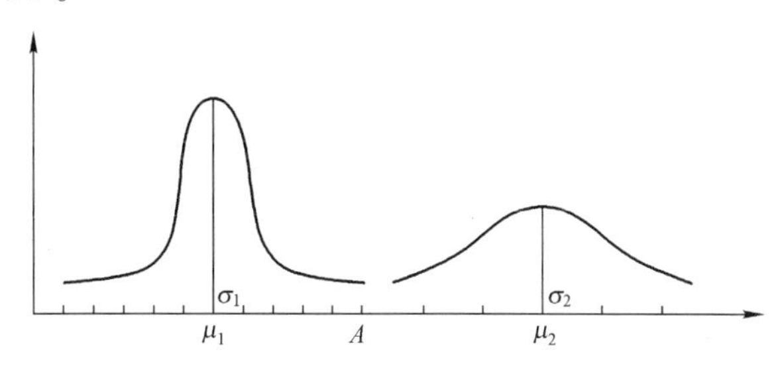

图 9.2 欧氏距离与马氏距离说明图

由图 9.2 可看出，从绝对长度来看，点 A 距左面总体 G_1 近些，即点 A 到 μ_1 比点 A 到 μ_2 要近一些（这里用的是欧氏距离，比较的是点 A 到 μ_1 与 μ_2 值之差的绝对值），但从概率观点来看，点 A 在 μ_1 右侧约 $5\sigma_1$ 处，点 A 在 μ_2 的左侧约 $3\sigma_2$ 处，若以标准差的观点来衡量，点 A 离 μ_2 比离 μ_1 要近一些。显然，后者是从概率角度来考虑的，因而更合理，它用坐标差平方除以方差（或说乘以方差的倒数），从而转化为无量纲数，推广到多维就要乘以协方差矩阵 $\boldsymbol{\Sigma}$ 的逆，这就是马氏距离的概念。以后将会看到，这一距离在多元分析中起着十分重要的作用。

有了上面的讨论，现在可以定义马氏距离了。

设 $\boldsymbol{X},\boldsymbol{Y}$ 是从均值向量为 $\boldsymbol{\mu}$、协方差矩阵为 $\boldsymbol{\Sigma}$ 的总体 G 中抽取的两个样品，定义 $\boldsymbol{X},\boldsymbol{Y}$ 两点之间的马氏距离为

$$d_m^2(\boldsymbol{X},\boldsymbol{Y})=(\boldsymbol{X}-\boldsymbol{Y})^{\mathrm{T}}\boldsymbol{\Sigma}^{-1}(\boldsymbol{X}-\boldsymbol{Y}) \tag{9.21}$$

定义 $\boldsymbol{X}$ 与总体 G 的马氏距离为

$$d_m^2(\boldsymbol{X},G)=(\boldsymbol{X}-\boldsymbol{\mu})^{\mathrm{T}}\boldsymbol{\Sigma}^{-1}(\boldsymbol{X}-\boldsymbol{\mu}) \tag{9.22}$$

设 E 表示一个点集，d 表示距离，它是 $E\times E$ 到 $[0,+\infty)$ 的函数，可以证明，马氏距离符合如下距离的四条基本公理：

（1）$d(x,y)\geqslant 0$，$\forall x,y\in E$；

（2）$d(x,y)=0$，当且仅当 $x=y$；

（3）$d(x,y)=d(y,x)$，$\forall x,y\in E$；

（4）$d(x,y)\leqslant d(x,z)+d(z,y)$，$\forall x,y,z\in E$。

9.3 多元正态分布的定义和性质

多元正态分布是一元正态分布的推广。迄今为止，多元分析的主要理论都是建立在多元正

态分布基础上的，多元正态分布是多元分析的基础。另一方面，许多实际问题的分布常是多元正态分布或近似正态分布，或本身不是正态分布，但它的样本均值近似于多元正态分布。

本节介绍多元正态分布的定义，并简要给出它的基本性质。

9.3.1 多元正态分布的定义

在概率论中已经讲过，一元正态分布的密度函数为

$$f(x)=\frac{1}{\sigma\sqrt{2\pi}}\mathrm{e}^{-\frac{(x-\mu)^2}{2\sigma^2}},\quad \sigma>0$$

上式可以改写成

$$f(x)=(2\pi)^{-1/2}\sigma^{-1}\exp\left[-\frac{1}{2}(x-\mu)^{\mathrm{T}}(\sigma^2)^{-1}(x-\mu)\right]\tag{9.23}$$

式（9.23）用$(x-\mu)^{\mathrm{T}}$代表$(x-\mu)$的转置。由于x,μ均为一维的数值，转置与否都相同。

当服从一元正态分布的随机变量X的概率密度改写为式（9.23）时，就可以将其推广，给出多元正态分布的定义。

定义 9.5 若p元随机向量$\boldsymbol{X}=(X_1,X_2,\cdots,X_p)^{\mathrm{T}}$的概率密度函数为

$$f(x_1,x_2,\cdots,x_p)=\frac{1}{(2\pi)^{p/2}|\boldsymbol{\Sigma}|^{1/2}}\exp\left\{-\frac{1}{2}(\boldsymbol{x}-\boldsymbol{\mu})^{\mathrm{T}}\boldsymbol{\Sigma}^{-1}(\boldsymbol{x}-\boldsymbol{\mu})\right\},\quad \boldsymbol{\Sigma}>0\tag{9.24}$$

则称$\boldsymbol{X}=(X_1,X_2,\cdots,X_p)^{\mathrm{T}}$遵从$p$元正态分布，也称$\boldsymbol{X}$为$p$元正态变量，记为

$$\boldsymbol{X}\sim N_p(\boldsymbol{\mu},\boldsymbol{\Sigma})$$

其中，$|\boldsymbol{\Sigma}|$为协方差矩阵$\boldsymbol{\Sigma}$的行列式。

式（9.24）实际上是在$|\boldsymbol{\Sigma}|\neq 0$时定义的。若$|\boldsymbol{\Sigma}|=0$，则不存在通常意义下的密度，但可以在形式上给出一个表达式，使有些问题可以利用这一形式对$|\boldsymbol{\Sigma}|\neq 0$及$|\boldsymbol{\Sigma}|=0$的情况给出统一的处理。

当$p=2$时，可以得到二元正态分布的密度公式。

设$\boldsymbol{X}=(X_1,X_2)^{\mathrm{T}}$服从二元正态分布，则

$$\boldsymbol{\Sigma}=\begin{pmatrix}\sigma_{11} & \sigma_{12}\\ \sigma_{21} & \sigma_{22}\end{pmatrix}=\begin{pmatrix}\sigma_1^2 & \sigma_1\sigma_2 r\\ \sigma_2\sigma_1 r & \sigma_2^2\end{pmatrix},\quad r\neq\pm 1$$

这里σ_1^2，σ_2^2分别是X_1与X_2的方差，r是X_1与X_2的相关系数。此时

$$|\boldsymbol{\Sigma}|=\sigma_1^2\sigma_2^2(1-r^2)$$

$$\boldsymbol{\Sigma}^{-1}=\frac{1}{\sigma_1^2\sigma_2^2(1-r^2)}\begin{pmatrix}\sigma_2^2 & -\sigma_1\sigma_2 r\\ -\sigma_2\sigma_1 r & \sigma_1^2\end{pmatrix}$$

故X_1与X_2的密度函数为

$$f(x_1,x_2)=\frac{1}{2\pi\sigma_1\sigma_2(1-r^2)^{1/2}}\exp\left\{-\frac{1}{2(1-r^2)}\left[\frac{(x_1-\mu_1)^2}{\sigma_1^2}-2r\frac{(x_1-\mu_1)(x_2-\mu_2)}{\sigma_1\sigma_2}+\frac{(x_2-\mu_2)^2}{\sigma_2^2}\right]\right\}$$

这与概率统计中的结果是一致的。

如果$r=0$，那么X_1与X_2是独立的；若$r>0$，则X_1与X_2趋于正相关；若$r<0$，则X_1与X_2趋于负相关。

定理 9.1 设$\boldsymbol{X}\sim N_p(\boldsymbol{\mu},\boldsymbol{\Sigma})$，则

$$E(\boldsymbol{X})=\boldsymbol{\mu},\quad D(\boldsymbol{X})=\boldsymbol{\Sigma}$$

定理 9.1 将正态分布的参数 $\boldsymbol{\mu}$ 和 $\boldsymbol{\Sigma}$ 赋予了明确的统计意义。

多元正态分布不止定义 9.5 一种形式，可采用特征函数来定义，也可用一切线性组合均为正态的性质来定义等。

9.3.2　多元正态分布的性质

（1）如果正态随机向量 $\boldsymbol{X}=(X_1,X_2,\cdots,X_p)^{\mathrm{T}}$ 的协方差矩阵 $\boldsymbol{\Sigma}$ 是对角阵，则 $\boldsymbol{X}$ 的各分量是相互独立的随机变量。

（2）多元正态分布随机向量 $\boldsymbol{X}$ 的任何一个分量子集（多变量 $\boldsymbol{X}=(X_1,X_2,\cdots,X_p)^{\mathrm{T}}$ 中的一部分变量构成的集合）的分布（称为 $\boldsymbol{X}$ 的边缘分布）仍然服从正态分布。反之，若一个随机向量的任何边缘分布均为正态分布，并不能导出它是多元正态分布。

例如，设 $\boldsymbol{X}=(X_1,X_2)^{\mathrm{T}}$ 有密度函数

$$f(x_1,x_2)=\frac{1}{2\pi}\mathrm{e}^{-\frac{1}{2}(x_1^2+x_2^2)}\left[1+x_1x_2\mathrm{e}^{-\frac{1}{2}(x_1^2+x_2^2)}\right]$$

容易验证，$X_1\sim N(0,1)$，$X_2\sim N(0,1)$，但 (X_1,X_2) 显然不服从正态分布。

（3）多元正态向量 $\boldsymbol{X}=(X_1,X_2,\cdots,X_p)^{\mathrm{T}}$ 的任意线性变换仍然服从多元正态分布。

设 $\boldsymbol{X}\sim N_p(\boldsymbol{\mu},\boldsymbol{\Sigma})$，而 m 维随机向量 $\boldsymbol{Z}_{m\times 1}=\boldsymbol{AX}+\boldsymbol{b}$，其中，$\boldsymbol{A}=(a_{ij})$ 是 $m\times p$ 的常数矩阵，$\boldsymbol{b}$ 是 m 维的常向量，则 m 维随机向量 $\boldsymbol{Z}$ 也是正态的，且 $\boldsymbol{Z}\sim N_m(\boldsymbol{A\mu}+\boldsymbol{b},\boldsymbol{A\Sigma A}^{\mathrm{T}})$。即 $\boldsymbol{Z}$ 服从 m 元正态分布，其均值向量为 $\boldsymbol{A\mu}+\boldsymbol{b}$，协方差矩阵为 $\boldsymbol{A\Sigma A}^{\mathrm{T}}$。

（4）若 $\boldsymbol{X}\sim N_p(\boldsymbol{\mu},\boldsymbol{\Sigma})$，则

$$d^2=(\boldsymbol{X}-\boldsymbol{\mu})^{\mathrm{T}}\boldsymbol{\Sigma}^{-1}(\boldsymbol{X}-\boldsymbol{\mu})\sim\chi^2(p)$$

若 d^2 为定值，随着 $\boldsymbol{X}$ 的变化，其轨迹为一椭球面，是 $\boldsymbol{X}$ 的密度函数的等值面。若 $\boldsymbol{X}$ 给定，则 d^2 为 $\boldsymbol{X}$ 到 $\boldsymbol{\mu}$ 的马氏距离。

9.3.3　条件分布和独立性

设 $\boldsymbol{X}\sim N_p(\boldsymbol{\mu},\boldsymbol{\Sigma})$，$p\geqslant 2$，将 $\boldsymbol{X}$，$\boldsymbol{\mu}$ 和 $\boldsymbol{\Sigma}$ 分块如下：

$$\boldsymbol{X}=\begin{pmatrix}\boldsymbol{X}^{(1)}\\ \boldsymbol{X}^{(2)}\end{pmatrix},\quad \boldsymbol{\mu}=\begin{pmatrix}\boldsymbol{\mu}^{(1)}\\ \boldsymbol{\mu}^{(2)}\end{pmatrix},\quad \boldsymbol{\Sigma}=\begin{pmatrix}\boldsymbol{\Sigma}_{11} & \boldsymbol{\Sigma}_{12}\\ \boldsymbol{\Sigma}_{21} & \boldsymbol{\Sigma}_{22}\end{pmatrix}\tag{9.25}$$

其中，$\boldsymbol{X}^{(1)}$，$\boldsymbol{\mu}^{(1)}$ 为 $q\times 1$ 矩阵，$\boldsymbol{\Sigma}_{11}$ 为 $q\times q$ 矩阵，我们希望得到给定 $\boldsymbol{X}^{(2)}$ 时 $\boldsymbol{X}^{(1)}$ 的条件分布，即 $(\boldsymbol{X}^{(1)}|\boldsymbol{X}^{(2)})$ 的分布。下面的定理指出：正态分布的条件分布仍为正态分布。

定理 9.2　设 $\boldsymbol{X}\sim N_p(\boldsymbol{\mu},\boldsymbol{\Sigma})$，$\boldsymbol{\Sigma}>\boldsymbol{0}$，则

$$(\boldsymbol{X}^{(1)}|\boldsymbol{X}^{(2)})\sim N_q(\boldsymbol{\mu}_{1\cdot 2},\boldsymbol{\Sigma}_{11\cdot 2})$$

其中

$$\boldsymbol{\mu}_{1\cdot 2}=\boldsymbol{\mu}^{(1)}+\boldsymbol{\Sigma}_{12}\boldsymbol{\Sigma}_{22}^{-1}(\boldsymbol{X}^{(2)}-\boldsymbol{\mu}^{(2)})\tag{9.26}$$

$$\boldsymbol{\Sigma}_{11\cdot 2}=\boldsymbol{\Sigma}_{11}-\boldsymbol{\Sigma}_{12}\boldsymbol{\Sigma}_{22}^{-1}\boldsymbol{\Sigma}_{21}\tag{9.27}$$

该定理告诉我们，$\boldsymbol{X}^{(1)}$ 的分布与 $(\boldsymbol{X}^{(1)}|\boldsymbol{X}^{(2)})$ 的分布均为正态分布，它们的协方差矩阵分别为 $\boldsymbol{\Sigma}_{11}$ 与 $\boldsymbol{\Sigma}_{11\cdot 2}=\boldsymbol{\Sigma}_{11}-\boldsymbol{\Sigma}_{12}\boldsymbol{\Sigma}_{22}^{-1}\boldsymbol{\Sigma}_{21}$。由于 $\boldsymbol{\Sigma}_{12}\boldsymbol{\Sigma}_{22}^{-1}\boldsymbol{\Sigma}_{21}\geqslant 0$，故 $\boldsymbol{\Sigma}_{11}\geqslant\boldsymbol{\Sigma}_{11\cdot 2}$，当且仅当 $\boldsymbol{\Sigma}_{12}=\boldsymbol{0}$ 等号成立。协方差是用来描述指标之间关系及散布程度的，$\boldsymbol{\Sigma}_{11}\geqslant\boldsymbol{\Sigma}_{11\cdot 2}$，说明了已知 $\boldsymbol{X}^{(2)}$ 的条件下，$\boldsymbol{X}^{(1)}$ 散布的程度比不知道 $\boldsymbol{X}^{(2)}$ 的情况下减小了，只有当 $\boldsymbol{\Sigma}_{12}=\boldsymbol{0}$ 时，两者相同。还可以证明，$\boldsymbol{\Sigma}_{12}=\boldsymbol{0}$，等价于 $\boldsymbol{X}^{(1)}$ 和 $\boldsymbol{X}^{(2)}$ 独立，这时，即使给出 $\boldsymbol{X}^{(2)}$，对 $\boldsymbol{X}^{(1)}$ 的分布也是没有影响的。

定理 9.3 设 $\boldsymbol{X}\sim N_p(\boldsymbol{\mu},\boldsymbol{\Sigma})$，$\boldsymbol{\Sigma}>0$，将 $\boldsymbol{X}$，$\boldsymbol{\mu}$ 和 $\boldsymbol{\Sigma}$ 分块如下：

$$\boldsymbol{X}=\begin{pmatrix}\boldsymbol{X}^{(1)}\\\boldsymbol{X}^{(2)}\\\boldsymbol{X}^{(3)}\end{pmatrix}\begin{matrix}r\\s\\t\end{matrix},\quad \boldsymbol{\mu}=\begin{pmatrix}\boldsymbol{\mu}^{(1)}\\\boldsymbol{\mu}^{(2)}\\\boldsymbol{\mu}^{(3)}\end{pmatrix}\begin{matrix}r\\s\\t\end{matrix},\quad \boldsymbol{\Sigma}=\begin{pmatrix}\boldsymbol{\Sigma}_{11}&\boldsymbol{\Sigma}_{12}&\boldsymbol{\Sigma}_{13}\\\boldsymbol{\Sigma}_{21}&\boldsymbol{\Sigma}_{22}&\boldsymbol{\Sigma}_{23}\\\boldsymbol{\Sigma}_{31}&\boldsymbol{\Sigma}_{32}&\boldsymbol{\Sigma}_{33}\end{pmatrix}\begin{matrix}r\\s\\t\end{matrix}\tag{9.28}$$

则 $\boldsymbol{X}^{(1)}$ 有如下的条件均值和条件协方差矩阵的递推公式：

$$E(\boldsymbol{X}^{(1)}\mid\boldsymbol{X}^{(2)},\boldsymbol{X}^{(3)})=\boldsymbol{\mu}_{1\cdot3}+\boldsymbol{\Sigma}_{12\cdot3}\boldsymbol{\Sigma}_{22\cdot3}^{-1}(\boldsymbol{X}^{(2)}-\boldsymbol{\mu}_{2\cdot3})\tag{9.29}$$

$$D(\boldsymbol{X}^{(1)}\mid\boldsymbol{X}^{(2)},\boldsymbol{X}^{(3)})=\boldsymbol{\Sigma}_{11\cdot3}-\boldsymbol{\Sigma}_{12\cdot3}\boldsymbol{\Sigma}_{22\cdot3}^{-1}\boldsymbol{\Sigma}_{21\cdot3}\tag{9.30}$$

其中

$$\boldsymbol{\Sigma}_{ij\cdot k}=\boldsymbol{\Sigma}_{ij}-\boldsymbol{\Sigma}_{ik}\boldsymbol{\Sigma}_{kk}^{-1}\boldsymbol{\Sigma}_{kj},\quad i,j,k=1,2,3$$

$$\boldsymbol{\mu}_{i\cdot3}=E(\boldsymbol{X}^{(i)}\mid\boldsymbol{X}^{(3)}),\quad i=1,2$$

定理 9.2 和定理 9.3 在 20 世纪 70 年代中期成功应用在国家标准部门的制定服装标准工作中。在制定服装标准时需抽样进行人体测量，现从某年龄段女性测量结果中取出部分结果：

$\boldsymbol{X}_1$：身高，$\boldsymbol{X}_2$：胸围，$\boldsymbol{X}_3$：腰围，$\boldsymbol{X}_4$：上体长，$\boldsymbol{X}_5$：臀围。已知它们服从 $N_5(\boldsymbol{\mu},\boldsymbol{\Sigma})$，其中

$$\boldsymbol{\mu}=\begin{pmatrix}154.98\\83.39\\70.26\\61.32\\91.52\end{pmatrix},\quad \boldsymbol{\Sigma}=\begin{pmatrix}29.66&&&&\\6.51&30.53&&&\\1.85&25.54&39.86&&\\9.36&3.54&2.23&7.03&\\10.34&19.53&20.70&5.21&27.36\end{pmatrix}$$

若取 $\boldsymbol{X}^{(1)}=(X_1,X_2,X_3)^{\mathrm{T}}$，$\boldsymbol{X}^{(2)}=(X_4)$，$\boldsymbol{X}^{(3)}=(X_5)$，则由式（9.26）和式（9.27）得

$$E\left(\begin{matrix}X_1\\X_2\\X_3\\X_4\end{matrix}\middle|X_5\right)=\begin{pmatrix}154.98\\83.39\\70.26\\61.32\end{pmatrix}+\begin{pmatrix}10.34\\19.53\\20.70\\5.21\end{pmatrix}(27.36)^{-1}(X_5-91.52)$$

$$=\begin{pmatrix}154.98+0.38(X_5-91.52)\\83.38+0.71(X_5-91.52)\\70.26+0.76(X_5-91.52)\\61.32+0.19(X_5-91.52)\end{pmatrix}$$

$$D\left(\begin{matrix}X_1\\X_2\\X_3\\X_4\end{matrix}\middle|X_5\right)=\begin{pmatrix}29.66&6.51&1.85&9.36\\6.51&30.53&25.54&3.54\\1.85&25.54&39.86&2.23\\9.36&3.54&2.23&7.03\end{pmatrix}-$$

$$\begin{pmatrix}10.34\\19.53\\20.70\\5.21\end{pmatrix}(27.36)^{-1}(10.34,19.53,20.70,5.21)$$

$$=\begin{pmatrix}25.76&-0.86&-5.97&7.39\\-0.86&16.59&10.76&-0.18\\-5.97&10.76&24.19&-1.72\\7.39&-0.18&-1.72&6.04\end{pmatrix}$$

再利用式（9.30）得

$$D\begin{pmatrix} X_1 & X_4 \\ X_2 & \\ X_3 & X_5 \end{pmatrix} = \begin{pmatrix} 25.76 & -0.86 & -5.97 \\ -0.86 & 16.59 & 10.76 \\ -5.97 & 10.76 & 24.19 \end{pmatrix} - \begin{pmatrix} 7.39 \\ -0.18 \\ -1.72 \end{pmatrix} (6.04)^{-1} (7.39, -0.18, -1.72)$$

$$= \begin{pmatrix} 16.72 & -0.64 & -3.87 \\ -0.64 & 16.58 & 10.71 \\ -3.87 & 10.71 & 23.71 \end{pmatrix}$$

此时看到

$$\mathrm{Var}(X_1 | X_4, X_5) = 16.72 < 29.66 = \mathrm{Var}(X_1)$$
$$\mathrm{Var}(X_2 | X_4, X_5) = 16.58 < 30.53 = \mathrm{Var}(X_2)$$
$$\mathrm{Var}(X_3 | X_4, X_5) = 23.71 < 39.86 = \mathrm{Var}(X_3)$$

这说明，若已知一个人的上体长和臀围，则身高、胸围和腰围的条件方差比原来的方差大大减小。

在定理 9.2 中，给出了对 $\boldsymbol{X}$，$\boldsymbol{\mu}$ 和 $\boldsymbol{\Sigma}$ 做形如式（9.25）分块时条件协方差矩阵 $\boldsymbol{\Sigma}_{11\cdot 2}$ 的表达式及其与非条件协方差矩阵的关系。令 $\sigma_{ij\cdot q+1,\cdots,p}$ 表示 $\boldsymbol{\Sigma}_{11\cdot 2}$ 的元素，则可以定义偏相关系数的概念如下：

定义 9.6　当 $\boldsymbol{X}^{(2)}$ 给定时，X_i 与 X_j 的偏相关系数为

$$r_{ij\cdot q+1,\cdots,p} = \frac{\sigma_{ij\cdot q+1,\cdots,p}}{(\sigma_{ii\cdot q+1,\cdots,p}\sigma_{jj\cdot q+1,\cdots,p})^{1/2}}$$

在上面制定服装标准的例子中，给出 X_4 和 X_5 时，X_1 与 X_2，X_1 与 X_3，X_2 与 X_3 的偏相关系数为

$$r_{12\cdot 45} = \frac{-0.643}{\sqrt{16.717 \times 16.582}} = -0.0386$$

$$r_{13\cdot 45} = \frac{-3.873}{\sqrt{16.717 \times 23.707}} = -0.195$$

$$r_{23\cdot 45} = \frac{10.707}{\sqrt{16.582 \times 23.707}} = 0.540$$

定理 9.4　设 $\boldsymbol{X} \sim N_p(\boldsymbol{\mu}, \boldsymbol{\Sigma})$，将 $\boldsymbol{X}$，$\boldsymbol{\mu}$，$\boldsymbol{\Sigma}$ 按同样方式分块为

$$\boldsymbol{X} = \begin{pmatrix} \boldsymbol{X}^{(1)} \\ \vdots \\ \boldsymbol{X}^{(k)} \end{pmatrix}, \quad \boldsymbol{\mu} = \begin{pmatrix} \boldsymbol{\mu}^{(1)} \\ \vdots \\ \boldsymbol{\mu}^{(k)} \end{pmatrix}, \quad \boldsymbol{\Sigma} = \begin{pmatrix} \boldsymbol{\Sigma}_{11} & \cdots & \boldsymbol{\Sigma}_{1k} \\ \vdots & & \vdots \\ \boldsymbol{\Sigma}_{k1} & \cdots & \boldsymbol{\Sigma}_{kk} \end{pmatrix}$$

其中，$\boldsymbol{X}^{(j)}$：$S_j \times 1$，$\boldsymbol{\mu}^{(j)}$：$S_j \times 1$，$\boldsymbol{\Sigma}_{jj}$：$S_j \times S_j (j = 1, \cdots, k)$，当且仅当对一切 $i \neq j$，$\boldsymbol{\Sigma}_{ij} = \boldsymbol{0}$ 时，有 $\boldsymbol{X}^{(1)}, \boldsymbol{X}^{(2)}, \cdots, \boldsymbol{X}^{(k)}$ 相互独立。

因为 $\boldsymbol{\Sigma}_{12} = \mathrm{Cov}(\boldsymbol{X}^{(1)}, \boldsymbol{X}^{(2)})$，该定理同时指出对多元正态分布而言，“$\boldsymbol{X}^{(1)}$ 和 $\boldsymbol{X}^{(2)}$ 不相关”等价于“$\boldsymbol{X}^{(1)}$ 和 $\boldsymbol{X}^{(2)}$ 独立”。

9.4 均值向量和协方差矩阵的估计

9.3 节已经给出了多元正态分布的定义和有关的性质，在实际问题中，通常可以假定研究对象是多元正态分布，但分布中的参数 $\boldsymbol{\mu}$ 和 $\boldsymbol{\Sigma}$ 是未知的，解决该问题的一般做法是通过样本来估计。

在一般情况下，如果样本矩阵为

$$\boldsymbol{X}=\begin{pmatrix} x_{11} & x_{12} & \cdots & x_{1p} \\ x_{21} & x_{22} & \cdots & x_{2p} \\ \vdots & \vdots & & \vdots \\ x_{n1} & x_{n2} & \cdots & x_{np} \end{pmatrix}=(\boldsymbol{X}_1,\boldsymbol{X}_2,\cdots,\boldsymbol{X}_p)=\begin{pmatrix} \boldsymbol{X}_{(1)}^{\mathrm{T}} \\ \boldsymbol{X}_{(2)}^{\mathrm{T}} \\ \vdots \\ \boldsymbol{X}_{(n)}^{\mathrm{T}} \end{pmatrix}$$

设样品 $\boldsymbol{X}_{(1)},\boldsymbol{X}_{(2)},\cdots,\boldsymbol{X}_{(n)}$ 相互独立，同服从于 p 元正态分布 $N_p(\boldsymbol{\mu},\boldsymbol{\Sigma})$，而且 $n>p$，$\boldsymbol{\Sigma}>\mathbf{0}$，则总体参数均值 $\boldsymbol{\mu}$ 的估计量为

$$\hat{\boldsymbol{\mu}}=\overline{\boldsymbol{X}}=\frac{1}{n}\sum_{i=1}^{n}\boldsymbol{X}_{(i)}=\frac{1}{n}\begin{pmatrix} \sum\limits_{i=1}^{n}x_{i1} \\ \sum\limits_{i=1}^{n}x_{i2} \\ \vdots \\ \sum\limits_{i=1}^{n}x_{ip} \end{pmatrix}=\begin{pmatrix} \overline{X}_1 \\ \overline{X}_2 \\ \vdots \\ \overline{X}_p \end{pmatrix} \tag{9.31}$$

即均值向量 $\boldsymbol{\mu}$ 的估计量就是样本均值向量。这可由极大似然法推导出来。很显然，当样本选取的是 p 个指标的数据时，$\hat{\boldsymbol{\mu}}=\overline{\boldsymbol{X}}$ 也是 p 维向量。

总体参数协方差矩阵 $\boldsymbol{\Sigma}$ 的极大似然估计为

$$\hat{\boldsymbol{\Sigma}}_p=\frac{1}{n}\boldsymbol{L}=\frac{1}{n}\sum_{i=1}^{n}(\boldsymbol{X}_{(i)}-\overline{\boldsymbol{X}})(\boldsymbol{X}_{(i)}-\overline{\boldsymbol{X}})^{\mathrm{T}}$$

$$=\frac{1}{n}\begin{pmatrix} \sum\limits_{i=1}^{n}(x_{i1}-\overline{X}_1)^2 & \cdots & \sum\limits_{i=1}^{n}(x_{i1}-\overline{X}_1)(x_{ip}-\overline{X}_p) \\ & \sum\limits_{i=1}^{n}(x_{i2}-\overline{X}_2)^2 \quad \cdots & \sum\limits_{i=1}^{n}(x_{i2}-\overline{X}_2)(x_{ip}-\overline{X}_p) \\ & \ddots & \vdots \\ & & \sum\limits_{i=1}^{n}(x_{ip}-\overline{X}_p)^2 \end{pmatrix}$$

其中，$\boldsymbol{L}$ 是离差阵，它是每一个样品（向量）与样本均值（向量）的离差积形成的 n 个 $p\times p$ 对称阵的和。同一元相似，$\hat{\boldsymbol{\Sigma}}_p$ 不是 $\boldsymbol{\Sigma}$ 的无偏估计。为了得到无偏估计，常用样本协方差 $\hat{\boldsymbol{\Sigma}}=\dfrac{1}{n-1}\boldsymbol{L}$ 作为总体协方差矩阵的估计。

可以证明，$\overline{\boldsymbol{X}}$ 是 $\boldsymbol{\mu}$ 的无偏估计、极小极大估计以及强相合估计，$\overline{\boldsymbol{X}}$ 还是 $\boldsymbol{\mu}$ 的充分统计量；

但用 $\hat{\boldsymbol{\Sigma}}$ 估计 $\boldsymbol{\Sigma}$ 是有偏的，$\frac{1}{n-1}\boldsymbol{L}$ 才是 $\boldsymbol{\Sigma}$ 的无偏估计。在实际应用中，当 n 不是很大时，人们常用$\frac{1}{n-1}\boldsymbol{L}$ 来估计 $\boldsymbol{\Sigma}$，但当 n 比较大时，用 $\hat{\boldsymbol{\Sigma}}$ 或$\frac{1}{n-1}\boldsymbol{L}$ 差别不大。

9.5　常用分布及抽样分布

多元统计研究的是多指标问题，为了解总体的特征，通过对总体抽样得到代表总体的样本，但因为信息是分散在每个样本上的，就需要对样本进行加工，把样本的信息浓缩到不包含未知量的样本函数中，这个函数称为统计量，如前面介绍的样本均值向量 $\overline{\boldsymbol{X}}$、样本离差阵 $\boldsymbol{L}$ 等都是统计量。统计量的分布称为抽样分布。

在数理统计中常用的抽样分布有 χ^2 分布、t 分布和 F 分布。在多元统计中，与之对应的分布分别为威沙特分布、T^2 分布和 Wilks 分布。

9.5.1　χ^2 分布与威沙特分布

在数理统计中，若 $X_i \sim N(0,1)\,(i=1,2,\cdots,n)$，且相互独立，则 $\sum_{i=1}^{n} X_i^2$ 服从自由度为 n 的 χ^2 分布（chi-squared distribution），记为 $\chi^2(n)$。

χ^2 分布是刻画正态变量二次型的一个重要分布，在一元统计分析中有着十分重要的地位，在对有关样本均值、样本方差的假设检验或非参数检验中经常用到 χ^2 统计量。

$\chi^2(n)$ 分布的均值和方差分别为

$$E(\chi^2(n)) = n$$

$$D(\chi^2(n)) = 2n$$

$\chi^2(n)$ 分布有两个重要的性质：

（1）若 $\chi_i^2 \sim \chi^2(n_i)\,(i=1,2,\cdots,k)$，且相互独立，则

$$\sum_{i=1}^{k} \chi_i^2 \sim \chi^2\left(\sum_{i=1}^{k} n_i\right)$$

称为相互独立的 χ^2 变量有可加性。

（2）设 $X_i \sim N(0,1)\,(i=1,2,\cdots,n)$，且相互独立，$\boldsymbol{A}_j\,(j=1,2,\cdots,m)$ 为 n 阶对称阵，且 $\sum_{j=1}^{m} \boldsymbol{A}_j = \boldsymbol{I}_n$（$n$ 阶单位阵），记 $\boldsymbol{X}=(X_1,X_2,\cdots,X_n)^{\mathrm{T}}$，$Q_j=\boldsymbol{X}^{\mathrm{T}}\boldsymbol{A}_j\boldsymbol{X}$，则 $Q_1,Q_2,\cdots,Q_m$ 为相互独立的 χ^2 分布变量的充要条件为 $\sum_{j=1}^{m} \mathrm{rank}(\boldsymbol{A}_j) = n$。此时 $Q_j \sim \chi^2(n_j)$，$n_j=\mathrm{rank}(\boldsymbol{A}_j)$。

这个性质称为 Cochran 定理，它在方差分析和回归分析中起着重要作用。

从一元正态总体 $N(\mu,\sigma^2)$ 中抽取容量为 n 的随机样本 $X_1,X_2,\cdots,X_n$，其样本均值 $\overline{X}$ 和样本方差 $S^2 = \frac{l_{xx}}{n-1} = \frac{1}{n-1}\sum_{i=1}^{n}(X_i - \overline{X})^2$ 的抽样分布有如下结果：

（1）$\overline{X}$ 和 S^2 相互独立。

（2）$\overline{X} \sim N\left(\mu,\frac{\sigma^2}{n}\right)$ 和 $\frac{(n-1)S^2}{\sigma^2}=\frac{l_{xx}}{\sigma^2} \sim \chi^2(n-1)$ 相互独立。

以上两个结论在数理统计中有着重要的作用。

在多元统计中，χ^2 分布发展为威沙特分布。威沙特分布是由统计学家威沙特（Wishart）于 1928 年为研究多元样本离差阵 $\boldsymbol{L}$ 的分布推导出来的，有人就将这个时间作为多元分析诞生的时间。威沙特分布在多元统计中的作用与 χ^2 分布在一元统计中相似，它可以由服从多元正态分布的随机向量直接得到，同时它也是构成其他重要分布的基础。

定义 9.7 设 $\boldsymbol{X}_{(\alpha)}(\alpha=1,2,\cdots,n)$ 相互独立，且 $\boldsymbol{X}_{(\alpha)}\sim N_p(\boldsymbol{\mu}_\alpha,\boldsymbol{\Sigma})$，记 $\boldsymbol{X}=(\boldsymbol{X}_{(1)},\boldsymbol{X}_{(2)},\cdots,\boldsymbol{X}_{(n)})$，则矩阵

$$\boldsymbol{W}=\boldsymbol{X}^{\mathrm{T}}\boldsymbol{X}=\sum_{\alpha=1}^{n}\boldsymbol{X}_{(\alpha)}\boldsymbol{X}_{(\alpha)}^{\mathrm{T}} \tag{9.32}$$

服从自由度为 n 的 p 维威沙特分布，记为 $\boldsymbol{W}\sim W_p(n,\boldsymbol{\Sigma})$，其中，$n\geqslant p$，$\boldsymbol{\Sigma}>\boldsymbol{0}$。

由威沙特分布的定义知，当 $p=1$ 时，$\boldsymbol{\Sigma}$ 退化为 σ^2，此时中心威沙特分布就退化为 $\sigma^2\chi^2(n)$，由此可以看出，威沙特分布实际上是 χ^2 分布在多维正态情形下的推广。

下面不加证明地给出威沙特分布的 5 条重要性质：

（1）若 $\boldsymbol{X}_{(\alpha)}(\alpha=1,2,\cdots,n)$ 是从 p 维正态总体 $N_p(\boldsymbol{\mu},\boldsymbol{\Sigma})$ 中抽取的 n 个随机样本，$\overline{\boldsymbol{X}}$ 为样本均值，样本离差阵为 $\boldsymbol{L}=\sum_{\alpha=1}^{n}(\boldsymbol{X}_\alpha-\overline{\boldsymbol{X}})(\boldsymbol{X}_\alpha-\overline{\boldsymbol{X}})^{\mathrm{T}}$，则

1）$\overline{\boldsymbol{X}}$ 和 $\boldsymbol{L}$ 相互独立。

2）$\overline{\boldsymbol{X}}\sim N_p\left(\boldsymbol{\mu},\dfrac{1}{n}\boldsymbol{\Sigma}\right)$，$\boldsymbol{L}\sim W_p(n-1,\boldsymbol{\Sigma})$。

（2）若 $\boldsymbol{W}_i\sim W_p(n_i,\boldsymbol{\Sigma})(i=1,2,\cdots,k)$ 且相互独立，则

$$\sum_{i=1}^{k}\boldsymbol{W}_i\sim W_p\left(\sum_{i=1}^{k}n_i,\boldsymbol{\Sigma}\right)$$

（3）若 $\boldsymbol{W}\sim W_p(n,\boldsymbol{\Sigma})$，$\boldsymbol{C}_{p\times p}$ 为非奇异阵，则

$$\boldsymbol{CWC}^{\mathrm{T}}\sim W_q(n,\boldsymbol{C\Sigma C}^{\mathrm{T}})$$

（4）若 $\boldsymbol{W}\sim W_p(n,\boldsymbol{\Sigma})$，$\boldsymbol{a}$ 为任一 p 元常向量，满足 $\boldsymbol{a}^{\mathrm{T}}\boldsymbol{\Sigma a}\neq 0$，则 $\dfrac{\boldsymbol{a}^{\mathrm{T}}\boldsymbol{Wa}}{\boldsymbol{a}^{\mathrm{T}}\boldsymbol{\Sigma a}}\sim\chi^2(n)$。

（5）若 $\boldsymbol{W}\sim W_p(n,\boldsymbol{\Sigma})$，$\boldsymbol{a}$ 为任一 p 元非零常向量，则比值

$$\frac{\boldsymbol{a}^{\mathrm{T}}\boldsymbol{\Sigma}^{-1}\boldsymbol{a}}{\boldsymbol{a}^{\mathrm{T}}\boldsymbol{W}^{-1}\boldsymbol{a}}\sim\chi^2(n-p+1)$$

特别地，设 ω_{ii} 和 σ_{ii} 分别为 $\boldsymbol{W}^{-1}$ 和 $\boldsymbol{\Sigma}^{-1}$ 的第 i 个对角元，则

$$\frac{\sigma_{ii}}{\omega_{ii}}\sim\chi^2(n-p+1)$$

9.5.2 t 分布与 T^2 分布

在数理统计中，若 $X\sim N(0,1)$，$Y\sim\chi^2(n)$，且 X 与 Y 相互独立，则称 $T=\dfrac{X}{\sqrt{\dfrac{Y}{n}}}$ 服从自由度为 n 的 t 分布，又称为学生分布（student distribution），记为 $T\sim t(n)$。如果将 T 平方，可得 $T^2=n\dfrac{X^2}{Y}$，此时 $T^2\sim F(1,n)$，即 $t(n)$ 分布变量的平方服从第一自由度为 1、第二自由度为 n 的

中心 F 分布。

将上述 F 分布的定义改写成

$$F=nX^{\mathrm{T}}Y^{-1}X$$

式中，用 X^{T} 表示 X 的转置。由于 X 为一维数字，转置与否都相同，所以可以改写成上式。

在多元统计中，仿照上式推广可得 T^2 分布的定义如下：

定义 9.8　设 $\boldsymbol{W}\sim W_p(n,\boldsymbol{\Sigma})$，$\boldsymbol{X}\sim N_p(\boldsymbol{0},c\boldsymbol{\Sigma})$，$c>0$，$n\geqslant p$，$\boldsymbol{\Sigma}>\boldsymbol{0}$，$\boldsymbol{W}$ 与 $\boldsymbol{X}$ 相互独立，则称随机变量

$$T^2=\frac{n}{c}\boldsymbol{X}^{\mathrm{T}}\boldsymbol{W}^{-1}\boldsymbol{X} \tag{9.33}$$

服从第一自由度为 p、第二自由度为 n 的中心 T^2 分布，记为 $T^2\sim T^2(p,n)$。

T^2 分布是霍特林（Hotelling）于 1931 年由一元统计推广而来的，故 T^2 分布又称为霍特林 T^2 分布。其作用相当于数理统计学中的 t 分布。

中心 T^2 分布可化为中心 F 分布，其关系可表示为

$$\frac{n-p+1}{pn}T^2(p,n)=F(p,n-p+1)$$

显然，当 $p=1$ 时，有 $T^2(1,n)=F(1,n)$。

下面不加证明地给出 T^2 分布的两条重要性质：

（1）设 $\boldsymbol{X}\sim N_p(\boldsymbol{\mu},\boldsymbol{\Sigma})$，$\boldsymbol{W}\sim W_p(n,\boldsymbol{\Sigma})$，且 $\boldsymbol{X}$ 与 $\boldsymbol{W}$ 相互独立，则

$$n(\boldsymbol{X}-\boldsymbol{\mu})^{\mathrm{T}}\boldsymbol{W}^{-1}(\boldsymbol{X}-\boldsymbol{\mu})\sim T^2(p,n)$$

推论 9.1　设 $\boldsymbol{X}_{(\alpha)}=(X_{\alpha1},X_{\alpha2},\cdots,X_{\alpha p})^{\mathrm{T}}(\alpha=1,2,\cdots,n)$ 是从 p 维正态总体 $N_p(\boldsymbol{\mu},\boldsymbol{\Sigma})$ 中抽取的 n 个随机样本，$\overline{\boldsymbol{X}}$ 为样本均值，样本离差阵为 $\boldsymbol{L}=\sum\limits_{\alpha=1}^{n}(\boldsymbol{X}_{(\alpha)}-\overline{\boldsymbol{X}})(\boldsymbol{X}_{(\alpha)}-\overline{\boldsymbol{X}})^{\mathrm{T}}$，则

$$n(n-1)(\overline{\boldsymbol{X}}-\boldsymbol{\mu})^{\mathrm{T}}\boldsymbol{L}^{-1}(\overline{\boldsymbol{X}}-\boldsymbol{\mu})\sim T^2(p,n-1)$$

或

$$n(\overline{\boldsymbol{X}}-\boldsymbol{\mu})^{\mathrm{T}}\boldsymbol{S}^{-1}(\overline{\boldsymbol{X}}-\boldsymbol{\mu})\sim T^2(p,n-1)$$

其中，$\boldsymbol{S}=\frac{1}{n-1}\boldsymbol{L}$，为样本的方差。

（2）设 $\boldsymbol{X}_i\sim N_p(\boldsymbol{\mu}_i,\boldsymbol{\Sigma})(i=1,2)$，从总体 X_1，X_2 中取得容量分别为 n_1，n_2 的两个随机样本，若 $\boldsymbol{\mu}_1=\boldsymbol{\mu}_2$，则

$$\frac{n_1n_2}{n_1+n_2}(\overline{\boldsymbol{X}}_1-\overline{\boldsymbol{X}}_2)^{\mathrm{T}}S_p^{-1}(\overline{\boldsymbol{X}}_1-\overline{\boldsymbol{X}}_2)\sim T^2(p,n_1+n_2-2)$$

或

$$(\overline{\boldsymbol{X}}_1-\overline{\boldsymbol{X}}_2)^{\mathrm{T}}S_p^{-1}(\overline{\boldsymbol{X}}_1-\overline{\boldsymbol{X}}_2)\sim\frac{n_1+n_2}{n_1n_2}T^2(p,n_1+n_2-2)$$

其中，$\overline{\boldsymbol{X}}_1$，$\overline{\boldsymbol{X}}_2$ 为两样本的均值向量；$\boldsymbol{S}_p=\frac{n_1\boldsymbol{S}_1+n_2\boldsymbol{S}_2}{n_1+n_2-2}$；$\boldsymbol{S}_1$，$\boldsymbol{S}_2$ 分别为两样本的方差阵。

该性质在第 10 章的假设检验中有重要应用。

9.5.3　中心 *F* 分布与 Wilks 分布

在一元统计学中，若 $X\sim\chi^2(m)$，$Y\sim\chi^2(n)$，且 X 与 Y 相互独立，则称 $F=\frac{X/m}{Y/n}$服从第一自

由度为 m、第二自由度为 n 的中心 F 分布，记为 $F\sim F(m,n)$。F 分布本质上是从正态总体 $N(\mu,\sigma^2)$ 中随机抽取的两个样本方差的比。

那么 F 分布是否能够推广到多元呢？由于 F 分布由两个方差比构成，而多元总体 $N_p(\boldsymbol{\mu},\boldsymbol{\Sigma})$ 的变异由协方差矩阵确定，它不是一个数字，这就产生了如何用与协方差矩阵 $\boldsymbol{\Sigma}$ 有关的一个量来描述总体 $N_p(\boldsymbol{\mu},\boldsymbol{\Sigma})$ 的变异的问题，它是将 F 分布推广到多元情形的关键。

描述 $N_p(\boldsymbol{\mu},\boldsymbol{\Sigma})$ 的变异度的统计参数称为广义方差。定义广义方差有众多方法，主要的是以下几种：

（1）广义方差 $|\boldsymbol{\Sigma}|$；

（2）广义方差 $\mathrm{tr}(\boldsymbol{\Sigma})=\sum_{i=1}^{p}\sigma_i^2=\sigma_1^2+\sigma_2^2+\cdots+\sigma_p^2$，其中，$\mathrm{tr}(\boldsymbol{\Sigma})$ 为 $\boldsymbol{\Sigma}$ 的迹，等于 $\boldsymbol{\Sigma}$ 主对角线元素之和；

（3）广义方差 $\mathrm{tr}(\boldsymbol{\Sigma})=\prod_{i=1}^{p}\sigma_i^2$；

（4）广义方差 $|\boldsymbol{\Sigma}|^{\frac{1}{p}}$；

（5）广义方差 $(\mathrm{tr}(\boldsymbol{\Sigma}))^{\frac{1}{2}}=\sqrt{\sigma_1^2+\sigma_2^2+\cdots+\sigma_p^2}$；

（6）广义方差 $\max\{\lambda_i\}$，其中，λ_i 为 $\boldsymbol{\Sigma}$ 的特征根；

（7）广义方差 $\min\{\lambda_i\}$，其中，λ_i 为 $\boldsymbol{\Sigma}$ 的最大特征根。

在以上各种广义方差的定义中，目前使用最多的是第一种，它是安德森（Anderson）于 1958 年提出来的。

下面根据第一种广义方差，仿照 F 分布的定义给出多元统计中两个广义方差之比的统计量，称为 Wilks Λ 分布。

定义 9.9 设 $\boldsymbol{W}_1\sim W_p(n_1,\boldsymbol{\Sigma})$，$\boldsymbol{W}_2\sim W_p(n_2,\boldsymbol{\Sigma})$，$\boldsymbol{\Sigma}>\boldsymbol{0}$，$n_1\geqslant p$，且 $\boldsymbol{W}_1$ 与 $\boldsymbol{W}_2$ 相互独立，则

$$\Lambda=\frac{|\boldsymbol{W}_1|}{|\boldsymbol{W}_1+\boldsymbol{W}_2|} \tag{9.34}$$

服从维数为 p、第一自由度为 n_1、第二自由度为 n_2 的 Wilks Λ 分布，记为 $\Lambda\sim\Lambda(p,n_1,n_2)$。

由上述定义可知，Λ 分布为两个广义方差之比。

由于 Λ 分布在多元统计中的重要性，关于它的近似分布和精确分布不断有学者在进行研究。当 p 和 n_2 有一个比较小时，Λ 分布可化为 F 分布，表 9.2 列举了常见的情况。

表 9.2　$\Lambda\sim\Lambda(p,n_1,n_2)$ 与 F 分布的关系，$n_1>p$

p	n_2	统计量 F	F 的自由度
任意	1	$\frac{1-\Lambda}{\Lambda}\frac{n_1-p+1}{p}$	p,n_1-p+1
任意	2	$\frac{1-\sqrt{\Lambda}}{\sqrt{\Lambda}}\frac{n_1-p+1}{p}$	$2p,2(n_1-p+1)$
1	任意	$\frac{1-\Lambda}{\Lambda}\frac{n_1}{n_2}$	n_2,n_1
2	任意	$\frac{1-\sqrt{\Lambda}}{\sqrt{\Lambda}}\frac{n_1-1}{n_2}$	$2n_2,2(n_1-1)$

当 p，n_2 不属于表 9.2 所列举的情况时，巴特莱特（Bartlett）指出可用 χ^2 分布来近似表示，即

$$V=-\left(n_1+n_2-\frac{p+n_2+1}{2}\right)\ln\Lambda(p,n_1,n_2)$$

近似服从$\chi^2(pn_2)$。

拉奥（Rao）后来又研究用 F 分布来近似，即

$$R=\frac{1-\Lambda^{\frac{1}{s}}}{\Lambda^{\frac{1}{s}}}\frac{ts-2\lambda}{pn_2}$$

近似服从 $F(pn_2,ts-2\lambda)$，其中

$$\begin{cases}t=n_1+n_2-\dfrac{p+n_2+1}{2}\\ s=\sqrt{\dfrac{p^2n_2^2-4}{p^2+n_2^2-5}}\\ \lambda=\dfrac{pn_2-2}{4}\end{cases}$$

$ts-2\lambda$ 不一定是整数，可以用与它最近的整数来作为 F 分布的第二自由度。

若 $n_2<p$，有 $\Lambda(p,n_1,n_2)=\Lambda(n_2,p,n_1+n_2-p)$。该结论说明，在使用 Λ 统计量时也可考虑 $n_2>p$ 的情形。

第 10 章　均值向量与协方差矩阵的检验

在一元统计中，关于正态总体 $N(\mu,\sigma^2)$ 的均值 μ 和方差 σ^2 的各种检验，已给出了常用的 z 检验、t 检验、F 检验和 χ^2 检验等方法。对于包含多个指标的正态总体 $N_p(\boldsymbol{\mu},\boldsymbol{\Sigma})$，各种实际问题同样要求对 $\boldsymbol{\mu}$ 和 $\boldsymbol{\Sigma}$ 进行统计推断。例如，要考查某工业行业的生产经营状况、判断今年与去年相比指标的平均水平有无显著差异，以及各生产经营指标间是否存在显著波动差异，需要进行检验假设 H_0：$\boldsymbol{\mu}=\boldsymbol{\mu}_0$，$H_1$：$\boldsymbol{\mu}\neq\boldsymbol{\mu}_0$，或 H_0：$\boldsymbol{\Sigma}=\boldsymbol{\Sigma}_0$，$H_1$：$\boldsymbol{\Sigma}\neq\boldsymbol{\Sigma}_0$ 等。本章主要内容是由 $\boldsymbol{\mu}$ 和 $\boldsymbol{\Sigma}$ 各种形式的假设检验所构成的，有很多内容是一元统计的直接推广，但由于多指标问题的复杂性，本章只列出检验用的统计量，侧重详细介绍如何使用这些统计量来做检验，对有关检验问题的理论推证则全部略去。

10.1　均值向量的检验

10.1.1　一个指标检验的回顾

设从总体 $N(\mu,\sigma^2)$ 中抽取样本 $x_1,x_2,\cdots,x_n$，要检验假设

$$H_0:\ \mu=\mu_0,\quad H_1:\ \mu\neq\mu_0$$

当 σ^2 已知时，设统计量

$$z=\frac{\bar{x}-\mu_0}{\sigma}\sqrt{n} \tag{10.1}$$

式中，$\bar{x}=\dfrac{1}{n}\sum\limits_{i=1}^{n}x_i$ 为样本均值。当假设成立时，统计量 z 遵从正态分布，$z\sim N(0,1)$，其拒绝域为 $|z|>z_{\alpha/2}$，$z_{\alpha/2}$为 $N(0,1)$ 的上 $\alpha/2$ 分位点。

当 σ^2 未知时，用

$$S^2=\sum_{i=1}^{n}\frac{(x_i-\bar{x})^2}{n-1}$$

作为 σ^2 的估计，用统计量

$$t=\frac{\bar{x}-\mu_0}{S}\sqrt{n} \tag{10.2}$$

来做检验。当假设成立时，t 统计量服从自由度为 $n-1$ 的 t 分布，$t\sim t_{n-1}$，拒绝域为 $|t|>t_{n-1}(\alpha/2)$，$t_{n-1}(\alpha/2)$ 为 t_{n-1} 的上 $\alpha/2$ 分位点。统计量（10.2）也可改写成如下形式：

$$t^2=n(\bar{x}-\mu_0)^{\mathrm{T}}(S^2)^{-1}(\bar{x}-\mu_0) \tag{10.3}$$

当假设为真时，统计量 t^2 遵从第一自由度为 1、第二自由度为 $n-1$ 的 F 分布，简写成 $t^2\sim F_{1,n-1}$，其拒绝域为

$$t^2>F_{1,n-1}(\alpha)$$

$F_{1,n-1}(\alpha)$为 $F_{1,n-1}$的上 α 分位点。

10.1.2　多元均值检验

某工业行业的管理机构想要掌握所属企业的生产经营活动情况，选取了 p 个指标进行考查。根据历史资料的记载，将 p 个指标的历史平均水平记作$\boldsymbol{\mu}_0$。将今年的 p 个指标平均值与历史记载的平均值进行对比，判断是否存在显著差异？若有差异，进一步分析差异主要在集中哪些指标上。对于这样的问题，需要对下面的假设

$$H_0: \boldsymbol{\mu}=\boldsymbol{\mu}_0, \quad H_1: \boldsymbol{\mu}\neq\boldsymbol{\mu}_0$$

做检验。检验的思想和步骤与一元统计相似，可归纳如下：

（1）根据问题的要求提出统计假设 H_0 及 H_1；

（2）选取一个合适的统计量，并求出它的抽样分布；

（3）指定 α 风险值（即显著性水平 α 值），并在原假设 H_0 为真的条件下求出能使风险值控制在 α 的临界值 W；

（4）建立判别准则；

（5）由样本观测值计算统计量值，再由准则做统计判断，最后对统计判断做出具体的解释。

设 $\boldsymbol{X}_{(\alpha)}=(X_{\alpha1},X_{\alpha2},\cdots,X_{\alpha p})^{\mathrm{T}}(\alpha=1,2,\cdots,n)$是容量为 n 的一个样本，它们来自均值向量为$\boldsymbol{\mu}$、协方差矩阵为$\boldsymbol{\Sigma}$($\boldsymbol{\Sigma}>\mathbf{0}$ 是正定阵）的 p 元正态总体，对于指定向量$\boldsymbol{\mu}_0$，要对下面的假设

$$H_0: \boldsymbol{\mu}=\boldsymbol{\mu}_0, \quad H_1: \boldsymbol{\mu}\neq\boldsymbol{\mu}_0 \tag{10.4}$$

做检验。检验的方法也与一元统计相似，下面将分两种情况进行讨论。

（1）协方差矩阵$\boldsymbol{\Sigma}$已知。

类似于式（10.3）的统计量（注意式（10.3）的形式）是

$$\chi_0^2=n(\overline{\boldsymbol{X}}-\boldsymbol{\mu}_0)^{\mathrm{T}}\boldsymbol{\Sigma}^{-1}(\overline{\boldsymbol{X}}-\boldsymbol{\mu}_0) \tag{10.5}$$

可以证明，在假设 H_0 为真时，统计量χ_0^2 服从自由度为 p 的χ^2 分布；事实上由 9.3 节 $\overline{\boldsymbol{X}}-\boldsymbol{\mu}\sim N_p\left(\mathbf{0},\dfrac{1}{n}\boldsymbol{\Sigma}\right)$ 可知，当 H_0: $\boldsymbol{\mu}=\boldsymbol{\mu}_0$ 成立时，由多元正态分布的性质（4），有

$$(\overline{\boldsymbol{X}}-\boldsymbol{\mu}_0)^{\mathrm{T}}\left(\frac{1}{n}\boldsymbol{\Sigma}\right)^{-1}(\overline{\boldsymbol{X}}-\boldsymbol{\mu}_0)=n(\overline{\boldsymbol{X}}-\boldsymbol{\mu}_0)^{\mathrm{T}}\boldsymbol{\Sigma}^{-1}(\overline{\boldsymbol{X}}-\boldsymbol{\mu}_0)\sim\chi^2(p)$$

统计量χ_0^2 实质上是样本均值 $\overline{\boldsymbol{X}}$ 与已知平均水平$\boldsymbol{\mu}_0$ 之间的马氏距离的 n 倍，这个值越大，$\boldsymbol{\mu}$ 与$\boldsymbol{\mu}_0$ 相等的可能性就越小，因而在备择假设 H_1 成立时，χ_0^2 有变大的趋势，所以拒绝域应取χ_0^2值较大的右侧部分。式中，$\overline{\boldsymbol{X}}$ 是样本均值；n 是样本容量。

当给定显著性水平 α 后，由样本值可以算出χ_0^2 的值。当

$$\chi_0^2=n(\overline{\boldsymbol{X}}-\boldsymbol{\mu}_0)^{\mathrm{T}}\boldsymbol{\Sigma}^{-1}(\overline{\boldsymbol{X}}-\boldsymbol{\mu}_0)\geqslant\chi_p^2(\alpha)$$

时，便拒绝原假设 H_0，说明均值$\boldsymbol{\mu}$ 不等于$\boldsymbol{\mu}_0$，其中$\chi_p^2(\alpha)$是自由度为 p 的χ^2 分布的上 α 分位点，即

$$P\{\chi_0^2>\chi_p^2(\alpha)\}=\alpha$$

（2）协方差矩阵$\boldsymbol{\Sigma}$未知。

此时$\boldsymbol{\Sigma}$ 的无偏估计是$\hat{\boldsymbol{\Sigma}}=\dfrac{L}{(n-1)}$，类似于式（10.3）的统计量是

$$T^2=n(\overline{\boldsymbol{X}}-\boldsymbol{\mu}_0)^{\mathrm{T}}\hat{\boldsymbol{\Sigma}}^{-1}(\overline{\boldsymbol{X}}-\boldsymbol{\mu}_0)$$

$$=n(n-1)(\overline{\boldsymbol{X}}-\boldsymbol{\mu}_0)^{\mathrm{T}}\boldsymbol{L}^{-1}(\overline{\boldsymbol{X}}-\boldsymbol{\mu}_0) \tag{10.6}$$

可以证明，统计量 T^2 服从第一自由度为 p，第二自由度 $n-1$ 的 T^2 分布，即 $T^2 \sim T^2_{p,n-1}$。统计量 T^2 实际上也是样本均值 $\overline{\boldsymbol{X}}$ 与已知均值向量 $\boldsymbol{\mu}_0$ 之间的马氏距离再乘以 $n(n-1)$，这个值越大说明 $\boldsymbol{\mu}$ 与 $\boldsymbol{\mu}_0$ 相等的可能性就越小。因而在备择假设成立时，T^2 的值有变大的趋势，所以拒绝域可取 T^2 值较大的右侧部分。因此，在给定显著性水平 α 后，由样本的数值可以算出 T^2 值。当

$$T^2>T^2_{p,n-1}(\alpha) \tag{10.7}$$

时，便拒绝原假设 H_0。$T^2_{p,n-1}(\alpha)$ 为 $T^2_{p,n-1}$ 的上 α 分位点。

T^2 分布的 5%及 1%分位点可自行查阅。

由 9.5 节，将 T^2 统计量乘上一个适当的常数后，便成为 F 统计量，也可用 F 分布表获得原假设的拒绝域，即

$$\left\{\frac{n-p}{(n-1)p}T^2>F_{p,n-p}(\alpha)\right\} \tag{10.8}$$

在实际工作中，一元检验与多元检验可以联合使用，多元检验具有概括和全面考查的特点，而一元检验则更容易发现各指标之间的关系和差异，能帮助我们找出存在差异的侧重面，提供更多的统计分析信息。

10.1.3 两总体均值的比较

在许多实际问题中，往往要比较两个总体之间的平均水平有无差异。例如，在研究职工工资总额的构成情况时，若按国民经济行业分组，可以研究工业与建筑业这两个行业之间是否有明显的不同；同理，也可按工业领导关系（中央、省、市、县属工业）分组，也可按工业行业分组。组与组之间的工资总额构成有无显著差异，本质上就是两个总体的均值向量是否相等，这类问题通常也被称为两样本问题。两总体均值的比较问题又可分为两总体协方差矩阵相等与两总体协方差矩阵不相等两种情形。

1. 协方差矩阵相等的情形

设 $\boldsymbol{X}_{(\alpha)}=(X_{\alpha1},X_{\alpha2},\cdots,X_{\alpha p})^{\mathrm{T}}(\alpha=1,2,\cdots,n_1)$ 为来自 p 元正态总体 $N_p(\boldsymbol{\mu}_1,\boldsymbol{\Sigma})$ 的容量为 n_1 的样本，$\boldsymbol{Y}_{(\alpha)}=(Y_{\alpha1},Y_{\alpha2},\cdots,Y_{\alpha p})^{\mathrm{T}}(\alpha=1,2,\cdots,n_2)$ 为来自 p 元正态总体 $N_p(\boldsymbol{\mu}_2,\boldsymbol{\Sigma})$ 的容量为 n_2 的样本，且两样本相互独立，$n_1>p$，$n_2>p$，假定两总体协方差矩阵相等但未知，现对假设

$$H_0:\ \boldsymbol{\mu}_1=\boldsymbol{\mu}_2,\ H_1:\ \boldsymbol{\mu}_1\neq\boldsymbol{\mu}_2 \tag{10.9}$$

进行检验。其统计量的形式与前面类似，为

$$T^2=\frac{n_1n_2}{n_1+n_2}(\overline{\boldsymbol{X}}-\overline{\boldsymbol{Y}})^{\mathrm{T}}\hat{\boldsymbol{\Sigma}}^{-1}(\overline{\boldsymbol{X}}-\overline{\boldsymbol{Y}}) \tag{10.10}$$

式中，$\overline{\boldsymbol{X}}=\frac{1}{n_1}\sum_{i=1}^{n_1}\boldsymbol{x}_i$，$\overline{\boldsymbol{Y}}=\frac{1}{n_2}\sum_{i=1}^{n_2}\boldsymbol{y}_i$；$n_1$，$n_2$ 是样本容量；$\hat{\boldsymbol{\Sigma}}=\frac{(\boldsymbol{L}_x+\boldsymbol{L}_y)}{(n_1+n_2-2)}$，是协方差矩阵 $\boldsymbol{\Sigma}$ 的估计量；$\boldsymbol{L}_x=\sum_{i=1}^{n_1}(\boldsymbol{x}_i-\overline{\boldsymbol{X}})(\boldsymbol{x}_i-\overline{\boldsymbol{X}})^{\mathrm{T}}$，$\boldsymbol{L}_y=\sum_{i=1}^{n_2}(\boldsymbol{y}_i-\overline{\boldsymbol{Y}})(\boldsymbol{y}_i-\overline{\boldsymbol{Y}})^{\mathrm{T}}$，是两个总体的样本离差阵。

当原假设 H_0：$\boldsymbol{\mu}_1=\boldsymbol{\mu}_2$ 成立时，$T^2\sim T^2_{p,n_1+n_2-2}$，从而

$$\frac{n_1+n_2-p-1}{(n_1+n_2-2)p}T^2\sim F_{p,n_1+n_2-p-1} \tag{10.11}$$

当备择假设 H_1：$\boldsymbol{\mu}_1 \neq \boldsymbol{\mu}_2$ 成立时，$\frac{n_1+n_2-p-1}{(n_1+n_2-2)p}T^2 \sim F^*$ 有变大的趋势，因为 T^2 的值与总体均值的马氏距离 $(\overline{\boldsymbol{X}}-\overline{\boldsymbol{Y}})^{\mathrm{T}}\hat{\boldsymbol{\Sigma}}^{-1}(\overline{\boldsymbol{X}}-\overline{\boldsymbol{Y}})$ 成正比，比值越大，说明两总体的均值很接近的可能性越小，因而其拒绝域可以取 F^* 值较大的右侧区域，即当给定显著性水平 α 的值时，若

$$F^* > F_{p,n_1+n_2-p-1}(\alpha) \tag{10.12}$$

拒绝 H_0，否则没有足够理由拒绝 H_0。

2. 协方差矩阵不相等的情形

设从两个总体 $N_p(\boldsymbol{\mu}_1,\boldsymbol{\Sigma}_1)$ 和 $N_p(\boldsymbol{\mu}_2,\boldsymbol{\Sigma}_2)$ 中分别抽取容量为 n_1 和 n_2 的两个样本，$\boldsymbol{X}_{(\alpha)}=(X_{\alpha1},X_{\alpha2},\cdots,X_{\alpha p})^{\mathrm{T}}(\alpha=1,2,\cdots,n_1)$，$\boldsymbol{Y}_{(\alpha)}=(Y_{\alpha1},Y_{\alpha2},\cdots,Y_{\alpha p})^{\mathrm{T}}(\alpha=1,2,\cdots,n_2)$，$n_1>p$，$n_2>p$，假定两总体协方差不相等，我们考虑对假设式（10.9）做检验。这是著名的 Behrens-Fisher 问题。长期以来，统计学家用许多方法试图解决这个问题。当 $\boldsymbol{\Sigma}_1$ 与 $\boldsymbol{\Sigma}_2$ 相差很大时，T^2 统计量的形式为

$$\begin{aligned} T^2 &= (\overline{\boldsymbol{X}}-\overline{\boldsymbol{Y}})^{\mathrm{T}}\left[\frac{\boldsymbol{L}_x}{n_1(n_1-1)}+\frac{\boldsymbol{L}_y}{n_2(n_2-1)}\right]^{-1}(\overline{\boldsymbol{X}}-\overline{\boldsymbol{Y}}) \\ &= (\overline{\boldsymbol{X}}-\overline{\boldsymbol{Y}})^{\mathrm{T}}\boldsymbol{S}_*^{-1}(\overline{\boldsymbol{X}}-\overline{\boldsymbol{Y}}) \end{aligned} \tag{10.13}$$

式中，$\overline{\boldsymbol{X}}$，$\overline{\boldsymbol{Y}}$，$\boldsymbol{L}_x$，$\boldsymbol{L}_y$ 的统计含义与前面的相同，$\boldsymbol{S}_*=\frac{\boldsymbol{L}_x}{n_1(n_1-1)}+\frac{\boldsymbol{L}_y}{n_2(n_2-1)}$。再令

$$\begin{aligned} f^{-1} = {} & (n_1^3-n_1^2)^{-1}\left[(\overline{\boldsymbol{X}}-\overline{\boldsymbol{Y}})^{\mathrm{T}}\boldsymbol{S}_*^{-1}\left(\frac{\boldsymbol{L}_x}{n_1-1}\right)\boldsymbol{S}_*^{-1}(\overline{\boldsymbol{X}}-\overline{\boldsymbol{Y}})\right]^2 T^{-4}+ \\ & (n_2^3-n_2^2)^{-1}\left[(\overline{\boldsymbol{X}}-\overline{\boldsymbol{Y}})^{\mathrm{T}}\boldsymbol{S}_*^{-1}\left(\frac{\boldsymbol{L}_y}{n_2-1}\right)\boldsymbol{S}_*^{-1}(\overline{\boldsymbol{X}}-\overline{\boldsymbol{Y}})\right]^2 T^{-4} \end{aligned}$$

当假设式（10.9）的 H_0 成立时，可以证明 $\left(\frac{f-p+1}{fp}\right)T^2$ 近似服从第一自由度为 p、第二自由度为 $f-p+1$ 的 F 分布，即

$$\left(\frac{f-p+1}{fp}\right)T^2 \sim F_{p,f-p+1} \tag{10.14}$$

当 $\min\{n_1,n_2\}\to\infty$ 时，T^2 近似于 χ_p^2。

10.1.4　多总体均值的检验

在许多实际问题中，要研究的总体往往不止两个。例如，要对全国的工业行业的生产经营状况做比较时，一个行业可以看成一个总体，此时要研究的总体多达几十甚至几百个，这就需要运用多元方差分析的知识。多元方差分析是一元方差分析的直接推广。为了便于理解多元方差分析的方法，首先回顾一元方差分析。

设有 r 个总体 $G_1,G_2,\cdots,G_r$，它们的分布分别服从一元正态分布 $N(\mu_1,\sigma^2),N(\mu_2,\sigma^2),\cdots,N(\mu_r,\sigma^2)$，从各个总体中抽取的样本如下：

$$\begin{gathered} X_1^{(1)},X_2^{(1)},\cdots,X_{n_1}^{(1)} \sim N(\mu_1,\sigma^2) \\ X_1^{(2)},X_2^{(2)},\cdots,X_{n_2}^{(2)} \sim N(\mu_2,\sigma^2) \\ \vdots \\ X_1^{(r)},X_2^{(r)},\cdots,X_{n_r}^{(r)} \sim N(\mu_r,\sigma^2) \end{gathered}$$

假设 r 个总体的方差相等，要检验的假设就是

$$H_0: \mu_1=\cdots=\mu_r,\quad H_1: \text{至少存在 } i\neq j, \text{使得 } \mu_i\neq\mu_j$$

这个检验的统计量与下列平方和密切相关：

$$\text{组间平方和 } SS(TR)=\sum_{k=1}^{r} n_k(\overline{X}_k-\overline{X})^2$$

$$\text{组内平方和 } SSE=\sum_{k=1}^{r}\sum_{j=1}^{n_k}(X_j^{(k)}-\overline{X}_k)^2$$

$$\text{总平方和 } SST=\sum_{k=1}^{r}\sum_{j=1}^{n_k}(X_j^{(k)}-\overline{X})^2$$

式中，$\overline{X}_k=\frac{1}{n_k}\sum_{j=1}^{n_k}X_j^{(k)}$ 是第 k 个总体的样本均值；$\overline{X}=\frac{1}{n}\sum_{k=1}^{r}\sum_{j=1}^{n_k}X_j^{(k)}$ 是总均值；$n=n_1+n_2+\cdots+n_r$。

一元统计中，构造 F 统计量的方法是

$$\frac{\text{组间平方和/自由度}}{\text{组内平方和/自由度}}$$

即

$$F=\frac{SS(TR)/(r-1)}{SSE/(n-r)}$$

当假设为真时，F 统计量服从第一自由度为 $r-1$，第二自由度为 $n-r$ 的 F 分布，记为 $F\sim F_{r-1,n-r}$，原假设的拒绝域为

$$F>F_{r-1,n-r}(\alpha)$$

将上述方法推广到多元，就是设有 r 个总体 $G_1,G_2,\cdots,G_r$，从这 r 个总体中抽取独立样本如下：

$$\boldsymbol{X}_1^{(1)},\boldsymbol{X}_2^{(1)},\cdots,\boldsymbol{X}_{n_1}^{(1)}\sim N_p(\boldsymbol{\mu}_1,\boldsymbol{\Sigma})$$
$$\vdots$$
$$\boldsymbol{X}_1^{(r)},\boldsymbol{X}_2^{(r)},\cdots,\boldsymbol{X}_{n_r}^{(r)}\sim N_p(\boldsymbol{\mu}_r,\boldsymbol{\Sigma})$$

样本 $\{\boldsymbol{X}_j^{(k)}\}$ $(k=1,2,\cdots,r;j=1,2,\cdots,n_k)$ 相互独立，要检验的假设就是

$$H_0: \boldsymbol{\mu}_1=\boldsymbol{\mu}_2=\cdots=\boldsymbol{\mu}_r,\quad H_1: \text{至少存在 } i\neq j, \text{使得 } \boldsymbol{\mu}_i\neq\boldsymbol{\mu}_j \tag{10.15}$$

用类似于一元方差分析的方法，前面所述的三个平方和变成了如下矩阵形式：

$$\boldsymbol{B}=SS(TR)=\sum_{k=1}^{r} n_k(\overline{\boldsymbol{X}}_k-\overline{\boldsymbol{X}})(\overline{\boldsymbol{X}}_k-\overline{\boldsymbol{X}})^{\mathrm{T}}$$

$$\boldsymbol{E}=SSE=\sum_{k=1}^{r}\sum_{j=1}^{n_k}(\boldsymbol{X}_j^{(k)}-\overline{\boldsymbol{X}}_k)(\boldsymbol{X}_j^{(k)}-\overline{\boldsymbol{X}}_k)^{\mathrm{T}}$$

$$\boldsymbol{W}=SST=\sum_{k=1}^{r}\sum_{j=1}^{n_k}(\boldsymbol{X}_j^{(k)}-\overline{\boldsymbol{X}})(\boldsymbol{X}_j^{(k)}-\overline{X})^{\mathrm{T}} \tag{10.16}$$

很显然，$\boldsymbol{W}=\boldsymbol{B}+\boldsymbol{E}$。

关于 $\boldsymbol{B}$ 的检验可用 Wilks Λ 分布，再转化为 F 分布，具体可参考 9.5 节。

10.2 协方差矩阵的检验

上面讨论了多元正态分布均值的检验，但这仅研究了问题的一个方面，倘若要研究不同总

体的平均水平（均值）的波动幅度，前面介绍的方法就无能为力了。本节所介绍的协方差矩阵的检验则可以解决该类问题。

10.2.1　检验 $\boldsymbol{\Sigma}=\boldsymbol{\Sigma}_0$

设 $\boldsymbol{X}_1,\boldsymbol{X}_2,\cdots,\boldsymbol{X}_n$ 是来自正态总体 $N_p(\boldsymbol{\mu},\boldsymbol{\Sigma})$ 的一个样本，$\boldsymbol{\Sigma}_0$ 是已知的正定矩阵，要检验假设

$$H_0:\ \boldsymbol{\Sigma}=\boldsymbol{\Sigma}_0,\quad H_1:\ \boldsymbol{\Sigma}\neq\boldsymbol{\Sigma}_0 \tag{10.17}$$

检验上式假设所用的统计量是

$$M=(n-1)\left[\ln|\boldsymbol{\Sigma}_0|-p-\ln|\hat{\boldsymbol{\Sigma}}|+\mathrm{tr}(\hat{\boldsymbol{\Sigma}}\boldsymbol{\Sigma}_0^{-1})\right] \tag{10.18}$$

式中，$\hat{\boldsymbol{\Sigma}}=\dfrac{\boldsymbol{L}}{n-1}$，是样本协方差矩阵。柯林（Korin）已导出 M 的极限分布和近似分布，并给出了当 $p\leqslant10$，$n\leqslant75$，$\alpha=0.05$ 和 $\alpha=0.01$ 时 M 的 α 分位点表。当 $p>10$ 或 $n>75$ 时，M 近似服从 $bF(f_1,f_2)$，记作

$$M\sim bF(f_1,f_2) \tag{10.19}$$

其中，$D_1=\dfrac{2p+1-\dfrac{2}{p+1}}{6(n-1)}$；$D_2=\dfrac{(p-1)(p+2)}{6(n-1)^2}$；$f_1=\dfrac{p(p+1)}{2}$；$f_2=\dfrac{f_1+2}{D_2-D_1^2}$；$b=\dfrac{f_1}{1-D_1-\dfrac{f_1}{f_2}}$。

10.2.2　检验 $\boldsymbol{\Sigma}_1=\boldsymbol{\Sigma}_2=\cdots=\boldsymbol{\Sigma}_r$

上面讨论的检验 $\boldsymbol{\Sigma}=\boldsymbol{\Sigma}_0$，是帮助我们分析当前的波动幅度与过去的波动情形有无显著差异。但在实际问题中往往有多个总体，需要了解这多个总体之间的波动幅度有无明显的差异。例如，在研究职工工资总额的构成时，若按行业分组，就有例如工业、文化教育业、金融业等，不同行业间工资总额的构成存在波动，研究波动是否存在显著的差异，就是做行业间协方差矩阵相等性的检验。用统计理论来描述如下。

设有 r 个总体，从各个总体中抽取样本如下：

$$\boldsymbol{X}_1^{(1)},\boldsymbol{X}_2^{(1)},\cdots,\boldsymbol{X}_{n_1}^{(1)}\sim N_p(\boldsymbol{\mu}_1,\boldsymbol{\Sigma}_1)$$
$$\vdots$$
$$\boldsymbol{X}_1^{(r)},\boldsymbol{X}_2^{(r)},\cdots,\boldsymbol{X}_{n_r}^{(r)}\sim N_p(\boldsymbol{\mu}_r,\boldsymbol{\Sigma}_r)$$
$$n=n_1+n_2+\cdots+n_r$$

此时要检验的假设是

$$H_0:\ \boldsymbol{\Sigma}_1=\boldsymbol{\Sigma}_2=\cdots=\boldsymbol{\Sigma}_r,\quad H_1:\ \{\boldsymbol{\Sigma}_i\}\text{不全相等} \tag{10.20}$$

检验所用的统计量为

$$M=(n-r)\ln\left|\frac{\boldsymbol{L}}{(n-r)}\right|-\sum_{i=1}^{r}(n_i-1)\ln\left|\frac{\boldsymbol{L}_i}{(n_i-r)}\right| \tag{10.21}$$

其中，

$$\boldsymbol{L}_k=\sum_{i=1}^{n_k}(\boldsymbol{X}_i^{(k)}-\overline{\boldsymbol{X}}_k)(\boldsymbol{X}_i^{(k)}-\overline{\boldsymbol{X}}_k)^{\mathrm{T}}$$

$$\overline{\boldsymbol{X}}_k=\frac{1}{n_k}\sum_{i=1}^{n_k}\boldsymbol{X}_i^{(k)},k=1,2,\cdots,r$$

$$\boldsymbol{L}=\sum_{i=1}^{r}\boldsymbol{L}_i$$

当 r,p,n 较大且 $\{n_i\}$ 互不相等时，可用 F 分布来近似：M 近似服从 $bF(f_1,f_2)$，记作

$$M\sim bF(f_1,f_2) \tag{10.22}$$

其中，

$$f_1=\frac{p(p+1)(r-1)}{2},\quad f_2=\frac{(f_1+2)}{(d_2-d_1^2)},\quad b=\frac{f_1}{\left(1-d_1-\frac{f_1}{f_2}\right)}$$

$$d_1=\begin{cases}\dfrac{2p^2+3p-1}{6(p+1)(r-1)}\left(\displaystyle\sum_{i=1}^{r}\frac{1}{n_i-1}-\frac{1}{n-r}\right),\text{至少有一对 } n_i\neq n_j\\[2ex]\dfrac{(2p^2+3p-1)(r-1)}{6(p+1)r(n-1)},n_1=n_2=\cdots=n_r\end{cases}$$

$$d_2=\begin{cases}\dfrac{(p-1)(p+2)}{6(r-1)}\left(\displaystyle\sum_{i=1}^{r}\frac{1}{(n_i-1)^2}-\frac{1}{(n-r)^2}\right),\text{至少有一对 } n_i\neq n_j\\[2ex]\dfrac{(p-1)(p+2)(r^2+r+1)}{6r^2(n-1)^2},n_1=n_2=\cdots=n_r\end{cases}$$

第11章　聚类分析

人们往往会需要通过将具有相同或相近属性的对象进行归类来解决问题。在市场战略规划中，这些对象可以是个体，可以是公司，也可以是产品，甚至是行为，如果没有一种客观的方法来区分不同的消费者群体，将直接影响到企业对市场的判断，导致公司的市场战略难以进行规划。在其他领域也会遇到类似的问题，例如在自然科学领域，为多种动物群体（昆虫、哺乳动物和爬行动物等）进行生物分类；在社会科学领域，对不同病症的特征进行分类。总之，无论在何种情况下，研究者都在多维剖面的观测中寻找某种隐含的“自然”结构。

为此最常用的方法就是聚类分析。聚类分析将个体或对象分类，使得同一类对象之间的相似性比与其他类的相似性更强。其目的在于使类内对象的同质性最大化且类间对象的异质性最大化。本章介绍聚类分析的性质和目的，并且引导研究者掌握各种聚类分析方法来分析问题。

11.1　聚类分析的基本思想

11.1.1　概述

在古老的分类学中，人们主要靠经验和专业知识来分类，很少利用统计学方法。随着科技的发展，分类越来越细，以致有时仅凭经验和专业知识不能准确分类，于是统计工具逐渐被引入分类学中，形成了数值分类学。近年来，数理统计的多元分析方法有了迅速的发展，多元分析技术也自然地被引入分类学中，于是从数值分类学中逐渐分离出聚类分析这个新的分支。

我们认为，所研究的样品或指标（变量）之间存在不同程度的相似性。于是根据一批样品的多个观测指标，具体找出一些能够度量样品或指标之间相似程度的统计量，以这些统计量作为划分类型的依据，把一些相似程度较大的样品（或指标）聚合为一类，把另外一些彼此之间相似程度较大的样品（或指标）聚合为另一类，关系密切的聚合到一个小的分类单位，关系疏远的聚合到一个大的分类单位，直到把所有的样品（或指标）都聚合完毕，把不同的类型一一划分出来，形成一个由小到大的分类系统。最后再把整个分类系统画成一张分群图（又称谱系图），用它把所有样品（或指标）间的亲疏关系表示出来。

在社会、经济、人口研究中，存在着大量分类研究的问题。例如，在经济研究中，为了研究不同地区城镇居民的可支配收入和消费情况，往往需要划分不同的类型来研究；在人口研究中，需要构造人口生育分类模式、人口死亡分类函数，以此来研究人口的生育和死亡规律。过去，人们主要靠经验和专业知识做定性分类，导致许多分类带有主观性，不能很好地揭示客观事物内在的本质差别和联系，特别是对于多因素、多指标的分类问题，定性分类更难以实现准确分类。

聚类分析不仅可以用来对样品进行分类，也可以用来对变量进行分类。对样品的分类常称为Q型聚类分析，对变量的分类常称为R型聚类分析。与多元分析的其他方法相比，聚类分析方法还是比较粗糙的，理论上也不算完善，但由于它能解决许多实际问题，所以在实际应用中受到研究者的重视，同回归分析、判别分析一起称为多元分析的三大方法。

11.1.2 聚类的目的

在一些社会、经济问题中，我们面临的往往是比较复杂的研究对象，如果能把相似的样品（或指标）归成类，处理起来就大为方便，聚类分析的目的就是把相似的研究对象归成类。首先来看一个简单的例子。

例 11.1 若需要将下列 11 户城镇居民按户主个人的收入进行分类，对每户做了如下的统计，结果见表 11.1。在表中，“标准工资收入”“职工奖金”“职工津贴”“性别”“就业身份”等称为指标，每户称为样品。若对户主进行分类，还可以采用其他指标，如“子女个数”“政治面貌”等。指标如何选择取决于聚类的目的。

表 11.1 某市某年城镇居民户主个人收入数据

X_1 职工标准工资收入（元）　　X_5 单位得到的其他收入（元）

X_2 职工奖金收入（元）　　X_6 其他收入（元）

X_3 职工津贴收入（元）　　X_7 性别

X_4 其他工资性收入（元）　　X_8 就业身份

X_1	X_2	X_3	X_4	X_5	X_6	X_7	X_8
540.00	0.0	0.0	0.0	0.0	6.00	男	国有
1137.00	125.00	96.00	0.0	109.00	812.00	女	集体
1236.00	300.00	270.00	0.0	102.00	318.00	女	国有
1008.00	0.0	96.00	0.0	86.0	246.00	男	集体
1723.00	419.00	400.00	0.0	122.00	312.00	男	国有
1080.00	569.00	147.00	156.00	210.00	318.00	男	集体
1326.00	0.0	300.00	0.0	148.00	312.00	女	国有
1110.00	110.00	96.00	0.0	80.00	193.00	女	集体
1012.00	88.00	298.00	0.0	79.00	278.00	女	国有
1209.00	102.00	179.00	67.00	198.00	514.00	男	集体
1101.00	215.00	201.00	39.00	146.00	477.00	男	集体

例 11.1 中的 8 个指标，前 6 个是定量的，后 2 个是定性的。如果分得更仔细一些，指标的类型有三种尺度。

（1）间隔尺度。变量用连续的量来表示，如各种奖金、各种津贴等。

（2）有序尺度。指标用有序的等级来表示，如文化程度分为文盲、小学、中学、中学以上等，有次序关系，但没有数量表示。

（3）名义尺度。指标用一些类来表示，这些类之间既没有等级关系，也没有数量关系，如例 11.1 中的性别和职业就业身份都是名义尺度指标。

不同类型的指标，在聚类分析中，处理的方式是不一样的。总的来说，处理间隔尺度指标的方法较多，对另两种尺度的处理方法较少。

聚类分析根据实际的需要有两个方向：一是对样品（如例 11.1 中的户主）聚类；二是对指标聚类。首先，需要探讨的一个重要问题是“什么是类”。简单地讲，相似样品（或指标）的集合称为类。但由于经济问题的复杂性，欲给类下一个严格的定义是困难的，在 11.3 节中，将给出一些待探讨的定义。

将例 11.1 抽象化，就得到表 11.2 所示的数据阵，其中 x_{ij} 表示第 i 个样品的第 j 个指标的值。研究的目的是从这些数据出发，将样品（或指标）进行分类。

表 11.2 数据矩阵

序号	$\boldsymbol{x}_1$	$\boldsymbol{x}_2$	…	$\boldsymbol{x}_p$
1	x_{11}	x_{12}	…	x_{1p}
2	x_{21}	x_{22}	…	x_{2p}
⋮	⋮	⋮		⋮
n	x_{n1}	x_{n2}	…	x_{np}

聚类分析给人们提供了很多分类方法，这些方法大致可归纳如下：

（1）系统聚类法。首先，将 n 个样品看成 n 类（一类包含一个样品），然后将性质最接近的两类合并成一个新类，得到 $n-1$ 类，再从中找出最接近的两类加以合并，变成 $n-2$ 类，如此下去，最后所有的样品均在一类，将上述并类过程画成一张图（称为聚类图）便可决定分多少类，每一类各有哪些样品。

（2）模糊聚类法。该方法是将模糊数学的思想观点用到聚类分析中，多用于定性变量的分类。

（3）k-均值法。k-均值法是一种非谱系聚类法，它是把样品聚集成 k 个类的集合。类的个数 k 可以预先给定或者在聚类过程中确定。该方法可适用于比系统聚类法大得多的数据组。

（4）有序样品的聚类。n 个样品按某种原因（时间、地层深度等）排成次序，必须是次序相邻的样品才能聚成一类。

（5）分解法。它的程序正好和系统聚类法相反，首先所有的样品均在一类，然后用某种最优准则将它分为两类。再试图用同种准则将这两类各自分裂为两类，从中选一个使目标函数达到最优的，这样由两类变成三类。如此下去，一直分裂到每类只有一个样品为止（或用其他停止规则），将上述分裂过程画成图，由图便可求得各个类。

（6）加入法。将样品依次加入，每次加入后将它放到当前聚类图的应在位置上，全部加入后，即可得到聚类图。

11.2 相似性度量

从一组复杂数据产生一个相当简单的类结构，必然要求进行相关性或相似性度量。在相似性度量的选择中，常常具有许多主观性，一般最重要的度量是指标性质（离散的、连续的）、观测的尺度（名义的、有序的、间隔的）以及有关的知识。

当对样品进行聚类时，“靠近”往往用某种距离来刻画。当对指标进行聚类时，则根据相关系数或某种关联性度量来聚类。

在表 11.2 中，每个样品有 p 个指标，故每个样品可以看成 p 维空间中的一个点，n 个样品就组成 p 维空间中的 n 个点，此时自然想用距离来度量样品之间的接近程度。

用 x_{ij} 表示第 i 个样品的第 j 个指标，数据矩阵见表 11.2，第 j 个指标的均值和标准差记作 $\bar{x}_j$ 和 S_j。用 d_{ij} 表示第 i 个样品与第 j 个样品之间的距离，作为距离当然满足 9.2 节中的四条公理。

最常见、最直观的距离是

$$d_{ij}(1)=\sum_{k=1}^{p}\left|x_{ik}-x_{jk}\right| \tag{11.1}$$

$$d_{ij}(2)=\left[\sum_{k=1}^{p}(x_{ik}-x_{jk})^2\right]^{1/2} \tag{11.2}$$

前者称为绝对值距离，后者称为欧氏距离，这两个距离统一成

$$d_{ij}(q)=\left[\sum_{k=1}^{p}|x_{ik}-x_{jk}|^{q}\right]^{1/q} \tag{11.3}$$

它称为明科夫斯基（Minkowski）距离。当 $q=1$ 和 2 时就是上述的两个距离，当 q 趋于无穷时，

$$d_{ij}(\infty)=\max_{1\leqslant k\leqslant p}|x_{ik}-x_{jk}| \tag{11.4}$$

称为切比雪夫距离。

可以验证，$d_{ij}(q)$满足距离的四条公理。

$d_{ij}(q)$在实际中应用广泛，但是有一些缺点，例如，距离的大小与各指标的观测单位有关，具有一定的人为性；另一方面，它没有考虑指标之间的相关性。通常的改进方法有下面两种：

（1）当各指标的测量值相差较大时，先将数据标准化，然后用标准化后的数据计算距离。令 $\overline{X}_j$，R_j 和 S_j 分别表示第 j 个指标的样本均值、样本极差和样本标准差，即

$$\overline{X}_j=\frac{1}{n}\sum_{i=1}^{n}x_{ij}$$

$$R_j=\max_{1\leqslant i\leqslant n}\{x_{ij}\}-\min_{1\leqslant i\leqslant n}\{x_{ij}\}$$

$$S_j=\left[\frac{1}{n-1}\sum_{i=1}^{n}(x_{ij}-\overline{X}_j)^2\right]^{1/2}$$

则标准化后的数据为

$$x'_{ij}=\frac{x_{ij}-\overline{X}_j}{S_j},\quad i=1,2,\cdots,n;\ j=1,2,\cdots,p$$

当 $x_{ij}>0(i=1,2,\cdots,n;\ j=1,2,\cdots,p)$时，可以采用

$$d_{ij}(LW)=\frac{1}{p}\sum_{k=1}^{p}\frac{|x_{ik}-x_{jk}|}{x_{ik}+x_{jk}} \tag{11.5}$$

它最早是由兰斯（Lance）和威廉姆斯（Williams）提出的，称为兰氏距离。这个距离有助于克服 $d_{ij}(q)$的第一个缺点，但没有考虑指标间的相关性。

（2）一种改进的距离就是前面讨论过的马氏距离

$$d_{ij}^2(M)=(\boldsymbol{x}_{(i)}-\boldsymbol{x}_{(j)})^{\mathrm{T}}\boldsymbol{\Sigma}^{-1}(\boldsymbol{x}_{(i)}-\boldsymbol{x}_{(j)}) \tag{11.6}$$

式中，$\boldsymbol{\Sigma}$ 是数据矩阵的协方差矩阵。可以证明，它对一切线性变换是不变的，故不受指标量纲的影响。它对指标的相关性也做了考虑，下面用一个例子来说明。

例 11.2 已知一个二维正态总体 G 的分布为

$$N_2\left(\begin{pmatrix}0\\0\end{pmatrix},\begin{pmatrix}1&0.9\\0.9&1\end{pmatrix}\right)$$

求点 $\boldsymbol{A}=\begin{pmatrix}1\\1\end{pmatrix}$和点 $\boldsymbol{B}=\begin{pmatrix}1\\-1\end{pmatrix}$至均值$\boldsymbol{\mu}=\begin{pmatrix}0\\0\end{pmatrix}$的距离。

解 由假设可算得

$$\boldsymbol{\Sigma}^{-1}=\frac{1}{0.19}\begin{pmatrix}1&-0.9\\-0.9&1\end{pmatrix}$$

从而

$$d_{A\mu}^2(M)=(1,1)\boldsymbol{\Sigma}^{-1}\begin{pmatrix}1\\1\end{pmatrix}=0.2/0.19$$

$$d_{B\mu}^{2}(M)=(1,-1)\boldsymbol{\Sigma}^{-1}\begin{pmatrix}1\\-1\end{pmatrix}=3.8/0.19$$

如果用欧氏距离，则有

$$d_{A\mu}^{2}(2)=2,\quad d_{B\mu}^{2}(2)=2$$

两者相等，而按马氏距离两者差 18 倍之多。由第 9 章讨论可知，本例的分布密度是

$$f(y_1,y_2)=\frac{1}{2\pi\sqrt{0.19}}\exp\left[-\frac{1}{0.38}(y_1^2-1.8y_1y_2+y_2^2)\right]$$

A 和 ***B*** 两点的密度分别是

$$f(1,1)=0.2157,\quad f(1,-1)=0.00001658$$

说明前者应当离均值近，后者离均值远，马氏距离正确地反映了这一情况，而欧氏距离不然。这个例子告诉我们，正确地选择距离是非常重要的。

但是，在聚类分析之前，我们事先对研究对象有多少种不同类型的情况并不清楚，马氏距离公式中的 $\boldsymbol{\Sigma}$ 如何计算呢？如果用全部数据计算的均值和协方差矩阵来计算马氏距离，效果也不是很理想。因此，通常人们还是应用欧氏距离进行聚类。

以上几种距离均适用于间隔尺度变量，如果指标是有序尺度或名义尺度的，也有一些定义距离的方法。下面通过一个实例来说明定义距离的较灵活的思想方法。

例 11.3　欧洲各国的语言有许多相似之处。可以通过比较它们数字的表达来研究这些语言的历史关系。表 11.3 列举了英语、挪威语、丹麦语、荷兰语、德语、法语、西班牙语、意大利语、波兰语、匈牙利语和芬兰语的 1,2,…,10 的拼法，希望计算这 11 种语言之间的距离。

表 11.3　11 种欧洲语言的数词

英语（English）	挪威语（Norwegian）	丹麦语（Danish）	荷兰语（Dutch）	德语（German）	法语（French）
one	en	en	een	eins	un
two	to	to	twee	zwei	deux
three	tre	tre	drie	drei	trois
four	fire	fire	vier	vier	quatre
five	fem	fem	vijf	funf	cinq
six	seks	seks	zes	sechs	six
seven	sju	syv	zeven	sieben	sept
eight	atte	otte	acht	acht	huit
nine	ni	ni	negen	neun	neuf
ten	ti	ti	tien	zehn	dix

西班牙语（Spanish）	意大利语（Italian）	波兰语（Polish）	匈牙利语（Hungarian）	芬兰语（Finnish）
uno	uno	jeden	egy	yksi
dos	due	dwa	ketto	kaksi
tres	tre	trzy	harom	kolme
cuatro	quattro	cztery	negy	nelja
cinco	cinque	piec	ot	viisi
seis	sei	szesc	hat	kuusi
siete	sette	siedem	het	seitseman
ocho	otto	osiem	nyolc	kahdeksan
nueve	nove	dziewiec	kilenc	yhdeksan
diez	dieci	dziesiec	tiz	kymmenen

显然，此例无法直接用上述公式来计算距离。仔细观察表 11.3，发现前三种语言（英语、挪威语、丹麦语）很相似，尤其每一个单词的第一个字母，于是产生一种定义距离的方法：用两种语言的 10 个词中的第一个字母不相同的个数来定义两种语言之间的距离，例如，英语和挪威语中只有 1 和 8 的第一个字母不同，故它们之间的距离为 2。11 种语言之间两两的距离列于表 11.4 中。

表 11.4　11 种欧洲语言之间的距离

	E	N	Da	Du	G	Fr	Sp	I	P	H	Fi
E	0										
N	2	0									
Da	2	1	0								
Du	7	5	6	0							
G	6	4	5	5	0						
Fr	6	6	6	9	7	0					
Sp	6	6	5	9	7	2	0				
I	6	6	5	9	7	1	1	0			
P	7	7	6	10	8	5	3	4	0		
H	9	8	8	8	9	10	10	10	10	0	
Fi	9	9	9	9	9	9	9	9	9	8	0

在表 11.2 中，每个样品有 p 个指标，当 p 个指标都是名义尺度时，例如，$p=5$，有两个样品的取值为

$$\boldsymbol{X}_1=(V,Q,S,T,K)^{\mathrm{T}}$$

$$\boldsymbol{X}_2=(V,M,S,F,K)^{\mathrm{T}}$$

这两个样品的第一个指标都取 V，称为配合的；第二个指标一个取 Q，另一个取 M，称为不配合的。记配合的指标数为 m_1，不配合的指标数为 m_2，定义它们之间的距离为

$$d_{12}=\frac{m_2}{m_1+m_2} \tag{11.7}$$

在聚类分析中不仅需要将样品分类，也需要将指标分类。在指标之间也可以定义距离，常用的是相似系数，用 C_{ij} 表示指标 i 与指标 j 之间的相似系数。C_{ij} 的绝对值越接近于 1，表示指标 i 与指标 j 的关系越密切；C_{ij} 的绝对值越接近于 0，表示指标 i 与指标 j 的关系越疏远。对于间隔尺度，常用的相似系数有夹角余弦和相关系数。

（1）夹角余弦。这是受相似形的启发而来。图 11.1 中的曲线 AB 和 CD 尽管长度不一，但形状相似。当长度不是主要矛盾时，应定义一种相似系数使 AB 和 CD 呈现出比较密切的关系，而夹角余弦适合这一要求。它的定义是

$$C_{ij}(1)=\frac{\sum\limits_{k=1}^{n} x_{ki}x_{kj}}{\left[\left(\sum\limits_{k=1}^{n} x_{ki}^2\right)\left(\sum\limits_{k=1}^{n} x_{kj}^2\right)\right]^{1/2}} \tag{11.8}$$

它是指标向量 $(x_{1i},x_{2i},\cdots,x_{ni})$ 和 $(x_{1j},x_{2j},\cdots,x_{nj})$ 之间的夹角余弦。

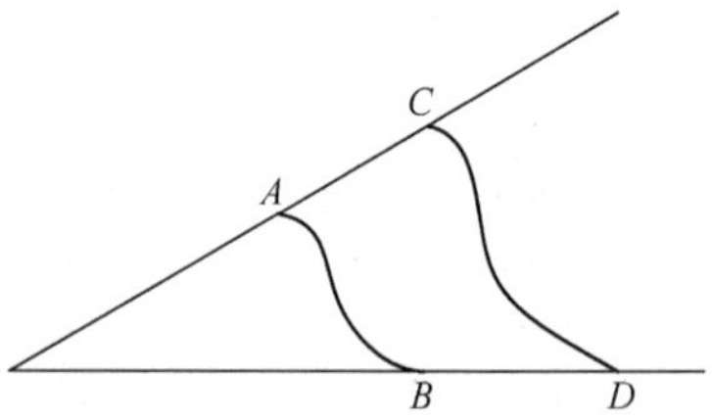

A C B D

图 11.1

（2）相关系数。这是大家熟悉的统计量，它是将数据标准化后的夹角余弦。相关系数常用 r_{ij} 表示，为了和其他相似系数记号统一，这里记为 $C_{ij}(2)$。

它的定义是

$$C_{ij}(2)=\frac{\sum_{k=1}^{n}(x_{ki}-\overline{X}_i)(x_{kj}-\overline{X}_j)}{\left[\sum_{k=1}^{n}(x_{ki}-\overline{X}_i)^2\sum_{k=1}^{n}(x_{kj}-\overline{X}_j)^2\right]^{1/2}} \tag{11.9}$$

有时指标之间也可以用距离来描述它们的接近程度。实际中，距离和相似系数之间可以相互转化。若 d_{ij} 是一个距离，则 $C_{ij}=1/(1+d_{ij})$ 为相似系数；若 C_{ij} 为相似系数且非负，则 $d_{ij}=1-C_{ij}^2$ 可以看成距离（不一定符合距离的定义），或把 $d_{ij}=[2(1-C_{ij})]^{1/2}$ 看成距离。

11.3　类和类的特征

由于客观事物千差万别，不同的问题中类的含义是不同的。因此，想给类下一个严格通用的定义是很难的。下面给出类的几个定义，适用于不同的场合。

用 G 表示类，设 G 中有 k 个元素，这些元素用 i,j 等表示。

定义 11.1　T 为一给定的阈值，如果对任意的 $i,j\in G$，有 $d_{ij}\leqslant T$（d_{ij} 为 i 和 j 的距离），则称 G 为一个类。

定义 11.2　对阈值 T，如果对每个 $i\in G$，有

$$\frac{1}{k-1}\sum_{j\in G}d_{ij}\leqslant T \tag{11.10}$$

则称 G 为一个类。

定义 11.3　对阈值 T，V，如果

$$\frac{1}{k(k-1)}\sum_{i\in G}\sum_{j\in G}d_{ij}\leqslant T \tag{11.11}$$

$d_{ij}\leqslant V$，对一切 $i,j\in G$，则称 G 为一个类。

定义 11.4　对阈值 T，若对任意一个 $i\in G$，一定存在 $j\in G$，使得 $d_{ij}\leqslant T$，则称 G 为一个类。

易见，定义 11.1 的要求是最高的，凡符合它的类，一定也是符合后三种定义的类。此外，凡符合定义 11.2 的类，也一定是符合定义 11.3 的类。

类 G 中的元素用 $\boldsymbol{x}_1,\boldsymbol{x}_2,\cdots,\boldsymbol{x}_m$ 表示，m 为 G 内的样品数（或指标数），可以从不同的角度来刻画 G 的特征。常用的特征有下面三种：

（1）均值 $\overline{\boldsymbol{x}}_G$（或称为 G 的重心）：

$$\overline{\boldsymbol{x}}_G=\frac{1}{m}\sum_{i=1}^{m}\boldsymbol{x}_i$$

（2）样本离差阵及协方差矩阵：

$$\boldsymbol{L}_G=\sum_{i=1}^{m}(\boldsymbol{x}_i-\overline{\boldsymbol{x}}_G)(\boldsymbol{x}_i-\overline{\boldsymbol{x}}_G)^{\mathrm{T}}$$

$$\boldsymbol{\Sigma}_G=\frac{1}{n-1}\boldsymbol{L}_G$$

（3）G 的直径。它有多种定义，例如：

1）$D_G=\sum_{i=1}^{m}(\boldsymbol{x}_i-\overline{\boldsymbol{x}}_G)^{\mathrm{T}}(\boldsymbol{x}_i-\overline{\boldsymbol{x}}_G)=\mathrm{tr}(\boldsymbol{L}_G)$；

2）$D_G = \max\limits_{i,j \in G} d_{ij}$。

在聚类分析中，不仅要考虑各个类的特征，而且要计算类与类之间的距离。由于类的形状是多种多样的，所以类与类之间的距离也有多种计算方法。设 G_p 和 G_q 中分别有 k 个和 m 个样品，它们的重心分别为 $\bar{\boldsymbol{x}}_p$ 和 $\bar{\boldsymbol{x}}_q$，它们之间的距离用 $D(p,q)$ 表示。下面是一些常用的定义。

（1）最短距离法（nearest neighbor 或 single linkage method）。

$$D_k(p,q) = \min\{d_{jl} \mid j \in G_p, l \in G_q\} \tag{11.12}$$

它等于类 G_p 与类 G_q 中最邻近的两个样品之间的距离。该准则下类的合并过程在如图 11.2 所示。

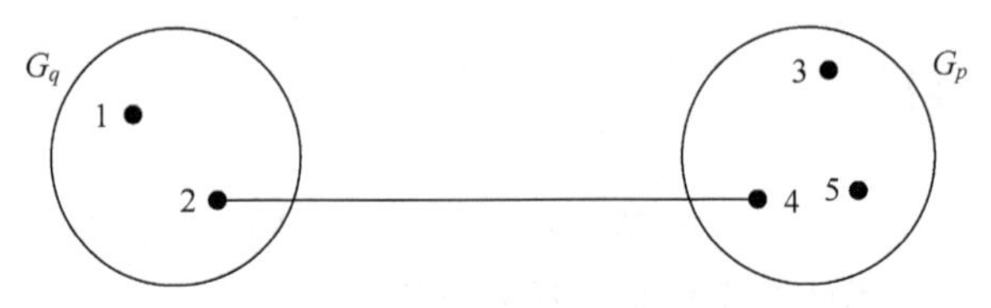

图 11.2　类间距离示意图——类群距离 $D_k(p,q) = d_{24}$

（2）最长距离法（farthest neighbor 或 complete linkage method）。

$$D_k(p,q) = \max\{d_{jl} \mid j \in G_p, l \in G_q\} \tag{11.13}$$

它等于类 G_p 与类 G_q 中最远的两个样品之间的距离。该准则下类的合并过程如图 11.3 所示。

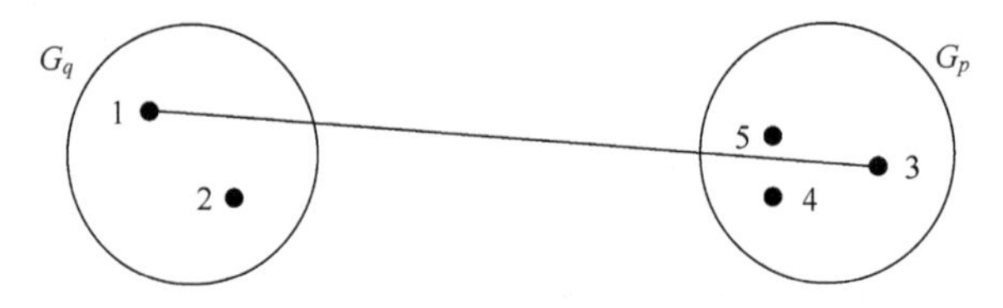

图 11.3　类间距离示意图——类群距离 $D_k(p,q) = d_{13}$

（3）类平均法（group average method）。

$$D_G(p,q) = \frac{1}{lk}\sum_{i \in G_p}\sum_{j \in G_q} d_{ij} \tag{11.14}$$

它等于类 G_p 与类 G_q 中任两个样品距离的平均，式中，l 和 k 分别为类 G_p 与类 G_q 中的样品数。该准则下合并类的过程如图 11.4 所示。

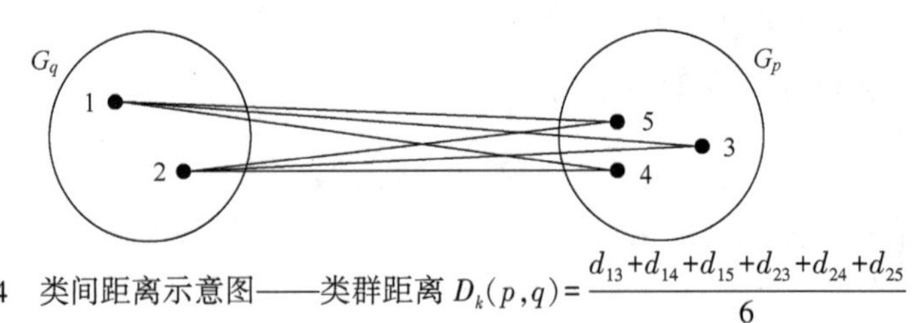

图 11.4　类间距离示意图——类群距离 $D_k(p,q) = \dfrac{d_{13}+d_{14}+d_{15}+d_{23}+d_{24}+d_{25}}{6}$

（4）重心法（centroid method）。

$$D_c(p,q) = d_{\bar{X}_p \bar{X}_q} \tag{11.15}$$

它等于两个重心 $\bar{X}_p$ 和 $\bar{X}_q$ 间的距离。

（5）离差平方和法（sum of squares method）。若采用直径的第一种定义方法，用 D_p, D_q 分别表示类 G_p 和类 G_q 的直径，用 D_{p+q} 表示大类 D_{p+q} 的直径，则

$$D_p=\sum_{i\in G_p}(\boldsymbol{x}_i-\bar{\boldsymbol{x}}_p)^{\mathrm{T}}(\boldsymbol{x}_i-\bar{\boldsymbol{x}}_p)$$

$$D_q=\sum_{j\in G_q}(\boldsymbol{x}_j-\bar{\boldsymbol{x}}_q)^{\mathrm{T}}(\boldsymbol{x}_j-\bar{\boldsymbol{x}}_q)$$

$$D_{p+q}=\sum_{j\in G_p\cup G_q}(\boldsymbol{x}_j-\bar{\boldsymbol{x}})^{\mathrm{T}}(\boldsymbol{x}_j-\bar{\boldsymbol{x}})$$

式中，$\bar{\boldsymbol{x}}=\frac{1}{k+m}\sum_{i\in G_p\cup G_q}\boldsymbol{x}_i$，其中，$k$，$m$ 为类 G_p 和 G_q 中的样品数。

用离差平方和法定义 G_p 和 G_q 之间的距离平方为

$$D_w^2(p,q)=D_{p+q}-D_p-D_q \tag{11.16}$$

如果样品间的距离采用欧氏距离，同样可以证明下式成立：

$$D_w^2(p,q)=\frac{km}{k+m}D_c^2(p,q) \tag{11.17}$$

这表明，离差平方和法定义的类间距离 $D_w(p,q)$ 与重心法定义的距离 $D_c(p,q)$ 只差一个常数倍，这个倍数与两类的样品数有关。

11.4　系统聚类法

系统聚类法（hierarchical clustering method）是聚类分析方法中使用最多的。它的步骤如图 11.5 所示。

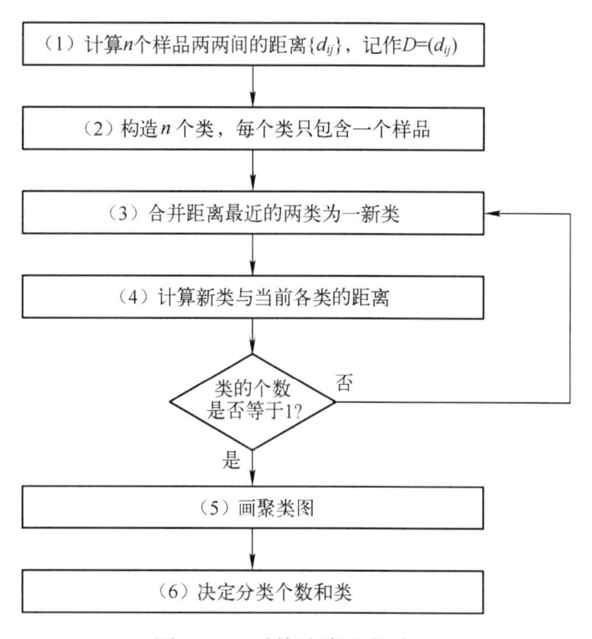

图 11.5　系统聚类法的步骤

11.3 节中给出了类与类之间的 5 种距离的定义，每一种定义用到上述系统聚类程序中，就得到一种系统聚类法。现在通过一个简单的例子来说明各种系统聚类法。

例 11.4　为了研究 A、B、C、D、E 等 5 个省份 2020 年城镇居民消费支出的分布规律，根据调查资料做类型划分。指标名称及原始数据见表 11.5。

表 11.5　2020 年 5 个省份城镇居民平均每人全年消费性支出数据

X_1	食品支出（元/人）	X_5	交通和通信支出（元/人）
X_2	衣着支出（元/人）	X_6	娱乐、教育和文化服务支出（元/人）
X_3	家庭设备、用品及服务支出（元/人）	X_7	居住支出（元/人）
X_4	医疗保健支出（元/人）	X_8	杂项商品和服务支出（元/人）

	X_1	X_2	X_3	X_4	X_5	X_6	X_7	X_8
A	1772.14	568.25	298.66	352.20	307.21	490.83	364.28	202.50
B	2752.25	569.95	662.31	541.06	623.05	917.23	599.98	354.39
C	1386.76	460.99	312.97	280.78	246.24	407.26	547.19	188.52
D	1552.77	517.16	402.03	272.44	265.29	563.10	302.27	251.41
E	1711.03	458.57	334.91	307.24	297.72	495.34	274.48	306.45

现在将表 11.5 中的每个省份分别看成一个样品，先计算 5 个省份之间的欧氏距离，用 $\boldsymbol{D}_0$ 表示相应的矩阵（由于矩阵对称，故只写出下三角部分）。

$$\boldsymbol{D}_0=\begin{pmatrix} & 1 & 2 & 3 & 4 & 5\\ \mathrm{A1} & 0 & & & & \\ \mathrm{B2} & 1220.13 & 0 & & & \\ \mathrm{C3} & 457.91 & 1580.69 & 0 & & \\ \mathrm{D4} & 284.60 & 1390.71 & 356.80 & 0 & \\ \mathrm{E5} & 195.14 & 1284.71 & 452.80 & 208.90 & 0 \end{pmatrix}$$

距离矩阵 $\boldsymbol{D}_0$ 中的各元素数值的大小就反映了 5 个省份间消费水平的接近程度。例如，E 省和 A 省之间的欧氏距离最短，为 195.14，反映了这两个省份城镇居民的消费水平最接近。

11.4.1　最短距离法和最长距离法

最短距离法是类与类之间的距离采用式（11.12）计算的系统聚类法。

例 11.4 有 5 类：$G_1=\{\mathrm{A1}\},G_2=\{\mathrm{B2}\},G_3=\{\mathrm{C3}\},G_4=\{\mathrm{D4}\},G_5=\{\mathrm{E5}\}$，由最短距离法的定义，这时

$$D_k(i,j)=d_{ij},\quad i,j=1,2,\cdots,5$$

即这 5 类之间的距离等于 5 个样品之间的距离。为了简化记号，下面用 $D(i,j)$ 代替 $D_k(i,j)$。我们发现 $\boldsymbol{D}_0$ 中的最小元素是 $D(1,5)=195.14$，故将类 G_1 和类 G_5 合并成一个新类 $G_6=\{1,5\}$，然后计算 G_6 与 G_2,G_3,G_4 之间的距离。利用

$$D(6,i)=\min\{D(1,i),D(5,i)\},\quad i=2,3,4$$

其最近相邻的距离是

$$d_{(1,5)2}=\min\{d_{12},d_{25}\}=\min\{1220.13,1284.71\}=1220.13$$
$$d_{(1,5)3}=\min\{d_{13},d_{35}\}=\min\{457.91,452.80\}=452.80$$
$$d_{(1,5)4}=\min\{d_{14},d_{45}\}=\min\{284.60,208.90\}=208.90$$

在距离矩阵 $\boldsymbol{D}_0$ 中消去 1，5 所对应的行和列，并加入 $\{1,5\}$ 这一新类对应的一行一列，得到新距离矩阵为

$$\boldsymbol{D}_1=\begin{pmatrix} & G_6 & G_2 & G_3 & G_4\\ G_6=\{1,5\} & 0 & & & \\ G_2 & 1220.13 & 0 & & \\ G_3 & 452.80 & 1580.69 & 0 & \\ G_4 & 208.90 & 1390.71 & 356.80 & 0 \end{pmatrix}$$

然后，在 $\boldsymbol{D}_1$ 中发现类间最短距离是 $d_{64}=d_{(1,4,5)}=208.90$，合并类{1,5}和 G_4，得新类 $G_7=\{1,4,5\}$。再利用

$$D(7,i)=\min\{D(4,i),D(6,i)\},\quad i=2,3$$

计算得

$$d_{(1,4,5)2}=\min\{d_{42},d_{(1,5)2}\}=\min\{1390.71,1220.13\}=1220.13$$

$$d_{(1,4,5)3}=\min\{d_{43},d_{(1,5)3}\}=\min\{356.80,452.80\}=356.80$$

故得下一层次聚类的距离矩阵为

$$\boldsymbol{D}_2=\begin{pmatrix} & G_7 & G_2 & G_3 \\ G_7=\{1,4,5\} & 0 & & \\ G_2 & 1220.13 & 0 & \\ G_3 & 356.80 & 1580.69 & 0 \end{pmatrix}$$

类间最短距离是 $d_{37}=356.80$，合并类 G_3 和类 G_7 得新类 $G_8=\{1,3,4,5\}$。此时，有两个不同的类 $G_8=\{1,3,4,5\}$ 和 G_2 合并，形成一个大类的聚类系统。

最后，决定类的个数与类。若用类的定义 11.1，如图 11.6 所示，分两类较为合适，这时阈值 $T=5$，这等价于在图 11.6 上距离为 5 处切一刀，得到两类为{A、E、D、C}与{B}。

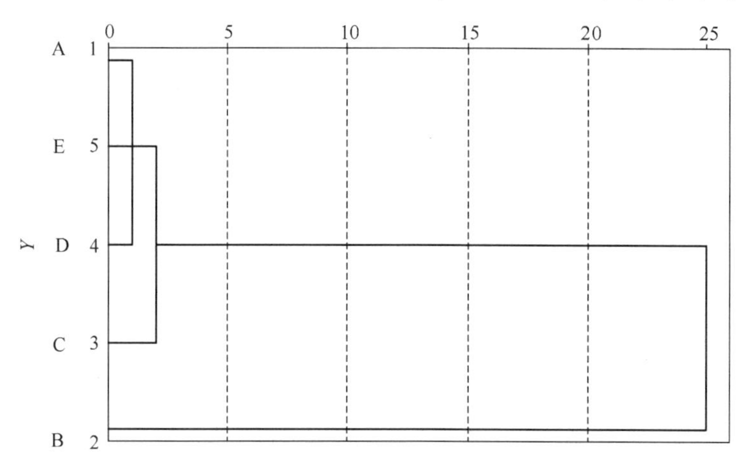

图 11.6　最短距离法的谱系聚类图（欧氏距离）

所谓最长距离法，是类与类之间的距离采用式（11.13）计算的系统聚类法。

上述两种方法的区别在于计算新类与其他类的距离的递推公式不同。设某步将类 G_p 和 G_q 合并为 G_r，则 G_r 与其他类 G_l 的距离为

$$D_k(r,l)=\min\{D_k(p,l),D_k(q,l)\} \tag{11.18}$$

$$D_s(r,l)=\max\{D_s(p,l),D_s(q,l)\} \tag{11.19}$$

也就是说，在最长距离法中，选择最长的距离作为新类与其他类之间的距离，然后将类间距离最短的两类进行合并，一直合并到只有一类为止。

最短距离法也可用于对指标的分类，分类时可以用距离，也可以用相似系数。但用相似系数时应找最大的元素并类，计算新类与其他类的距离应使用式（11.19）。

最短距离法的主要缺点是它有链接聚合的趋势，因为类与类之间的距离为所有距离中的最短者，两类合并以后，它与其他类的距离缩小了，这样容易形成一个比较大的类，大部分样品都被聚在一类中，在树状聚类图中，会看到一个延伸的链状结构，所以最短距离法的聚类效果

并不好，实践中不提倡使用。

最长距离法克服了最短距离法链接聚合的缺陷，两类合并以后与其他类的距离是原来两个类中的距离最长者，加大了合并后的类与其他类的距离（见图 11.7）。

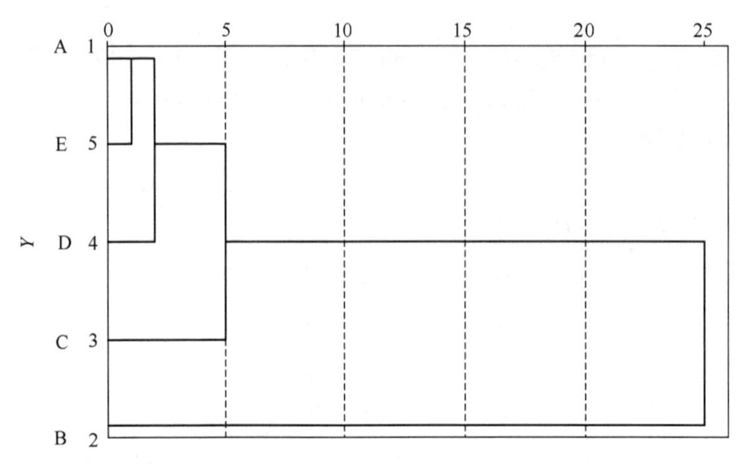

图 11.7　最长距离法的谱系聚类图（欧氏距离）

本例中最短距离法与最长距离法得到的结果是相同的。

11.4.2　重心法和类平均法

从物理的观点看，一个类用它的重心（该类样品的均值）做代表比较合理，类与类之间的距离就用重心之间的距离来代表。若样品之间采用欧氏距离，设某一步将类 G_p 和 G_q 合并为 G_r，它们各有 $n_p, n_q, n_r(n_r=n_p+n_q)$ 个样品，它们的重心用 $\overline{\boldsymbol{X}}_p, \overline{\boldsymbol{X}}_q$ 和 $\overline{\boldsymbol{X}}_r$ 表示，显然

$$\overline{\boldsymbol{X}}_r=\frac{1}{n_r}(n_p\overline{\boldsymbol{X}}_p+n_q\overline{\boldsymbol{X}}_q) \tag{11.20}$$

某一类 G_k 的重心为 $\overline{\boldsymbol{X}}_k$，它与新类 G_r 的距离是

$$D_c^2(k,r)=(\overline{\boldsymbol{X}}_k-\overline{\boldsymbol{X}}_r)^{\mathrm{T}}(\overline{\boldsymbol{X}}_k-\overline{\boldsymbol{X}}_r) \tag{11.21}$$

$D_c^2(k,r)$有如下等价表达：

$$D_c^2(k,r)=\frac{n_p}{n_r}D_c^2(k,p)+\frac{n_q}{n_r}D_c^2(k,q)-\frac{n_p}{n_r}\frac{n_q}{n_r}D_c^2(p,q) \tag{11.22}$$

这就是重心法的距离递推公式。

重心法虽有很好的代表性，但并未充分利用各样本的信息。有学者将两类之间的距离平方定义为这两类中各元素两两之间的平均平方距离，即

$$\begin{aligned} D_G^2(k,r) &= \frac{1}{n_k n_r}\sum_{i\in G_k}\sum_{j\in G_r} d_{ij}^2 \\ &= \frac{1}{n_k n_r}\Big(\sum_{i\in G_k}\sum_{j\in G_p} d_{ij}^2 + \sum_{i\in G_k}\sum_{j\in G_q} d_{ij}^2\Big) \end{aligned} \tag{11.23}$$

式（11.23）也可记为

$$D_G^2(k,r)=\frac{n_p}{n_r}D_G^2(k,p)+\frac{n_q}{n_r}D_G^2(k,q) \tag{11.24}$$

这就是类平均法的递推公式。类平均法是聚类效果较好、应用比较广泛的一种聚类方法。它有两种形式，一种是组间联结法（between-groups linkage）；另一种是组内联结法（within-groups linkage）。组间联结法在计算距离时只考虑两类之间样品之间距离的平均；组内联结法在计算距离时把两组所有个案之间的距离都考虑在内。还有一种类平均法，它将类与类之间的距离定义为

$$D_G^2(p,q)=\frac{1}{n_p n_q}\sum_{i\in G_p}\sum_{j\in G_q}d_{ij}^2 \tag{11.25}$$

用类似的方法可导出这种定义下的距离递推公式为

$$D_G^2(k,r)=\frac{n_p}{n_r}D_G^2(k,p)+\frac{n_q}{n_r}D_G^2(k,q) \tag{11.26}$$

类平均法是系统聚类法中比较好的方法之一。

在类平均法的递推公式中没有反映 D_{pq} 的影响，有学者将递推公式改为

$$D_{kr}^2=\frac{n_p}{n_r}(1-\beta)D_{kp}^2+\frac{n_q}{n_r}(1-\beta)D_{kq}^2+\beta D_{pq}^2 \tag{11.27}$$

式中，$\beta<1$。对应于式（11.27）的聚类法称为可变类平均法。

可变类平均法的分类效果与 β 的选择关系极大，有一定的人为性，因此应用不多。β 如果接近 1，一般分类效果不好，故 β 常取负值。重心法的谱系聚类图如图 11.8 所示。类平均法（组内联结法）的谱系聚类图（欧氏距离）如图 11.9 所示。

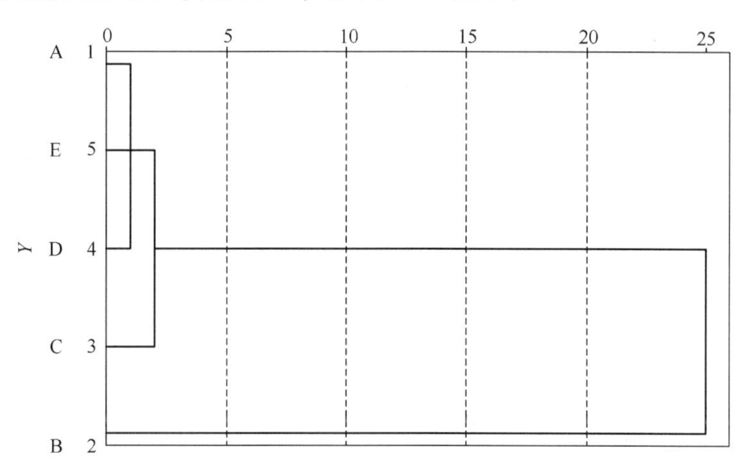

图 11.8　重心法的谱系聚类图（欧氏距离）

11.4.3　离差平方和法（或称 Ward 方法）

离差平方和法是由沃德（Ward）提出的，许多文献中称为 Ward 法。它的思想源于方差分析，即如果类分得正确，同类样品的离差平方和应当较小，类与类之间的离差平方和应当较大。

设将 n 个样品分成 k 类 $G_1,G_2,\cdots,G_k$，用 $\boldsymbol{x}_{it}$ 表示类 G_t 中的第 i 个样品（注意 $\boldsymbol{x}_{it}$ 是 p 维向量），n_t 表示类 G_t 中的样品个数，$\bar{\boldsymbol{x}}_t$ 是类 G_t 的重心，则在类 G_t 中的样品的离差平方和为

$$L_t=\sum_{i=1}^{n_t}(\boldsymbol{x}_{it}-\bar{\boldsymbol{x}}_t)^{\mathrm{T}}(\boldsymbol{x}_{it}-\bar{\boldsymbol{x}}_t)$$

整个类内平方和为

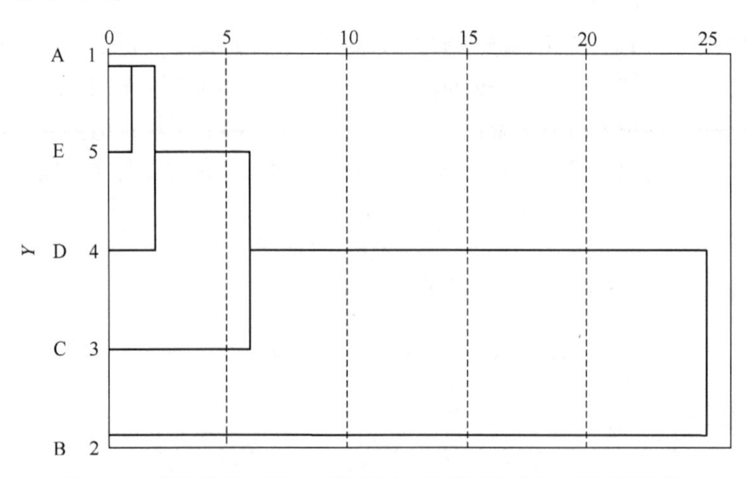

图 11.9 类平均法（组内联结法）的谱系聚类图（欧氏距离）

$$L=\sum_{t=1}^{k}\sum_{i=1}^{n_t}(\boldsymbol{x}_{it}-\bar{\boldsymbol{x}}_t)^{\mathrm{T}}(\boldsymbol{x}_{it}-\bar{\boldsymbol{x}}_t)=\sum_{t=1}^{k}L_t$$

当 k 固定时，要选择使 L 达到极小的分类，n 个样品分成 k 类，一切可能的分法有

$$R(n,k)=\frac{1}{k}\sum_{i=0}^{k}(-1)^{k-i}\binom{k}{i}i^n \tag{11.28}$$

例如，当 $n=21$，$k=2$ 时，$R(21,2)=2^{21}-1=2097151$。当 n,k 更大时，$R(n,k)$ 就达到了天文数字。因此，要比较这么多分类来选择最小的 L，即使高速计算机也难以完成。于是，放弃在一切分类中求 L 的极小值的要求，而是设计出某种规格：找到一个局部最优解，Ward 法就是寻找局部最优解的一种方法。其思想是先让 n 个样品各自成一类，然后每次缩小一类，每缩小一类，离差平方和就要增大，选择使 L 增加最小的两类合并，直到所有的样品归为一类为止。

若将某类 G_p 和 G_q 合并为 G_r，则类 G_k 与新类 G_r 的距离递推公式为

$$D_w^2(k,r)=\frac{n_p+n_k}{n_r+n_k}D_w^2(k,p)+\frac{n_q+n_k}{n_r+n_k}D_w^2(k,q)-\frac{n_k}{n_r+n_k}D_w^2(p,q) \tag{11.29}$$

需要指出的是，离差平方和法只能得到局部最优解，如图 11.10 所示。至今还没有很好的办法以比较少的计算求得精确最优解。

11.4.4 分类数的确定

到目前为止，我们还没有讨论过如何确定分类数，聚类分析的目的是要对研究对象进行分类，因此，如何选择分类数成为各种聚类方法中的主要问题之一。在 k-均值聚类法中聚类之前需要指定分类数，谱系聚类法（系统聚类法）中最终得到的只是一个树状结构图，从图中可以看出存在很多类，但问题是如何确定类的最佳个数。

确定分类数是聚类分析中迄今为止尚未完全解决的问题之一，主要的障碍是对类的结构和内容很难给出一个统一的定义，这样就不能给出在理论上和实践中都可行的虚无假设。实际应用中人们主要根据研究的目的，从实用的角度出发，选择合适的分类数。德穆曼（Demirmen）曾提出根据树状结构图来分类的准则。

准则 1：任何类都必须在邻近各类中是突出的，即各类重心之间距离必须大。

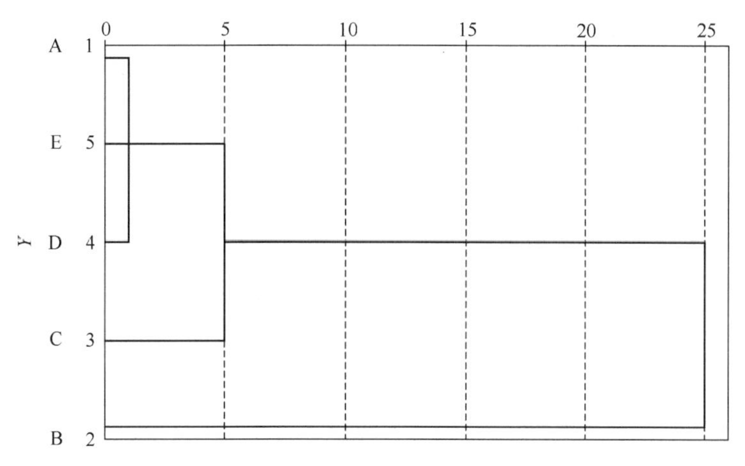

图 11.10　离差平方和法的谱系聚类图（欧氏距离）

准则 2：各类所包含的元素都不应过多。

准则 3：分类的数目应该符合使用的目的。

准则 4：若采用几种不同的聚类方法处理，则在各自的聚类图上应发现相同的类。

系统聚类中每次合并的类与类之间的距离也可以作为确定类数的一个辅助工具。在系统聚类过程中，首先把离得近的类合并，所以在并类过程中聚合系数（agglomeration coefficients）呈增加趋势，聚合系数小，表明合并的两类的相似程度较大，两个差异很大的类合到一起，会使该系数很大。如果以 y 轴为聚合系数，x 轴表示分类数，画出聚合系数随分类数的变化曲线，会得到类似于因子分析中的碎石图，可以在曲线开始变得平缓的点选择合适的分类数。

11.4.5　系统聚类法的统一

上面介绍的 5 种系统聚类法，并类的原则和步骤是完全一样的，区别在于类与类之间距离定义公式不同，导出的递推公式不同。如果能将它们统一为一个公式，将大大有利于编制计算机程序。兰斯和威廉姆斯于 1967 年给出了一个统一的公式：

$$D^2(k,r)=\alpha_p D^2(k,p)+\alpha_q D^2(k,q)+\beta D^2(p,q)+\gamma\,|D^2(k,p)-D^2(k,q)| \tag{11.30}$$

式中，$\alpha_p,\alpha_q,\beta,\gamma$ 对于不同的方法有不同的取值。表 11.6 列出了不同方法中这 4 个参数的取值。表中除了上述 5 种方法外，还列举了另外 3 种系统聚类法，这 3 种方法应用较少。

表 11.6　系统聚类法参数表

方　法	α_p	α_q	β	γ
最短距离法	1/2	1/2	0	−1/2
最长距离法	1/2	1/2	0	1/2
中间距离法	1/2	1/2	−1/4	0
重心法	n_p/n_r	n_q/n_r	$-\alpha_p\alpha_q$	0
类平均法	n_p/n_r	n_q/n_r	0	0
可变类平均法	$(1-\beta)n_p/n_r$	$(1-\beta)n_q/n_r$	$\beta<1$	0
可变法	$(1-\beta)/2$	$(1-\beta)/2$	$\beta<1$	0
离差平方和法	$(n_k+n_p)/(n_k+n_r)$	$(n_k+n_q)/(n_k+n_r)$	$-n_k/(n_k+n_r)$	0

一般而言，不同聚类方法的结果不完全相同。最短距离法适用于条形的类。最长距离法、重心法、类平均法、离差平方和法适用于椭圆形的类。

现在许多统计软件都包含系统聚类法的程序，只要将数据输入，即可方便地将上述 8 种方法定义的距离全部算出，并画出聚类图。

由于上述聚类方法得到的结果不完全相同，于是产生一个问题：选择哪一个结果为好？为了解决这个问题，需要研究系统聚类法的性质，现简要介绍如下：

（1）单调性。令 D_r 为系统聚类法中第 r 次并类时的距离，如例 11.4，用最短距离时，有 $D_1=195.14$，$D_2=208.90$，$D_3=356.80$，$D_4=1220.13$，此时 $D_1<D_2<D_3<\cdots$。一种系统聚类法若能保证 $\{D_r\}$ 是严格单调上升的，则称它具有单调性。由单调性画出的聚类图符合系统聚类的思想，即先结合的类关系较近，后结合的类关系较疏远。显然，最短距离法和最长距离法具有并类距离的单调性。可以证明，类平均法、离差平方和法、可变法和可变类平均法都具有单调性，重心法和中间距离法不具有单调性。

（2）空间的浓缩与扩张。对同一问题作聚类图时，横坐标（并类距离）的范围相差很远。最短距离法的范围较小，最长距离法的范围较大，类平均法则介于二者之间。范围小的方法区分类的灵敏度差，而范围太大的方法灵敏度又过高，会使支流淹没主流，这与收音机的灵敏度有相似之处。灵敏度太低的收音机接收的台少，灵敏度太高，台与台之间容易干扰，故适中为好。按这一直观的想法引进如下的概念。

定义 11.5 设两个同阶矩阵 $\boldsymbol{A}=(a_{ij})$ 和 $\boldsymbol{B}=(b_{ij})$ 的元素非负，如果 $\boldsymbol{A}$ 的每一个元素不小于 $\boldsymbol{B}$ 相应的元素，即 $a_{ij}\geqslant b_{ij}(\forall i,j)$，则记作 $\boldsymbol{A}\geqslant\boldsymbol{B}$（请勿与半正定矩阵 $\boldsymbol{A}-\boldsymbol{B}\geqslant\boldsymbol{0}$ 的意义相混淆，这个记号仅在本节中使用）。因此，$\boldsymbol{A}\geqslant\boldsymbol{0}$，表示 $\boldsymbol{A}$ 的元素非负。

设有 A，B 两种系统聚类法，第 k 步的距离阵记作 $\boldsymbol{A}_k$ 和 $\boldsymbol{B}_k$（$k=0,1,\cdots,n-1$），若 $\boldsymbol{A}_k\geqslant\boldsymbol{B}_k$（$k=1,2,\cdots,n-1$），则称 $\boldsymbol{A}$ 比 $\boldsymbol{B}$ 扩张或 $\boldsymbol{B}$ 比 $\boldsymbol{A}$ 浓缩，记作$(\boldsymbol{B})\leqslant(\boldsymbol{A})$。对系统聚类法有如下的结论：

$$
\begin{gathered}
(K)\leqslant(G)\leqslant(S)\\
(C)\leqslant(G)\leqslant(W)
\end{gathered}
\tag{11.31}
$$

式中，(K)是最短距离法；(S)是最长距离法；(C)是重心法；(W)是离差平方和法；(G)是类平均法。归纳起来说，与类平均法相比，最短距离法、重心法使空间浓缩；最长距离法、离差平方和法使空间扩张。太浓缩的方法不够灵敏，太扩张的方法在样本大时容易失真。类平均法比较适中，相比其他方法，类平均法不太浓缩也不太扩张，故许多学者推荐这种方法。

有关系统聚类法的性质，学者们还从其他角度提出了比较优劣的原则。欲将 n 个样品分为 k 类，定义一个分类函数（或叫作损失函数），然后寻找这个函数的最优解，在某些条件下，最短距离法的解是最优的，而系统聚类法的其他方法都不具有这个性质，故最短距离法在实践中也很受推崇。系统聚类法的各种方法的比较仍是一个值得研究的课题，例如，有学者用随机模拟做了研究，发现最长距离法并不可取。

11.5 模糊聚类分析

模糊理论是 20 世纪 60 年代中期美国自动控制专家扎德（Zadeh）教授首先提出的。如今，模糊理论已广泛应用于许多领域，如将模糊集概念用到聚类分析中，则称为模糊聚类分析。

11.5.1　模糊聚类的几个基本概念

（1）特征函数。对于一个普通集合 A，空间中任一元素 x，若

$$A(x)=\begin{cases}1, x\in A\\0, x\notin A\end{cases}$$

则称 $A(x)$ 为集合 A 的特征函数。

如某企业完成年计划利润定义为 1，没有完成定义为 0，用特征函数描述为

$$A(x)=\begin{cases}1, x\in A & \text{完成}\\0, x\notin A & \text{没完成}\end{cases}$$

（2）隶属函数。当要了解某企业完成年计划利润程度的大小时，仅用特征函数就不够了。模糊数学把它推广到[0,1]闭区间的一个数去度量它，这个数叫作隶属度。当用函数表示隶属度的变化规律时，就叫作隶属函数，即

$$0\leqslant A(x)\leqslant 1$$

如果企业完成年计划利润的 90%，则这个企业完成年计划利润的隶属度是 0.9。显然，隶属度概念是特征函数概念的推广。特征函数描述空间的元素之间是否有关联，而隶属度描述了元素之间的关联是多少。

用集合语言来描述隶属函数为，设 x 为全域，若 A 为 x 上取值[0,1]的一个函数，则称 A 为模糊集。

若一个矩阵元素取值于[0,1]范围内，则称该矩阵为模糊矩阵。

（3）模糊矩阵的运算法则。如果 $\boldsymbol{A}$ 和 $\boldsymbol{B}$ 是 $n\times p$ 和 $p\times m$ 的模糊矩阵，则乘积 $\boldsymbol{C}=\boldsymbol{AB}$ 为 $n\times m$ 矩阵，其元素为

$$C_{ij}=\bigvee_{k=1}^{p}(a_{ik}\wedge b_{kj}),\quad i=1,2,\cdots,n;j=1,2,\cdots,m$$

其中“$\vee$”和“$\wedge$”的含义分别为

$$a\vee b=\max\{a,b\}$$
$$a\wedge b=\min\{a,b\}$$

11.5.2　模糊分类关系

（1）乘积空间。n 个样品总体所组成的集合 x 为全域，令 $X\times Y=\{(x,y)\mid x\in X,y\in Y\}$，则称 $X\times Y$ 为 X 的全域乘积空间。

（2）分类关系。设 R 为 $X\times Y$ 上的一个集合，并且满足：

1）反身性。$(x,y)\in R$，即集合中的每个元素和它本身同属一类。

2）对称性。若 $(x,y)\in R$，则 $(y,x)\in R$。

3）传递性。若 $(x,y)\in R$，$(y,z)\in R$，则 $(x,z)\in R$。

这三条性质称为等价关系，满足这三条性质的集合 R 为分类关系。

模糊聚类分析的实质就是根据研究对象本身的属性构造模糊矩阵，在此基础上根据一定的隶属度来确定其分类关系。

如果置信水平 λ_1,λ_2 满足 $0\leqslant\lambda_1\leqslant\lambda_2\leqslant 1$，则按水平 λ_2 分出的每一类必是按水平 λ_1 分出的某一类的子类。这就是模糊分类的基本原理。下面举一个简单的数值例子来说明其应用。

设 $X=\{x_1,x_2,x_3\}$ 上的模糊矩阵

$$R=\begin{pmatrix}1&0.4&0.6\\0.4&1&0.4\\0.6&0.4&1\end{pmatrix}$$

是一个模糊分类关系，现在从 $\boldsymbol{R}$ 出发对 X 进行分类。

当 $0.6<\lambda\leqslant 1$ 时，有

$$\boldsymbol{R}_\lambda=\begin{pmatrix}1&0&0\\0&1&0\\0&0&1\end{pmatrix}$$

可知 $X=\{x_1\}\cup\{x_2\}\cup\{x_3\}$，即 x_1,x_2,x_3 各为一类。

当 $0.4<\lambda\leqslant 0.6$ 时，有

$$\boldsymbol{R}_\lambda=\begin{pmatrix}1&0&1\\0&1&0\\1&0&1\end{pmatrix}$$

可知 $X=\{x_1,x_3\}\cup\{x_2\}$，即 x_1,x_3 为一类，x_2 为另一类。

当 $0<\lambda\leqslant 0.4$ 时，有

$$\boldsymbol{R}_\lambda=\begin{pmatrix}1&1&1\\1&1&1\\1&1&1\end{pmatrix}$$

可知 $X=\{x_1,x_2,x_3\}$，即 x_1,x_2,x_3 为一类。

11.5.3 模糊聚类分析计算步骤

（1）对原始数据进行变换。变换方法通常有标准化变换、极差变换、对数变换等。

（2）计算模糊相似矩阵。选取在$[-1,1]$中的相似系数 $r_{ij}^*=\cos\theta$，构成相似系数矩阵，在此基础上做变换

$$r_{ij}=\frac{1+r_{ij}^*}{2}$$

使得 r_{ij}^* 被压缩到$[0,1]$区间内，$\boldsymbol{R}=(r_{ij})$构成了一个模糊矩阵。

（3）建立模糊等价矩阵。对模糊矩阵进行褶积计算：$\boldsymbol{R}\to\boldsymbol{R}^2\to\boldsymbol{R}^3\to\cdots\to\boldsymbol{R}^n$，经过有限次数的褶积后使得 $\boldsymbol{R}^n\cdot\boldsymbol{R}=\boldsymbol{R}^n$，由此得到模糊分类关系 $\boldsymbol{R}^n$。

（4）进行聚类。给定不同的置信水平 λ，求 $\boldsymbol{R}_\lambda$ 截矩阵，得到分类关系 $\boldsymbol{R}_\lambda$。当 $\lambda=1$ 时，每个样品自成一类，随着 λ 值的减小，由细到粗逐渐并类。聚类结果也可像前面系统聚类一样画出树形聚类图。

第 12 章　判 别 分 析

回归模型普及性的基础在于它可以预测和解释度量（metric）变量。但是，对于非度量（nonmetric）变量，一般的多元回归并不适用。本章介绍的判别分析适用于被解释变量是非度量变量的情形。在这种情况下，人们对于预测和解释影响一个对象所属类别的关系感兴趣，比如为什么某人是或者不是消费者，一家公司成功还是破产等。本章的主要内容有：①介绍判别分析的内在性质、基本原理和应用条件；②举例说明这些方法的应用和结果的解释。

判别分析主要目的是识别一个个体所属类别。它被应用于预测新产品的成功或失败，决定一个学生是否被录取，按职业兴趣对学生分组，确定某人信用风险的种类，或者预测一个公司能否成功。

12.1　判别分析的基本思想

有时会遇到包含属性被解释变量和几个度量解释变量的问题，这时需要选择一种合适的分析方法。比如，我们希望区分好和差的信用风险。如果有信用风险的度量指标，就可以使用多元回归。但若需要判断某人是在好的或者差的一类，则不是多元回归分析所要求的度量类型。

当被解释变量是属性变量而解释变量是度量变量时，判别分析是有效的统计分析方法。在很多情况下，被解释变量包含两组或者两类，如雄性与雌性、高与低等。另外，有多于两组的情况，如低、中、高的分类。判别分析能够解决两组或者更多组的情况。当包含两组时，称作两组判别分析。当包含三组或者三组以上时，称作多组判别分析（multiple discriminant analysis）。

判别分析最基本的要求：分组类型在两组以上；每组类型的个数大于 1；解释变量必须是可测量的，用以计算其平均值和方差，使其能合理地应用于统计函数，与其他多元线性统计模型类似。

判别分析的假设一是，每一个判别变量（解释变量）不能是其他判别变量（解释变量）的线性组合。这是由于作为其他变量线性组合的判别变量不能提供新的信息，更重要的是在这种情况下无法估计判别函数。不仅如此，当一个判别变量与其他判别变量高度相关，或与其他判别变量的线性组合高度相关时，虽然能求解，但参数估计的标准差会很大，以至于参数估计在统计上不显著。即多重共线性问题。

判别分析的假设二是，各组变量的协方差矩阵相等。判别分析最简单和最常用的形式是采用线性判别函数，其为判别变量的简单线性组合。在假设二的条件下，可以使用很简单的公式来计算判别函数和进行显著性检验。

判别分析的假设三是，各判别变量遵从多元正态分布，即每个变量对于所有其他变量的固定值有正态分布。在这种条件下可以精确计算显著性检验值和分组归属的概率。当违背该假设时，计算的概率将非常不准确。

12.2 距离判别

12.2.1 两总体情况

设有两个总体 G_1 和 G_2，$\boldsymbol{x}$ 是一个 p 维样品，定义样品到总体 G_1 和 G_2 的距离 $d(\boldsymbol{x},G_1)$ 和 $d(\boldsymbol{x},G_2)$，则可用如下的规则进行判别：若样品 $\boldsymbol{x}$ 到总体 G_1 的距离小于到总体 G_2 的距离，则认为样品 $\boldsymbol{x}$ 属于总体 G_1，反之，则认为样品 $\boldsymbol{x}$ 属于总体 G_2；若样品 $\boldsymbol{x}$ 到总体 G_1 和 G_2 的距离相等，则让它待判。即

$$\begin{cases}\boldsymbol{x}\in G_1, & d(\boldsymbol{x},G_1)<d(\boldsymbol{x},G_2)\\ \boldsymbol{x}\in G_2, & d(\boldsymbol{x},G_1)>d(\boldsymbol{x},G_2)\\ \text{待判}, & d(\boldsymbol{x},G_1)=d(\boldsymbol{x},G_2)\end{cases} \tag{12.1}$$

当总体 G_1 和 G_2 为正态总体且协方差相等时，选用马氏距离，即

$$d^2(\boldsymbol{x},G_1)=(\boldsymbol{x}-\boldsymbol{\mu}_1)^{\mathrm{T}}\boldsymbol{\Sigma}_1^{-1}(\boldsymbol{x}-\boldsymbol{\mu}_1) \tag{12.2}$$

$$d^2(\boldsymbol{x},G_2)=(\boldsymbol{x}-\boldsymbol{\mu}_2)^{\mathrm{T}}\boldsymbol{\Sigma}_2^{-1}(\boldsymbol{x}-\boldsymbol{\mu}_2) \tag{12.3}$$

这里，$\boldsymbol{\mu}_1,\boldsymbol{\mu}_2,\boldsymbol{\Sigma}_1,\boldsymbol{\Sigma}_2$ 分别为总体 G_1 和 G_2 的均值和协方差矩阵。当总体不是正态总体时，有时也可以用马氏距离来描述 $\boldsymbol{x}$ 到总体的远近。

若 $\boldsymbol{\Sigma}_1=\boldsymbol{\Sigma}_2=\boldsymbol{\Sigma}$，这时

$$d^2(\boldsymbol{x},G_2)-d^2(\boldsymbol{x},G_1)=2\left(\boldsymbol{x}-\frac{\boldsymbol{\mu}_1+\boldsymbol{\mu}_2}{2}\right)^{\mathrm{T}}\boldsymbol{\Sigma}^{-1}(\boldsymbol{\mu}_1-\boldsymbol{\mu}_2)$$

令

$$\bar{\boldsymbol{\mu}}=\frac{\boldsymbol{\mu}_1+\boldsymbol{\mu}_1}{2}$$

$$\boldsymbol{\alpha}=\boldsymbol{\Sigma}^{-1}(\boldsymbol{\mu}_1-\boldsymbol{\mu}_2)$$

$$W(\boldsymbol{x})=(\boldsymbol{\mu}_1-\boldsymbol{\mu}_2)^{\mathrm{T}}\boldsymbol{\Sigma}^{-1}(\boldsymbol{x}-\bar{\boldsymbol{\mu}})=\boldsymbol{\alpha}^{\mathrm{T}}(\boldsymbol{x}-\bar{\boldsymbol{\mu}}) \tag{12.4}$$

于是判别规则可表示为

$$\begin{cases}\boldsymbol{x}\in G_1, & W(\boldsymbol{x})>0\\ \boldsymbol{x}\in G_2, & W(\boldsymbol{x})<0\\ \text{待判}, & W(\boldsymbol{x})=0\end{cases} \tag{12.5}$$

这个规则取决于 $W(\boldsymbol{x})$ 的值，通常称 $W(\boldsymbol{x})$ 为判别函数，由于它是线性函数，又称为线性判别函数，$\boldsymbol{\alpha}$ 称为判别系数（类似于回归系数）。线性判别函数使用最简单，在实际应用中也最广泛。

当 $\boldsymbol{\mu}_1$，$\boldsymbol{\mu}_2$，$\boldsymbol{\Sigma}$ 未知时，可通过样本来估计。设 $\boldsymbol{x}_1^{(1)},\cdots,\boldsymbol{x}_{n1}^{(1)}$ 是来自 G_1 的样本，$\boldsymbol{x}_1^{(2)},\cdots,\boldsymbol{x}_{n2}^{(2)}$ 是来自 G_2 的样本，可以得到以下估计：

$$\hat{\boldsymbol{\mu}}_1=\frac{1}{n_1}\sum_{i=1}^{n_1}\boldsymbol{x}_i^{(1)}=\bar{\boldsymbol{x}}^{(1)}$$

$$\hat{\boldsymbol{\mu}}_2=\frac{1}{n_2}\sum_{i=1}^{n_2}\boldsymbol{x}_i^{(2)}=\bar{\boldsymbol{x}}^{(2)}$$

$$\hat{\boldsymbol{\Sigma}}=\frac{1}{n_1+n_2-2}(\boldsymbol{A}_1+\boldsymbol{A}_2)$$

其中，$\boldsymbol{A}_a=\sum_{j=1}^{n_a}(\boldsymbol{x}_j^{(a)}-\overline{\boldsymbol{x}}^{(a)})(\boldsymbol{x}_j^{(a)}-\overline{\boldsymbol{x}}^{(a)})^{\mathrm{T}}$，$a=1,2$。

当两个总体协方差矩阵 $\boldsymbol{\Sigma}_1$ 与 $\boldsymbol{\Sigma}_2$ 不等时，可用

$$W(\boldsymbol{x})=d^2(\boldsymbol{x},G_2)-d^2(\boldsymbol{x},G_1)=(\boldsymbol{x}-\boldsymbol{\mu}_2)^{\mathrm{T}}\boldsymbol{\Sigma}_2^{-1}(\boldsymbol{x}-\boldsymbol{\mu}_2)-(\boldsymbol{x}-\boldsymbol{\mu}_1)^{\mathrm{T}}\boldsymbol{\Sigma}_1^{-1}(\boldsymbol{x}-\boldsymbol{\mu}_1)$$

作为判别函数，这时它是 $\boldsymbol{x}$ 的二次函数。

12.2.2　多总体情况

1. 协差阵相同

设有 k 个总体 $G_1,G_2,\cdots,G_k$，它们的均值分别是 $\boldsymbol{\mu}_1,\boldsymbol{\mu}_2,\cdots,\boldsymbol{\mu}_k$，协差阵均为 $\boldsymbol{\Sigma}$。类似于两总体的讨论，判别函数为

$$W_{ij}(\boldsymbol{x})=2\left(\boldsymbol{x}-\frac{\boldsymbol{\mu}_i+\boldsymbol{\mu}_j}{2}\right)^{\mathrm{T}}\boldsymbol{\Sigma}^{-1}(\boldsymbol{\mu}_i-\boldsymbol{\mu}_j),\quad i,j=1,2,\cdots,k$$

相应的判别规则是

$$\begin{cases}\boldsymbol{x}\in G_i, & W_{ij}(\boldsymbol{x})>0,\ \forall j\neq i\\ \text{待判}, & \text{某个 } W_{ij}(\boldsymbol{x})=0\end{cases}$$

当 $\boldsymbol{\mu}_1,\boldsymbol{\mu}_2,\cdots,\boldsymbol{\mu}_k,\boldsymbol{\Sigma}$ 未知时，设从 G_a 中抽取的样本为 $\boldsymbol{x}_1^{(a)},\cdots,\boldsymbol{x}_{na}^{(a)}(a=1,2,\cdots,k)$，则它们的估计为

$$\hat{\boldsymbol{\mu}}_a=\overline{\boldsymbol{x}}^{(a)}=\frac{1}{n_a}\sum_{j=1}^{n_a}\boldsymbol{x}_j^{(a)}$$

$$\hat{\boldsymbol{\Sigma}}=\frac{1}{n-k}\sum_{a=1}^{k}\boldsymbol{A}_a$$

式中，$n=n_1+n_2+\cdots+n_k$，

$$\boldsymbol{A}_a=\sum_{j=1}^{n_a}(\boldsymbol{x}_j^{(a)}-\overline{\boldsymbol{x}}^{(a)})(\boldsymbol{x}_j^{(a)}-\overline{\boldsymbol{x}}^{(a)})^{\mathrm{T}}$$

2. 协差阵不相同

这时判别函数为

$$V_{ij}(\boldsymbol{x})=(\boldsymbol{x}-\boldsymbol{\mu}_i)^{\mathrm{T}}\boldsymbol{\Sigma}_i^{-1}(\boldsymbol{x}-\boldsymbol{\mu}_i)-(\boldsymbol{x}-\boldsymbol{\mu}_j)^{\mathrm{T}}\boldsymbol{\Sigma}_j^{-1}(\boldsymbol{x}-\boldsymbol{\mu}_j)$$

判别规则为

$$\begin{cases}\boldsymbol{x}\in G_i, & V_{ij}(\boldsymbol{x})<0,\ \forall j\neq i\\ \text{待判}, & \text{某个 } V_{ij}=0\end{cases}$$

当 $\boldsymbol{\mu}_1,\boldsymbol{\mu}_2,\cdots,\boldsymbol{\mu}_k,\boldsymbol{\Sigma}_1,\boldsymbol{\Sigma}_2,\cdots,\boldsymbol{\Sigma}_k$ 未知时，$\hat{\boldsymbol{\mu}}_a$ 的估计与协方差矩阵相同时的估计一致，而

$$\hat{\boldsymbol{\Sigma}}_a=\frac{1}{n_a-1}\boldsymbol{A}_a,\quad a=1,2,\cdots,k$$

式中，$\boldsymbol{A}_a$ 与协差阵相同时的估计一致。

线性判别函数容易计算，二次判别函数计算比较复杂，为此需要一些简便计算方法。因 $\boldsymbol{\Sigma}_i>\boldsymbol{0}$，存在唯一的下三角阵 $\boldsymbol{V}_i$，其对角线元素均为正，使得

$$\boldsymbol{\Sigma}_i=\boldsymbol{V}_i\boldsymbol{V}_i^{\mathrm{T}}$$

从而

$$\boldsymbol{\Sigma}_i^{-1}=(\boldsymbol{V}_i^{\mathrm{T}})^{-1}\boldsymbol{V}_i^{-1}=\boldsymbol{L}_i^{\mathrm{T}}\boldsymbol{L}_i$$

$\boldsymbol{L}_i$ 仍为下三角阵。先将 $\boldsymbol{L}_1,\boldsymbol{L}_2,\cdots,\boldsymbol{L}_k$ 算出。令 $\boldsymbol{Z}_i=\boldsymbol{L}_i(\boldsymbol{x}-\boldsymbol{\mu}_i)$，则

$$d^2(\boldsymbol{x},G_i)=(\boldsymbol{x}-\boldsymbol{\mu}_i)^{\mathrm{T}}\boldsymbol{L}_i^{\mathrm{T}}\boldsymbol{L}_i(\boldsymbol{x}-\boldsymbol{\mu}_i)=\boldsymbol{Z}_i^{\mathrm{T}}\boldsymbol{Z}_i$$

用这样的方法计算判别函数较为简单。

12.3 贝叶斯判别

贝叶斯（Bayes）统计的思想是，假定对研究的对象已有一定的认识，常用先验概率分布来描述这种认识，然后取得一个样本，用样本来修正已有的认识（先验概率分布），得到后验概率分布，各种统计推断都通过后验概率分布来进行。将贝叶斯思想用于判别分析，就得到贝叶斯判别。

设有 k 个总体 $G_1,G_2,\cdots,G_k$，分别具有 p 维密度函数 $p_1(\boldsymbol{x}),p_2(\boldsymbol{x}),\cdots,p_k(\boldsymbol{x})$，已知出现这 k 个总体的先验分布为 $q_1,q_2,\cdots,q_k$。

用 $D_1,D_2,\cdots,D_k$ 表示 $\mathbf{R}^p$ 的一个划分，即 $D_1,D_2,\cdots,D_k$ 互不相交，且 $D_1\cup\cdots\cup D_k=\mathbf{R}^p$。如果这个划分适当，正好对应于 k 个总体，则判别规则可以表示为

$$\boldsymbol{x}\in G_i,\quad \boldsymbol{x}\text{ 落入 }D_i,\quad i=1,2,\cdots,k$$

而如何获得这个划分。可以用 $c(j\mid i)$ 表示样品来自 G_i 而误判为 G_j 的损失，误判的概率为

$$p(j\mid i)=\int_{D_j}p_i(\boldsymbol{x})\,\mathrm{d}\boldsymbol{x}$$

则误判所带来的平均损失 ECM（expected cost of misclassification）为

$$\mathrm{ECM}(D_1,D_2,\cdots,D_k)=\sum_{i=1}^{k}q_i\sum_{j=1}^{k}c(j\mid i)p(j\mid i)$$

定义 $c(i\mid i)=0$，目的是求 $D_1,D_2,\cdots,D_k$，使 ECM 达到最小。

12.4 费希尔判别

费希尔判别的思想是投影，即将 k 组 p 维数据投影到某一个方向，使得组与组之间的投影尽可能分离，并采用一元方差分析的思想衡量分离程度。

设从 k 个总体分别取得 k 组 p 维观察值如下：

$$\begin{array}{l} G_1:\boldsymbol{x}_1^{(1)},\cdots,\boldsymbol{x}_{n_1}^{(1)}\\ \qquad\vdots \qquad\qquad\qquad n=n_1+n_2+\cdots+n_k\\ G_k:\boldsymbol{x}_1^{(k)},\cdots,\boldsymbol{x}_{n_k}^{(k)}\end{array}$$

令 $\boldsymbol{a}$ 为 $\mathbf{R}^p$ 中任一向量，$u(\boldsymbol{x})=\boldsymbol{a}^{\mathrm{T}}\boldsymbol{x}$ 为 $\boldsymbol{x}$ 向以 $\boldsymbol{a}$ 为法线方向的投影，这时，上述观测值的投影为

$$\begin{array}{c} G_1:\boldsymbol{a}^{\mathrm{T}}\boldsymbol{x}_1^{(1)},\cdots,\boldsymbol{a}^{\mathrm{T}}\boldsymbol{x}_{n_1}^{(1)}\\ \vdots\\ G_k:\boldsymbol{a}^{\mathrm{T}}\boldsymbol{x}_1^{(k)},\cdots,\boldsymbol{a}^{\mathrm{T}}\boldsymbol{x}_{n_k}^{(k)}\end{array}$$

其恰好为一元方差分析的数据，其组间平方和为

$$\text{SSG} = \sum_{i=1}^{k} n_i(\boldsymbol{a}^{\mathrm{T}}\overline{\boldsymbol{x}}^{(i)} - \boldsymbol{a}^{\mathrm{T}}\overline{\boldsymbol{x}})^2 = \boldsymbol{a}^{\mathrm{T}}\left[\sum_{i=1}^{k} n_i(\overline{\boldsymbol{x}}^{(i)} - \overline{\boldsymbol{x}})(\overline{\boldsymbol{x}}^{(i)} - \overline{\boldsymbol{x}})^{\mathrm{T}}\right]\boldsymbol{a} = \boldsymbol{a}^{\mathrm{T}}\boldsymbol{B}\boldsymbol{a}$$

式中，$\boldsymbol{B} = \sum_{i=1}^{k} n_i(\overline{\boldsymbol{x}}^{(i)} - \overline{\boldsymbol{x}})(\overline{\boldsymbol{x}}^{(i)} - \overline{\boldsymbol{x}})^{\mathrm{T}}$，$\overline{\boldsymbol{x}}^{(i)}$ 和 $\overline{\boldsymbol{x}}$ 分别为第 i 组均值和总均值向量。

组内平方和为

$$\begin{aligned}\text{SSE} &= \sum_{i=1}^{k}\sum_{j=1}^{n_i}(\boldsymbol{a}^{\mathrm{T}}\boldsymbol{x}_j^{(i)} - \boldsymbol{a}^{\mathrm{T}}\overline{\boldsymbol{x}}^{(i)})^2 \\ &= \boldsymbol{a}^{\mathrm{T}}\left[\sum_{i=1}^{k}\sum_{j=1}^{n_i}(\boldsymbol{x}_j^{(i)} - \overline{\boldsymbol{x}}^{(i)})(\boldsymbol{x}_j^{(i)} - \overline{\boldsymbol{x}}^{(i)})^{\mathrm{T}}\right]\boldsymbol{a} = \boldsymbol{a}^{\mathrm{T}}\boldsymbol{E}\boldsymbol{a}\end{aligned}$$

式中，$\boldsymbol{E} = \sum_{i=1}^{k}\sum_{j=1}^{n_i}(\boldsymbol{x}_j^{(i)} - \overline{\boldsymbol{x}}^{(i)})(\boldsymbol{x}_j^{(i)} - \overline{\boldsymbol{x}}^{(i)})^{\mathrm{T}}$。如果 k 组均值有显著差异，则

$$F = \frac{\text{SSG}/(k-1)}{\text{SSE}/(n-k)} = \frac{n-k}{k-1}\frac{\boldsymbol{a}^{\mathrm{T}}\boldsymbol{B}\boldsymbol{a}}{\boldsymbol{a}^{\mathrm{T}}\boldsymbol{E}\boldsymbol{a}}$$

应充分大，或者

$$\Delta(\boldsymbol{a}) = \frac{\boldsymbol{a}^{\mathrm{T}}\boldsymbol{B}\boldsymbol{a}}{\boldsymbol{a}^{\mathrm{T}}\boldsymbol{E}\boldsymbol{a}}$$

应充分大。所以可以求 $\boldsymbol{a}$，使得 $\Delta(\boldsymbol{a})$ 达到最大。显然，$\boldsymbol{a}$ 并不唯一，因为如果 $\boldsymbol{a}$ 使 $\Delta(\cdot)$ 达到极大，则 $c\boldsymbol{a}$ 也使 $\Delta(\cdot)$ 达到极大，c 为任意不等于零的实数。$\Delta(\cdot)$ 的极大值为 λ_1，λ_1 是最大特征根，$\boldsymbol{l}_1,\boldsymbol{l}_2,\cdots,\boldsymbol{l}_r$ 为 $|\boldsymbol{B}-\lambda\boldsymbol{E}|$ 的特征向量，当 $\boldsymbol{a}=\boldsymbol{l}_1$ 时，$\Delta(\cdot)$ 最大。由于 $\Delta(\boldsymbol{a})$ 的大小可衡量判别函数 $u(\boldsymbol{x})=\boldsymbol{a}^{\mathrm{T}}\boldsymbol{x}$ 的效果，故称 $\Delta(\boldsymbol{a})$ 为判别效率。综上所述，得到如下的定理。

定理 12.1　费希尔准则下的线性判别函数 $u(\boldsymbol{x})=\boldsymbol{a}^{\mathrm{T}}\boldsymbol{x}$ 的解 $\boldsymbol{a}$ 为方程 $|\boldsymbol{B}-\lambda\boldsymbol{E}|=0$ 的最大特征根 λ_1 所对应的特征向量 $\boldsymbol{l}_1$，相应的判别效率 $\Delta(\boldsymbol{l}_1)=\lambda_1$。

在有些问题中，仅用一个线性判别函数不能很好地区分各个总体，可取 λ_2 对应的特征向量 $\boldsymbol{l}_2$，建立第二个判别函数 $\boldsymbol{l}_2^{\mathrm{T}}\boldsymbol{x}$。如还不够，可建立第三个线性判别函数 $\boldsymbol{l}_3^{\mathrm{T}}\boldsymbol{x}$，以此类推。

目前，我们仅仅给出了费希尔准则下的判别函数，没有给出判别规则。前面曾讲过，在费希尔准则下的判别函数并不唯一，若 $u(x)=\boldsymbol{l}^{\mathrm{T}}\boldsymbol{x}$ 为判别函数，则 $au(\boldsymbol{x})+\beta$ 与 $u(\boldsymbol{x})$ 具有相同判别效率。不唯一性对于制定判别规则并没有影响，可从中任取一个。一旦取定了判别函数，根据它就可以确定判别规则。

第 13 章　主成分分析

主成分分析（principal components analysis）也称主分量分析，是由霍特林于 1933 年首先提出的。主成分分析是利用降维的思想，在损失很少信息的前提下，把多个指标转化为几个综合指标的多元统计方法。通常把转化生成的综合指标称为主成分，其中每个主成分都是原始变量的线性组合，且各个主成分之间互不相关，使得主成分比原始变量具有某些更优越的性能。这样在研究复杂问题时就可以只考虑少数几个主成分而不至于损失太多信息，从而更容易抓住主要矛盾，揭示事物内部变量之间的规律性，同时使问题得到简化，提高分析效率。

本章主要介绍主成分分析的基本理论和方法以及主成分分析的计算步骤。

13.1　主成分分析的基本原理

13.1.1　主成分分析的基本思想

在对某一事物进行实证研究时，为了更全面、准确地反映事物的特征及其发展规律，人们往往要考虑与其有关系的多个指标。这样就产生了如下问题：一方面人们为了避免遗漏重要的信息而考虑尽可能多的指标，另一方面考虑指标的增多增加了问题的复杂性，同时由于各指标均是对同一事物的反映，不可避免地造成信息的大量重叠，这种信息的重叠有时甚至会掩盖事物的真正特征与内在规律。基于上述问题，人们希望在定量研究中涉及的变量较少，而得到的信息量又较多。主成分分析正是研究如何通过初始变量的少数几个线性组合来解释初始变量绝大多数信息的一种多元统计方法。

既然研究某一问题涉及的众多变量之间有一定的相关性，就必然存在着起支配作用的共同因素。根据这一点，通过对初始变量相关矩阵或协方差矩阵内部结构的研究，利用初始变量的线性组合形成几个综合指标（主成分），在保留初始变量主要信息的前提下起到降维与简化问题的作用，使得在研究复杂问题时更容易抓住主要矛盾。一般来说，利用主成分分析得到的主成分与初始变量之间有如下基本关系：

（1）每一个主成分都是各初始变量的线性组合。

（2）主成分的数目远远少于初始变量的数目。

（3）主成分保留了初始变量的绝大多数信息。

（4）各主成分之间互不相关。

通过主成分分析，可以从事物之间错综复杂的关系中找出一些主要成分，从而能有效利用大量统计数据进行定量分析，揭示变量之间的内在关系，得到对事物特征及其发展规律的一些深层次的启发。

13.1.2　主成分分析的基本理论

设对某一事物的研究涉及 p 个指标，分别用 $X_1, X_2, \cdots, X_p$ 表示，其构成的 p 维随机向量为

$\boldsymbol{X}=(X_1,X_2,\cdots,X_p)^{\mathrm{T}}$。设随机向量 $\boldsymbol{X}$ 的均值为 $\boldsymbol{\mu}$，协方差矩阵为 $\boldsymbol{\Sigma}$。

对 $\boldsymbol{X}$ 进行线性变换，可以形成新的综合变量，用 $\boldsymbol{Y}$ 表示，也就是说，新的综合变量可以由原来的变量线性表示，即

$$\begin{cases} Y_1=u_{11}X_1+u_{21}X_2+\cdots+u_{p1}X_p \\ Y_2=u_{12}X_1+u_{22}X_2+\cdots+u_{p2}X_p \\ \quad\vdots \\ Y_p=u_{1p}X_1+u_{2p}X_2+\cdots+u_{pp}X_p \end{cases} \tag{13.1}$$

由于可以任意地对初始变量进行上述线性变换，由不同的线性变换得到的综合变量 $\boldsymbol{Y}$ 的统计特性也不尽相同。因此为了取得较好的效果，我们总是希望 $Y_i=\boldsymbol{u}_i^{\mathrm{T}}\boldsymbol{X}$ 的方差尽可能大且各 Y_i 之间相互独立，由于

$$\mathrm{Var}(Y_i)=\mathrm{Var}(\boldsymbol{u}_i^{\mathrm{T}}\boldsymbol{X})=\boldsymbol{u}_i^{\mathrm{T}}\boldsymbol{\Sigma}\boldsymbol{u}_i$$

对任意的常数 c，有

$$\mathrm{Var}(c\boldsymbol{u}_i^{\mathrm{T}}\boldsymbol{X})=c^2\boldsymbol{u}_i^{\mathrm{T}}\boldsymbol{\Sigma}\boldsymbol{u}_i$$

因此对 $\boldsymbol{u}_i$ 不加限制时，可使 $\mathrm{Var}(Y_i)$ 任意增大，问题将变得没有意义。因此给出如下约束：

（1）$\boldsymbol{u}_i^{\mathrm{T}}\boldsymbol{u}_i=1(i=1,2,\cdots,p)$；

（2）Y_i 与 Y_j 相互无关$(i\neq j;i,j=1,2,\cdots,p)$；

（3）Y_1 是 $X_1,X_2,\cdots,X_p$ 的一切满足（1）的线性组合中方差最大者；Y_2 是与 Y_1 不相关的 $X_1,X_2,\cdots,X_p$ 的所有线性组合中方差最大者；$\cdots$；Y_p 是与 $Y_1,Y_2,\cdots,Y_{p-1}$ 都不相关的 $X_1,X_2,\cdots,X_p$ 的所有线性组合中方差最大者。

基于以上三条原则确定的综合变量 $Y_1,Y_2,\cdots,Y_p$ 分别称为原始变量的第 1 个，第 2 个，…，第 p 个主成分。其中，各主成分在总方差中所占的比重依次递减。在实际研究工作中，通常只挑选前几个方差最大的主成分，从而达到简化系统结构、抓住问题实质的目的。

13.1.3　主成分分析的几何意义

由 13.1.1 节知道，在处理涉及多个指标问题的时候，为了提高分析的效率，可以不直接对 p 个指标构成的 p 维随机向量 $\boldsymbol{X}=(X_1,X_2,\cdots,X_p)^{\mathrm{T}}$ 进行分析，而是先对向量 $\boldsymbol{X}$ 进行线性变换，形成少数几个新的综合变量 $Y_1,Y_2,\cdots,Y_p$，使得各综合变量之间相互独立且能解释初始变量尽可能多的信息，这样，在以损失很少信息为代价的前提下，达到简化数据结构、提高分析效率的目的。本节着重讨论主成分分析的几何意义。为了方便，仅在二维空间中进行讨论，所得结论可以很容易地扩展到多维的情况。

设有 N 个样品，每个样品有两个观测变量 X_1,X_2。这样，在由变量 X_1，X_2 组成的坐标空间中，N 个样品散布的情况为带状，如图 13.1 所示。

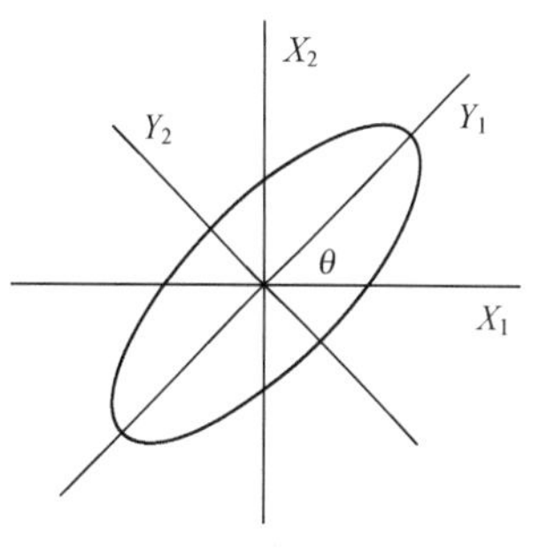

图 13.1　样品散布情况

由图可以看出，这 N 个样品无论沿 X_1 轴方向还是沿 X_2 轴方向，均有较大的离散性，其离散程度可以分别用观测变量 X_1 的方差和 X_2 的方差定量地表示。显然，若只考虑 X_1 和 X_2 中的任何一个，原始数据中的信息均会有较大的损失。我们的目的是考虑 X_1 和 X_2 的线性组合，使原始样本数据可以由新的变量 Y_1 和 Y_2 来刻画。在几何上表示就是将坐标轴按逆时针方向旋转 θ，得

到新坐标轴 Y_1 和 Y_2，坐标旋转公式如下：

$$\begin{cases} Y_1 = X_1\cos\theta + X_2\sin\theta \\ Y_2 = -X_1\sin\theta + X_2\cos\theta \end{cases}$$

其矩阵形式为

$$\begin{pmatrix} Y_1 \\ Y_2 \end{pmatrix} = \begin{pmatrix} \cos\theta & \sin\theta \\ -\sin\theta & \cos\theta \end{pmatrix}\begin{pmatrix} X_1 \\ X_2 \end{pmatrix} = \boldsymbol{UX}$$

式中，$\boldsymbol{U}$ 为旋转变换矩阵，由上式可知它是正交阵，即满足

$$\boldsymbol{U}^{\mathrm{T}} = \boldsymbol{U}^{-1}, \quad \boldsymbol{U}^{\mathrm{T}}\boldsymbol{U} = \boldsymbol{I}$$

经过这样的旋转之后，N 个样品点在 Y_1 轴上的离散程度最大，变量 Y_1 代表了原始数据的绝大部分信息，这样，有时在研究实际问题时，即使不考虑变量 Y_2 也不会有较大的损失。因此，经过上述旋转变换就可以把原始数据的信息集中到 Y_1 轴上，对数据中包含的信息起到了浓缩的作用。主成分分析的目的就是找出变换矩阵 $\boldsymbol{U}$。下面用服从正态分布的变量进行分析，以使主成分分析的几何意义更为明显。为方便起见，以二元正态分布为例。对于多元正态总体的情况，也可以得到类似的结论。

设变量 X_1，X_2 服从二元正态分布，其概率密度函数为

$$f(X_1, X_2) = \frac{1}{2\pi\sigma_1\sigma_2\sqrt{1-\rho^2}}\exp\left\{-\frac{1}{2\sigma_1^2\sigma_2^2\sqrt{1-\rho^2}}[\sigma_2^2(X_1-\mu_1)^2 - 2\sigma_1\sigma_2\rho(X_1-\mu_1)(X_2-\mu_2) + \sigma_1^2(X_2-\mu_2)^2]\right\}$$

令 $\boldsymbol{\Sigma}$ 为变量 X_1，X_2 的协方差矩阵，其形式如下：

$$\boldsymbol{\Sigma} = \begin{pmatrix} \sigma_1^2 & \rho\sigma_1\sigma_2 \\ \rho\sigma_1\sigma_2 & \sigma_2^2 \end{pmatrix}$$

令 $\boldsymbol{X} = \begin{pmatrix} X_1 \\ X_2 \end{pmatrix}$，$\boldsymbol{\mu} = \begin{pmatrix} \mu_1 \\ \mu_2 \end{pmatrix}$，则上述二元正态分布的密度函数有如下矩阵形式：

$$f(X_1, X_2) = \frac{1}{2\pi|\boldsymbol{\Sigma}|^{1/2}}\mathrm{e}^{-1/2(\boldsymbol{X}-\boldsymbol{\mu})^{\mathrm{T}}\boldsymbol{\Sigma}^{-1}(\boldsymbol{X}-\boldsymbol{\mu})}$$

考虑$(\boldsymbol{X}-\boldsymbol{\mu})^{\mathrm{T}}\boldsymbol{\Sigma}^{-1}(\boldsymbol{X}-\boldsymbol{\mu}) = d^2$（$d$ 为常数），为方便，不妨设 $\boldsymbol{\mu} = \boldsymbol{0}$，上式有如下展开形式：

$$\frac{1}{1-\rho^2}\left(\left(\frac{X_1}{\sigma_1}\right)^2 - 2\rho\left(\frac{X_1}{\sigma_1}\right)\left(\frac{X_2}{\sigma_2}\right) + \left(\frac{X_2}{\sigma_2}\right)^2\right) = d^2$$

令 $Z_1 = X_1/\sigma_1$，$Z_2 = X_2/\sigma_2$，则上面的方程变为

$$Z_1^2 - 2\rho Z_1 Z_2 + Z_2^2 = d^2(1-\rho^2)$$

这是一个椭圆的方程，长、短轴分别为 $2d\sqrt{1\pm\rho}$。

又令 $\lambda_1 \geqslant \lambda_2 > 0$ 为 $\boldsymbol{\Sigma}$ 的特征根，$\boldsymbol{\gamma}_1$，$\boldsymbol{\gamma}_2$ 为相应的标准正交特征向量。$\boldsymbol{P} = (\boldsymbol{\gamma}_1, \boldsymbol{\gamma}_2)$，则 $\boldsymbol{P}$ 为正交阵，$\boldsymbol{\Lambda} = \begin{pmatrix} \lambda_1 & 0 \\ 0 & \lambda_2 \end{pmatrix}$，有

$$\boldsymbol{\Sigma} = \boldsymbol{P\Lambda P}^{\mathrm{T}}, \quad \boldsymbol{\Sigma}^{-1} = \boldsymbol{P\Lambda}^{-1}\boldsymbol{P}^{\mathrm{T}}$$

因此有

$$d^2 = (\boldsymbol{X}-\boldsymbol{\mu})^{\mathrm{T}}\boldsymbol{\Sigma}^{-1}(\boldsymbol{X}-\boldsymbol{\mu}) = \boldsymbol{X}^{\mathrm{T}}\boldsymbol{\Sigma}^{-1}\boldsymbol{X} \quad (\boldsymbol{\mu} = \boldsymbol{0})$$

$$=\boldsymbol{X}^{\mathrm{T}}(\boldsymbol{P}\boldsymbol{\Lambda}^{-1}\boldsymbol{P}^{\mathrm{T}})\boldsymbol{X}=\boldsymbol{X}^{\mathrm{T}}\left(\frac{1}{\lambda_1}\boldsymbol{\gamma}_1\boldsymbol{\gamma}_1^{\mathrm{T}}+\frac{1}{\lambda_2}\boldsymbol{\gamma}_2\boldsymbol{\gamma}_2^{\mathrm{T}}\right)\boldsymbol{X}$$

$$=\frac{1}{\lambda_1}(\boldsymbol{\gamma}_1^{\mathrm{T}}\boldsymbol{X})^2+\frac{1}{\lambda_2}(\boldsymbol{\gamma}_2^{\mathrm{T}}\boldsymbol{X})^2$$

$$=\frac{Y_1^2}{\lambda_1}+\frac{Y_2^2}{\lambda_2}$$

与上面一样，这也是一个椭圆方程，且在 Y_1,Y_2 构成的坐标系中，其主轴的方向恰恰是 Y_1,Y_2 坐标轴的方向。因为 $Y_1=\boldsymbol{\gamma}_1^{\mathrm{T}}\boldsymbol{X}$，$Y_2=\boldsymbol{\gamma}_2^{\mathrm{T}}\boldsymbol{X}$，所以，$Y_1,Y_2$ 就是初始变量 X_1,X_2 的两个主成分，它们的方差分别为 λ_1,λ_2，在 Y_1 方向上集中了初始变量 X_1 的变差，在 Y_2 方向上集中了初始变量 X_2 的变差，经常有 λ_1 远大于 λ_2，这样，就可以只研究初始数据在 Y_1 方向上的变化而不至于损失过多信息，而 $\boldsymbol{\gamma}_1,\boldsymbol{\gamma}_2$ 就是椭圆在初始坐标系中的主轴方向，也是坐标轴转换的系数向量。对于多维的情况，上面的结论依然成立。

这样，我们就对主成分分析的几何意义有了一个充分的了解。主成分分析的过程就是坐标系旋转的过程，各主成分表达式就是新坐标系与原坐标系的转换关系，在新坐标系中，各坐标轴的方向就是原始数据变差最大的方向。

13.2　总体主成分及其性质

由上面的讨论可知，求解主成分的过程就是求满足三个原则的初始变量 $X_1,X_2,\cdots,X_p$ 的线性组合的过程。本节介绍求解主成分的一般方法及主成分的性质，13.3 节介绍样本主成分的导出。

主成分分析的基本思想就是在保留初始变量尽可能多的信息的前提下达到降维的目的，从而简化问题的复杂性。这里对于随机变量 $X_1,X_2,\cdots,X_p$ 而言，其协方差矩阵或相关矩阵正是对各变量离散程度与变量之间的相关程度的信息的反映，而相关矩阵不过是将原始变量标准化后的协方差矩阵。而保留初始变量尽可能多的信息，是指生成的较少的综合变量（主成分）的方差和尽可能接近原始变量方差的总和。因此在实际求解主成分的时候，总是从初始变量的协方差矩阵或相关矩阵的结构分析入手。一般来说，从初始变量的协方差矩阵出发求得的主成分与从初始变量的相关矩阵出发求得的主成分是不同的。下面分别就协方差矩阵与相关矩阵进行讨论。

13.2.1　从协方差矩阵出发求解主成分

引论：设矩阵 $\boldsymbol{A}^{\mathrm{T}}=\boldsymbol{A}$，将 $\boldsymbol{A}$ 的特征值 $\lambda_1,\lambda_2,\cdots,\lambda_p$ 依大小顺序排列，不妨设 $\lambda_1\geqslant\lambda_2\geqslant\cdots\geqslant\lambda_p$，$\boldsymbol{\gamma}_1,\boldsymbol{\gamma}_2,\cdots,\boldsymbol{\gamma}_p$ 为矩阵 $\boldsymbol{A}$ 的各特征根对应的标准正交特征向量，则对任意向量 $\boldsymbol{x}$，有

$$\max_{\boldsymbol{x}\neq\boldsymbol{0}}\frac{\boldsymbol{x}^{\mathrm{T}}\boldsymbol{A}\boldsymbol{x}}{\boldsymbol{x}^{\mathrm{T}}\boldsymbol{x}}=\lambda_1,\quad \min_{\boldsymbol{x}\neq\boldsymbol{0}}\frac{\boldsymbol{x}^{\mathrm{T}}\boldsymbol{A}\boldsymbol{x}}{\boldsymbol{x}^{\mathrm{T}}\boldsymbol{x}}=\lambda_n \tag{13.2}$$

结论：设随机向量 $\boldsymbol{X}=(X_1,X_2,\cdots,X_p)^{\mathrm{T}}$ 的协方差矩阵为 $\boldsymbol{\Sigma}$，$\lambda_1,\lambda_2,\cdots,\lambda_p(\lambda_1\geqslant\lambda_2\geqslant\cdots\geqslant\lambda_p)$ 为 $\boldsymbol{\Sigma}$ 的特征根，$\boldsymbol{\gamma}_1,\boldsymbol{\gamma}_2,\cdots,\boldsymbol{\gamma}_p$ 为矩阵 $\boldsymbol{A}$ 的各特征根对应的标准正交特征向量，则第 i 个主成分为

$$Y_i=\gamma_{1i}X_1+\gamma_{2i}X_2+\cdots+\gamma_{pi}X_p,\quad i=1,2,\cdots,p$$

此时

$$\mathrm{Var}(Y_i)=\boldsymbol{\gamma}_i^{\mathrm{T}}\boldsymbol{\Sigma}\boldsymbol{\gamma}_i=\lambda_i$$
$$\mathrm{Cov}(Y_i,Y_j)=\boldsymbol{\gamma}_i^{\mathrm{T}}\boldsymbol{\Sigma}\boldsymbol{\gamma}_j=0,\quad i\neq j \tag{13.3}$$

令 $\boldsymbol{P}=(\boldsymbol{\gamma}_1,\boldsymbol{\gamma}_2,\cdots,\boldsymbol{\gamma}_p)$，$\boldsymbol{\Lambda}=\mathrm{diag}(\lambda_1,\lambda_2,\cdots,\lambda_p)$。

由以上结论，把 $X_1,X_2,\cdots,X_p$ 的协方差矩阵 $\boldsymbol{\Sigma}$ 的特征根 $\lambda_1,\lambda_2,\cdots,\lambda_p(\lambda_1\geqslant\lambda_2\geqslant\cdots\geqslant\lambda_p>0)$ 对应的标准化特征向量 $\boldsymbol{\gamma}_1,\boldsymbol{\gamma}_2,\cdots,\boldsymbol{\gamma}_p$ 分别作为系数向量，$Y_1=\boldsymbol{\gamma}_1^{\mathrm{T}}\boldsymbol{X},Y_2=\boldsymbol{\gamma}_2^{\mathrm{T}}\boldsymbol{X},\cdots,Y_p=\boldsymbol{\gamma}_p^{\mathrm{T}}\boldsymbol{X}$ 分别称为随机向量 $\boldsymbol{X}$ 的第一主成分，第二主成分，…，第 p 主成分。$\boldsymbol{Y}$ 的分量 $Y_1,Y_2,\cdots,Y_p$ 依次是 $\boldsymbol{X}$ 的第一主成分，第二主成分，…，第 p 主成分的充分必要条件是：

(1) $\boldsymbol{Y}=\boldsymbol{P}^{\mathrm{T}}\boldsymbol{X}$，即 $\boldsymbol{P}$ 为 p 阶正交矩阵；

(2) $\boldsymbol{Y}$ 的分量之间互不相关，即 $D(\boldsymbol{Y})=\mathrm{diag}(\lambda_1,\lambda_2,\cdots,\lambda_p)$；

(3) $\boldsymbol{Y}$ 的 p 个分量按方差由大到小排列，即 $\lambda_1\geqslant\lambda_2\geqslant\cdots\geqslant\lambda_p$。

注：无论 $\boldsymbol{\Sigma}$ 的各特征值是否存在相等的情况，对应的标准化特征向量 $\boldsymbol{\gamma}_1,\boldsymbol{\gamma}_2,\cdots,\boldsymbol{\gamma}_p$ 总是存在的，总可以找到对应各特征根的彼此正交的特征向量。这样，求主成分的问题应变成求特征根与特征向量的问题。

13.2.2 主成分的性质

性质 1 $\boldsymbol{Y}$ 的协方差矩阵为对角阵 $\boldsymbol{\Lambda}$。

这一性质可由上述结论较易得到，证明略。

性质 2 记 $\boldsymbol{\Sigma}=(\sigma_{ij})_{p\times p}$，有 $\sum_{i=1}^{p}\lambda_i=\sum_{i=1}^{p}\sigma_{ii}$。

证明 由 $\boldsymbol{P}=(\boldsymbol{\gamma}_1,\boldsymbol{\gamma}_2,\cdots,\boldsymbol{\gamma}_p)$，则有

$$\boldsymbol{\Sigma}=\boldsymbol{P}\boldsymbol{\Lambda}\boldsymbol{P}^{\mathrm{T}}$$

于是

$$\sum_{i=1}^{p}\sigma_{ii}=\mathrm{tr}(\boldsymbol{\Sigma})=\mathrm{tr}(\boldsymbol{P}\boldsymbol{\Lambda}\boldsymbol{P}^{\mathrm{T}})=\mathrm{tr}(\boldsymbol{\Lambda}\boldsymbol{P}^{\mathrm{T}}\boldsymbol{P})=\mathrm{tr}(\boldsymbol{\Lambda})=\sum_{i=1}^{p}\lambda_i$$

定义 13.1 称 $\alpha_k=\dfrac{\lambda_k}{\lambda_1+\lambda_2+\cdots+\lambda_p}(k=1,2,\cdots,p)$ 为第 k 个主成分 Y_k 的方差贡献率，称 $\dfrac{\sum_{i=1}^{m}\lambda_i}{\sum_{i=1}^{p}\lambda_i}$ 为主成分 $Y_1,Y_2,\cdots,Y_m$ 的累积贡献率。

由此可知，主成分分析是把 p 个随机变量的总方差 $\sum_{i=1}^{p}\sigma_{ii}$ 分解为 p 个不相关的随机变量的方差之和，使第一主成分的方差达到最大。第一主成分是以变化最大的方向向量各分量为系数的初始变量的线性函数，最大方差为 λ_1。$\alpha_1=\dfrac{\lambda_1}{\sum\lambda_i}$ 表明了 λ_1 的方差在全部方差中的比值，称 α_1 为第一主成分的贡献率。这个值越大，表明 Y_1 这个新变量综合 $X_1,X_2,\cdots,X_p$ 信息的能力越强，也即由 Y_1 的差异来解释随机向量 $\boldsymbol{X}$ 的差异的能力越强。正因如此，才把 Y_1 称为 $\boldsymbol{X}$ 的主成分，进而说明了为什么主成分的位次是按特征根 $\lambda_1,\lambda_2,\cdots,\lambda_p$ 取值的大小排序的。

进行主成分分析的目的之一是减少变量的个数，所以一般不会取 p 个主成分，而是取 m $(m<p)$ 个主成分。m 取多少比较合适，是一个很实际的问题，通常以所取 m 使得累积贡献率

达到 85%以上为宜，即

$$\frac{\sum_{i=1}^{m}\lambda_i}{\sum_{i=1}^{p}\lambda_i} \geqslant 85\% \tag{13.4}$$

这样，既能使信息损失不太多，又能达到减少变量、简化问题的目的。另外，选取主成分还可根据特征根的变化来确定。图 13.2 所示为 SPSS 统计软件生成的碎石图。

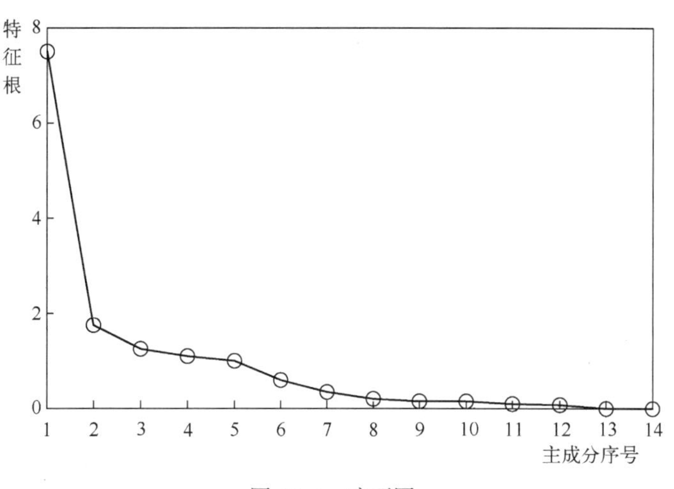

图 13.2　碎石图

由图 13.2 可知，第二个及第三个特征根变化的趋势已经开始趋于平稳，所以，取前两个或前三个主成分是比较合适的。这种方法确定的主成分个数与按累积贡献率确定的主成分个数往往是一致的。在实际应用中，有些研究工作者习惯于保留特征根大于 1 的那些主成分，但这种方法缺乏完善的理论支持。在大多数情况下，当 $m=3$ 时即可使所选主成分保持信息总量的比重达到 85%以上。

定义 13.2　第 k 个主成分 Y_k 与原始变量 X_i 的相关系数 $\rho(Y_k, X_i)$ 称为因子负荷量。

因子负荷量是主成分解释中非常重要的解释依据，因子负荷量的绝对值大小刻画了该主成分的主要意义及其成因。在第 14 章中还将对因子负荷量的统计意义给出更详细的解释。由下面的性质可以看到，因子负荷量与系数向量成正比。

性质 3

$$\rho(Y_k, X_i) = \gamma_{ik}\sqrt{\lambda_k}/\sqrt{\sigma_{ii}},\ k,i=1,2,\cdots,p \tag{13.5}$$

证明　$\sqrt{\mathrm{Var}(Y_k)} = \sqrt{\lambda_k}$，　$\sqrt{\mathrm{Var}(X_i)} = \sqrt{\sigma_{ii}}$，令 $\boldsymbol{e}_i = (0,\cdots,0,1,0,\cdots,0)^{\mathrm{T}}$ 为单位向量，则

$$X_i = \boldsymbol{e}_i^{\mathrm{T}}\boldsymbol{X}$$

又

$$Y_k = \boldsymbol{\gamma}_k^{\mathrm{T}}\boldsymbol{X}$$

于是

$$\mathrm{Cov}(Y_k, X_i) = \mathrm{Cov}(\boldsymbol{\gamma}_k^{\mathrm{T}}\boldsymbol{X}, \boldsymbol{e}_i^{\mathrm{T}}\boldsymbol{X}) = \boldsymbol{e}_i^{\mathrm{T}}D(\boldsymbol{X})\boldsymbol{\gamma}_k = \boldsymbol{e}_i^{\mathrm{T}}\boldsymbol{\Sigma}\boldsymbol{\gamma}_k = \lambda_k\boldsymbol{e}_i^{\mathrm{T}}\boldsymbol{\gamma}_k = \lambda_k\gamma_{ik}$$

$$\rho(Y_k, X_i) = \frac{\mathrm{Cov}(Y_k, X_i)}{\sqrt{\mathrm{Var}(Y_k)}\sqrt{\mathrm{Var}(X_i)}} = \frac{\gamma_{ik}\sqrt{\lambda_k}}{\sqrt{\sigma_{ii}}}$$

由性质 3 知，因子负荷量 $\rho(Y_k,X_i)$ 与系数 γ_{ik} 成正比，与 X_i 的标准差成反比，因此，绝不能将因子负荷量与系数向量混为一谈。在解释主成分的成因或第 i 个变量对第 k 个主成分的重要性时，应当根据因子负荷量而不能仅仅根据 Y_k 与 X_i 的变换系数 γ_{ik}。

性质 4

$$\sum_{i=1}^{p}\rho^2(Y_k,X_i)\sigma_{ii}=\lambda_k \tag{13.6}$$

证明 由性质 3 有

$$\sum_{i=1}^{p}\rho^2(Y_k,X_i)\sigma_{ii}=\sum_{i=1}^{p}\lambda_k\gamma_{ik}^2=\lambda_k\sum_{i=1}^{p}\gamma_{ik}^2=\lambda_k \tag{13.7}$$

性质 5 $\sum_{i=1}^{p}\rho^2(Y_k,X_i)=\dfrac{1}{\sigma_{ii}}\sum_{i=1}^{p}\lambda_k\gamma_{ik}^2=1$。

证明 因为向量 $\boldsymbol{Y}$ 是随机向量 $\boldsymbol{X}$ 的线性组合，因此 X_i 也可以精确表示成 $Y_1,Y_2,\cdots,Y_p$ 的线性组合。由回归分析相关知识可知，X_i 与 $Y_1,Y_2,\cdots,Y_p$ 的全相关系数的平方和等于 1，因为 $Y_1,Y_2,\cdots,Y_p$ 之间互不相关，所以 X_i 与 $Y_1,Y_2,\cdots,Y_p$ 的全相关系数的平方和为 $\sum_{i=1}^{p}\rho^2(Y_k,X_i)$，因此，性质 5 成立。

定义 13.3 X_i 与前 m 个主成分 $Y_1,Y_2,\cdots,Y_m$ 的全相关系数平方和称为 $Y_1,Y_2,\cdots,Y_m$ 对原始变量 X_i 的方差贡献率 v_i，即

$$v_i=\frac{1}{\sigma_{ii}}\sum_{k=1}^{m}\lambda_k\gamma_{ik}^2,\quad i=1,2,\cdots,p \tag{13.8}$$

这一定义说明了前 m 个主成分提取了原始变量 X_i 中 v_i 的信息，由此可以判断提取的主成分解释说明原始变量的能力。

13.2.3 从相关矩阵出发求解主成分

考虑如下的数学变换：

令

$$Z_i=\frac{X_i-\mu_i}{\sqrt{\sigma_{ii}}},\quad i=1,2,\cdots,p$$

式中，μ_i 和 σ_{ii} 分别表示变量 X_i 的期望和方差。于是有

$$E(Z_i)=0,\quad \mathrm{Var}(Z_i)=1$$

令

$$\boldsymbol{\Sigma}^{1/2}=\begin{pmatrix}\sqrt{\sigma_{11}} & 0 & \cdots & 0\\ 0 & \sqrt{\sigma_{22}} & \cdots & 0\\ \vdots & \vdots & & \vdots\\ 0 & 0 & \cdots & \sqrt{\sigma_{pp}}\end{pmatrix}$$

于是，对原始变量 $\boldsymbol{X}$ 进行如下标准化：

$$\boldsymbol{Z}=(\boldsymbol{\Sigma}^{1/2})^{-1}(\boldsymbol{X}-\boldsymbol{\mu})$$

经过上述标准化后，显然有

$$E(\boldsymbol{Z})=\boldsymbol{0}$$

$$\mathrm{Cov}(\boldsymbol{Z})=(\boldsymbol{\Sigma}^{1/2})^{-1}\boldsymbol{\Sigma}(\boldsymbol{\Sigma}^{1/2})^{-1}=\begin{pmatrix}1 & \rho_{12} & \cdots & \rho_{1p}\\ \rho_{12} & 1 & \cdots & \rho_{2p}\\ \vdots & \vdots & & \vdots\\ \rho_{1p} & \rho_{2p} & \cdots & 1\end{pmatrix}=\boldsymbol{R}$$

由于上面的变换过程，原始变量 $X_1,X_2,\cdots,X_p$ 的相关矩阵实际上就是对原始变量标准化后的协方差矩阵，因此，由相关矩阵求主成分的过程和主成分个数的确定准则实际上是与由协方差矩阵出发去求主成分的过程和主成分个数的确定准则相一致的，在此不再赘述。仍用 λ_i，$\boldsymbol{\gamma}_i$ 分别表示相关矩阵 $\boldsymbol{R}$ 的特征根与对应的标准正交特征向量，此时，求得的主成分与原始变量的关系式为

$$Y_i=\boldsymbol{\gamma}_i^{\mathrm{T}}\boldsymbol{Z}=\boldsymbol{\gamma}_i^{\mathrm{T}}(\boldsymbol{\Sigma}^{1/2})^{-1}(\boldsymbol{X}-\boldsymbol{\mu}),\quad i=1,2,\cdots,p \tag{13.9}$$

13.2.4　由相关矩阵求主成分时主成分性质的简单形式

由相关矩阵出发所求得的主成分仍然具有上述的各种性质，不同的是在形式上要简单，这是由相关矩阵 $\boldsymbol{R}$ 的特性决定的。根据相关矩阵得到的主成分性质总结如下：

（1）$\boldsymbol{Y}$ 的协方差矩阵为对角阵 $\boldsymbol{\Lambda}$；

（2）$\sum_{i=1}^{p}\mathrm{Var}(Y_i)=\mathrm{tr}(\boldsymbol{\Lambda})=\mathrm{tr}(\boldsymbol{R})=p=\sum_{i=1}^{p}\mathrm{Var}(Z_i)$；

（3）第 k 个主成分的方差占总方差的比例，即第 k 个主成分的方差贡献率为 $\alpha_k=\lambda_k/p$，前 m 个主成分的累积方差贡献率为 $\sum_{i=1}^{m}\lambda_i/p$；

（4）$\rho(Y_k,Z_i)=\gamma_{ik}\sqrt{\lambda_k}$。

注意到 $\mathrm{Var}(Z_i)=1$，且 $\mathrm{tr}(\boldsymbol{R})=p$，结合前面从协方差矩阵出发求主成分部分时主成分性质的说明，可以很容易地得出上述性质。虽然主成分的性质在这里有更简单的形式，但应注意其实质与前面的结论并没有区别。需要注意的一点是，判断主成分的成因或原始变量（这里，原始变量指的是标准化以后的随机向量 $\boldsymbol{Z}$）对主成分的重要性有更简单的方法，因为由上面第（4）条性质知，这里因子负荷量仅依赖于由 Z_i 到 Y_k 的转换向量系数 γ_{ik}（因为对不同的 Z_i，因子负荷量表达式的后半部分 $\sqrt{\lambda_k}$ 是固定的）。

13.3　样本主成分的导出

在实际研究工作中，总体协方差矩阵 $\boldsymbol{\Sigma}$ 与相关矩阵 $\boldsymbol{R}$ 通常是未知的，因此需要通过样本数据来估计。设有 n 个样品，每个样品有 p 个指标，这样共得到 np 个数据，原始资料矩阵如下：

$$\boldsymbol{X}=\begin{pmatrix} x_{11} & x_{12} & \cdots & x_{1p} \\ x_{21} & x_{22} & \cdots & x_{2p} \\ \vdots & \vdots & & \vdots \\ x_{n1} & x_{n2} & \cdots & x_{np} \end{pmatrix}$$

记

$$\boldsymbol{S}=\frac{1}{n-1}\sum_{k=1}^{n}(x_{ki}-\bar{x}_i)(x_{ki}-\bar{x}_i)^{\mathrm{T}}$$

$$\bar{x}_i=\frac{1}{n}\sum_{k=1}^{n}x_{ki},\quad i=1,2,\cdots,p$$

$$\boldsymbol{R}=(r_{ij})_{p\times p},\quad r_{ij}=\frac{S_{ij}}{\sqrt{S_{ii}S_{jj}}}$$

$\boldsymbol{S}$ 为样本协方差矩阵，作为总体协方差矩阵 $\boldsymbol{\Sigma}$ 的无偏估计；$\boldsymbol{R}$ 为样本相关矩阵，是总体相关矩阵的估计。由前面的讨论知，若原始资料阵 $\boldsymbol{X}$ 是经过标准化处理的，则由矩阵 $\boldsymbol{X}$ 求得的协方差矩阵就是相关矩阵，即 $\boldsymbol{S}$ 与 $\boldsymbol{R}$ 完全相同。因为由协方差矩阵求解主成分的过程与由相关矩阵出发求解主成分的过程是一致的，所以下面仅介绍由相关矩阵 $\boldsymbol{R}$ 出发求解主成分。

根据总体主成分的定义，主成分 $\boldsymbol{Y}$ 的协方差是

$$\mathrm{Cov}(\boldsymbol{Y})=\boldsymbol{\Lambda}$$

式中，$\boldsymbol{\Lambda}$ 为对角矩阵：

$$\boldsymbol{\Lambda}=\begin{pmatrix}\lambda_1 & 0 & 0 & \cdots & 0\\ 0 & \lambda_2 & 0 & \cdots & 0\\ 0 & 0 & \lambda_3 & \cdots & 0\\ \vdots & \vdots & \vdots & & \vdots\\ 0 & 0 & 0 & \cdots & \lambda_p\end{pmatrix}$$

假定资料矩阵 $\boldsymbol{X}$ 为已标准化后的数据矩阵，则可由相关矩阵代替协方差矩阵，于是上式可表示为

$$\boldsymbol{P}^{\mathrm{T}}\boldsymbol{R}\boldsymbol{P}=\boldsymbol{\Lambda}$$

于是，所求得新的综合变量（主成分）的方差 $\lambda_i(i=1,2,\cdots,p)$是

$$|\boldsymbol{R}-\lambda\boldsymbol{I}|=0$$

的 p 个根，λ 为相关矩阵的特征根，相应的各个 γ_{ij}是其特征向量的分量。

因为 $\boldsymbol{R}$ 为正定矩阵，所以其特征根都是非负实数，将它们依大小顺序排列 $\lambda_1\geqslant\lambda_2\geqslant\cdots\geqslant\lambda_p\geqslant 0$，其相应的特征向量记为 $\boldsymbol{\gamma}_1,\boldsymbol{\gamma}_2,\cdots,\boldsymbol{\gamma}_p$，则相对于 Y_1 的方差为

$$\mathrm{Var}(Y_1)=\mathrm{Var}(\boldsymbol{\gamma}_1^{\mathrm{T}}\boldsymbol{X})=\lambda_1$$

同理有

$$\mathrm{Var}(Y_i)=\mathrm{Var}(\boldsymbol{\gamma}_i^{\mathrm{T}}\boldsymbol{X})=\lambda_i$$

即对于 Y_1 有最大方差，Y_2 有次大方差，…，并且协方差为

$$\begin{aligned}\mathrm{Cov}(Y_i,Y_j)&=\mathrm{Cov}(\boldsymbol{\gamma}_i^{\mathrm{T}}\boldsymbol{X},\boldsymbol{\gamma}_j^{\mathrm{T}}\boldsymbol{X})=\boldsymbol{\gamma}_i^{\mathrm{T}}\boldsymbol{R}\boldsymbol{\gamma}_j\\ &=\boldsymbol{\gamma}_i^{\mathrm{T}}\left(\sum_{\alpha=1}^{p}\lambda_\alpha\boldsymbol{\gamma}_\alpha\boldsymbol{\gamma}_\alpha^{\mathrm{T}}\right)\boldsymbol{\gamma}_j\\ &=\sum_{\alpha=1}^{p}\lambda_\alpha(\boldsymbol{\gamma}_i^{\mathrm{T}}\boldsymbol{\gamma}_\alpha)(\boldsymbol{\gamma}_\alpha^{\mathrm{T}}\boldsymbol{\gamma}_j)=0,\quad i\neq j\end{aligned}$$

由此可知，新的综合变量（主成分）$Y_1,Y_2,\cdots,Y_p$ 彼此不相关，并且 Y_i 的方差为 λ_i，则 $Y_1=\boldsymbol{\gamma}_1^{\mathrm{T}}\boldsymbol{X},Y_2=\boldsymbol{\gamma}_2^{\mathrm{T}}\boldsymbol{X},\cdots,Y_p=\boldsymbol{\gamma}_p^{\mathrm{T}}\boldsymbol{X}$ 分别称为第一，第二，…，第 p 个主成分。由上述求主成分的过程可知，主成分在几何图形中的方向实际上就是 $\boldsymbol{R}$ 的特征向量的方向；主成分的方差贡献就等于 $\boldsymbol{R}$ 的相应特征根。这样，利用样本数据求解主成分的过程实际上就转化为求相关矩阵或协方差矩阵的特征根和特征向量的过程。

13.4 有关问题的讨论

13.4.1 关于由协方差矩阵或相关矩阵出发求解主成分

由前面的讨论可知，求解主成分的过程实际上就是对矩阵结构进行分析的过程，也就是求

解特征根的过程。在实际分析过程中，可以从原始数据的协方差矩阵出发，也可以从原始数据的相关矩阵出发，其求主成分的过程是一致的。但是，从协方差矩阵出发和从相关矩阵出发所求得的主成分一般来说是有差别的，而且这种差别有时很大。

一般而言，对于度量单位不同的指标或取值范围彼此差异非常大的指标，不直接由其协方差矩阵出发进行主成分分析，而应该考虑将数据标准化。例如，在对上市公司的财务状况进行分析时，常常会涉及利润总额、市盈率、每股净利率等指标，其中利润总额常常在几十万元到上百万元，市盈率一般在 5~70 之间，而每股净利率在 1 以下，不同指标取值范围相差很大，这时若是直接从协方差矩阵着手进行主成分分析，利润总额将明显起到重要作用，而其他两个指标的作用很难在主成分中体现出来，此时应该考虑对数据进行标准化处理。

但是，对原始数据进行标准化处理后倾向于各个指标的作用在主成分的构成中相等。对于取值范围相差不大或度量相同的指标进行标准化处理后，其主成分分析的结果仍与由协方差矩阵出发求得的结果有较大区别。其原因是对数据进行标准化的过程实际上也就是消除原始变量离散程度差异的过程，标准化后的各变量方差相等，且均为 1，而实际上方差也是对数据信息的重要概括，也就是说，对原始数据进行标准化后去掉了一部分重要信息，因此才使得标准化后各变量在对主成分构成中的作用趋于相等。由此看来，对相同度量或取值范围在同量级的数据，直接从协方差矩阵求解主成分为宜。

对于从什么出发求解主成分，现在还没有一个定论，但是我们应该看到，不考虑实际情况就对数据进行标准化处理或者直接从原始变量的相关矩阵出发求解主成分都有其不足之处。建议在实际工作中分别从不同角度出发求解主成分并研究其结果的差别，观察是否存在明显差异且这种差异产生的原因，以确定用哪种结果更为可信。

13.4.2　主成分分析不要求数据来自正态总体

由上面的讨论可知，无论是从原始变量协方差矩阵出发求解主成分，还是从相关矩阵出发求解主成分，均没有涉及总体分布的问题。也就是说，与很多多元统计方法不同，主成分分析不要求数据来自于正态总体。实际上，主成分分析就是对矩阵结构的分析，其中用到的主要是矩阵运算的技术及矩阵对角化和矩阵的谱分解技术。我们知道，对多元随机变量而言，其协方差矩阵或相关矩阵均是非负定的，这样，就可以按照求解主成分的步骤求出其特征根、标准正交特征向量，进而求出主成分，从而达到减少数据维数的目的。同时，由主成分分析的几何意义可以看到，对来自多元正态总体的数据，我们得到了合理的几何解释，即主成分就是按数据离散程度最大的方向进行坐标轴旋转。

主成分分析的这一特性大大扩展了其应用范围，对多维数据，只要是涉及降维的处理，我们都可以尝试用主成分分析，而不用考虑其分布情况。

13.4.3　主成分分析与重叠信息

首先应当认识到，主成分分析方法适用于变量之间存在较强相关性的数据，如果原始数据相关性较弱，运用主成分分析不能起到很好的降维作用，即所得的各个主成分浓缩原始变量信息的能力差别不大。一般认为，当原始数据大部分变量的相关系数都小于 0.3 时，运用主成分分析不会取得很好的效果。

很多研究者在运用主成分分析方法时，都或多或少地存在对主成分分析消除原始变量重叠信息的期望，这样，在实际工作之初就可以把与某一研究问题相关而可能得到的变量（指标）

都纳入分析过程，再用少数几个主成分浓缩这些有用信息（假定已剔除了重叠信息），然后对主成分进行深入分析。在对待重叠信息方面，生成的新的综合变量（主成分）是有效剔除了原始变量中的重叠信息，还是仅按原来的模式将原始信息中的绝大部分用几个不相关的新变量表示出来，这一点还有待讨论。

为说明这个问题，有必要再回顾一下主成分的求解过程。下面仅从协方差矩阵出发求主成分的过程予以说明，对从相关矩阵出发有类似的情况。

对于 p 维指标的情况，得到其协方差矩阵如下：

$$\boldsymbol{\Sigma}=\begin{pmatrix}\sigma_{11} & \sigma_{12} & \cdots & \sigma_{1p}\\ \sigma_{21} & \sigma_{22} & \cdots & \sigma_{2p}\\ \vdots & \vdots & & \vdots\\ \sigma_{p1} & \sigma_{p2} & \cdots & \sigma_{pp}\end{pmatrix}$$

现在考虑一种极端情况，即有两个指标完全相关，不妨设第一个指标在进行主成分分析时考虑了两次，则协方差矩阵变为

$$\boldsymbol{\Sigma}_1=\begin{pmatrix}\sigma_{11} & \sigma_{11} & \sigma_{12} & \cdots & \sigma_{1p}\\ \sigma_{11} & \sigma_{11} & \sigma_{12} & \cdots & \sigma_{1p}\\ \sigma_{21} & \sigma_{21} & \sigma_{22} & \cdots & \sigma_{2p}\\ \vdots & \vdots & \vdots & & \vdots\\ \sigma_{p1} & \sigma_{p1} & \sigma_{p2} & \cdots & \sigma_{pp}\end{pmatrix}$$

此时主成分分析实际上是由$(p+1)\times(p+1)$矩阵 $\boldsymbol{\Sigma}_1$ 进行。$\boldsymbol{\Sigma}_1$ 的行列式的值为零但仍满足非负定，只不过其最小的特征值为零，由 $\boldsymbol{\Sigma}_1$ 出发求解主成分，其方差总和不再是 $\sigma_{11}+\sigma_{22}+\cdots+\sigma_{pp}$，而是变为 $\sigma_{11}+\sigma_{22}+\cdots+\sigma_{pp}+\sigma_{11}$。也就是说，第一个指标在分析过程中起到了加倍的作用，其重叠信息完全像其他指标提供的信息一样在起作用。这样求得的主成分已经与没有第一个指标重叠信息时不一样了，因为主成分方差的总和已经变为 $\sigma_{11}+\sigma_{22}+\cdots+\sigma_{pp}+\sigma_{11}$ 而不是 $\sigma_{11}+\sigma_{22}+\cdots+\sigma_{pp}$，每个主成分解释方差的比例也相应发生变化，而整个分析过程没有对重叠信息做任何特殊处理。也就是说，由于对第一个指标罗列了两次，其在生成的主成分构成中也起到了加倍的作用，这一点尤其应该引起注意，这意味着主成分分析对重叠信息的剔除是无能为力的，同时主成分分析还损失了一部分信息。

这就告诉我们，在实际工作中，在选取初始变量进入分析时应该小心，对原始变量存在多重共线性的问题，在应用主成分分析方法时一定要慎重。应该考虑所选取的初始变量是否合适，是否真实地反映了事物的本来信息，如果是出于避免遗漏某些信息的原因而特意选取了过多的存在重叠信息的变量，就要特别注意应用主成分分析所得到的结果。

如果所得到的样本协方差矩阵（或相关矩阵）最小的特征根接近于零，那么就有

$$\boldsymbol{\Sigma}\boldsymbol{\gamma}_p=(\boldsymbol{X}-\boldsymbol{\mu})(\boldsymbol{X}-\boldsymbol{\mu})^{\mathrm{T}}\boldsymbol{\gamma}_p=\lambda_p\boldsymbol{\gamma}_p\approx\boldsymbol{0} \tag{13.10}$$

进而推出

$$(\boldsymbol{X}-\boldsymbol{\mu})^{\mathrm{T}}\boldsymbol{\gamma}_p\approx\boldsymbol{0}$$

这就意味着，中心化以后的原始变量之间存在着多重共线性，即原始变量存在着不可忽视的重叠信息。因此，在进行主成分分析得出协方差矩阵或者相关矩阵，发现最小特征根接近于零时，应该注意对主成分的解释，或者考虑对最初纳入分析的指标进行筛选。由此可以看出，虽然主成分分析不能有效地剔除重叠信息，但它至少可以发现原始变量是否存在重叠信息，这对

减少分析中的失误是有帮助的。

13.5　主成分分析步骤及框图

13.5.1　主成分分析步骤

由前面的讨论大体上可以明了进行主成分分析的步骤，对此进行归纳如下：

(1) 根据研究问题选取初始分析变量；

(2) 根据初始变量特性判断由协方差矩阵求主成分还是由相关矩阵求主成分；

(3) 求协方差矩阵或相关矩阵的特征根与相应的标准特征向量；

(4) 判断是否存在明显的多重共线性，若存在，则回到第 (1) 步；

(5) 得到主成分的表达式并确定主成分个数，选取主成分；

(6) 结合主成分对研究问题进行分析并深入研究。

13.5.2　主成分分析的逻辑框图

主成分分析的逻辑框图如图 13.3 所示。

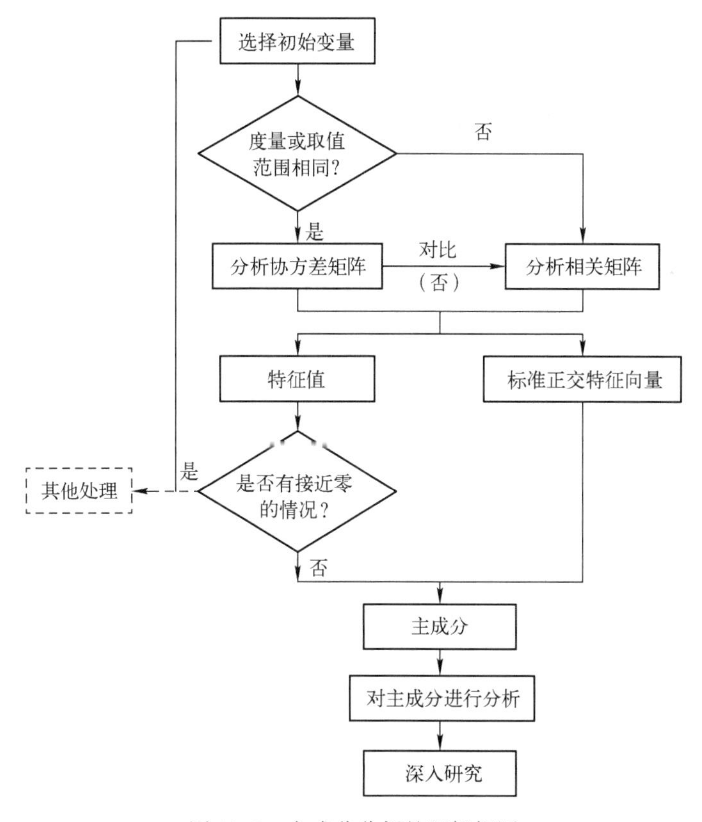

图 13.3　主成分分析的逻辑框图

第 14 章　因 子 分 析

因子分析（factor analysis）模型是主成分分析的推广。它也是利用降维的思想，由研究原始变量相关矩阵内部的依赖关系出发，把一些具有错综复杂关系的变量归结为少数几个综合因子的一种多变量统计分析方法。相比主成分分析，因子分析更倾向于描述原始变量之间的相关关系，因此，因子分析的出发点是原始变量的相关矩阵。因子分析的思想始于 1904 年查尔斯 · 斯皮尔曼（Charles Spearman）对学生考试成绩的研究。近年来，随着电子计算机的高速发展，人们将因子分析的理论成功地应用于心理学、医学、气象、地质、经济学等各个领域，也使得因子分析的理论和方法更加丰富。本章主要介绍因子分析的基本理论及方法、运用因子分析方法分析实际问题的主要步骤及因子分析的上机实现等内容。

14.1　因子分析的基本理论

14.1.1　因子分析的基本思想

因子分析的基本思想是根据相关性大小把原始变量分组，使得同组内的变量之间相关性较高，而不同组的变量间的相关性则较低。每组变量代表一个基本结构，并用一个不可观测的综合变量表示，这个基本结构就称为公共因子。对于所研究的某一具体问题，原始变量可以分解成两部分之和的形式，一部分是少数几个不可测的所谓公共因子的线性函数，另一部分是与公共因子无关的特殊因子。在经济统计中，描述一种经济现象的指标可以有很多，比如要反映物价的变动情况，对各种商品的价格做全面调查固然可以达到目的，但这样做显然耗时耗力，实际工作中并不可取。实际上，某一类商品中，很多商品的价格之间存在明显的相关性或相互依赖性，只要选择几种主要商品的价格，进而对这几种主要商品的价格进行综合，得到某一种假想的“综合商品”的价格，就足以反映某一类物价的变动情况，这里，“综合商品”的价格就是提取出来的因子。这样，对各类商品物价或仅对主要类别商品的物价进行类似分析然后加以综合，就可以反映出物价的整体变动情况。这一过程也就是从一些有错综复杂关系的经济现象中找出少数几个主要因子，每一个主要因子代表经济变量间相互依赖的一种经济作用。抓住这些主要因子就可以帮助我们对复杂的经济问题进行分析和解释。

因子分析还可用于对变量或样品的分类处理，在得出因子的表达式之后，可以把原始变量的数据代入表达式得出因子得分，根据因子得分在因子所构成的空间中把变量或样品点画出来，从而形象直观地达到分类的目的。

因子分析不仅可以用来研究变量之间的相关关系，还可以用来研究样品之间的相关关系，通常将前者称为 R 型因子分析，后者称为 Q 型因子分析。下面着重介绍 R 型因子分析。

14.1.2　因子分析的基本理论及模型

1. 查尔斯 · 斯皮尔曼提出因子分析时用到的例子

为了对因子分析的基本理论有一个完整的认识，首先给出查尔斯 · 斯皮尔曼在 1904 年用到的例子。斯皮尔曼在该例中研究了 33 名学生古典语（C）、法语（F）、英语（E）、数学（M）、判别（D）和音乐（Mu）6 门考试成绩之间的相关性，并得到如下相关矩阵：

$$\begin{array}{c} \\ C \\ F \\ E \\ M \\ D \\ Mu \end{array} \begin{array}{c} \begin{array}{cccccc} C & F & E & M & D & Mu \end{array} \\ \begin{pmatrix} 1.00 & 0.83 & 0.78 & 0.70 & 0.66 & 0.63 \\ 0.83 & 1.00 & 0.67 & 0.67 & 0.65 & 0.57 \\ 0.78 & 0.67 & 1.00 & 0.64 & 0.54 & 0.51 \\ 0.70 & 0.67 & 0.64 & 1.00 & 0.45 & 0.51 \\ 0.66 & 0.65 & 0.54 & 0.45 & 1.00 & 0.40 \\ 0.63 & 0.57 & 0.51 & 0.51 & 0.40 & 1.00 \end{pmatrix} \end{array}$$

斯皮尔曼注意到上面相关矩阵中一个有趣的规律，即如果不考虑对角元素，则任意两列的元素大致成比例，对 C 列和 E 列有

$$\frac{0.83}{0.67} \approx \frac{0.70}{0.64} \approx \frac{0.66}{0.54} \approx \frac{0.63}{0.51} \approx 1.2$$

于是斯皮尔曼指出每一科目的考试成绩都遵从以下形式：

$$X_i = a_i F + e_i \tag{14.1}$$

式中，X_i 为第 i 门科目标准化后的考试成绩，均值为 0，方差为 1；F 为公共因子，对各科考试成绩均有影响，均值为 0，方差为 1；e_i 为仅对第 i 门科目考试成绩有影响的特殊因子，F 与 e_i 相互独立。也就是说，每一门科目的考试成绩都可以看作一个公共因子（可以认为是一般智力）与一个特殊因子的和。在满足以上假定的条件下，就有

$$\mathrm{Cov}(X_i, X_j) = E[(a_i F + e_i)(a_j F + e_j)] = a_i a_j \mathrm{Var}(F) = a_i a_j$$

于是，有

$$\frac{\mathrm{Cov}(X_i, X_j)}{\mathrm{Cov}(X_i, X_k)} = \frac{a_j}{a_k} \tag{14.2}$$

式（14.2）与 i 无关，与在相关矩阵中所观察到的比例关系相一致。

此外，还可以得到如下有关 X_i 方差的关系式：

$$\begin{aligned} \mathrm{Var}(X_i) &= \mathrm{Var}(a_i F + e_i) = \mathrm{Var}(a_i F) + \mathrm{var}(e_i) \\ &= a_i^2 \mathrm{Var}(F) + \mathrm{Var}(e_i) \\ &= a_i^2 + \mathrm{Var}(e_i) \end{aligned}$$

因为 a_i 是一个常数，F 与 e_i 相互独立，且 F 与 X_i 的方差均被假定为 1，于是有

$$1 = a_i^2 + \mathrm{Var}(e_i) \tag{14.3}$$

常数 a_i 的意义就在于其平方表示了公共因子 F 解释 X_i 方差的比例，所以称为因子载荷，而 a_i^2 称为共同度。

对斯皮尔曼的例子进行推广，假定每一门科目的考试成绩都受到 m 个公共因子的影响及一个特殊因子的影响，于是式（14.1）就变成如下因子分析模型的一般形式：

$$X_i = a_{i1} F_1 + a_{i2} F_2 + \cdots + a_{im} F_m + e_i \tag{14.4}$$

式中，X_i 为标准化后的第 i 门科目的考试成绩，均值为 0，方差为 1；$F_1, F_2, \cdots, F_m$ 是彼此独立的公共因子，都满足均值为 0，方差为 1；e_i 为特殊因子，与每一个公共因子均不相关且均值为 0；$a_{i1}, a_{i2}, \cdots, a_{im}$ 为对第 i 门科目考试成绩的因子载荷。对该模型，有

$$\mathrm{Var}(X_i) = a_{i1}^2 + a_{i2}^2 + \cdots + a_{im}^2 + \mathrm{Var}(e_i) = 1 \tag{14.5}$$

式中，$a_{i1}^2+a_{i2}^2+\cdots+a_{im}^2$表示公共因子解释 X_i 方差的比例，称为 X_i 的共同度；相对地，$\mathrm{Var}(e_i)$ 可称为 X_i 的特殊度或剩余方差，表示 X_i 的方差中与公共因子无关的部分。因为共同度不会大于1，所以，$-1\leqslant a_{ij}\leqslant 1$。由模型（14.4）还可以很容易地得到如下 X_i 与 X_j 相关系数的关系式：

$$r_{ij}=a_{i1}a_{j1}+a_{i2}a_{j2}+\cdots+a_{im}a_{jm} \tag{14.6}$$

所以当 X_i 与 X_j 在某一公共因子上的载荷均较大时，也就表明了 X_i 与 X_j 的相关性较强。

2. 一般因子分析模型

下面给出更为一般的因子分析模型：设有 n 个样品，每个样品观测 p 个指标，这 p 个指标之间有较强的相关性（要求 p 个指标相关性较强的理由是很明确的，只有相关性较强，才能从原始变量中提取出“公共”因子）。为了便于研究，并消除由于测量量纲的差异及数量级不同所造成的影响，对样本观测数据进行标准化处理，使标准化后的变量均值为0，方差为1。为了方便，把原始变量及标准化后的变量均用 $\boldsymbol{X}$ 表示，用 $F_1,F_2,\cdots,F_m(m<p)$ 表示标准化的公共因子。如果：

（1）$\boldsymbol{X}=(X_1,X_2,\cdots,X_p)^{\mathrm{T}}$是可观测随机向量，且均值向量 $E(\boldsymbol{X})=\boldsymbol{0}$，协方差矩阵 $\mathrm{Cov}(\boldsymbol{X})=\boldsymbol{\Sigma}$，且协方差矩阵 $\boldsymbol{\Sigma}$ 与相关矩阵 $\boldsymbol{R}$ 相等；

（2）$\boldsymbol{F}=(F_1,F_2,\cdots,F_m)^{\mathrm{T}}(m<p)$ 是不可观测的变量，其均值向量 $E(\boldsymbol{F})=\boldsymbol{0}$，协方差矩阵 $\mathrm{Cov}(\boldsymbol{F})=\boldsymbol{I}$，即向量 $\boldsymbol{F}$ 的各分量是相互独立的；

（3）$\boldsymbol{\varepsilon}=(\varepsilon_1,\varepsilon_2,\cdots,\varepsilon_p)^{\mathrm{T}}$与 $\boldsymbol{F}$ 相互独立，且 $E(\boldsymbol{\varepsilon})=\boldsymbol{0}$，$\boldsymbol{\varepsilon}$ 的协方差矩阵 $\boldsymbol{\Sigma}_\varepsilon$ 是对角方阵

$$\mathrm{Cov}(\boldsymbol{\varepsilon})=\boldsymbol{\Sigma}_\varepsilon=\begin{pmatrix}\sigma_{11}^2 & & & \\ & \sigma_{22}^2 & & \\ & & \ddots & \\ & & & \sigma_{pp}^2\end{pmatrix}$$

即 $\boldsymbol{\varepsilon}$ 的各分量之间也是相互独立的，则模型

$$\begin{cases}X_1=a_{11}F_1+a_{12}F_2+\cdots+a_{1m}F_m+\varepsilon_1\\ X_2=a_{21}F_1+a_{22}F_2+\cdots+a_{2m}F_m+\varepsilon_2\\ \qquad\vdots\\ X_p=a_{p1}F_1+a_{p2}F_2+\cdots+a_{pm}F_m+\varepsilon_p\end{cases} \tag{14.7}$$

称为因子模型。模型（14.7）的矩阵形式为

$$\boldsymbol{X}=\boldsymbol{A}\boldsymbol{F}+\boldsymbol{\varepsilon} \tag{14.8}$$

其中

$$\boldsymbol{A}=\begin{pmatrix}a_{11} & a_{12} & \cdots & a_{1m}\\ a_{21} & a_{22} & \cdots & a_{2m}\\ \vdots & \vdots & & \vdots\\ a_{p1} & a_{p2} & \cdots & a_{pm}\end{pmatrix}$$

由模型（14.7）及其假设前提知，公共因子 $F_1,F_2,\cdots,F_m$ 相互独立且不可测，它们是在原始变量的表达式中都出现的因子。公共因子的含义必须结合实际问题的具体意义确定。$\varepsilon_1,\varepsilon_2,\cdots,\varepsilon_p$ 叫作特殊因子，是向量 $\boldsymbol{X}$ 的分量 $X_i(i=1,2,\cdots,p)$ 所特有的因子。各特殊因子之间及特殊因子与所有公共因子之间也都是相互独立的。矩阵 $\boldsymbol{A}$ 中的元素 a_{ij}称为因子载荷，a_{ij}的值越大（$|a_{ij}|\leqslant 1$），表明 X_i 与 F_j 的相依程度越大，或称公共因子 F_j 对于 X_i 的载荷量越大，进

行因子分析的目的之一就是要求出各个因子载荷的值。经过后面的分析会看到，因子载荷的概念与上一章主成分分析中的因子负荷量相对等，实际上，由于因子分析与主成分分析非常相似，在模型（14.7）中，若把 ε_i 看作 $a_{i,m+1}F_{m+1}+a_{i,m+2}F_{m+2}+\cdots+a_{ip}F_p$ 的综合作用，则除了此处的因子为不可测变量这一区别，因子载荷与主成分分析中的因子负荷量是一致的。很多人对这两个概念并不加以区分而都称作因子载荷。矩阵 $\boldsymbol{A}$ 称为因子载荷矩阵。

为了更好地理解因子分析方法，下面讨论一下载荷矩阵 $\boldsymbol{A}$ 的统计意义以及公共因子与原始变量之间的关系。

（1）因子载荷 a_{ij} 的统计意义。由模型（14.7）知

$$
\begin{aligned}
\mathrm{Cov}(X_i,F_j) &= \mathrm{Cov}\left(\sum_{j=1}^{m} a_{ij}F_j + \varepsilon_i, F_j\right) \\
&= \mathrm{Cov}\left(\sum_{j=1}^{m} a_{ij}F_j, F_j\right) + \mathrm{Cov}(\varepsilon_i, F_j) \\
&= a_{ij}
\end{aligned}
$$

即 a_{ij} 是 X_i 与 F_j 的协方差，而注意到，X_i 与 $F_j(i=1,2,\cdots,p;j=1,2,\cdots,m)$ 都是均值为 0，方差为 1 的变量，因此 a_{ij} 同时也是 X_i 与 F_j 的相关系数。请读者对比主成分分析一章有关因子负荷量的论述。

（2）变量共同度与剩余方差。在上面斯皮尔曼的例子中提到了共同度与剩余方差的概念，对一般因子模型（14.7）的情况，重新总结如下两个概念：

称 $a_{i1}^2+a_{i2}^2+\cdots+a_{im}^2$ 为变量 X_i 的共同度，记为 $h_i^2(i=1,2,\cdots,p)$。由因子分析模型的假设前提，易得

$$
\mathrm{Var}(X_i)=1=h_i^2+\mathrm{Var}(\varepsilon_i) \tag{14.9}
$$

记 $\mathrm{Var}(\varepsilon_i)=\sigma_i^2$，则

$$
\mathrm{Var}(X_i)=1=h_i^2+\sigma_i^2 \tag{14.10}
$$

式（14.10）表明共同度 h_i^2 与剩余方差 σ_i^2 有互补的关系，h_i^2 越大，表明 X_i 对公共因子的依赖程度越大，公共因子能解释 X_i 方差的比例越大，因子分析的效果也就越好。

（3）公共因子 F_j 的方差贡献。共同度考虑的是所有公共因子 $F_1,F_2,\cdots,F_m$ 与某一个原始变量的关系，与此类似，考虑某一个公共因子 F_j 与所有原始变量 $X_1,X_2,\cdots,X_p$ 的关系。

记 $g_j^2=a_{1j}^2+a_{2j}^2+\cdots+a_{pj}^2(j=1,2,\cdots,m)$，则 g_j^2 表示的是公共因子 F_j 对于 $\boldsymbol{X}$ 的每一个分量 $X_i(i=1,2,\cdots,p)$ 所提供的方差的总和，称为公共因子 F_j 对原始变量向量 $\boldsymbol{X}$ 的方差贡献，它是衡量公共因子相对重要性的指标。g_j^2 越大，表明公共因子 F_j 对 $\boldsymbol{X}$ 的贡献越大，或者说对 $\boldsymbol{X}$ 的影响和作用就越大。如果将因子载荷矩阵 $\boldsymbol{A}$ 的所有 $g_j^2(j=1,2,\cdots,m)$ 都计算出来，并按其大小排序，就可以依此提炼出最有影响的公共因子。

14.2　因子载荷的求解

因子分析可以分为确定因子载荷、因子旋转及计算因子得分三个步骤。首要的步骤即为确定因子载荷或者根据样本数据确定因子载荷矩阵 $\boldsymbol{A}$。有很多方法可以完成这项工作，如主成分法、主轴因子法、最小二乘法、极大似然法、α 因子提取法等。这些方法求解因子载荷的出发点不同，所得的结果也不完全相同。下面着重介绍比较常用的主成分法、主轴因子法与极大似然法。

14.2.1 主成分法

用主成分法确定因子载荷是在进行因子分析之前先对数据进行一次主成分分析，然后把前几个主成分作为未旋转的公共因子。相对于其他确定因子载荷的方法而言，主成分法比较简单。但是，由于用这种方法所得的特殊因子 $\varepsilon_1,\varepsilon_2,\cdots,\varepsilon_p$ 之间并不相互独立，因此，用主成分法确定因子载荷不完全符合因子模型的假设前提，也就是说，所得的因子载荷并不完全正确。当共同度较大时，特殊因子所起的作用较小，特殊因子之间的相关性所带来的影响几乎可以忽略。事实上，很多有经验的分析人员在进行因子分析时，总是先用主成分法进行分析，然后再尝试其他的方法。

用主成分法寻找公共因子的方法如下：假定从相关矩阵出发求解主成分，设有 p 个变量，则可以找出 p 个主成分。将所得的 p 个主成分按由大到小的顺序排列，记为 $Y_1,Y_2,\cdots,Y_p$，则主成分与原始变量之间存在如下关系式：

$$\begin{cases}Y_1=\gamma_{11}X_1+\gamma_{12}X_2+\cdots+\gamma_{1p}X_p\\ Y_2=\gamma_{21}X_1+\gamma_{22}X_2+\cdots+\gamma_{2p}X_p\\ \qquad\vdots\\ Y_p=\gamma_{p1}X_1+\gamma_{p2}X_2+\cdots+\gamma_{pp}X_p\end{cases}\tag{14.11}$$

式中，γ_{ij}为随机向量 $\boldsymbol{X}$ 的相关矩阵的特征根所对应的特征向量的分量，因为特征向量之间彼此正交，从 $\boldsymbol{X}$ 到 $\boldsymbol{Y}$ 之间的转换关系是可逆的，很容易得出由 $\boldsymbol{Y}$ 到 $\boldsymbol{X}$ 的转换关系为

$$\begin{cases}X_1=\gamma_{11}Y_1+\gamma_{21}Y_2+\cdots+\gamma_{p1}Y_p\\ X_2=\gamma_{12}Y_1+\gamma_{22}Y_2+\cdots+\gamma_{p2}Y_p\\ \qquad\vdots\\ X_p=\gamma_{1p}Y_1+\gamma_{2p}Y_2+\cdots+\gamma_{pp}Y_p\end{cases}\tag{14.12}$$

对上面每一个等式只保留前 m 个主成分而把后面的部分用 ε_i 代替，则式（14.12）转化为

$$\begin{cases}X_1=\gamma_{11}Y_1+\gamma_{21}Y_2+\cdots+\gamma_{m1}Y_m+\varepsilon_1\\ X_2=\gamma_{12}Y_1+\gamma_{22}Y_2+\cdots+\gamma_{m2}Y_m+\varepsilon_2\\ \qquad\vdots\\ X_p=\gamma_{1p}Y_1+\gamma_{2p}Y_2+\cdots+\gamma_{mp}Y_m+\varepsilon_p\end{cases}\tag{14.13}$$

式（14.13）在形式上已经与因子模型（14.7）相一致，并且 $Y_i(i=1,2,\cdots,m)$之间相互独立，Y_i 与 ε_i 之间相互独立。为了把 Y_i 转化成合适的公共因子，现在要做的工作只是把主成分 Y_i 变成方差为 1 的变量。为完成此变换，必须将 Y_i 除以其标准差，由第 13 章主成分分析的知识知，其标准差即为特征根的平方根 $\sqrt{\lambda_i}$。于是，令 $F_i=Y_i/\sqrt{\lambda_i}$，$a_{ij}=\sqrt{\lambda_j}\gamma_{ji}$，则式（14.13）变为

$$\begin{cases}X_1=a_{11}F_1+a_{12}F_2+\cdots+a_{1m}F_m+\varepsilon_1\\ X_2=a_{21}F_1+a_{22}F_2+\cdots+a_{2m}F_m+\varepsilon_2\\ \qquad\vdots\\ X_p=a_{p1}F_1+a_{p2}F_2+\cdots+a_{pm}F_m+\varepsilon_p\end{cases}$$

这与因子模型（14.7）完全一致，这样，就得到了载荷矩阵 $\boldsymbol{A}$ 和一组初始公共因子（未

旋转）。

一般设 $\lambda_1,\lambda_2,\cdots,\lambda_p(\lambda_1\geqslant\lambda_2\geqslant\cdots\geqslant\lambda_p)$ 为样本相关矩阵 $\boldsymbol{R}$ 的特征根，$\boldsymbol{\gamma}_1,\boldsymbol{\gamma}_2,\cdots,\boldsymbol{\gamma}_p$ 为对应的标准正交化特征向量。设 $m<p$，则因子载荷矩阵 $\boldsymbol{A}$ 的一个解为

$$\hat{\boldsymbol{A}}=(\sqrt{\lambda_1}\boldsymbol{\gamma}_1,\sqrt{\lambda_2}\boldsymbol{\gamma}_2,\cdots,\sqrt{\lambda_m}\boldsymbol{\gamma}_m) \tag{14.14}$$

共同度的估计为

$$\hat{h}_i^2=\hat{a}_{i1}^2+\hat{a}_{i2}^2+\cdots+\hat{a}_{im}^2 \tag{14.15}$$

那么如何确定公共因子的数目 m 呢？对于同一问题进行因子分析时，不同的研究者可能会给出不同的公共因子数。有时候由数据本身的特征可以很明确地确定因子数目。当用主成分法进行因子分析时，也可以借鉴确定主成分个数的准则，如所选取的公共因子的信息量的和达到总体信息量的一个合适比例为止。但对这些准则不应生搬硬套，应具体问题具体分析，总之要使所选取的公共因子能够合理地描述原始变量相关矩阵的结构，同时要有利于因子模型的解释。

14.2.2　主轴因子法

主轴因子法也比较简单，而且在实际应用中比较普遍。用主轴因子法求解因子载荷矩阵的方法，其思路与主成分法类似，两者均是从分析矩阵的结构入手，不同的地方在于，主成分法是在所有的 p 个主成分都能解释标准化原始变量所有方差的基础之上进行分析的，而主轴因子法中，假定 m 个公共因子只能解释原始变量的部分方差，利用公共因子方差（或共同度）来代替相关矩阵主对角线上的元素 1，并以这个新得到的矩阵（称为调整相关矩阵）为出发点，对其分别求解特征根与特征向量，从而得到因子解。

在因子模型（14.7）中，不难得到如下关于 $\boldsymbol{X}$ 的相关矩阵 $\boldsymbol{R}$ 的关系式：

$$\boldsymbol{R}=\boldsymbol{A}\boldsymbol{A}^{\mathrm{T}}+\boldsymbol{\Sigma}_{\varepsilon}$$

式中，$\boldsymbol{A}$ 为因子载荷矩阵；$\boldsymbol{\Sigma}_{\varepsilon}$ 为对角阵，其对角元素为相应特殊因子的方差。则称 $\boldsymbol{R}^*=\boldsymbol{R}-\boldsymbol{\Sigma}_{\varepsilon}=\boldsymbol{A}\boldsymbol{A}^{\mathrm{T}}$ 为调整相关矩阵，显然 $\boldsymbol{R}^*$ 的主对角元素不再是 1，而是共同度 h_i^2。分别求解 $\boldsymbol{R}^*$ 的特征根与标准正交特征向量，进而求出因子载荷矩阵 $\boldsymbol{A}$。此时，$\boldsymbol{R}^*$ 有 m 个正的特征根。设 λ_1^*，$\lambda_2^*,\cdots,\lambda_m^*(\lambda_1^*\geqslant\lambda_2^*\geqslant\cdots\geqslant\lambda_m^*)$ 为 $\boldsymbol{R}^*$ 的特征根，$\boldsymbol{\gamma}_1^*,\boldsymbol{\gamma}_2^*,\cdots,\boldsymbol{\gamma}_m^*$ 为对应的标准正交化特征向量。$m<p$，则因子载荷矩阵 $\boldsymbol{A}$ 的一个主轴因子解为

$$\hat{\boldsymbol{A}}=(\sqrt{\lambda_1^*}\boldsymbol{\gamma}_1^*,\sqrt{\lambda_2^*}\boldsymbol{\gamma}_2^*,\cdots,\sqrt{\lambda_m^*}\boldsymbol{\gamma}_m^*) \tag{14.16}$$

注意到，上面的分析是以首先得到调整相关矩阵 $\boldsymbol{R}^*$ 为基础的，实际上，$\boldsymbol{R}^*$ 与共同度（或相对的剩余方差）都是未知的，需要先进行估计。一般先给出一个初始估计，然后估计出载荷矩阵 $\boldsymbol{A}$，再给出较好的共同度或剩余方差的估计。得到初始估计的方法有很多，可尝试对原始变量先进行一次主成分分析，给出初始估计值。

14.2.3　极大似然法

如果假定公共因子 $\boldsymbol{F}$ 和特殊因子 $\boldsymbol{\varepsilon}$ 服从正态分布，则能够得到因子载荷和特殊因子方差的极大似然估计。设 $\boldsymbol{X}_1,\boldsymbol{X}_2,\cdots,\boldsymbol{X}_p$ 为来自正态总体 $N(\boldsymbol{\mu},\boldsymbol{\Sigma})$ 的随机样本，其中，$\boldsymbol{\Sigma}=\boldsymbol{A}\boldsymbol{A}^{\mathrm{T}}+\boldsymbol{\Sigma}_{\varepsilon}$。从似然函数的理论知

$$L(\boldsymbol{\mu},\boldsymbol{\Sigma})=\frac{1}{(2\pi)^{np/2}\left|\boldsymbol{\Sigma}\right|^{n/2}}\mathrm{e}^{-1/2\mathrm{tr}\left\{\boldsymbol{\Sigma}^{-1}\left[\sum\limits_{j=1}^{n}(\boldsymbol{X}_j-\bar{\boldsymbol{X}})(\boldsymbol{X}_j-\bar{\boldsymbol{X}})^{\mathrm{T}}+n(\bar{\boldsymbol{X}}-\boldsymbol{\mu})(\bar{\boldsymbol{X}}-\boldsymbol{\mu})^{\mathrm{T}}\right]\right\}} \tag{14.17}$$

它通过$\boldsymbol{\Sigma}$依赖于$\boldsymbol{A}$和$\boldsymbol{\Sigma}_\varepsilon$。但式（14.17）并不能唯一确定$\boldsymbol{A}$，为此，添加如下条件：

$$\boldsymbol{A}^{\mathrm{T}}\boldsymbol{\Sigma}_\varepsilon^{-1}\boldsymbol{A}=\boldsymbol{\Lambda} \tag{14.18}$$

这里$\boldsymbol{\Lambda}$是一个对角阵，用数值极大化的方法可以得到极大似然估计$\hat{\boldsymbol{A}}$和$\hat{\boldsymbol{\Sigma}}_\varepsilon$。极大似然估计$\hat{\boldsymbol{A}}$，$\hat{\boldsymbol{\Sigma}}_\varepsilon$和$\hat{\boldsymbol{\mu}}=\overline{\boldsymbol{X}}$，将使$\hat{\boldsymbol{A}}^{\mathrm{T}}\hat{\boldsymbol{\Sigma}}_\varepsilon^{-1}\hat{\boldsymbol{A}}$为对角阵，且使式（14.17）达到最大。

14.2.4 因子旋转

不管用何种方法确定初始因子载荷矩阵$\boldsymbol{A}$，它们都不是唯一的。设$F_1,F_2,\cdots,F_m$是初始公共因子，则可以建立它们的如下线性组合得到新的一组公共因子$F_1',F_2',\cdots,F_m'$，使得$F_1',F_2',\cdots,F_m'$彼此相互独立，同时也能很好地解释原始变量之间的相互关系。

$$\begin{cases}F_1'=d_{11}F_1+d_{12}F_2+\cdots+d_{1m}F_m\\F_2'=d_{21}F_1+d_{22}F_2+\cdots+d_{2m}F_m\\\qquad\vdots\\F_m'=d_{m1}F_1+d_{m2}F_2+\cdots+d_{mm}F_m\end{cases}$$

这样的线性组合可以找到无数组，由此便引出了因子分析的第二个步骤：因子旋转。建立因子分析模型的目的不仅在于找到公共因子，更重要的是知道每一个公共因子的意义，以便对实际问题进行分析。然而，我们得到的初始因子解各主因子的典型代表变量不是很突出，容易使因子的意义含糊不清，不便于对实际问题进行分析。出于这种考虑，可以对初始公共因子进行线性组合，即进行因子旋转，以期找到意义更为明确、实际意义更明显的公共因子。

经过旋转后，公共因子对X_i的贡献h_i^2并不改变，但由于载荷矩阵发生变化，公共因子本身可能发生很大的变化，每一个公共因子对原始变量的贡献g_i^2不再与原来相同，经过适当的旋转，就可以得到比较令人满意的公共因子。

因子旋转分为正交旋转和斜交旋转。正交旋转由初始载荷矩阵$\boldsymbol{A}$右乘一正交阵得到。经过正交旋转而得到的新的公共因子仍然保持彼此独立的性质。而斜交旋转则放弃了因子之间彼此独立这个限制，因而可能达到更为简洁的形式，其实际意义也更容易解释。但不论是正交旋转还是斜交旋转，都应当使新的因子载荷系数要么尽可能地接近于零，要么尽可能地远离零。因为一个接近于零的载荷a_{ij}表明X_i与F_j的相关性很弱；而一个绝对值比较大的载荷a_{ij}则表明公共因子F_j在很大程度上解释了X_i的变化。这样，如果任一原始变量都与某些公共因子存在较强的相关关系，而与另外的公共因子几乎不相关，则公共因子的实际意义就会比较容易确定。

对于一个具体问题做因子旋转，有时需要进行多次才能达到满意效果。每一次旋转后，矩阵各列元素平方的相对方差之和总会比上一次有所增加。如此继续下去，当总方差的改变不大时，就可以停止旋转，这样就得到了新的一组公共因子及相应的因子载荷矩阵，使得其各列元素平方的相对方差之和最大。

14.2.5 因子得分

当因子模型建立之后，往往需要反过来考查每一个样品的性质及样品之间的相互关系。比如当关于企业经济效益的因子模型建立之后，我们希望知道每一个企业经济效益的优劣，或者把诸企业划分归类，如哪些企业经济效益较好，哪些企业经济效益一般，哪些企业经济效益较差等。这就需要进行因子分析的第三个步骤，即计算因子得分。顾名思义，因子得分就是公共

因子 $F_1,F_2,\cdots,F_m$ 在每一个样品点上的得分。这需要给出公共因子用原始变量表示的线性表达式，这样的表达式一旦能够得到，就可以很方便地把原始变量的取值代入表达式中，求出各因子的得分。

在第 13 章的分析中曾给出了主成分得分的概念，其意义和作用与因子得分相似。但是在此处，公共因子用原始变量线性表示的关系式并不易得到。在主成分分析中，主成分是原始变量的线性组合，当取 p 个主成分时，主成分与原始变量之间的变换关系是可逆的，只要知道了原始变量用主成分线性表示的表达式，就可以方便地得到用原始变量表示主成分的表达式；而在因子模型中，公共因子的个数少于原始变量的个数，且公共因子是不可观测的隐变量，载荷矩阵 $\boldsymbol{A}$ 不可逆，因而不能直接求得公共因子用原始变量表示的精确线性组合。解决该问题的一种方法是用回归的思想求出线性组合系数的估计值，即建立如下以公共因子为因变量、原始变量为自变量的回归方程

$$F_j=\beta_{j1}X_1+\beta_{j2}X_2+\cdots+\beta_{jp}X_p,\quad j=1,2,\cdots,m \tag{14.19}$$

此处因为原始变量与公共因子变量均为标准化变量，所以回归模型中不存在常数项。在最小二乘意义下，可以得到 $\boldsymbol{F}$ 的估计值：

$$\hat{\boldsymbol{F}}=\boldsymbol{A}^{\mathrm{T}}\boldsymbol{R}^{-1}\boldsymbol{X} \tag{14.20}$$

式中，$\boldsymbol{A}$ 为因子载荷矩阵；$\boldsymbol{R}$ 为原始变量的相关矩阵；$\boldsymbol{X}$ 为原始变量向量。这样，在得到一组样本值后，就可以代入上面的关系式求出公共因子的估计得分，从而用少数公共因子去描述原始变量的数据结构，用公共因子得分去描述原始变量的取值。在估计出公共因子得分后，可以利用因子得分进行进一步的分析，如样本点之间的比较分析，对样本点的聚类分析等。当因子数 m 较少时，还可以方便地把各样本点在图上标示出来，直观地描述样本的分布情况，从而便于深入研究工作。

14.2.6　主成分分析与因子分析的区别

（1）因子分析把展示在我们面前的诸多变量看成由对每一个变量都有作用的一些公共因子和一些仅对某一个变量有作用的特殊因子线性组合而成。因此，研究的目的就是要从数据中提取出能对变量起解释作用的公共因子和特殊因子，以及公共因子和特殊因子的组合系数。主成分分析则简单一些，它只是从空间生成的角度寻找能解释诸多变量绝大部分变异的几组彼此不相关的新变量（主成分）。

（2）因子分析中，把变量表示成各因子的线性组合，而主成分分析中，把主成分表示成各变量的线性组合。

（3）主成分分析中不需要有一些专门假设，因子分析则需要一些假设。因子分析的假设包括：各个公共因子之间不相关，特殊因子之间不相关，公共因子和特殊因子之间不相关。

（4）提取主因子的方法不仅有主成分法，还有极大似然法等，基于这些不同算法得到的结果一般也不同。而主成分只能用主成分法提取。

（5）主成分分析中，当给定的协方差矩阵或者相关矩阵的特征根唯一时，主成分一般是固定的；而因子分析中，因子不是固定的，可以旋转得到不同的因子。

（6）在因子分析中，因子个数需要分析者指定（SPSS 根据一定的条件自动设定，只要是特征根大于 1 的因子都进入分析），指定的因子数量不同，其结果也不同。在主成分分析中，主成分的数量是一定的，一般有几个变量就有几个主成分。

（7）和主成分分析相比，由于因子分析可以使用旋转技术帮助解释因子，在解释方面更

加有优势。而如果想把现有的变量变成少数几个新的变量（新的变量几乎带有原来所有变量的信息）来进行后续的分析，则可以使用主成分分析。当然，这种情况也可以通过计算因子得分处理。所以，这种区分不是绝对的。

14.3 因子分析的步骤与逻辑框图

上面介绍了因子分析的基本思想及基本的理论方法，本节把因子分析的步骤及逻辑框图总结如下，以使读者能更加清楚因子分析各步骤之间的关系，更好地运用因子分析方法解决实际问题。

14.3.1 因子分析的步骤

进行因子分析应包括如下几步：

（1）根据研究问题选取原始变量。

（2）对原始变量进行标准化并求其相关矩阵，分析变量之间的相关性。

（3）求解初始公共因子及因子载荷矩阵。

（4）因子旋转。

（5）计算因子得分。

（6）根据因子得分值进行进一步分析。

14.3.2 因子分析的逻辑框图

因子分析的逻辑框图如图 14.1 所示。

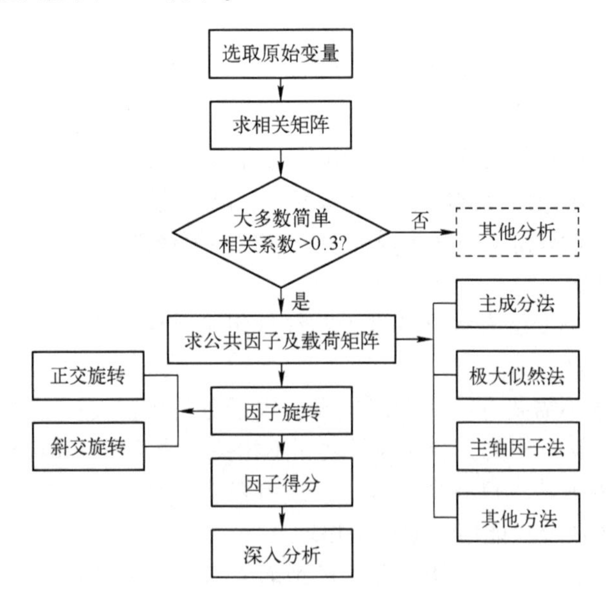

图 14.1　因子分析的逻辑框图

第15章　对应分析

对应分析是 R 型因子分析与 Q 型因子分析的结合，它也是利用降维的思想来达到简化数据结构的目的。不过，与因子分析不同的是，它同时对数据表中的行与列进行处理，寻求以低维图形表示数据表中行与列之间的关系。对应分析的思想首先由理查森（Richardson）和库德（Kuder）在 1933 年提出，后来法国统计学家让·保罗·贝内泽（Jean-Paul Benzécri）和日本统计学家林知己夫（Hayashi Chikio）对该方法进行了详细的论述而使其得到了发展。对应分析方法广泛应用于对由属性变量构成的列联表数据的研究，利用对应分析可以在一张二维图上同时画出属性变量不同取值的情况，列联表的每一行及每一列均以二维图上的一个点来表示，从而以直观、简洁的形式描述属性变量各种状态之间的相互关系及不同属性变量之间的相互关系。本章主要讲述对应分析的基本思想、基本理论与方法及如何用 SPSS 软件进行对应分析。

15.1　列联表及列联表分析

在讨论对应分析之前，首先简要回顾一下列联表及列联表分析的有关内容。在实际研究工作中，人们常常用列联表的形式来描述属性变量（定类尺度或定序尺度）的各种状态或相关关系，这在某些调查研究项目中运用得尤为普遍。例如，公司的管理者为了解消费者对自己产品的满意情况，需要对不同职业的消费者进行调查，而调查数据很自然地就以列联表的形式呈现出来（见表 15.1）。

表 15.1　列联表举例

职　业	评　价					
	非常满意	比较满意	一　般	不太满意	不满意	汇　总
工人						
管理人员						
行政人员						
⋮						
汇总						

以上是两变量列联表的一般形式，横栏与纵列交叉位置的数字是相应的频数。这样从表中数据就可以清楚地看到不同职业的人对该公司产品的评价，以及所有被调查者对该公司产品的整体评价、被调查者的职业构成情况等信息。通过这张列联表，还可以看出职业分布与各种评价之间的相关关系，如管理者与比较满意交叉单元格的数字相对较大（“相对”指应抵消不同职业在总的被调查者中的比例的影响），则说明职业栏的管理者这一部分与评价栏的比较满意这一部分有较强的相关性。由此可以看到，借助列联表可以得到很多有价值的信息。

在研究经济问题的时候，研究者也往往用列联表的形式把数据呈现出来。比如横栏是不同规模的企业，纵列是不同水平的获利能力，通过这样的形式，可以研究企业规模与获利能力之间的关系。更为一般地，可以对企业进行更广泛的分类，如按上市与非上市分类，按企业所属的行业分类，按不同所有制关系分类等。同时，用列联表的格式来研究企业的各种指标，如企业的盈利能力、企业的偿债能力、企业的发展能力等。这些指标既可以是简单的，也可以是综合的，甚至可以是用因子分析或主成分分析提取的公共因子。把这些指标按一定的取值范围进行分类，就可以很方便地用列联表来研究。

一般地，假设按两个特性对事物进行研究，特性 A 有 n 类，特性 B 有 p 类，属于 A_i 和 B_j 的个体数目为 $n_{ij}(i=1,2,\cdots,n;j=1,2,\cdots,p)$，则可以得到列联表 15.2。

表 15.2　列联表

特性 A	特性 B						合　计
	B_1	B_2	$\cdots$	B_j	$\cdots$	B_p	
A_1	n_{11}	n_{12}	$\cdots$	n_{1j}	$\cdots$	n_{1p}	$n_{1\cdot}$
A_2	n_{21}	n_{22}	$\cdots$	n_{2j}	$\cdots$	n_{2p}	$n_{2\cdot}$
$\vdots$	$\vdots$	$\vdots$		$\vdots$		$\vdots$	$\vdots$
A_i	n_{i1}	n_{i2}	$\cdots$	n_{ij}	$\cdots$	n_{ip}	$n_{i\cdot}$
$\vdots$	$\vdots$	$\vdots$		$\vdots$		$\vdots$	$\vdots$
A_n	n_{n1}	n_{n2}	$\cdots$	n_{nj}	$\cdots$	n_{np}	$n_{n\cdot}$
合计	$n_{\cdot 1}$	$n_{\cdot 2}$	$\cdots$	$n_{\cdot j}$	$\cdots$	$n_{\cdot p}$	n

在表 15.2 中，$n_{i\cdot}=n_{i1}+n_{i2}+\cdots+n_{ip},n_{\cdot j}=n_{1j}+n_{2j}+\cdots+n_{nj}$，右下角元素 n 是所有频数的和，有 $n=n_{1\cdot}+n_{2\cdot}+\cdots+n_{n\cdot}=n_{\cdot 1}+n_{\cdot 2}+\cdots+n_{\cdot p}$。为了更为方便地表示各频数之间的关系，人们往往用频率来代替频数，即将列联表中每一个元素都除以元素的总和 n，令 $p_{ij}=\dfrac{n_{ij}}{n}$，于是得到频率意义上的列联表，见表 15.3。

表 15.3　频率意义上的列联表

特性 A	特性 B						合　计
	B_1	B_2	$\cdots$	B_j	$\cdots$	B_p	
A_1	p_{11}	p_{12}	$\cdots$	p_{1j}	$\cdots$	p_{1p}	$p_{1\cdot}$
A_2	p_{21}	p_{22}	$\cdots$	p_{2j}	$\cdots$	p_{2p}	$p_{2\cdot}$
$\vdots$	$\vdots$	$\vdots$		$\vdots$		$\vdots$	$\vdots$
A_i	p_{i1}	p_{i2}	$\cdots$	p_{ij}	$\cdots$	p_{ip}	$p_{i\cdot}$
$\vdots$	$\vdots$	$\vdots$		$\vdots$		$\vdots$	$\vdots$
A_n	p_{n1}	p_{n2}	$\cdots$	p_{nj}	$\cdots$	p_{np}	$p_{n\cdot}$
合计	$p_{\cdot 1}$	$p_{\cdot 2}$	$\cdots$	$p_{\cdot j}$	$\cdots$	$p_{\cdot p}$	1

表 15.3 中，令

$$\boldsymbol{P}=\begin{pmatrix} p_{11} & p_{12} & \cdots & p_{1p} \\ p_{21} & p_{22} & \cdots & p_{2p} \\ \vdots & \vdots & & \vdots \\ p_{n1} & p_{n2} & \cdots & p_{np} \end{pmatrix}$$

$$\boldsymbol{P}_I^{\mathrm{T}}=(p_{1\cdot},p_{2\cdot},\cdots,p_{n\cdot}),\quad \boldsymbol{P}_J^{\mathrm{T}}=(p_{\cdot 1},p_{\cdot 2},\cdots,p_{\cdot n})$$

$$\mathbf{1}^{\mathrm{T}}=(1,1,\cdots,1)$$

则由表 15.3 的定义知，下列各式成立：

$$\mathbf{1}^{\mathrm{T}}\boldsymbol{P}\mathbf{1}=\boldsymbol{P}_I^{\mathrm{T}}\mathbf{1}=\boldsymbol{P}_J^{\mathrm{T}}\mathbf{1}=1,\quad \boldsymbol{P}\mathbf{1}=\boldsymbol{P}_I,\quad \boldsymbol{P}^{\mathrm{T}}\mathbf{1}=\boldsymbol{P}_J$$

对于研究对象的总体，表 15.3 中的元素有概率的含义，p_{ij}是特性 A 第 i 状态与特性 B 第 j 状态出现的概率，而 $p_{\cdot j}$与 $p_{i\cdot}$则表示边缘概率。考查各种特性之间的相关关系，可以从研究各种状态出现的概率入手。如果特性 A 与特性 B 之间是相互独立的，则对任意的 i 与 j，有下式成立：

$$p_{ij}=p_{i\cdot}\times p_{\cdot j} \tag{15.1}$$

式（15.1）表示，如果特性 A 与特性 B 之间相互独立，特性 A 第 i 状态与特性 B 第 j 状态同时出现的概率则应该等于总体中第 i 状态出现的概率乘以第 j 状态出现的概率。由此令$\hat{p}_{ij}=p_{i\cdot}\times p_{\cdot j}$表示由样本数据得到的特性 A 第 i 状态与特性 B 第 j 状态出现的期望概率的估计值，则可以通过研究特性 A 第 i 状态和特性 B 第 j 状态同时出现的实际概率与特性 A 第 i 状态和特性 B 第 j 状态同时出现的期望概率$\hat{p}_{ij}$的差别大小，来判断特性 A 与特性 B 是否独立。此处 A 与 B 为属性变量，在实际研究中，根据实际问题它们可以有不同的意义，它们实质上是列联表的横栏与纵列按某种规则的分类。我们关心的是属性变量 A 与 B 是否独立，由此提出以下假设：

H_0：属性变量 A 与 B 相互独立

H_1：属性变量 A 与 B 不独立

由上面的假设构建统计量

$$\chi^2=\sum_{i=1}^{n}\sum_{j=1}^{p}\frac{[n_{ij}-\hat{E}(n_{ij})]^2}{\hat{E}(n_{ij})}=n\sum_{i=1}^{n}\sum_{j=1}^{p}\frac{(p_{ij}-p_{i\cdot}p_{\cdot j})^2}{p_{i\cdot}p_{\cdot j}} \tag{15.2}$$

注意到，除了常数项 n 外，χ^2 统计量实际上反映了矩阵 $\boldsymbol{P}$ 中所有元素的观察值与理论值经过某种加权的总离差情况。可以证明，在 n 足够大的条件下，当原假设为 H_0 时，χ^2 遵从自由度为$(n-1)(p-1)$的χ^2 分布。拒绝域为

$$\chi^2>\chi^2_\alpha[(n-1)(p-1)]$$

通过上面的方法，可以判断两个分类变量是否独立，而当拒绝原假设后，我们进一步想了解两个分类变量及分类变量各个状态（取值）之间的相关关系，用对应分析方法可以解决这一问题。

15.2　对应分析的基本理论

当 A 与 B 的取值较少时，把所得到的数据放到一张列联表中，就可以很直观地对 A 与 B 之间及它们的各种取值之间的相关性做出判断。当 p_{ij}比较大时，说明属性变量 A 第 i 状态和特性 B 第 j 状态之间有较强的依赖关系。但是，当 A 或者 B 的取值比较多时，就很难正确地做出判断，此时需要利用降维的思想来简化列联表的结构。由前面的讨论知道，因子分析（或主成分分析）是用少数综合变量表述原始变量大部分信息的有效方法。但因子分析也有不足之处，当要研究属性变量 A 的各种状态时，需要做 Q 型因子分析，即要分析一个 $n\times n$ 矩阵的结构，而当要研究属性变量 B 的各种状态时，就是进行 R 型因子分析，即需要分析一个 $p\times p$ 矩阵的结构。由于因子分析的局限性，无法使 R 型因子分析与 Q 型因子分析同时进行，而当 n 或者 p 比较大时，单独进行因子分析就会加大计算量。对应分析可以弥补上述不足，同时对两

个（或多个）属性变量进行分析。

如前所述，对应分析利用降维思想分析原始数据结构，旨在以简洁、明了的方式揭示属性变量之间及属性变量各种状态之间的相关关系。对应分析的一大特点就是可以在一张二维图上同时表示出两类属性变量的各种状态，以直观地描述原始数据结构。

假定下面讨论的都是形如表 15.3 的规格化的列联表数据。为了论述方便，先对有关概念进行说明。

15.2.1 有关概念

1. 行剖面与列剖面

在表 15.3 中，p_{ij}表示变量 A 第 i 状态和特性 B 第 j 状态同时出现的概率，相应的 $p_{i\cdot}$ 与 $p_{\cdot j}$ 就有边缘概率的含义。所谓行剖面，是指当变量 A 的取值固定为 i 时（$i=1,2,\cdots,n$），变量 B 的各个状态相对出现的概率情况，也就是把矩阵 $\boldsymbol{P}$ 中第 i 行的每一个元素均除以 $p_{i\cdot}$，这样，就可以方便地把第 i 行表示成 p 维欧氏空间中的一个点，其坐标为

$$(\boldsymbol{p}_i^r)^{\mathrm{T}}=\left(\frac{p_{i1}}{p_{i\cdot}},\frac{p_{i2}}{p_{i\cdot}},\cdots,\frac{p_{ip}}{p_{i\cdot}}\right),\quad i=1,2,\cdots,n \tag{15.3}$$

其中，$\boldsymbol{p}_i^r$ 中的分量$\dfrac{p_{ij}}{p_{i\cdot}}$表示条件概率 $P(B=j\mid A=i)$，可知

$$(\boldsymbol{p}_i^r)^{\mathrm{T}}\boldsymbol{1}=1 \tag{15.4}$$

形象地，第 i 个行剖面 $\boldsymbol{p}_i^r$ 就是把矩阵 $\boldsymbol{P}$ 中第 i 行剖裂开来，单独研究第 i 行的各个取值在 p 维超平面 $x_1+x_2+\cdots+x_p=1$ 上的分布情况。记 n 个行剖面的集合为 $n(r)$。

由于列联表的行与列的地位是对等的，由上面定义行剖面的方法可以很容易地定义列剖面。对矩阵 $\boldsymbol{P}$ 第 j 列的每一个元素 p_{ij}均除以该列各元素的和 $p_{\cdot j}$，得到第 j 个列剖面

$$(\boldsymbol{p}_j^c)^{\mathrm{T}}=\left(\frac{p_{1j}}{p_{\cdot j}},\frac{p_{2j}}{p_{\cdot j}},\cdots,\frac{p_{nj}}{p_{\cdot j}}\right),\quad j=1,2,\cdots,p \tag{15.5}$$

表示当属性变量 B 的取值为 j 时，属性变量 A 的不同取值的条件概率，它是 n 维超平面 $x_1+x_2+\cdots+x_n=1$ 上的一个点。有$(\boldsymbol{p}_j^c)^{\mathrm{T}}\boldsymbol{1}=1$，记 p 个列剖面的集合为 $p(c)$。

在定义了行剖面与列剖面之后，我们看到，属性变量 A 的各个取值的情况可以用 p 维空间上的 n 个点来表示，而 B 的不同取值情况可以用 n 维空间上的 p 个点来表示。而对应分析就是利用降维的思想，既把 A 的各个状态表现在一张二维图上，又把 B 的各个状态表现在一张二维图上，且通过后面的分析可以看到，这两张二维图的坐标轴有相同的含义，即可以把 A 的各个取值与 B 的各个取值同时在一张二维图上表示出来。

2. 距离与总惯量

通过上面行剖面与列剖面的定义，A 的不同取值就可以用 p 维空间中的不同点来表示，各个点的坐标分别为 $\boldsymbol{p}_i^r(i=1,2,\cdots,n)$；$B$ 的不同取值可以用 n 维空间中的不同点来表示，各个点的坐标分别为 $\boldsymbol{p}_j^c(j=1,2,\cdots,p)$。对此，可以引入距离的概念来分别描述 A 的各个状态之间与 B 的各个状态之间的接近程度。因为对列联表行与列的研究是对等的，此处只对行做详细论述。

变量 A 的第 k 状态与第 l 状态的普通欧氏距离为

$$d^2(k,l)=(\boldsymbol{p}_k^r-\boldsymbol{p}_l^r)^{\mathrm{T}}(\boldsymbol{p}_k^r-\boldsymbol{p}_l^r)=\sum_{j=1}^{p}\left(\frac{p_{kj}}{p_{k\cdot}}-\frac{p_{lj}}{p_{l\cdot}}\right)^2 \tag{15.6}$$

如此定义的距离有一个缺点，即受到变量 B 的各个状态边缘概率的影响，当变量 B 的第 j 个状态出现的概率特别大时，式（15.6）所定义距离的 $\left(\dfrac{p_{kj}}{p_{k\cdot}}-\dfrac{p_{lj}}{p_{l\cdot}}\right)^2$ 部分的作用就被放大了。因此，用 $\dfrac{1}{p_{\cdot j}}$ 作权重，得到如下加权的距离公式：

$$
\begin{aligned}
D^2(k,l) &= \sum_{j=1}^{p}\left(\frac{p_{kj}}{p_{k\cdot}}-\frac{p_{lj}}{p_{l\cdot}}\right)^2 \Big/ p_{\cdot j} \\
&= \sum_{j=1}^{p}\left(\frac{p_{kj}}{\sqrt{p_{\cdot j}}\,p_{k\cdot}}-\frac{p_{lj}}{\sqrt{p_{\cdot j}}\,p_{l\cdot}}\right)^2
\end{aligned}
\tag{15.7}
$$

因此，式（15.7）定义的距离也可以看作两点之间的普通欧氏距离，点的坐标为

$$
\left(\frac{p_{i1}}{\sqrt{p_{\cdot 1}}\,p_{i\cdot}},\frac{p_{i2}}{\sqrt{p_{\cdot 2}}\,p_{i\cdot}},\cdots,\frac{p_{ip}}{\sqrt{p_{\cdot p}}\,p_{i\cdot}}\right),\quad i=1,2,\cdots,n \tag{15.8}
$$

类似地，定义属性变量 B 的两个状态 s，t 之间的加权距离为

$$
D^2(s,t) = \sum_{i=1}^{n}\left(\frac{p_{is}}{\sqrt{p_{i\cdot}}\,p_{\cdot s}}-\frac{p_{it}}{\sqrt{p_{i\cdot}}\,p_{\cdot t}}\right)^2 \tag{15.9}
$$

式（15.8）是行剖面消除了变量 B 的各个状态概率影响的相对坐标，下面给出式（15.8）定义的各点的平均坐标，即重心的表达式。由行剖面的定义，$\boldsymbol{p}_i^r$ 的各分量是当 A 取不同值时变量 B 各个状态出现的条件概率，也就是说，式（15.8）的坐标也同时消除了变量 A 的各个状态出现的概率影响。然而，当研究由式（15.8）定义的 n 个点的平均坐标时，这 n 个点的地位不是完全平等的，出现概率较大的状态应当占有较高的权重。因此，定义如下按 $p_{i\cdot}$ 加权的 n 个点的平均坐标，其第 j 个分量为

$$
\sum_{i=1}^{n}\frac{p_{ij}}{\sqrt{p_{\cdot j}}\,p_{i\cdot}}p_{i\cdot} = \frac{1}{\sqrt{p_{\cdot j}}}\sum_{i=1}^{n}p_{ij} = \sqrt{p_{\cdot j}},\quad j=1,2,\cdots,p \tag{15.10}
$$

因此，由式（15.8）定义的 n 个点的重心为

$$
(\boldsymbol{p}_J^{1/2})^{\mathrm{T}} = (\sqrt{p_{\cdot 1}},\sqrt{p_{\cdot 2}},\cdots,\sqrt{p_{\cdot p}})
$$

其中，每一分量恰恰是矩阵 $\boldsymbol{P}$ 每一列边缘概率的平方根。根据上面的准备，可以给出如下行剖面集合 $n(r)$ 的总惯量的定义：由式（15.8）定义的 n 个点与其重心的加权欧氏距离之和称为行剖面集合 $n(r)$ 的总惯量，记为 I_I，有

$$
I_I = \sum_{i=1}^{n} D^2(\boldsymbol{p}_i^r,\boldsymbol{p}_J^{1/2}) \tag{15.11}
$$

令 $\boldsymbol{D}_p^{1/2}=\mathrm{diag}(\boldsymbol{p}_J^{1/2})$ 表示由向量 $\boldsymbol{p}_J^{1/2}$ 的各个分量为对角线元素构成的对角阵，则总惯量式（15.11）可写为

$$
\begin{aligned}
I_I &= \sum_{i=1}^{n} d^2((\boldsymbol{p}_i^r)^{\mathrm{T}}(D_p^{1/2})^{-1},(\boldsymbol{p}_J^{1/2})^{\mathrm{T}}) = \sum_{i=1}^{n}\sum_{j=1}^{p}p_{i\cdot}\left(\frac{p_{ij}}{p_{i\cdot}\sqrt{p_{\cdot j}}}-\sqrt{p_{\cdot j}}\right)^2 \\
&= \sum_{i=1}^{n}\sum_{j=1}^{p}\frac{(p_{ij}-p_{i\cdot}p_{\cdot j})^2}{p_{i\cdot}p_{\cdot j}} = \frac{1}{n}\chi^2
\end{aligned}
\tag{15.12}
$$

由式（15.12）可以看到，总惯量不仅反映了行剖面集在式（15.8）意义上定义的各点与其重心加权距离的总和，同时与 χ^2 统计量仅相差一个常数，而由前面列联表的分析可以知道，χ^2 统计量反映了列联表横栏与纵列的相关关系，因此，此处总惯量也反映了两个属性变量各

状态之间的相关关系。对应分析就是在总惯量信息损失最小的前提下，简化数据结构以反映两属性变量之间的相关关系。实际上，总惯量的概念类似于主成分分析或因子分析中方差总和的概念，在 SPSS 软件中进行对应分析时，系统会给出对总惯量信息的提取情况。

完全对应地，可以得到对列联表的列进行分析的相应结论，列剖面 p 个点经 $p_{\cdot j}$ 加权后的平均坐标，即重心为

$$(\boldsymbol{p}_I^{1/2})^{\mathrm{T}}=(\sqrt{p_{1\cdot}},\sqrt{p_{2\cdot}},\cdots,\sqrt{p_{n\cdot}}) \tag{15.13}$$

列剖面集合 p_c 的总惯量为

$$I_J=I_I=\frac{1}{n}\chi^2 \tag{15.14}$$

15.2.2 *R* 型因子分析与 *Q* 型因子分析的对等关系

经过以上数据变换，在引入加权距离函数之后，或者对行剖面集的各点进行式（15.8）的变换，对列剖面的各点进行类似变换之后，可以直接计算属性变量各状态之间的距离，通过距离的大小来反映各状态之间的接近程度，同类型的状态之间距离应当较短，而不同类型的状态之间距离应当较长，据此可以对各种状态进行分类以简化数据结构。但是，这样做不能同时对两个属性变量进行分析，因此不计算距离，而是求协方差矩阵，进行因子分析，提取主因子，用主因子所定义的坐标轴作为参照系，对两个变量的各状态进行分析。

先对行剖面进行分析，即 Q 型因子分析。假定各个行剖面的坐标均经过了形如式（15.8）的变换，以消除变量 B 的各个状态发生的边缘概率的影响。即变换后的行剖面为

$$(\boldsymbol{p}_i^r)^{\mathrm{T}}=(\boldsymbol{D}_p^{1/2})^{-1},\quad i=1,2,\cdots,n$$

则变换后的 n 个行剖面所构成的矩阵为

$$\boldsymbol{p}_r=\begin{pmatrix}(\boldsymbol{p}_1^r)^{\mathrm{T}}(\boldsymbol{D}_p^{1/2})^{-1}\\(\boldsymbol{p}_2^r)^{\mathrm{T}}(\boldsymbol{D}_p^{1/2})^{-1}\\\vdots\\(\boldsymbol{p}_n^r)^{\mathrm{T}}(\boldsymbol{D}_p^{1/2})^{-1}\end{pmatrix} \tag{15.15}$$

进行 Q 型因子分析就是从矩阵 $\boldsymbol{p}_r$ 出发，分析其协方差矩阵，提取公共因子（主成分）的分析。设 $\boldsymbol{p}_r$ 的加权协方差矩阵为 $\boldsymbol{\Sigma}_r$，则有

$$\boldsymbol{\Sigma}_r=\sum_{i=1}^{n}\boldsymbol{p}_{i\cdot}[(\boldsymbol{D}_p^{1/2})^{-1}\boldsymbol{p}_i^r-\boldsymbol{p}_J^{1/2}][(\boldsymbol{p}_i^r)^{\mathrm{T}}(\boldsymbol{D}_p^{1/2})^{-1}-(\boldsymbol{p}_J^{1/2})^{\mathrm{T}}] \tag{15.16}$$

因为对任意的 $i(i=1,2,\cdots,n)$，有

$$[(\boldsymbol{p}_i^r)^{\mathrm{T}}(\boldsymbol{D}_p^{1/2})^{-1}-(\boldsymbol{p}_J^{1/2})^{\mathrm{T}}]\boldsymbol{p}_J^{1/2}=\begin{pmatrix}\frac{p_{i1}-p_{\cdot 1}}{\sqrt{p_{\cdot 1}}p_{i\cdot}},\frac{p_{i2}-p_{\cdot 2}}{\sqrt{p_{\cdot 2}}p_{i\cdot}},\cdots,\frac{p_{ip}-p_{\cdot p}}{\sqrt{p_{\cdot p}}p_{i\cdot}}\end{pmatrix}\begin{pmatrix}\sqrt{p_{\cdot 1}}\\\sqrt{p_{\cdot 2}}\\\vdots\\\sqrt{p_{\cdot p}}\end{pmatrix}=0 \tag{15.17}$$

所以，$\boldsymbol{\Sigma}_r\boldsymbol{p}_J^{1/2}=0$，也就是说，变换后行剖面点集的重心 $\boldsymbol{p}_J^{1/2}$ 是 $\boldsymbol{\Sigma}_r$ 的一个特征向量，且其对应的特征根为零。因此，该因子轴对公共因子的解释而言是无用的，在对应分析中，总是不考虑该轴。实际上，在对列剖面进行分析时，也存在类似的情况，$\boldsymbol{p}_I^{1/2}$ 是变换后列剖面集所构成的协方差矩阵的一个特征向量，且其对应的特征根也为零。因此，因子轴 $\boldsymbol{p}_I^{1/2}$ 也是无用的。

为了更清楚地了解对应分析的具体计算过程，下面看一下 $\boldsymbol{\Sigma}_r$ 中的元素。设

$$\boldsymbol{\Sigma}_r=(a_{ij})_{p\times p}$$

则有

$$\begin{aligned}
a_{ij} &= \sum_{a=1}^{n}\left(\frac{p_{ai}}{\sqrt{p_{\cdot i}p_{a\cdot}}}-\sqrt{p_{\cdot i}}\right)\left(\frac{p_{aj}}{\sqrt{p_{\cdot j}p_{a\cdot}}}-\sqrt{p_{\cdot j}}\right)p_{a\cdot} \\
&= \sum_{a=1}^{n}\left(\frac{p_{ai}}{\sqrt{p_{\cdot i}p_{a\cdot}}}-\sqrt{p_{\cdot i}}\sqrt{p_{a\cdot}}\right)\left(\frac{p_{aj}}{\sqrt{p_{\cdot j}p_{a\cdot}}}-\sqrt{p_{\cdot j}}\sqrt{p_{a\cdot}}\right) \\
&= \sum_{a=1}^{n}\left(\frac{p_{ai}-p_{\cdot i}p_{a\cdot}}{\sqrt{p_{\cdot i}p_{a\cdot}}}\frac{p_{aj}-p_{\cdot j}p_{a\cdot}}{\sqrt{p_{\cdot j}p_{a\cdot}}}\right)=\sum_{a=1}^{n}z_{ai}z_{aj}
\end{aligned} \tag{15.18}$$

其中

$$z_{ij}=\frac{p_{ij}-p_{i\cdot}p_{\cdot j}}{\sqrt{p_{i\cdot}p_{\cdot j}}},\quad i=1,2,\cdots,n;j=1,2,\cdots,p$$

若令 $\boldsymbol{Z}=(z_{ij})$，则有

$$\boldsymbol{\Sigma}_r=\boldsymbol{Z}\boldsymbol{Z}^{\mathrm{T}} \tag{15.19}$$

依照上述方法，可以对列剖面进行分析，设变换后的列剖面集所构成的协方差矩阵为 $\boldsymbol{\Sigma}_c$，则可以得到

$$\boldsymbol{\Sigma}_c=\boldsymbol{Z}^{\mathrm{T}}\boldsymbol{Z} \tag{15.20}$$

其中，矩阵 $\boldsymbol{Z}$ 的定义与上面完全一致。这样，对应分析的过程就转化为基于矩阵 $\boldsymbol{Z}$ 的分析过程，由式（15.19）和式（15.20）可以看出，矩阵 $\boldsymbol{\Sigma}_r$ 与 $\boldsymbol{\Sigma}_c$ 存在简单的对等关系，如果把原始列联表中的数据 n_{ij} 变换成 z_{ij}，则 z_{ij} 对两个属性变量有对等性。

由矩阵的知识可知，$\boldsymbol{\Sigma}_r=\boldsymbol{Z}\boldsymbol{Z}^{\mathrm{T}}$ 与 $\boldsymbol{\Sigma}_c=\boldsymbol{Z}^{\mathrm{T}}\boldsymbol{Z}$ 有完全相同的非零特征根，记作 $\lambda_1,\lambda_2,\cdots,\lambda_r(\lambda_1\geqslant\lambda_2\geqslant\cdots\geqslant\lambda_r)$，而经过上面的分析可知，$\boldsymbol{\Sigma}_r$ 与 $\boldsymbol{\Sigma}_c$ 均有一个特征根为零，且其所对应的特征向量分别为 $\boldsymbol{p}_J^{1/2}$，$\boldsymbol{p}_I^{1/2}$，由这两个特征向量构成的因子轴为无用轴。因此，在对应分析中，公共因子轴的最大维数为 $\min\{n,p\}-1$，所以有 $0<r\leqslant\min\{n,p\}-1$。设 $\boldsymbol{u}_1,\boldsymbol{u}_2,\cdots,\boldsymbol{u}_r$ 为相对于特征根 $\lambda_1,\lambda_2,\cdots,\lambda_r$ 的 $\boldsymbol{\Sigma}_r$ 的特征向量，则有

$$\boldsymbol{\Sigma}_r\boldsymbol{u}_j=\boldsymbol{Z}\boldsymbol{Z}^{\mathrm{T}}\boldsymbol{u}_j=\lambda_j\boldsymbol{u}_j \tag{15.21}$$

对式（15.21）两边左乘矩阵 $\boldsymbol{Z}^{\mathrm{T}}$，有

$$\boldsymbol{Z}^{\mathrm{T}}\boldsymbol{Z}(\boldsymbol{Z}^{\mathrm{T}}\boldsymbol{u}_j)=\lambda_j(\boldsymbol{Z}^{\mathrm{T}}\boldsymbol{u}_j)$$

即

$$\boldsymbol{\Sigma}_c(\boldsymbol{Z}^{\mathrm{T}}\boldsymbol{u}_j)=\lambda_j(\boldsymbol{Z}^{\mathrm{T}}\boldsymbol{u}_j)$$

表明 $\boldsymbol{Z}^{\mathrm{T}}\boldsymbol{u}_j$ 即为相对于特征根 λ_j 的 $\boldsymbol{\Sigma}_c$ 的特征向量，这就建立了对应分析中 R 型因子分析与 Q 型因子分析的关系，这样，就可以由 R 型因子分析的结果很方便地得到 Q 型因子分析的结果，从而大大减少了计算量，特别是克服了当某一属性变量的状态特别多时计算上的困难。又由于 $\boldsymbol{\Sigma}_r$ 与 $\boldsymbol{\Sigma}_c$ 具有相同的非零特征根，而这些特征根正是各个公共因子所解释的方差，或提取的总惯量的份额，即有 $\sum_{i=1}^{r}\lambda_i=I_I=I_J$。那么，在变量 B 的 p 维空间 $\mathbf{R}^p$ 中的第一主因子、第二主因子，…，直到第 r 主因子与变量 A 的 n 维空间中相对应的各个主因子在总方差中所占的百分比完全相同。这样就可用相同的因子轴同时表示两个属性变量的各个状态，把两个变量的各个状态同时反映在具有相同坐标轴的因子平面上，以直观地反映两个属性变量及各个状态之间的相

关关系。一般情况下，可取两个公共因子，这样，就可以在一张二维图上同时画出两个变量的各个状态。

15.2.3 对应分析应用于定量变量的情况

上面对对应分析方法的描述都是以属性变量数据为例展开的，这是因为在实际中，对应分析广泛地应用于对属性变量列联表数据的研究。实际上，对应分析方法也适用于定距尺度与定比尺度的数据。假设要分析的数据为 $n\times p$ 的表格形式（n 个观测，p 个变量），沿用上面的思想，同样可以对数据进行规格化处理，再进行 R 型因子分析与 Q 型因子分析，进而把观测与变量在同一张低维图形上表示出来，分析各观测与各变量之间的接近程度。

其实，对于定距尺度与定比尺度的情况，完全可以把每一个观测都分别看成一类，这也是对原始数据进行得最细的分类；同时把每一个变量都看成一类。这样，对定距尺度数据与定比尺度数据的处理问题就变成与上面分析属性变量相同的问题了，自然可以运用对应分析来研究行与列之间的相关关系。但是应当注意，对应分析要求数据阵中每一个数据都是大于或等于零的，当用对应分析研究普通的 $n\times p$ 的表格形式的数据时，若有小于零的数据，则应当先对数据进行加工，比如将该变量的各个取值都加上一个常数。有的研究人员将对应分析方法用于对经济问题截面数据的研究，得到了比较深刻的结论。

15.2.4 需要注意的问题

需要注意的是，用对应分析生成的二维图上的各状态点，实际上是两个多维空间上的点的二维投影，在某些特殊的情况下，在多维空间中相隔较远的点，在二维平面上的投影却很接近。此时，需要对二维图上的各点做更深入的了解，即哪些状态对公共因子的贡献较大，这与因子分析在判断原始变量对公共因子贡献的方法类似，不同的是，因为对应分析中 $\boldsymbol{\Sigma}_r$ 与 $\boldsymbol{\Sigma}_c$ 存在简单的对等关系，所以可以任选一个变量，分析其各个状态对公共因子的贡献，不妨以变量 A 的各个状态为例进行说明。由于

$$\mathrm{Var}(F_k)=\sum_{i=1}^{n}p_{i.}a_{ik}^2=\lambda_k$$

式中，a_{ik}为因子载荷。设状态 i 对公共因子的贡献为 $\mathrm{CTR}(i)$，于是有 $\mathrm{CTR}(i)=(p_{i.}a_{ik}^2)/\lambda_k$，其值越大，说明状态 i 对第 k 个公共因子的贡献越大。同时，如有需要，可以仿照因子分析的方法分析每一个公共因子的贡献的大小，在此不再详述。

另外还需注意的是，对应分析只能用图形的方式提示变量之间的关系，但不能给出具体的统计量来度量这种相关程度，这容易使研究者在运用对应分析时得出主观性较强的结论。

15.3 对应分析的步骤及逻辑框图

15.3.1 对应分析的步骤

由前面的分析可知，对来源于实际问题的列联表数据，运用对应分析方法进行研究的过程可以最终转化为进行 R 型因子分析与 Q 型因子分析的过程。一般来说，对应分析应包括如下几个步骤：

（1）由原始列联表数据计算规格化的概率意义上的列联表。

（2）计算 $\boldsymbol{Z}$ 矩阵。

（3）由 $\boldsymbol{\Sigma}_r$ 或 $\boldsymbol{\Sigma}_c$ 出发进行 R 型因子分析或 Q 型因子分析，并由 R（或 Q）型因子分析的结果推导出 Q（或 R）型因子分析的结果。

（4）在二维图上画出原始变量各个状态，并对原始变量相关性进行分析。

15.3.2　对应分析的逻辑框图

对应分析的逻辑框图如图 15.1 所示。

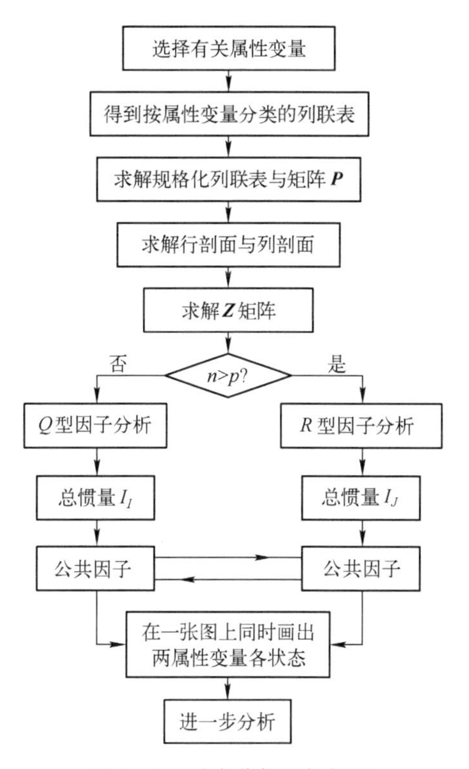

图 15.1　对应分析逻辑框图

第 16 章　典型相关分析

典型相关分析（canonical correlation analysis）是研究两组变量之间相关关系的多元分析方法。它借用主成分分析降维的思想，分别对两组变量提取主成分，且使从两组变量提取的主成分之间的相关程度达到最大，而从同一组内部提取的各主成分之间互不相关，用从两组分别提取的主成分的相关性来描述两组变量整体的线性相关关系。典型相关分析的思想首先由霍特林于 1936 年提出，计算机的发展解决了典型相关分析在应用中计算方面的困难，目前它已成为普遍应用的两组变量之间相关性分析的技术。本章主要介绍典型相关分析的思想、基本理论及分析方法，并介绍利用 SAS 和 SPSS 软件进行典型相关分析的方法。

16.1　典型相关分析的基本理论

16.1.1　典型相关分析的统计思想

典型相关分析研究两组变量间整体的线性相关关系，它是将每一组变量作为一个整体来进行研究，而不是分析每一组变量内部的各个变量。所研究的两组变量可以是一组变量为自变量，而另一组变量为因变量的情况，也可以处于同等的地位，但典型相关分析要求两组变量都至少是间隔尺度的。

典型相关分析借助主成分分析的思想，对每一组变量分别寻找线性组合，使生成的新的综合变量能代表原始变量大部分的信息，同时，与由另一组变量生成的新的综合变量的相关程度最大，这样一组新的综合变量称为第一对典型相关变量，用同样的方法可以找到第二对、第三对，…，各对典型相关变量之间互不相关，典型相关变量之间的简单相关系数称为典型相关系数。典型相关分析就是用典型相关系数衡量两组变量之间的相关性。

一般地，设 $\boldsymbol{x}=(X_1,X_2,\cdots,X_p)^{\mathrm{T}}$，$\boldsymbol{y}=(Y_1,Y_2,\cdots,Y_q)^{\mathrm{T}}$ 是两个相互关联的随机向量，利用主成分分析的思想，分别在两组变量中选取若干有代表性的综合变量 U_i，V_i，使每一综合变量都是原变量的一个线性组合，即

$$\begin{cases} U_i=a_{i1}X_1+a_{i2}X_2+\cdots+a_{ip}X_p\equiv\boldsymbol{a}^{\mathrm{T}}\boldsymbol{x} \\ V_i=b_{i1}Y_1+b_{i2}Y_2+\cdots+b_{iq}Y_q\equiv\boldsymbol{b}^{\mathrm{T}}\boldsymbol{y} \end{cases} \tag{16.1}$$

我们可以只考虑方差为 1 的 $\boldsymbol{x}$，$\boldsymbol{y}$ 的线性函数 $\boldsymbol{a}^{\mathrm{T}}\boldsymbol{x}$ 与 $\boldsymbol{b}^{\mathrm{T}}\boldsymbol{y}$，求使它们相关系数达到最大的这一组。若存在常向量 $\boldsymbol{a}_1$，$\boldsymbol{b}_1$，使得

$$\begin{gathered} \rho(\boldsymbol{a}_1^{\mathrm{T}}\boldsymbol{x},\boldsymbol{b}_1^{\mathrm{T}}\boldsymbol{y})=\max\rho(\boldsymbol{a}^{\mathrm{T}}\boldsymbol{x},\boldsymbol{b}^{\mathrm{T}}\boldsymbol{y}) \\ \mathrm{Var}(\boldsymbol{a}^{\mathrm{T}}\boldsymbol{x})=\mathrm{Var}(\boldsymbol{b}^{\mathrm{T}}\boldsymbol{x})=1 \end{gathered} \tag{16.2}$$

则称 $\boldsymbol{a}_1^{\mathrm{T}}\boldsymbol{x}$ 与 $\boldsymbol{b}_1^{\mathrm{T}}\boldsymbol{y}$ 是 $\boldsymbol{x}$，$\boldsymbol{y}$ 的第一对典型相关变量。求出第一对典型相关变量之后，可以类似地去求第二对、第三对，…，使得各对之间互不相关。这些典型相关变量就反映了 $\boldsymbol{x}$，$\boldsymbol{y}$ 之间的线性相关情况。也可以按照相关系数绝对值的大小来排列各对典型相关变量之间的先后次序，

使得第一对典型相关变量相关系数的绝对值最大，第二对次之，…，更重要的是，可以检验各对典型相关变量相关系数的绝对值是否显著大于零。如果是，这一对综合变量就真的具有代表性；如果不是，这一对变量就不具有代表性，不具有代表性的变量可以忽略。这样就可通过对少数典型相关变量的研究，代替原来两组变量之间的相关关系的研究，从而容易抓住问题的本质。在研究实际问题时，可以通过典型相关分析找出几对主要的典型相关变量，根据典型相关变量相关程度及各典型相关变量线性组合中原变量系数的大小，结合对所研究实际问题的定性分析，尽可能给出较为深刻的分析结果。

16.1.2　典型相关分析的基本理论及方法

1. 总体典型相关和典型变量

设随机变量 $\boldsymbol{x}=(X_1,X_2,\cdots,X_p)^{\mathrm{T}}$，$\boldsymbol{y}=(Y_1,Y_2,\cdots,Y_q)^{\mathrm{T}}$，$\boldsymbol{x}$，$\boldsymbol{y}$ 的协方差矩阵为

$$\mathrm{Cov}\begin{pmatrix}\boldsymbol{x}\\ \boldsymbol{y}\end{pmatrix}=\boldsymbol{\Sigma}=\begin{pmatrix}\boldsymbol{\Sigma}_{11} & \boldsymbol{\Sigma}_{12}\\ \boldsymbol{\Sigma}_{21} & \boldsymbol{\Sigma}_{22}\end{pmatrix} \tag{16.3}$$

不失一般性，设 $p<q$，$\boldsymbol{\Sigma}_{11}$ 是 $p\times p$ 矩阵，它是第一组变量的协方差矩阵；$\boldsymbol{\Sigma}_{22}$ 是 $q\times q$ 矩阵，它是第二组变量的协方差矩阵。而 $\boldsymbol{\Sigma}_{12}=\boldsymbol{\Sigma}_{21}^{\mathrm{T}}$ 是两组变量之间的协方差矩阵。而且当 $\boldsymbol{\Sigma}$ 是正定阵时，$\boldsymbol{\Sigma}_{12}$ 与 $\boldsymbol{\Sigma}_{21}$ 也是正定的。

为了研究两组变量 $\boldsymbol{x}$，$\boldsymbol{y}$ 之间的相关关系，考虑它们的线性组合：

$$\begin{cases}U_i=\boldsymbol{a}^{\mathrm{T}}\boldsymbol{x}=a_{i1}X_1+a_{i2}X_2+\cdots+a_{ip}X_p\\ V_i=\boldsymbol{b}^{\mathrm{T}}\boldsymbol{y}=b_{i1}Y_1+b_{i2}Y_2+\cdots+b_{iq}Y_q\end{cases} \tag{16.4}$$

式中，$\boldsymbol{a}=(a_{i1},a_{i2},\cdots,a_{ip})^{\mathrm{T}}$，$\boldsymbol{b}=(b_{i1},b_{i2},\cdots,b_{iq})^{\mathrm{T}}$ 是任意非零常数向量。我们希望在 $\boldsymbol{x}$，$\boldsymbol{y}$ 及 $\boldsymbol{\Sigma}$ 给定的条件下，选取 $\boldsymbol{a}$，$\boldsymbol{b}$ 使 U_1 与 V_1 之间的相关系数

$$\rho=\frac{\mathrm{Cov}(U_1,V_1)}{\sqrt{\mathrm{Var}(U_1)\mathrm{Var}(V_1)}}=\frac{\mathrm{Cov}(\boldsymbol{a}^{\mathrm{T}}\boldsymbol{x},\boldsymbol{b}^{\mathrm{T}}\boldsymbol{y})}{\sqrt{\mathrm{Var}(\boldsymbol{a}^{\mathrm{T}}\boldsymbol{x})\mathrm{Var}(\boldsymbol{b}^{\mathrm{T}}\boldsymbol{y})}} \tag{16.5}$$

达到最大。

由于随机变量 U_1，V_1 乘以任意常数并不改变它们之间的相关关系，不妨限定取标准化的随机变量 U_1 与 V_1，即规定 U_1 及 V_1 的方差为 1，也即

$$\begin{cases}\mathrm{Var}(U_1)=\mathrm{Var}(\boldsymbol{a}^{\mathrm{T}}\boldsymbol{x})=\boldsymbol{a}^{\mathrm{T}}\boldsymbol{\Sigma}_{11}\boldsymbol{a}=1\\ \mathrm{Var}(V_1)=\mathrm{Var}(\boldsymbol{b}^{\mathrm{T}}\boldsymbol{y})=\boldsymbol{b}^{\mathrm{T}}\boldsymbol{\Sigma}_{22}\boldsymbol{b}=1\end{cases} \tag{16.6}$$

所以

$$\rho=\mathrm{Cov}(\boldsymbol{a}^{\mathrm{T}}\boldsymbol{x},\boldsymbol{b}^{\mathrm{T}}\boldsymbol{y})=\boldsymbol{a}^{\mathrm{T}}\mathrm{Cov}(\boldsymbol{x},\boldsymbol{y})\boldsymbol{b}=\boldsymbol{a}^{\mathrm{T}}\boldsymbol{\Sigma}_{12}\boldsymbol{b} \tag{16.7}$$

于是，研究的问题是，在式（16.6）的约束下，求 $\boldsymbol{a}\in\mathbf{R}^p,\boldsymbol{b}\in\mathbf{R}^q$，使得式（16.7）达到最大。由拉格朗日乘数法，这一问题等价于求 $\boldsymbol{a}$，$\boldsymbol{b}$，使 G 达到最大，其中

$$G=\boldsymbol{a}^{\mathrm{T}}\boldsymbol{\Sigma}_{12}\boldsymbol{b}-\frac{\lambda}{2}(\boldsymbol{a}^{\mathrm{T}}\boldsymbol{\Sigma}_{11}\boldsymbol{a}-1)-\frac{\mu}{2}(\boldsymbol{b}^{\mathrm{T}}\boldsymbol{\Sigma}_{22}\boldsymbol{b}-1) \tag{16.8}$$

式中，λ，μ 为拉格朗日乘数因子。将 G 分别对 $\boldsymbol{a}$ 及 $\boldsymbol{b}$ 求偏导并令其为 $\mathbf{0}$，得方程组

$$\begin{cases}\dfrac{\partial G}{\partial \boldsymbol{a}}=\boldsymbol{\Sigma}_{12}\boldsymbol{b}-\lambda\boldsymbol{\Sigma}_{11}\boldsymbol{a}=\mathbf{0}\\ \dfrac{\partial G}{\partial \boldsymbol{b}}=\boldsymbol{\Sigma}_{21}\boldsymbol{a}-\mu\boldsymbol{\Sigma}_{22}\boldsymbol{b}=\mathbf{0}\end{cases} \tag{16.9}$$

用 $\boldsymbol{a}^{\mathrm{T}}$，$\boldsymbol{b}^{\mathrm{T}}$ 分别左乘式（16.9）的两式，有

$$\begin{cases}\boldsymbol{a}^{\mathrm{T}}\boldsymbol{\Sigma}_{12}\boldsymbol{b}=\lambda\boldsymbol{a}^{\mathrm{T}}\boldsymbol{\Sigma}_{11}\boldsymbol{a}=\lambda\\ \boldsymbol{b}^{\mathrm{T}}\boldsymbol{\Sigma}_{21}\boldsymbol{a}=\mu\boldsymbol{b}^{\mathrm{T}}\boldsymbol{\Sigma}_{22}\boldsymbol{b}=\mu\end{cases}$$

又

$$(\boldsymbol{a}^{\mathrm{T}}\boldsymbol{\Sigma}_{12}\boldsymbol{b})^{\mathrm{T}}=\boldsymbol{b}^{\mathrm{T}}\boldsymbol{\Sigma}_{21}\boldsymbol{a}$$

所以有

$$\mu=\boldsymbol{b}^{\mathrm{T}}\boldsymbol{\Sigma}_{21}\boldsymbol{a}=(\boldsymbol{a}^{\mathrm{T}}\boldsymbol{\Sigma}_{12}\boldsymbol{b})^{\mathrm{T}}=\lambda \tag{16.10}$$

也就是说，λ 恰好等于线性组合 U_1 与 V_1 之间的相关系数，于是式（16.9）可写为

$$\begin{cases}\boldsymbol{\Sigma}_{12}\boldsymbol{b}-\lambda\boldsymbol{\Sigma}_{11}\boldsymbol{a}=\boldsymbol{0}\\ \boldsymbol{\Sigma}_{21}\boldsymbol{a}-\lambda\boldsymbol{\Sigma}_{22}\boldsymbol{b}=\boldsymbol{0}\end{cases} \tag{16.11}$$

或者可以写为

$$\begin{pmatrix}-\lambda\boldsymbol{\Sigma}_{11} & \boldsymbol{\Sigma}_{12}\\ \boldsymbol{\Sigma}_{21} & -\lambda\boldsymbol{\Sigma}_{22}\end{pmatrix}\begin{pmatrix}\boldsymbol{a}\\ \boldsymbol{b}\end{pmatrix}=\boldsymbol{0} \tag{16.12}$$

而式（16.12）有非零解的充要条件是

$$\begin{vmatrix}-\lambda\boldsymbol{\Sigma}_{11} & \boldsymbol{\Sigma}_{12}\\ \boldsymbol{\Sigma}_{21} & -\lambda\boldsymbol{\Sigma}_{22}\end{vmatrix}=0 \tag{16.13}$$

式（16.13）左端为 λ 的 $p+q$ 次多项式，因此有 $p+q$ 个根，设为 $\lambda_1,\lambda_2,\cdots,\lambda_{p+q}(\lambda_1\geqslant\lambda_2\geqslant\cdots\geqslant\lambda_{p+q})$，再以 $\boldsymbol{\Sigma}_{12}\boldsymbol{\Sigma}_{22}^{-1}$左乘式（16.11）中第二式，则有

$$\boldsymbol{\Sigma}_{12}\boldsymbol{\Sigma}_{22}^{-1}\boldsymbol{\Sigma}_{21}\boldsymbol{a}-\lambda\boldsymbol{\Sigma}_{12}\boldsymbol{\Sigma}_{22}^{-1}\boldsymbol{\Sigma}_{22}\boldsymbol{b}=\boldsymbol{0}$$

即

$$\boldsymbol{\Sigma}_{12}\boldsymbol{\Sigma}_{22}^{-1}\boldsymbol{\Sigma}_{21}\boldsymbol{a}=\lambda\boldsymbol{\Sigma}_{12}\boldsymbol{b} \tag{16.14}$$

又由式（16.11）中第一式，得

$$\boldsymbol{\Sigma}_{12}\boldsymbol{b}=\lambda\boldsymbol{\Sigma}_{11}\boldsymbol{a}$$

代入式（16.14），得

$$\boldsymbol{\Sigma}_{12}\boldsymbol{\Sigma}_{22}^{-1}\boldsymbol{\Sigma}_{21}\boldsymbol{a}-\lambda^2\boldsymbol{\Sigma}_{11}\boldsymbol{a}=\boldsymbol{0}$$

$$(\boldsymbol{\Sigma}_{12}\boldsymbol{\Sigma}_{22}^{-1}\boldsymbol{\Sigma}_{21}-\lambda^2\boldsymbol{\Sigma}_{11})\boldsymbol{a}=\boldsymbol{0} \tag{16.15}$$

再用 $\boldsymbol{\Sigma}_{11}^{-1}$左乘式（16.15），得

$$(\boldsymbol{\Sigma}_{11}^{-1}\boldsymbol{\Sigma}_{12}\boldsymbol{\Sigma}_{22}^{-1}\boldsymbol{\Sigma}_{21}-\lambda^2\boldsymbol{\Sigma}_{11}^{-1}\boldsymbol{\Sigma}_{11})\boldsymbol{a}=\boldsymbol{0}$$

$$(\boldsymbol{\Sigma}_{11}^{-1}\boldsymbol{\Sigma}_{12}\boldsymbol{\Sigma}_{22}^{-1}\boldsymbol{\Sigma}_{21}-\lambda^2\boldsymbol{I}_p)\boldsymbol{a}=\boldsymbol{0} \tag{16.16}$$

因此，对 λ^2 有 p 个解，设为 $\lambda_1^2,\lambda_2^2,\cdots,\lambda_p^2(\lambda_1^2\geqslant\lambda_2^2\geqslant\cdots\geqslant\lambda_p^2)$，对 $\boldsymbol{a}$ 也有 p 个解。

类似地，用 $\boldsymbol{\Sigma}_{21}\boldsymbol{\Sigma}_{11}^{-1}$左乘（16.11）中第一式，则有

$$\boldsymbol{\Sigma}_{21}\boldsymbol{\Sigma}_{11}^{-1}\boldsymbol{\Sigma}_{12}\boldsymbol{b}-\lambda\boldsymbol{\Sigma}_{21}\boldsymbol{\Sigma}_{11}^{-1}\boldsymbol{\Sigma}_{11}\boldsymbol{a}=\boldsymbol{0} \tag{16.17}$$

又由式（16.11）中第二式，得

$$\boldsymbol{\Sigma}_{21}\boldsymbol{a}=\lambda\boldsymbol{\Sigma}_{22}\boldsymbol{b}$$

代入式（16.17），得

$$(\boldsymbol{\Sigma}_{21}\boldsymbol{\Sigma}_{11}^{-1}\boldsymbol{\Sigma}_{12}-\lambda^2\boldsymbol{\Sigma}_{22})\boldsymbol{b}=\boldsymbol{0} \tag{16.18}$$

再用 $\boldsymbol{\Sigma}_{22}^{-1}$左乘式（16.18），得

$$(\boldsymbol{\Sigma}_{22}^{-1}\boldsymbol{\Sigma}_{21}\boldsymbol{\Sigma}_{11}^{-1}\boldsymbol{\Sigma}_{12}-\lambda^2\boldsymbol{I}_q)\boldsymbol{b}=\boldsymbol{0} \tag{16.19}$$

因此，对 λ^2 有 q 个解，对 $\boldsymbol{b}$ 也有 q 个解，λ^2 是 $\boldsymbol{\Sigma}_{11}^{-1}\boldsymbol{\Sigma}_{12}\boldsymbol{\Sigma}_{22}^{-1}\boldsymbol{\Sigma}_{21}$ 的特征根，$\boldsymbol{a}$ 是对应于 λ^2 的特征向量。同时 λ^2 也是 $\boldsymbol{\Sigma}_{22}^{-1}\boldsymbol{\Sigma}_{21}\boldsymbol{\Sigma}_{11}^{-1}\boldsymbol{\Sigma}_{12}$ 的特征根，$\boldsymbol{b}$ 是相应的特征向量。而式（16.16）、式（16.19）有非零解的充分必要条件为

$$|\boldsymbol{\Sigma}_{11}^{-1}\boldsymbol{\Sigma}_{12}\boldsymbol{\Sigma}_{22}^{-1}\boldsymbol{\Sigma}_{21}-\lambda^2\boldsymbol{I}_p|=0 \tag{16.20}$$

$$|\boldsymbol{\Sigma}_{22}^{-1}\boldsymbol{\Sigma}_{21}\boldsymbol{\Sigma}_{11}^{-1}\boldsymbol{\Sigma}_{12}-\lambda^2\boldsymbol{I}_q|=0 \tag{16.21}$$

对式（16.20），由于 $\boldsymbol{\Sigma}_{11}>\boldsymbol{0}$，$\boldsymbol{\Sigma}_{22}>\boldsymbol{0}$，故 $\boldsymbol{\Sigma}_{11}^{-1}>\boldsymbol{0}$，$\boldsymbol{\Sigma}_{22}^{-1}>\boldsymbol{0}$，所以

$$\boldsymbol{\Sigma}_{11}^{-1}\boldsymbol{\Sigma}_{12}\boldsymbol{\Sigma}_{22}^{-1}\boldsymbol{\Sigma}_{21}=\boldsymbol{\Sigma}_{11}^{-1/2}\boldsymbol{\Sigma}_{11}^{-1/2}\boldsymbol{\Sigma}_{12}\boldsymbol{\Sigma}_{22}^{-1/2}\boldsymbol{\Sigma}_{22}^{-1/2}\boldsymbol{\Sigma}_{21}$$

而 $\boldsymbol{\Sigma}_{11}^{-1/2}\boldsymbol{\Sigma}_{11}^{-1/2}\boldsymbol{\Sigma}_{12}\boldsymbol{\Sigma}_{22}^{-1/2}\boldsymbol{\Sigma}_{22}^{-1/2}\boldsymbol{\Sigma}_{21}$ 与 $\boldsymbol{\Sigma}_{11}^{-1/2}\boldsymbol{\Sigma}_{12}\boldsymbol{\Sigma}_{22}^{-1/2}\boldsymbol{\Sigma}_{22}^{-1/2}\boldsymbol{\Sigma}_{21}\boldsymbol{\Sigma}_{11}^{-1/2}$ 有相同的特征根。如果记

$$\boldsymbol{T}=\boldsymbol{\Sigma}_{11}^{-1/2}\boldsymbol{\Sigma}_{12}\boldsymbol{\Sigma}_{22}^{-1/2}$$

则

$$\boldsymbol{\Sigma}_{11}^{-1/2}\boldsymbol{\Sigma}_{12}\boldsymbol{\Sigma}_{22}^{-1/2}\boldsymbol{\Sigma}_{22}^{-1/2}\boldsymbol{\Sigma}_{21}\boldsymbol{\Sigma}_{11}^{-1/2}=\boldsymbol{T}\boldsymbol{T}^{\mathrm{T}}$$

类似地，对式（16.21），可得

$$\boldsymbol{\Sigma}_{22}^{-1/2}\boldsymbol{\Sigma}_{21}\boldsymbol{\Sigma}_{11}^{-1/2}\boldsymbol{\Sigma}_{11}^{-1/2}\boldsymbol{\Sigma}_{12}\boldsymbol{\Sigma}_{22}^{-1/2}=\boldsymbol{T}^{\mathrm{T}}\boldsymbol{T}$$

而 $\boldsymbol{T}\boldsymbol{T}^{\mathrm{T}}$ 与 $\boldsymbol{T}^{\mathrm{T}}\boldsymbol{T}$ 有相同的非零特征根，从而推至式（16.16）、式（16.19）的非零特征根是相同的。设已求得 $\boldsymbol{T}\boldsymbol{T}^{\mathrm{T}}$ 的 p 个特征根依次为

$$\lambda_1^2\geqslant\lambda_2^2\geqslant\cdots\geqslant\lambda_p^2>0$$

则 $\boldsymbol{T}^{\mathrm{T}}\boldsymbol{T}$ 的 q 个特征根中，除了上面的 p 个之外，其余的 $q-p$ 个都是零。故 p 个特征根排列是 $\lambda_1^2\geqslant\lambda_2^2\geqslant\cdots\geqslant\lambda_p^2>0$，因此，只要取最大的 λ_1, U_1 与 V_1 即具有最大的相关系数。令 $\boldsymbol{a}_1,\boldsymbol{b}_1$ 为式（16.12）的解，且按式（16.6）进行了正规化，这时 $U_1=\boldsymbol{a}_1^{\mathrm{T}}\boldsymbol{x}$ 与 $V_1=\boldsymbol{b}_1^{\mathrm{T}}\boldsymbol{y}$ 称为第一对典型的相关变量，它们的相关系数 λ_1 称为第一典型相关系数。

综上所述，有如下定义。

定义 16.1　在一切使方差为 1 的线性组合 $\boldsymbol{a}_1^{\mathrm{T}}\boldsymbol{x}$ 与 $\boldsymbol{b}_1^{\mathrm{T}}\boldsymbol{y}$ 中，其中两者相关系数最大的 $U_1=\boldsymbol{a}_1^{\mathrm{T}}\boldsymbol{x}$ 与 $V_1=\boldsymbol{b}_1^{\mathrm{T}}\boldsymbol{y}$ 称为第一对典型相关变量，它们的相关系数 λ_1 称为第一典型相关系数。

更一般地，在定义了 $i-1$ 对典型相关变量后，在一切使方差为 1 且与前 $i-1$ 对典型相关变量都不相关的线性组合 $U_1=\boldsymbol{a}_1^{\mathrm{T}}\boldsymbol{x}$ 与 $V_1=\boldsymbol{b}_1^{\mathrm{T}}\boldsymbol{y}$ 中，其两者相关系数最大者称为第 i 对典型相关变量，其相关系数称为第 i 对典型相关系数。

由上述推导，进一步有，求 $\boldsymbol{x}$ 与 $\boldsymbol{y}$ 的第 i 对典型相关系数就是求解方程（16.13）的第 i 个最大根 λ_i，此时第 i 对典型变量即为 $U_1=\boldsymbol{a}_1^{\mathrm{T}}\boldsymbol{x}$ 与 $V_1=\boldsymbol{b}_1^{\mathrm{T}}\boldsymbol{y}$，其中 $\boldsymbol{a}_i$，$\boldsymbol{b}_i$ 为方程（16.12）当 $\lambda=\lambda_i$ 时所求得的解。

下面不加证明地给出典型变量的以下两个性质。

（1）由 $X_1,X_2,\cdots,X_p$ 所组成的典型变量 $U_1,U_2,\cdots,U_p$ 互不相关，同样，由 $Y_1,Y_2,\cdots,Y_q$ 所组成的典型变量 $V_1,V_2,\cdots,V_q$ 也互不相关，且它们的方差均等于 1。即

$$\mathrm{Cov}(U_i,U_j)=\begin{cases}1, & i=j\\0, & i\neq j\end{cases}$$

$$\mathrm{Cov}(V_i,V_j)=\begin{cases}1, & i=j\\0, & i\neq j\end{cases}$$

（2）同一对典型变量 U_i 与 V_i 之间的相关系数为 λ_i，不同对的典型变量 U_i 与 $V_j(i\neq j)$ 间互不相关。即

$$\mathrm{Cov}(U_i,V_i)=\lambda_i\neq 0,\ i=1,2,\cdots,p$$

$$\mathrm{Cov}(U_j,V_j)=0,\ i\neq j$$

2. 样本典型相关和典型变量

上面的讨论都是基于总体情况已知的情形进行的，而实际研究中总体协方差矩阵 $\boldsymbol{\Sigma}$ 常常是未知的，我们只获得了样本数据，必须根据样本数据对 $\boldsymbol{\Sigma}$ 进行估计。

设 $\begin{pmatrix} \boldsymbol{x}_i \\ \boldsymbol{y}_i \end{pmatrix}$ $(i=1,2,\cdots,n)$ 是来自正态总体 $\boldsymbol{N}_{p+q}(\boldsymbol{\mu},\boldsymbol{\Sigma})$ 的容量为 n 的样本，则总体协方差矩阵 $\boldsymbol{\Sigma}=\begin{pmatrix} \boldsymbol{\Sigma}_{11} & \boldsymbol{\Sigma}_{12} \\ \boldsymbol{\Sigma}_{21} & \boldsymbol{\Sigma}_{22} \end{pmatrix}$，$\boldsymbol{\Sigma}_{(p+q)\times(p+q)}(\boldsymbol{\Sigma}>0)$ 的极大似然估计为

$$\hat{\boldsymbol{\Sigma}}=\boldsymbol{A}=\frac{1}{n}\begin{pmatrix} \boldsymbol{A}_{11} & \boldsymbol{A}_{12} \\ \boldsymbol{A}_{21} & \boldsymbol{A}_{22} \end{pmatrix} \tag{16.22}$$

其中

$$\boldsymbol{A}_{11}=\sum_{i=1}^{n}(\boldsymbol{x}_i-\bar{\boldsymbol{x}})(\boldsymbol{x}_i-\bar{\boldsymbol{x}})^{\mathrm{T}} \tag{16.23}$$

$$\boldsymbol{A}_{22}=\sum_{i=1}^{n}(\boldsymbol{y}_i-\bar{\boldsymbol{y}})(\boldsymbol{y}_i-\bar{\boldsymbol{y}})^{\mathrm{T}} \tag{16.24}$$

$$\boldsymbol{A}_{12}=\sum_{i=1}^{n}(\boldsymbol{x}_i-\bar{\boldsymbol{y}})(\boldsymbol{y}_i-\bar{\boldsymbol{y}})^{\mathrm{T}}=\boldsymbol{A}_{21}^{\mathrm{T}} \tag{16.25}$$

当 $n>p+q$ 时，在正态情况下，$P(\hat{\boldsymbol{\Sigma}}>\boldsymbol{0})=1$，且由 $\boldsymbol{\Sigma}$ 所定义的 $\boldsymbol{\Sigma}_{11}^{-1}\boldsymbol{\Sigma}_{12}\boldsymbol{\Sigma}_{22}^{-1}\boldsymbol{\Sigma}_{21}$ 和 $\boldsymbol{\Sigma}_{22}^{-1}\boldsymbol{\Sigma}_{21}\boldsymbol{\Sigma}_{11}^{-1}\boldsymbol{\Sigma}_{12}$ 的非零特征根以概率 1 互不相同，故由极大似然估计的性质得，$\hat{\boldsymbol{\Sigma}}$所产生的

$$\hat{\boldsymbol{\Sigma}}_{11}^{-1}\hat{\boldsymbol{\Sigma}}_{12}\hat{\boldsymbol{\Sigma}}_{22}^{-1}\hat{\boldsymbol{\Sigma}}_{21}=\boldsymbol{A}_{11}^{-1}\boldsymbol{A}_{12}\boldsymbol{A}_{22}^{-1}\boldsymbol{A}_{21} \tag{16.26}$$

是 $\boldsymbol{\Sigma}_{11}^{-1}\boldsymbol{\Sigma}_{12}\boldsymbol{\Sigma}_{22}^{-1}\boldsymbol{\Sigma}_{21}$ 的极大似然估计。$\boldsymbol{A}_{22}^{-1}\boldsymbol{A}_{21}\boldsymbol{A}_{11}^{-1}\boldsymbol{A}_{12}$ 是 $\boldsymbol{\Sigma}_{22}^{-1}\boldsymbol{\Sigma}_{21}\boldsymbol{\Sigma}_{11}^{-1}\boldsymbol{\Sigma}_{12}$ 的极大似然估计。$\boldsymbol{A}_{11}^{-1}\boldsymbol{A}_{12}\boldsymbol{A}_{22}^{-1}\boldsymbol{A}_{21}$ 和 $\boldsymbol{A}_{22}^{-1}\boldsymbol{A}_{21}\boldsymbol{A}_{11}^{-1}\boldsymbol{A}_{12}$ 的非零特征根 $\hat{\lambda}_1^2,\hat{\lambda}_2^2,\cdots,\hat{\lambda}_k^2(k=\mathrm{rank}(A))$ 是 $\lambda_1^2,\lambda_2^2,\cdots,\lambda_k^2$ 的极大似然估计，相应的特征向量 $\hat{\boldsymbol{a}}_1,\cdots,\hat{\boldsymbol{a}}_k$ 为 $\boldsymbol{a}_1,\cdots,\boldsymbol{a}_k$ 的极大似然估计，$\hat{\boldsymbol{b}}_1,\cdots,\hat{\boldsymbol{b}}_k$ 为 $\boldsymbol{b}_1,\cdots,\boldsymbol{b}_k$ 的极大似然估计。所以类似于总体的讨论，$\hat{\lambda}_1,\cdots,\hat{\lambda}_k$ 称为样本的典型相关系数，$(\hat{\boldsymbol{a}}_1^{\mathrm{T}}\boldsymbol{x},\hat{\boldsymbol{b}}_1^{\mathrm{T}}\boldsymbol{y}),\cdots,(\hat{\boldsymbol{a}}_k^{\mathrm{T}}\boldsymbol{x},\hat{\boldsymbol{b}}_k^{\mathrm{T}}\boldsymbol{y})$ 称为典型相关变量。

如果将样本 $(\boldsymbol{x}_i,\boldsymbol{y}_i)(i=1,2,\cdots,n)$ 代入典型变量 $\hat{U}_i$ 及 $\hat{V}_i$ 中，求得的值称为第 i 对典型变量的得分。利用典型变量的得分可以绘出样本的典型变量的散点图，通过类似因子分析可以对样本进行分类研究。

3. 典型相关系数的显著性检验

典型相关系数的显著性检验可以用巴特莱特的大样本的 χ^2 检验来完成。

如果随机变量 $\boldsymbol{x}$ 与 $\boldsymbol{y}$ 之间互不相关，则协方差矩阵 $\boldsymbol{\Sigma}_{12}$ 仅包含零，因而典型相关系数

$$\lambda_i=\boldsymbol{a}_i^{\mathrm{T}}\boldsymbol{\Sigma}_{12}\boldsymbol{b}_i$$

都变为零。

这样，检验典型相关系数的显著性问题即变为进行如下检验：

$$H_0:\lambda_1=0,\quad H_1:\lambda_1\neq 0$$

求出 $\boldsymbol{\Sigma}_{11}^{-1}\boldsymbol{\Sigma}_{12}\boldsymbol{\Sigma}_{22}^{-1}\boldsymbol{\Sigma}_{21}$ 的 p 个特征根，并按大小顺序排列：

$$\lambda_1^2\geqslant\lambda_2^2\geqslant\cdots\geqslant\lambda_p^2$$

做乘积

$$\Lambda_1=(1-\lambda_1^2)(1-\lambda_2^2)\cdots(1-\lambda_p^2)=\prod_{i=1}^{p}(1-\lambda_i^2)$$

则对于大的 $n\left(\text{这里要求 } n>\dfrac{p+q+1}{2}+k,\ k \text{ 为非零特征根个数}\right)$，计算统计量

$$Q_1=-\left[n-1-\frac{1}{2}(p+q+1)\right]\ln\Lambda_1$$

Q_1 近似服从$\chi^2(pq)$。因此在检验水平 α 下，若 $Q_1>\chi_\alpha^2(pq)$，则拒绝原假设 H_0，说明至少有一堆典型变量显著相关，或者说相关性系数 λ_1 在显著性水平 α 下是显著的。

在去掉第一典型相关系数后，继续检验余下的 $p-1$ 个典型相关系数的显著性。更一般地，若前 $j-1$ 个典型相关系数在水平 α 下是显著的，则当检验第 j 个典型相关系数的显著性时，计算

$$\Lambda_j=(1-\lambda_j^2)(1-\lambda_{j+1}^2)\cdots(1-\lambda_p^2)=\prod_{i=j}^{p}(1-\lambda_i^2)$$

并计算统计量

$$Q_j=-\left[n-j-\frac{1}{2}(p+q+1)\right]\ln\Lambda_j$$

则 Q_j 服从自由度为$(p-j+1)(q-j+1)$的χ^2 分布。在检验水平 α 下，若 $Q_j>\chi_\alpha^2[(p-j+1)(q-j+1)]$，则拒绝 H_0，接受 H_1，即认为第 j 个典型相关系数在显著性水平 α 下是显著的。

16.2　典型相关分析的步骤及逻辑框图

典型相关分析的步骤如下：①确定典型相关分析的目标；②设计典型相关分析；③检验典型相关分析的基本假设；④推导典型函数，评价整体拟合情况；⑤解释典型函数和变量；⑥验证模型。它实现的逻辑框图如图 16.1 所示。

第 1 步：确定典型相关分析的目标。

典型相关分析所适用的数据是两组变量。我们假定每组变量都能赋予一定的理论意义，通常一组可以定义为自变量，另一组可以定义为因变量。典型相关分析可以达到以下目标：

（1）确定两组变量相互独立，或者相反，确定两组变量间存在关系的强弱。

（2）为每组变量推导出一组权重，使得每组变量的线性组合达到最大程度相关。最大化权重后余下的相关关系的线性函数与前面的线性函数是独立的。

（3）解释自变量与因变量组中存在的相关关系，通常是通过测量每个变量对典型函数的相对贡献来衡量的。

第 2 步：设计典型相关分析。

典型相关分析作为一种多元分析方法，与其他多元分析技术有共同的基本要求。其他方法（尤其是多元回归、判别分析和方差分析）所讨论的测量误差的影响、变量类型及变换也与典型相关分析有很大关系。

每个变量是否得到足够的观测数据以及样本的大小都会对典型分析带来影响，这都是典型相关分析经常遇到的。研究者容易使自变量组和因变量组包含很多的变量，却没有认识到样本量的含义。小的样本不能很好地代表相关关系，可能会掩盖了有意义的相关关系。建议研究者至少保持每个变量有 10 个观测值，以避免数据的“过度拟合”。

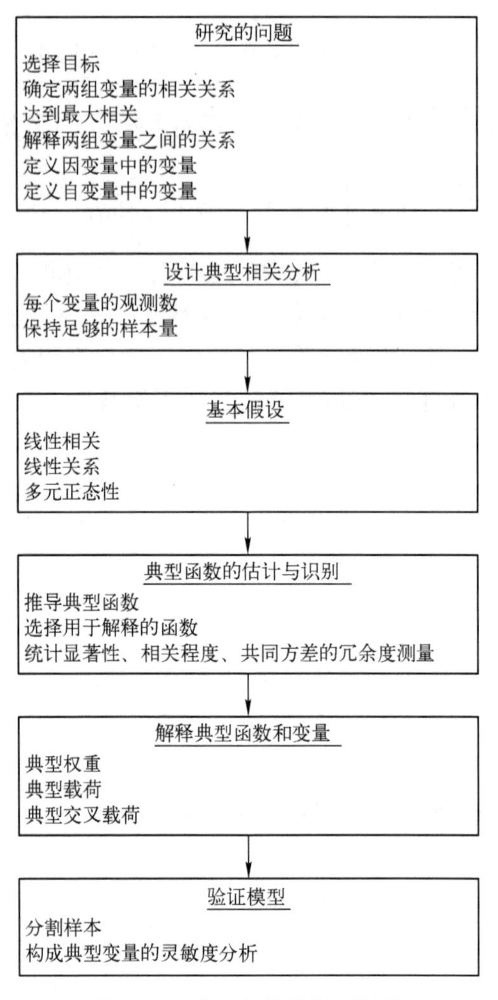

图 16.1　典型相关分析逻辑图

第 3 步：检验典型相关分析的基本假设。

假设影响典型相关分析的两个方面。首先，任意两个变量间的相关系数是基于线性关系的，如果这个关系不是线性的，则一个或者两个变量需要变换。其次，典型相关是变量间的相关。如果关系不是线性的，典型相关分析将不能测量到这种关系。

典型相关分析能够包容任何没有严格正态性假设的变量。正态性是有意义的，因为它使分布标准化，允许变量间更高程度的相关。但在严格意义上，如果变量的分布形式（比如高度偏态）不会削弱与其他变量的相关关系，典型相关分析是可以包含这种非正态变量的，即允许使用非正态变量。然而，对于每个典型函数的多元正态性的统计检验是必要的。由于多元正态性检验不一定可行，流行的准则是保证每个单变量的正态性。这样，尽管不严格要求正态性，但建议所有变量都检验正态性。如有必要，对变量进行变换。

第 4 步：推导典型函数，评价整体拟合情况。

每个典型函数都包括一对变量，通常一个代表自变量，另一个代表因变量。可从变量组中提取的典型变量（函数）的最大数目等于最小数据组中的变量数目。例如，一个研究问题包含 5 个自变量和 3 个因变量，可提取的典型函数的最大数目是 3。

（1）推导典型函数。典型函数的推导类似于没有旋转的因子分析过程。典型相关分析说明两组变量间的最大相关关系，而不是一组变量。结果是第一对典型变量在两组变量中有最大的相关关系。第二对典型变量得到第一对典型变量没有解释的两组变量间的最大相关关系。简言之，随着典型变量的提取，接下来的典型变量是基于剩余残差提取的，并且典型相关系数会越来越小。每对典型变量是正交的，并且与其他典型变量是独立的。

典型相关程度是通过相关系数的大小来衡量的。典型相关系数的平方表示一个典型变量通过另外一个典型变量所解释的方差比例，也可称作两个典型变量间共同方差的比例。典型相关系数的平方称作典型根或者特征根。

（2）典型函数的解释。一般来讲，实际提取的典型函数都是典型相关系数在某个水平（如 0.05）上显著的函数。对显著的典型变量的解释是基于这样的假设，即认为相关的函数中，每组中的变量都对共同方差有较大贡献。

海尔（Hair，1984）等人推荐结合使用三个准则来解释典型函数。这三个准则是：①函数的统计显著性水平；②典型相关的大小；③两个数据集中方差解释的冗余测量。

通常认为，一个有统计显著性的相关系数的可接受显著性水平是 0.05（也有 0.01 的水平）。统计软件所提供的最常见的检验是基于 Rao 近似的 F 统计量。除了对每个典型函数分别进行检验以外，全部典型根的多元检验也可以用来评价典型根的显著性。许多评价判别函数显著性的测量，包括 Wilks' Lambda、Hotelling 迹、Pillai 迹和 Roy's gcr，统计软件也可以给出。

典型函数的实际重要性是由典型相关系数的大小决定的。当决定解释哪些函数时，应当考虑典型相关系数。

前面讲到典型相关系数的平方可以提供典型变量间共同方差的一个估计。尽管这是对共同方差的一个简单明了的估计，但它还是可能引起一些误解，因为典型相关系数的平方表示由因变量组和自变量组的线性组合所共享的方差，而不是来自两组变量的方差。这样，即使两个典型变量可能并没有从它们各自的变量组中提取显著方差，但这两个典型变量（线性组合）间仍可能得到一个相对较强的典型相关系数。为了克服在使用典型根（典型相关系数平方）作为共同方差的测量中可能出现的有偏性和不稳定性，提出了冗余指数。它等价于在整个自变量组与因变量组的每一个因变量之间计算多元相关系数的平方，然后将这些平方系数平均，得到一个平均指数，并提供了一组自变量（取整个组）解释因变量（每次取一个）变化能力的综合测量量。这样，冗余测量就像多元回归的统计量，作为一个指数的值也是类似的。Stewart-Love 冗余指数计算一组变量的方差能被另一组变量的方差解释的比例。请注意，典型相关不同于多元回归之处在于，它不是处理单个因变量，而是处理因变量的组合，而且这个组合只有每个因变量的全部方差的一部分。由于这个原因，我们不能假定因变量组中 100% 的方差都能由自变量组解释。自变量组期望能够解释的只是因变量组的典型变量的共同方差。这样，计算冗余指数分三步：①共同方差的比例。在典型相关分析中，我们关心因变量组的典型变量与每个因变量的相关关系，这可以从典型载荷（L_1）中获得，它表示每个输入变量与它的典型变量间的相关系数。通过计算每个因变量的载荷的平方（L_i^2），可以得到每个因变量通过因变量组的典型变量解释的方差比例。为了计算典型变量所解释的共同方差的比例，将典型载荷平方进行简单平均。②解释的方差比例。第 2 步是要计算通过自变量典型变量能够解释的因变量典型变量的方差比例，这也就是自变量典型变量与因变量典型变量间相关系数的平方，即典型相关系数的平方。③冗余指数。一个典型变量的冗余指数就是这个变量的共同方差比例乘以典型相关系数平方，得到每个典型函数可以解释的共同方差部分。要得到较高的冗余指数，必须有较高的典型相关系数和由因变量典型变量解释的较高的共同方差比例。研究者应注意，虽然在典型函数中两个典型变量的典型相关系数是相同的，但是两个典型变量的冗余指数却有可能差异很大，因为每个典型变量都有不同的共同方差比例。已有人提出关于冗余指数的检验，但还没有得到广泛应用。

第 5 步：解释典型函数和变量。

即使典型相关系数在统计上是显著的，典型根和冗余系数大小也是可接受的，研究者仍需对结果做大量的解释。这些解释包括研究典型函数中原始变量的相对重要性。主要使用以下三种方法：

（1）典型权重。传统的解释典型函数的方法包括观察每个原始变量在它的典型变量中典型权重的符号和大小。有较大的典型权重，则说明原始变量对它的典型变量贡献较大，反之则较小。原始变量的典型权重有相反的符号，说明变量之间存在一种反向关系，反之则有正向关系。但是，这种解释遭到了很多批评。因此，在解释典型相关的时候应慎用典型权重。

（2）典型载荷。由于典型权重的缺陷，典型载荷逐步成为解释典型相关分析结果的基础。典型载荷，也称典型结构相关系数，是原始变量（自变量或者因变量）与它的典型变量间的简单线性相关系数。典型载荷反映原始变量与典型变量的共同方差，它的解释类似于因子载荷，也就是每个原始变量对典型函数的相对贡献。

（3）典型交叉载荷。它的提出是作为典型载荷的替代。计算典型交叉载荷包括使每个原始因变量与自变量典型变量直接相关。交叉载荷提供了一个更直接地测量因变量组与自变量组关系的指标。

第 6 步：验证模型。

与其他多元分析方法一样，典型相关分析的结果应该得到验证，以保证结果不是只适合样本，而是适合总体。最直接的方法是构造两个子样本（如果样本量允许），对每个子样本分别做分析，这样可以比较典型函数的相似性、典型载荷等。如果存在显著差别，研究者应深入分析，保证最后结果是总体的代表，而不只是单个样本的反映。

另一种方法是测量最终结果对于剔除一个因变量或自变量的灵敏度，以保证典型权重和典型载荷的稳定性。

另外，还必须看到典型相关分析的局限性。这些局限性中，对结论和解释影响最大的是：

（1）典型相关分析反映变量组的线性组合所共享的方差，而不是从变量提取的方差。

（2）计算典型函数推导的典型权重有较大的不稳定性。

（3）推导的典型权重是最大化线性组合间的相关关系，而不是提取的方差。

（4）典型变量的解释可能会比较困难，因为它们是用来最大化线性关系的，没有类似于方差分析中变量旋转的有助于解释的工具。

（5）难以识别自变量和因变量的子集间有意义的关系，只能通过一些不充分的测量，比如载荷和交叉载荷。

参考文献

[1] JOSHI A V. 机器学习与人工智能：从理论到实践［M］. 李征，袁科，译. 北京：机械工业出版社，2021.
[2] 莫小泉. 人工智能应用基础［M］. 北京：电子工业出版社，2021.
[3] 王士同. 人工智能［M］. 3版. 北京：电子工业出版社，2021.
[4] 常成. 人工智能技术及应用［M］. 西安：西安电子科技大学出版社，2021.
[5] 张尧庭，方开泰. 多元统计分析引论［M］. 北京：科学出版社，1982.
[6] 黄平，孟永钢. 最优化理论与方法［M］. 北京：清华大学出版社，2009.
[7] 王景恒. 最优化理论与方法［M］. 北京：北京理工大学出版社，2018.
[8] 李占利. 最优化理论与方法［M］. 徐州：中国矿业大学出版社，2012.
[9] 王宜举，修乃华. 非线性最优化理论与方法［M］. 北京：科学出版社，2015.
[10] 薛毅. 最优化：理论、计算与应用［M］. 北京：科学出版社，2019.
[11] GOODFELLOW I，BENGIO Y，COURVILLE A. 深度学习［M］. 赵申剑，黎彧君，符天凡，等译. 北京：人民邮电出版社，2017.
[12] 吴密霞，刘春玲. 多元统计分析［M］. 北京：科学出版社，2014.
[13] 袁志发. 多元统计分析［M］. 北京：科学出版社，2019.
[14] 何晓群. 多元统计分析［M］. 4版. 北京：中国人民大学出版社，2015.
[15] 朱永生. 实验数据多元统计分析［M］. 北京：科学出版社，2009.
[16] 张立新. 应用多元统计分析［M］. 哈尔滨：哈尔滨工业大学出版社，2020.